地 理 信 息 科 学 系 列

众包地理知识
——志愿式地理信息理论与实践

Crowdsourcing Geographic Knowledge

Volunteered Geographic Information (VGI) in Theory and Practice

Daniel Sui　Sarah Elwood　Michael Goodchild　主编

张晓东　黄健熙　苏　伟　等译

高等教育出版社·北京

图字：01-2015-5500 号

Translation from the English language edition:
Crowdsourcing Geographic Knowledge
by Daniel Sui, Sarah Elwood and Michael Goodchild

图书在版编目（CIP）数据

众包地理知识：志愿式地理信息理论与实践 /（美）隋殿志（Daniel Sui），（美）萨拉·埃尔伍德（Sarah Elwood），（美）迈克尔·古德柴尔德（Michael Goodchild）主编；张晓东等译．-- 北京：高等教育出版社，2019.4

书名原文：Crowdsourcing Geographic Knowledge: Volunteered Geographic Information（VGI）in Theory and Practice

ISBN 978-7-04-049250-7

Ⅰ．①众… Ⅱ．①隋… ②萨… ③迈… ④张… Ⅲ．①地理信息学－研究 Ⅳ．①P208

中国版本图书馆 CIP 数据核字（2018）第 005347 号

策划编辑 关 焱　　责任编辑 关 焱　　封面设计 张 楠　　版式设计 张 杰
插图绘制 于 博　　责任校对 刘丽娴　　责任印制 尤 静

出版发行 高等教育出版社
社　　址 北京市西城区德外大街4号
邮政编码 100120
印　　刷 涿州市星河印刷有限公司
开　　本 787mm × 1092mm　1/16
印　　张 24.25
字　　数 450 千字
插　　页 3
购书热线 010-58581118
咨询电话 400-810-0598
网　　址 http://www.hep.edu.cn
　　　　 http://www.hep.com.cn
网上订购 http://www.hepmall.com.cn
　　　　 http://www.hepmall.com
　　　　 http://www.hepmall.cn
版　　次 2019 年 4 月第 1 版
印　　次 2019 年 4 月第 1 次印刷
定　　价 79.00 元

物 料 号　49250-00
审 图 号　GS(2017)1606号
ZHONGBAO DILI ZHISHI

中文版序

很高兴终于看到《众包地理知识》的中译版完稿。本书的英文版是基于2011年3月我们在美国西雅图举行的一个小型研讨会上宣读的论文编辑而成。时间过得真快，转眼之间5年已过。自本书英文版出版后，全球多学科的学者及研究人员对众包地理知识这一领域又进行了很多卓有成效的研究。但本书所涵盖的理论、方法及应用方面的问题对众包地理知识这一研究领域仍有指导意义。希望中文版的出版起到抛砖引玉的作用，愿更多对此领域有兴趣的专家学者，特别是年轻的一代，加入这一非常有趣的研究领域。

众包地理知识这一当前地理学及地理信息科学的热门研究领域是过去30年一系列诸多技术领域迅速发展及整合的结果，其应用及影响涉及社会、经济、环境、基础理论及应用研究的各个领域，应用前景广阔，但同时也给地理学及地理信息科学的研究者提出了一系列理论、技术及法律与伦理层面的问题。解决这些问题，光靠单一学科是不行的，而是一定要有多学科及跨学科的视角，才能把此领域的研究做得更深、更广。特别是近年来开放科学(open science)与公民科学(citizen science)的兴起，更为众包地理知识这一领域奠定了基础，指明了方向。希望有志从事此领域研究的中国学者，能把众包地理知识与开放及公民科学的研究范式有机地结合起来，结合中国的具体情况，为此领域的研究做出开创性的贡献。

中国近年来提倡的大众创业、万众创新的浪潮与众包地理知识的研究不谋而合。而在大数据背景下产生的全球规模的共享经济(sharing economy)更为众包地理知识这一领域提供了一个宏大广阔的研究环境。共享经济的快速发展为众包地理知识的研究提供了更美好的前景。正如亚当·斯密在他的后期著作《道德情操论》中阐述的那样：一个高效、公正、可持续的经济并不依靠市场冰冷的、看不见的手,更要靠人与人之间看得见的热情握手。共享经济的出现在某种意义上证明了亚当·斯密的精辟论断。

本书是由中国农业大学张晓东教授所领导的团队经过一年半的时间辛勤翻译完成,再次向所有参与此书翻译工作的老师与研究生致谢。

隋殿志

2016 年 9 月 22 日

于美国华盛顿书

译 者 序

《众包地理知识——志愿式地理信息理论与实践》(*Crowdsourcing Geographic Knowledge*:*Volunteered Geographic Information*(*VGI*) *in Theory and Practice*)于2013年由Springer出版社出版,由Daniel Sui(隋殿志,著名华裔地理学家)、Sarah Elwood和Michael Goodchild主编。书中对近20年以来地理知识获取与学习方式的变化,以及志愿式地理信息(VGI)所带来的机遇、挑战、应用特点与发展趋势进行了翔实的分析和论述,值得一读。

信息发布、生产乃至使用由专家变成普通公众,是当今大数据与社交媒体时代一个很重要的特征,也使得地理信息的数据源与应用面更为丰富,这无疑是VGI应运而生的主要原因。但问题也显而易见,针对志愿者提供的地理信息以及面向公众服务的地理信息,传统的信息采集技术、标准与规范乃至相关的理论方法等已不再完全适用。而目前国内对VGI的研究尚处于起步阶段,缺少可学习参考的教材与著作。通过本书,从事地理信息科学研究以及地理信息技术应用的相关人员,可以系统地学习VGI的基础知识与理论方法,了解国外VGI最新发展趋势与成功案例,有助于结合国内情况,探索出适宜我国VGI发展的模式,从而推动国内的地理信息科学进一步发展。

本书分为三大部分,共20章。第1章为全书概述,并对大数据和全球信息共享背景下的VGI进行了定位;第一部分包括第2~7章,对VGI、公众参与、公众科学等术语进行了深入浅出的解释;第二部分包括第8~13章,主要内容为基于VGI的地理知识挖掘和位置推理,详细论述了计算地理、地理三维建模、位置判断等理论方法;第三部分包括第14~19章,主要介绍VGI的成功应用案例,同时提出了目前VGI所面临的机遇和挑战;最后,第20章对全书进行总结,并进一步探讨了VGI的未来发展趋势与前瞻性话题。全书结构合理,内容涉及VGI

的制图、分析、导航、灾害、教育、医疗等共性技术方法与应用领域特点；写作科学严谨，逻辑性强，适合科研工作者、技术研发人员和研究生等学习借鉴。

本书由“十二五”国家科技支撑计划项目“面向公众的地震认知培训、信息采集与分析系统研制”（编号:2012BAK19B04-03）资助出版。全书翻译与审校主要由张晓东、黄健熙、苏伟、苏晓慧、马鸿元、王红说、管雪萍完成。此外，参与翻译的人员还有叶思菁、赵祖亮、田丽燕等。

信息科学发展十分迅速，限于译者水平及时间，书中难免有疏漏和错误，敬请读者与各位同行批评指正。

本书献给数不清的志愿者，是他们付出了时间和努力，更精细地绘制世界地图，并且将结果免费提供给所有的使用者。

致　　谢

编者们衷心感谢俄亥俄州立大学的尼克·格雷恩(Nick Grane)与陈文琴(Wenqin Chen)对本书研究的支持,感谢华盛顿大学的爱格尼斯卡·莱什琴斯基(Agnieszka Leszczysnki)和马特·威尔逊(Matt Wilson),以及加利福尼亚大学的艾伦·格伦农(Alan Glennon)和李林娜(Linna Li)对本书的帮助。

致 谢

[illegible]

目　　录

第二部分 地理知识生产和地方认知

第三部分 新兴应用和新的挑战

第1章

志愿式地理信息:数据洪流和正在扩张的数字鸿沟

Daniel Sui　Michael Goodchild　Sarah Elwood

摘要:志愿式地理信息(VGI)现象是地理数据、信息和知识生产与传播正在发生的重大转变之一。本章从介绍这种置于"数据洪流"大背景中的转变开始,分析志愿式地理信息和时空压缩的数据洪流的含义以及数据不公的新形式和度量问题。接着我们给出了本书内容的总提纲和三大组成部分:VGI、公众参与和公众科学;地理知识的生产和位置推理;出现的新应用和新挑战。最后,我们讨论更新地理知识的重要性和众包(crowdsourcing)在地理知识生产中的作用。

1.1 引　言

过去的5年,我们见证了一个重大转变,即地理数据、信息和更广义的地理知识是如何借助Web 2.0、云计算和信息基础设施等相关技术的发展来生产和传

Daniel Sui(✉)
俄亥俄州立大学地理系(Department of Geography, The Ohio State University),美国,俄亥俄州,哥伦布市
E-mail:sui.10@osu.edu

Michael Goodchild
加利福尼亚大学圣巴巴拉分校地理系(Department of Geography, University of California at Santa Barbara),美国,加利福尼亚州,圣巴巴拉市
E-mail:good@geog.ucsb.edu

Sarah Elwood
华盛顿大学地理系(Department of Geography, University of Washington),美国,华盛顿州,西雅图市
E-mail:selwood@u.washington.edu

播的。尽管不同的机构采用不同的词汇去描述这种新趋势:从众包到用户生成内容,从地理网络到语义网络,从志愿式地理信息到新地理学、PostGIS、公众科学和 eScience 等,总的观点就是通过各种计算机设备/平台(传统桌面设备、iPad 或者智能手机)利用互联网来生产、共享和分析地理信息。

自从"志愿式地理信息"(volunteered geographic information,VGI)这个词正式出现在文献(Goodchild 2007)中,就开始有会议和研讨会专注于这个问题,包括 2007 年 NCGIA VGI 研讨会[①]、AutoCarto 2008 研讨会[②]、美国地质调查局(USGS)2010 VGI 研讨会[③]、GIScience 2010 VGI 研讨会[④]和美国地理学家协会(AAG)召开的 2011 年度 VGI 预备研讨会[⑤]。相关的学术文献迅速增加,尤其是出版了相当多的讨论 VGI 的专刊,如 *GeoJournal*(Elwood 2008a,b)、*Journal of Location-Based Services*(Rana and Joliveau 2009)和 *Geomatica*(Feick and Roche 2010)。此外,一些跨学科的研究者也开始研究有关 VGI 的问题(Bennett 2010;Hall et al. 2010;Newman et al. 2010;Newsam 2010;Ramm and Topf 2010;Warf and Sui 2010;Kessler 2011;Obe and Hsu 2011;Roche et al. 2011)。

本书的目的是论述 VGI 研究的最新进展,特别强调 VGI 作为众包数据源在地理知识生产中的作用。我们不仅试图展示 VGI 作为一个研究领域目前最前沿的内容,同时也讨论 VGI 研究的未来前景和方向。本书中一半以上的章节都是基于 2011 年 4 月 11 日我们在美国华盛顿州西雅图组织召开的题为"志愿式地理信息(VGI):研究进展和最新发展"的 AAG 预备会议上发表的原创文章,还包括了西雅图会议未涉及的、但对未来 VGI 研究至关重要的一些主题的研究内容。

本章概述之后的内容安排如下:首先介绍置于大数据浪潮(即数据洪流)的更广阔背景下 VGI 现象;接着讨论世界范围内不断扩张的数字鸿沟和 VGI 发展的曲折道路,并扼要地介绍本书后面几章的内容。我们通过讨论众包在地理知识生产中的作用以及大数据时代地理信息学和地理学的角色演变,以期更好地理解世界。

1.2 VGI 和大数据的洪流

直到现在,由于深受传统地图学的影响,地理学界对地理数据和地理信息都仅有一个狭义的描述。但是随着大量先进技术,如 GPS、智能手机、传感器网络、

① http://www.ncgia.ucsb.edu/projects/vgi(accessed February 16,2012)

② http://mapcontext.com/autocarto/web/AutoCarto2008.html(accessed February 16,2012)

③ http://cegis.usgs.gov/vgi(accessed February 16,2012)

④ http://www.ornl.gov/sci/gist/workshops/agenda.shtml(accessed February 16,2012)

⑤ http://vgi.spatial.ucsb.edu(accessed February 16,2012)

云计算等的迅速发展,尤其是 Web 2.0 系列技术运用后,问题已经转变为如何快速收集、存储、传播、分析、可视化和应用这些信息。这种趋势在谷歌公司提出的宣言"Google Maps = Google in Maps"中被诠释得淋漓尽致(Ron 2008)。在"Google"和"Maps"之间的"in"意味着人类制图史上的重大进步。现在,用户不仅可以在谷歌地图上找出传统意义上的地理空间信息,还能够搜索几乎任何形式的经过地理标记的数字信息(如维基百科的条目、Flickr 上的照片、YouTube 视频和 Facebook/Twitter 推文)。而与传统的通过自上而下方式生产的地理数据相比,公众通过自下而上的方式提供的众包数据发挥着越来越重要的作用。因此,日积月累后我们已经拥有了相当大数量的地理编码数据,而且以平均每天1 EB(exabyte;1 EB = 10^{18}字节)的速度增长(Swanson 2007),数据范围从基因尺度到全球尺度,几乎覆盖了地球表面的任何地方。我们有能力实时获取任何事物的所在位置,这是史无前例的。

那些无处不在的手机、航空遥感技术、软件日志、相机、无线射频识别(radio-frequency identification,RFID)、无线传感网络和其他种类的信息采集设备,每天会生产出 1~5 EB 的数据,而以前需要两年时间才能采集到这个数量的 90%(MacIve 2010)。人类产生的数据每两年就会翻一倍,2010 年第一次达到了 1 ZB(10^{21}字节)的数据量⑥。仅 2011 年这一年就采集了大约 1.8 ZB 的数据。这种爆炸性增长的数据很快改变了政府、企业、教育和科学的方方面面。到 2020 年,世界上的数据量相比现在将增长 50 倍(Gantz and Reinsel 2011)。我们将需要 75 倍的信息技术基础设施和 10 倍的服务器管理这些新数据。打个比方,数据库已经从银行变为了仓库,再变成门户,现在转变为云。在过去的 20 年中,数据存储的费用已经显著地下降了,单从 2005 年到 2011 年,数据存储费用就降低了 5/6。所以很显然,如何应对大数据这个新的现实,已是政府、企业和各种学术组织的首要任务了(IWGDD 2009;CORDIS 2010;Manyika et al. 2011)。

尽管精确估计地理空间数据的大小是一个具有挑战性的任务,但是可以肯定地说,地理空间数据正在变成大数据流的重要组成部分。在大数据的背景下,应当充分理解地理空间信息尤其是 VGI 信息。实际上,众包数据、网络数据和大数据正在快速地覆盖地理空间技术的各个领域(Ball 2011)。在麦肯锡公司的报告中(Manyika et al. 2011),"个人位置数据"已成为 5 种基本大数据流之一。在平均每天多达 6000 亿次的事务处理中,全球范围内各式手机设备正在以平均每年1 PB(10^{15}字节)的数据量生产数据。仅个人位置数据对于服务端而言就有

---

⑥ 我们已经意识到估计的这些数据量前后矛盾,但在数字数据的幅度和范围上,却存在着惊人的相似性。本章我们采用的数据来源于 EMC²:http://www.emc.com/leadership/programs/digital-universe.htm [2012-2-16]。

1000亿美元的市场,而用户端的市场更高达7000亿美元(Manyika et al. 2011)。被麦肯锡公司列为其他4种的大数据流,即医疗、公共部门、零售业、制造业,同样拥有海量的经过地理编码或地理标记的数据。因此,地理空间数据不仅是大数据的重要组成部分,在更广义的尺度上说就是大数据本身。对于地理空间学界来说,大数据不仅为商业领域(Francica 2011;Killpack 2011)带来更大的机遇,同时也为各学科和学术领域实现与人类(从个人到集体)和环境(从区域尺度到全球尺度)密切相关的开创性研究带来新的挑战(Elkus 2011;Meek 2011;Hayes 2012)。

实际上,地理空间组织曾在大数据成为趋势之前就开始处理大量数据的问题了(Miller 2010)。在很早的时候,地理空间技术就处于应对大数据挑战的前沿,因为大量的栅格数据(遥感影像)和矢量数据(附有详细属性信息)需要存储和管理。1997年,当微软研究院开始一个试点项目来验证数据库的可扩展性时,他们以航空影像作为基础数据(Ball 2011),那时微软公司开发的TerraServer服务一直沿用至今,并且为今天其他遥感影像服务网站如OpenTopography.org(LiDAR数据)等设立了标准和协议。另外,要实现美国前副总统戈尔(1999)的“数字地球”构想也需要大数据。尽管在过去的10年中,数字地球的概念没有像戈尔设想的那样发展,但谷歌地球(Google Earth)、微软公司的Virtual Earth(现为必应地图)和美国国家航空航天局(NASA)的World Wind已经越来越流行。这表明,地理空间数据和地图工具在人们研究大数据的过程中具有非常重要的意义。

1.3 在缩小和分化的世界中的VGI

随着大数据充斥的数字空间日益膨胀,整个世界(人、物、环境)逐渐被记录、定位并被巨大的数字网络连接起来。地理学家和其他领域的学者已经注意到我们时间性体验的增长和时间距离感的减少,就像关于时空压缩、时空延伸和时空收敛等学术文献描述的那样。全球社交媒体的流行将时空压缩推向了一个新的高度。

用更流行的说法,随着时空收敛(time-space convergence),世界正在快速变小。1960年,社会心理学家Staniey Milgram(1967)做了一个著名实验,就是测算需要多少步才能将地球上的两个陌生人联系在一起。Milgram和他的研究团队(Travers and Milgram 1969)得出的结论是:平均需要6步就可以使两个随机选择的个体实现有效连接,这就是后来由于美国剧作家Paul Guare演绎(电影《六度关系》,1990年)以及Kevin Bacon开发的游戏“六度”(与好莱坞明星建立联系)而声名大噪的六度分隔理论。2011年12月,Facebook和Yahoo开发了一种新的运用海量社交媒体数据进行分析的方法,得到的结论是:在 2011 年年底,六度关系可以减少至 4.7 度,主要由于人们通过网络建立了越来越多的在线联系⑦。

然而矛盾的是,虽然世界的某些地方快要被大数据淹没,并且人们在逐渐缩小的世界中建立了越来越多的联系,但我们还必须清醒地认识到在实体和数字意义上这个世界仍然存在深刻的分化(图 1.1)。虽然北美洲和欧洲的大部分人能够上网(2011 年年底,网络普及率分别为 78.3%和 58.3%),但世界上约有三分之二的人仍无法进入这片快速扩张的数字世界,世界平均的网络普及率为 30.2%,亚洲是 23.8%,非洲是 11.4%,排在最后⑧。2010 年,新存储的数字信息的地理分布表明,全球范围内存在数字鸿沟和发展不平衡的问题,发达国家(北美洲和欧洲)有比发展中国家多 10~70 倍的数据(Manyika et al. 2011)。全球三分之一的人口(大约 20 亿人),每天的生活开支在 2 美元以下⑨。我们要明白,只偶尔接触小型设备是远远不够的。在发达国家,很多 iPhone 用户可以使用多种寻找洗手间的 APP 工具(如 Have2p),但是在像印度这样的国家,手机的数量比厕所都多,因此在缺乏卫生基础设施的情况下,仅仅在 iPhone 上安装 Have2p 对在乡村的他们来说毫无帮助⑩。

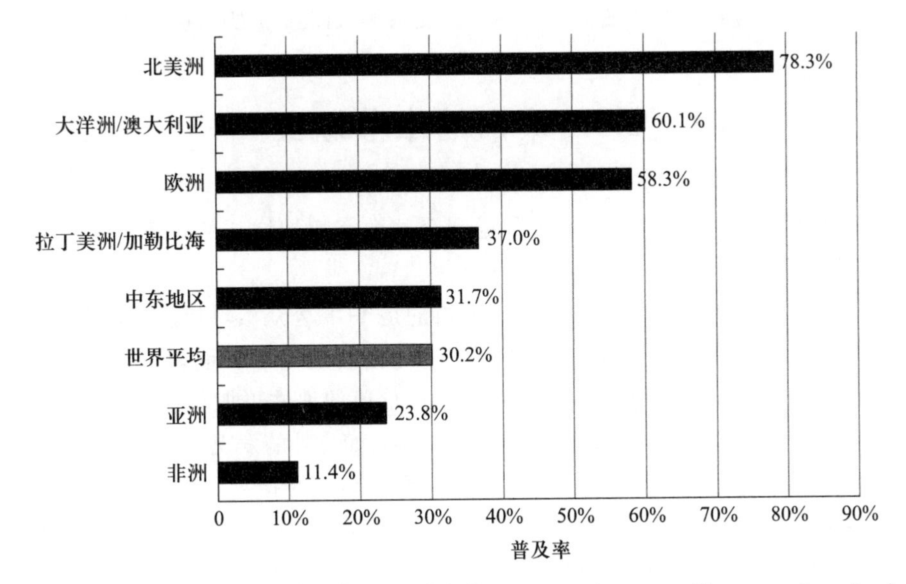

图 1.1 全球各地区的网络普及率(2011 年)(http://www.internetworldstats.com/stats.htm)

⑦ http://www.physorg.com/news/2011-11-degrees.html(accessed February 16,2012)

⑧ http://www.internetworldstats.com/stats2.htm(accessed February 16,2012)

⑨ http://givewell.org/international/technical/additional/Standard-of-Living(accessed February 16,2012)

⑩ http://www.globalpost.com/dispatch/india/100507/mobile-phones-toilets-sanitation-health (accessed February 16,2012)

在地理信息(还有一些其他类型的数据)背景下,很有讽刺意义的是墨菲定律仍在体现,即在最需要信息的地方却最难获得信息。在苏丹北部的达尔富尔危机(2006)、海地地震(2010)和在墨西哥湾的BP海上采油井爆炸事件(2011)中,我们亲眼看到了这一悖论。无疑在接下来的几年中,如何在逐渐缩小和分化的世界中处理好大数据问题将成为GIS和地理学的重要挑战。在发达地区和欠发达地区的不同环境下,为改善空间数据基础设施(SDI),VGI的优势、劣势、机遇和威胁(SWOT分析法)将是非常不同的(Genovese and Roche 2010)。如Gilbert和Masucci(2011)在最新研究工作中清晰表达的信息和通信不均衡那样,我们必须要从传统的、线性的数字鸿沟概念中走出来,从主要关注如何获得计算机接入网络中走出来。相反,我们必须通过重视网络空间那些混合的、分散的、有序的、个体化的特征,来考虑网络空间中存在的复杂的各种分隔(或数字隔离)现象(Graham 2011)。事实上,是很多隐藏的社会和政治因素在起作用,决定什么是在线可以获得的或不可获得的(Engler and Hall 2007)。从全球视角来看,网络审查制度(Warf 2011;MacKinnon 2012)、幂次法则(被称为80/20定律)(Shirkey 2006)、人类交流中的同性倾向(de Laat 2010;Merrifield 2011)及对殖民主义和帝国主义的恐惧(Bryan 2010),是数字鸿沟和VGI曲折发展中各种复杂模式需要考虑的重要影响因素。

1.4 本书的章节概况

本书共20章。第1章讲在大数据和全球数字鸿沟增长的背景下对VGI的定位;第2章到第19章共分为三部分。

第一部分包括6个章节的内容,主要讲的是VGI、公众参与和公众科学。在第2章中,Rob Feick和Stéphane Roche更普遍地拓展了VGI和地理信息(GI)的概念。作者指出,VGI的产生使我们对地理信息价值的评估更加复杂。他们回顾这些原因带来的问题及其特质,提出了新奇的比喻,如意外的发现、心灵地图中的"漂流"和乐高积木,这些都可能被用作未来评估VGI的指导。第3章的作者是Francis Harvey,他质疑"志愿式"能否完全概括众包数据的特点。作者建议众包数据分为"志愿式"(VGI)和"贡献式"(CGI)两个类别。在鉴定众包数据的适用性和识别偏差或不确定性方面,CGI和VGI之间的区别非常重要。在第4章中,Barbara Poore和Eric Wolf追踪了有关地理空间元数据的重大发现,通过两个研究案例,利用Geoweb中的元数据指出了公众及学术的约定正在进行的转变。作者认为,我们正处于一个转变的过程中,也确实在促进这一转变,即从传统的元数据向更多的交互式用户友好的元数据生成的转变。第5章的作者是Peter Johnson和Renee Sieber,他们从不同的方面来介绍VGI,关注在与公众交互中政府适应VGI的转变过程。通过对魁北克政府部门工作的思考,作者指出了 VGI 被吸收(应用)的不同途径,并讨论了未来应用过程中的主要障碍和局限。第 6 章中,Wei Lin 调查了公众参与的政治学,以及在 Web 2.0 和公众参与式 GIS(PPGIS)的相遇中产生的主体化过程。作者以在中国的一个研究项目为参考,包括三个来源于人类学调查的 VGI 制图案例。由于 Web 2.0 和 PPGIS 的出现,出现了中国公众关系的转变和公众参与的新空间。最后,为了有助于 VGI 术语的解译,以及介绍专业化科学领域对志愿(非专业)参与者排他性的挑战,第 7 章作者 Muki Haklay 讨论了公众科学的特殊性、历史轨迹、社会背景、内部权力关系和发展前景。

第二部分包括 6 个章节,主要内容是地理知识的生产和场所推理。出于对海量公共 VGI 带来机遇的兴趣,Bin Jiang 在第 8 章中深入研究了计量地理学并对他在大数据领域的近期工作进行概述,以此显示大数据出现后的研究前景。Bin Jiang 对拓扑理论的概述,使得当代计量地理学对传统空间概念的挑战更加清晰。第 9 章,Marcus Goetz 和 Alexander Zipf 论述了 VGI 从早期基础的二维地理信息到目前包含三维数据的转变。通过对 OpenStreetMap 的研究,Marcus Goetz 和 Alexander Zipf 强调了三维数据在城市建模和建筑物建模方面的新应用。在第 10 章,Jim Thatcher 论述了“志愿式地理信息服务”(volunteered geographic service,VGS),他将该术语用于描述离散行为,使得通过空间上感知移动设备(如智能手机)成为可能。Thatcher 认为,VGS 连接了跨越时间和空间的用户,协同他们在现场的行为,从而突破了 VGI 的限制。Thatcher 通过 PUSMobile.org 的例子分析了 VGS 在危机应对中的可能用途。在第 11 章,Darren Hardy 分析了 VGI 来源的地理学,重点关注了维基百科和其中有地理属性的文章。以大数据分析为典型案例,作者描述了一项关于那些文章 7 年间被 3200 万次编辑贡献的研究,与互联网的“无价值”断言相矛盾的是,维基百科中文章的作者们证明了距离的衰减。第 12 章,Benjamin Adams 和 Grant McKenzie 将其地理学的洞察力对准了位置感知和计算表征技术,特别是潜在狄利克雷分配模型(LDA),作者讨论了通过旅行博客中的 VGI 进行主题建模的方法,目的是为了识别与主题相关的地方,计算不同位置之间的相似度,运用算法估计位置感知的变化。第 13 章,作者讨论了不同科学实践之间的社会关系:Jon Corbett 论述了协作制图项目中的 VGI。通过和原住民讨论他的工作,Corbett 指出参与式制图可以培养人的位置感知,但是这种协作项目需要研究者的反馈。

第三部分的 6 个章节主要讲述了逐渐增加的应用和新挑战。在第 14 章中,David J.Coleman 参考传统的数字测量项目提出了 VGI 的基本假定。这一章也讨论了地图的更新和维护不能只依赖 VGI,尽管 VGI 的确提供了不可替代的数据资源,值得加以重点关注。第 15 章,T. Edwin Chow 将 VGI 置于人口统计学背景中。该领域中包括大量获取、分类和应用个人数据的网络系统。Chow 所面临的问题是,网络人口统计学如何把VGI的概括进行扩充,例如,如何度量地理信息和个人信息提供者的志愿程度以及这些信息的准确程度。第16章中,Mark H. Palmer和Scott Kraushaar运用行动者网络理论(actor-network theory,ANT)来介绍一个在很大程度上依赖VGI的风暴追踪网。ANT对分析社会和技术之间的协作关系非常有用,具体在这个案例中,ANT在描述风暴报告所需的集中式和分布式处理时表现了充分的灵活性。第17章中,Michael W.Dobson论述了制图数据库中VGI的收集和编译,当然在某些情况下还需依赖传统的地图数据库编译技术。作者回顾了编译系统的前景和缺陷,并思考如何克服以后可能会出现的缺陷。在第18章中Christopher Goranson、Sayone Thihalolipavan和Nicolàs di Tada讨论了有关VGI与公众健康前沿研究的作用和可能的误区。VGI的更新能力和实时性是潜在应用的重心。作者也明确了VGI的使用在伦理和实践方面,尤其是在隐私方面带来的新挑战。在第19章中,Thomas Bartoschek和Carsten Keßler论述了目前易受忽视的VGI在教育中的作用,以及如何在从小学到研究生教育的不同层级上安排相应课程。作者讲述了VGI是怎样通过分析调查问卷被引入课堂的,讨论了继续使用VGI平台的动力与障碍。

最后一章(第20章),我们在第四范式——数据密集型科学研究的背景下,讨论了VGI的研究前景和它对地理信息科学与地理学的深远影响。

1.5 众包地理知识:距离的消失到地理学的复兴

早在1995年,《经济学人》杂志(在"回顾"栏目中)提出了"距离的消失"这样一个超出时代的断言(Cairncross 1995),它指出,随着信息和通信技术的飞速发展,全球社会不断地紧密连接起来,这时(基于狭义的位置或更广义的地理学的)距离已经不再扮演重要角色。然而不到10年的时间,《经济学人》又发表了题为"地理学的复兴"的封面文章(The Economist 2003)。这表明,在联系越来越紧密的世界中,距离在很多社会功能中的准确定义已经发生了改变,但是位置或更广义的地理学在商业活动和社会文化中扮演着更加重要的角色,尤其是有线和无线通信技术已经将虚拟的和现实的世界更加紧密地联系在一起(Gordon and de Souza e Silva 2011)。

对于我们来说,地理学的复兴不仅表明地理位置、地理编码和地理标签在大数据中越来越重要,同时对于日益紧密相连的世界中存在的日益加深的分隔和不平衡的发展,也有了更深的认识和理解(Hecht and Moxley 2009;Warf 2010)。在大数据背景下对VGI进行定位仅仅是实现VGI潜在功能和影响的第一步。除此之外,VGI还必须被置于有关世界的众包地理知识背景下。Gould(1999)预言了空间时代的到来，并进一步提出了“很多人本身就是一个地理学者”（P314）这个论断。在过去的20年中，快速发展的先进技术已经释放了每个人身上作为地理学者的潜力。在21世纪第一个10年中，VGI的出现是空间时代的表现之一。在地理信息生产、共享、传播和应用的内容、特性及模式方面，VGI呈现了空前的转变。对于我们来说，这就是Web 2.0时代地理学复兴的本质。

大数据通常需要大机器（在速度和容量两方面）进行数据处理，这样才能满足我们的数据需求。但更重要的是，大数据需要大思想才能有效表达世界上的大问题。在新建的网络基础设施的支持下，可以形成政府部门、非政府组织、工业界、商业界、学术界和民众之间的新型合作关系。世界银行在全世界30 000个地点发起了2500多个类似的项目，而地理空间技术在这些项目中发挥了重要作用。最近，世界银行与谷歌公司合作在150个国家利用60种语言建立了Google Map Maker平台，使民间的制图者能够为这些地区困苦的人们提供急需的帮助[11]。我们同样也应该去做。在本书其他章节中，读者将会以跨学科的视角体验如何依靠VGI，通过众包这一新的模式为一个更高效、更均衡、更可持续的世界生产地理知识，这将是地理学复兴最令人满意的结果。

参考文献

Ball, M. (2011). How do crowdsourcing, the internet of things and big data converge on geospatial technology? http://www.vector1media.com/spatialsustain/how-do-crowdsourcing-the-internet-of-things-and-big-data-converge-on-geospatial-technology.html. Accessed January 22, 2012.

Bennett, J. (2010). *OpenStreetMap*. Birmingham: Packt Publishing Ltd.

Bryan, J. (2010). Force multipliers: Geography, militarism, and the Bowman expeditions. *Political Geography*, 29(8), 414-416.

Cairncross, F. (1995). The death of distance. Economist, 336(7934), 5-6(30 September).

CORDIS(2010). Riding the wave: *How Europe can gain from the rising tide of scientific data*. Final report of the high level expert group on scientific data. http://cordis.europa.eu/fp7/ict/e-infrastructure/docs/hlg-sdi-report.pdf

de Laat, P.B. (2010). How can contributors to open-source communities be trusted? On the assumption, inference, and substitution of trust. *Ethics of Information Technology*, 12(4), 327-341.

Elkus, A. (2011). Hurricane Irene: GIS, social media, and big data shine. http://ctovision.com/2011/08/hurricane-irene-gis-social-media-and-big-data-shine. Accessed January 11, 2012

Elwood, S. (2008a). Volunteered geographic information: Key questions, concepts and methods to

---

[11] http://www.nytimes.com/2012/01/14/opinion/empowering-citizen-cartographers.html? _r = 2 (accessed February 16, 2012)

guide emerging research and practice.*GeoJournal*,72(3/4),133-135.

Elwood,S.(2008b).Volunteered geographic information:Future research directions motivated by critical,participatory,and feminist GIS.*GeoJournal*,72,173-183.

Engler,N.J.,& Hall,G.B.(2007).The Internet,spatial data globalization,and data use:The case of Tibet.*The Information Society*,23,345-359.

Feick,R.D.,& Roche,S.(2010).Introduction(to special issue on VGI).*Geomatica*,64(1),5-6.

Francica,J.(2011).Big data and why you should care. http://apb.directionsmag.com/entry/big-data-and-why-you-should-care/167326.Accessed January 21,2012.

Gantz,J.,& Reinsel,D.(2011).Extracting value from chaos. http://www.emc.com/collateral/analyst-reports/idc-extracting-value-from-chaos-ar.pdf.Accessed January 21,2012.

Genovese,E.,& Roche,S.(2010).Potential of VGI as a resource for SDIs in the North/South context.*Geomatica*,64(4),439-450.

Gilbert,M.,& Masucci,M.(2011).*Information and communication technology geographies:Strategies for bridging the digital divide.*Vancouver:Praxis(e) Press-University of British Columbia.

Goodchild,M.F.(2007).Citizens as sensors:The world of volunteered geography.*GeoJournal*,69(4),211-221.

Gordon,E.,& de Souza e Silva,A.(2011).*Net locality:Why location matters in a networked world.* New York:Wiley-Blackwell.

Gore,A.(1999).The digital earth:Understanding our planet in the 21st century.portal.opengeo-spatial.org/ files/? artifact_id=6210.Accessed February 16,2012.

Gould,P.(1999).Becoming a geographer.Syracuse:Syracuse University Press.

Graham,M.(2011).Time machines and virtual portals:The spatialities of the digital divide.*Progress in Development Studies*,11(3),211-227.

Hall,B.G.,Chipeniuk,R.,Feick,R.D.,Leahy,M.G.,& Deparday,V.(2010).Community-based production of geographic information using open source software and Web 2.0.*International Journal of Geographical Information Science*,24(5),761-781.

Hayes,C.(2012).Geospatial and big data:The challenge of leveraging constantly evolving Information.Presentation during 2012 Defense Geospatial Intelligence(DGI),London,January 24,2012.

Hecht,B.,& Moxley,E.(2009).*Terabytes of Tobler:Evaluating the first law in a massive,domain-neutral representation of world knowledge.*In *COSIT' 09 Proceedings of the 9th International Conference on Spatial Information Theory*(pp.88-105).Berlin:Springer.

Interagency Working Group on Digital Data(IWGDD)(2009).Harnessing the power of digital data for science and society.http://www.nitrd.gov/About/Harnessing_Power_Web.pdf

Kessler,F.(2011).Volunteered geographic information:A bicycling enthusiast perspective. *Cartography and Geographic Information Science*,38(3),258-268.

Killpack,C.(2011).Big data,bigger opportunity. http://www.geospatialworld.net/images/magazines/gw-april11-18-26%20Cover%20Story.pdf.Accessed January 31,2012.

MacIve,K.(2010).Google chief Eric Schmidt on the data explosion. http://www.i-cio.com/f eatures/august-2010/eric-schmidt-exabytes-of-data.Accessed February 16,2012.

MacKinnon,R.(2012).*Consent of the networked:The worldwide struggle for Internet freedom.* New

York:Basic Books.

Manyika,J.,Chui,M.,Brown,B.,Bughin,J.,Dobbs,R.,Roxburgh,C.,& Byers,A.H.(2011).Big data:The next frontier for innovation,competition,and productivity.http://www.mckinsey.com/Insights/MGI/Research/Technology_and_Innovation/Big_data_The_next_frontier_for_innovation.

Meek,D.(2011).YouTube and social movements:A phenomenological analysis of participation,events,and cyberplace.In Antipode.Epub ahead of print.Accessed January 4,2012.doi:10.1111/j.1467-8330.2011.00942.x

Merrifield,A.(2011).Crowd politics:Or,'Here Comes Everybuddy'.*New Left Review*,71,103-114.

Milgram,S.(1967).The small world problem.*Psychology Today*,2,60-67.

Miller,H.J.(2010).The data avalanche is here:Shouldn't we be digging? *Journal of Regional Science*,50,181-201.

Newman,G.,Zimmerman,D.,Crall,A.,Laituri,M.,Graham,J.,& Stapel,L.(2010).User-friendly web mapping:Lessons from a citizen science website.*International Journal of Geographical Information Science*,24(12),1851-1869.

Newsam,S.(2010).Crowdsourcing what is where:Community-contributed photos as volunteered geographic information.*IEEE Multimedia*,17(4),36-45.

Obe,R.,& Hsu,L.(2011).*PostGIS in action*.Stamford:Manning Publications.

Ramm,F.,& Topf,J.(2010).*OpenStreetMap:Using and enhancing the free map of the world*.Cambridge:UIT Cambridge Ltd.

Rana,S.,& Joliveau,T.(2009).Neogeography:An extension of mainstream geography for every-one made by everyone? *Journal of Location Based Services*,3(2),75-81.

Roche,S.,Propeck-Zimmermann,E.,& Mericskay,B.(2011).GeoWeb and crisis management:Issues and perspectives of volunteered geographic information.*GeoJournal*,Epub ahead of print.Accessed January 4,2012.doi:10.1007/s10708-011-9423-9.

Ron,L.(2008).Google maps = Google on maps.http://blip.tv/oreilly-where-20-conference/lior-ron-google-maps-google-on-maps-975838

Shirkey,C.(2006).Power laws,weblogs,and inequality.In J.Dean,J.W.Anderson,& G.Lovink (Eds.),*Reformatting politics*(pp.35-42).New York:Routledge.

Swanson,B.(2007).The coming exa flood.*Wall Street Journal*(January 20).http://www.discovery.or g/scripts/viewDB/index.php? command=view&id=3869.Accessed March 1,2010.

The Economist(2003).The revenge of geography.http://www.economist.com/node/1620794

Travers,J.,& Milgram,S.(1969).An experimental study of the small world problem.*Sociometry*,32,425-434.

Warf,B.(2008).*Time-space compression:Historical geographies*.London:Routledge.

Warf,B.(2010).Uneven geographies of the African Internet:Growth,change,and implications.*African Geographical Review*,29(2),41-66.

Warf,B.(2011).Geographies of global Internet censorship.*GeoJournal*,76(1),1-23.

Warf,B.,& Sui,D.(2010).From GIS to neogeography:Ontological implications and theories of truth.*Annals of GIScience*,26(4),197-209.

第一部分　公众参与和公民科学

第2章

理解 VGI 的价值

Rob Feick　Stéphane Roche

摘要:伴随地理信息(GI)在社会各个领域的广泛应用,以及对 GI 的经济文化和社会价值的深入认知,投入生产 GI 方面的时间、资金和其他资源不断增加。尽管过去做了很多努力,但我们量化 GI 价值的能力和对如何来定义价值的理解还很有限。最近志愿式地理信息(VGI)的出现又对(V)GI 价值的理解提供了不同方面的信息。本章讲述 VGI 的使用和生产是如何对我们理解 GI 和 VGI 的价值带来挑战的。通过回顾传统的 GI 价值量化过程,本章论述了 VGI 应用和生产的显著特点,即引进新视角进行价值评定。特别要提出的是,本章提出了一些隐喻(偶然意想不到的发现、Debord 的“心灵漂流”隐喻、乐高积木理论)来帮助我们理解 VGI 的价值,以及利用“适用性”理念来指导用户在实际应用中评估 VGI 价值的方法。

2.1 引　　言

越来越多的证据表明,许多公共的、私有的和非政府机构的决策者意识到地理信息(GI)具有或者可以具有很大的价值(Crompvoets et al. 2010)。价值的定

Rob Feick(✉)
滑铁卢大学规划学院(School of Planning, University of Waterloo),加拿大,安大略省,滑铁卢市
E-mail: rdfeick@uwaterloo.ca

Stéphane Roche
拉瓦尔大学地理系(Département des sciences géomatiques, Université Laval),加拿大,魁北克省,魁北克市
E-mail: Stephane.Roche@scg.ulaval.ca

义是相当多变的,然而至少是在字面上,对"value"这个术语的广义理解就是重要性和价值(Longhorn and Blackemore 2008)。在空间数据基础设施、制图机构、空间数据集等方面的公共开支,及对以 GI 为中心的产品和服务方面正在扩张的私人投资(如通用汽车公司的安吉星 OnStar,甲骨文公司的 Oracle Spatial),都是说明 GI 经济重要性的最好例子。同样,对 GI 也有社会价值的考虑(Rache et al. 2003),尤其是由于 GI 的分布不平衡导致的机会不均,大幅度地促进了公众参与式 GIS(PPGIS)的研究和实践。

即使我们基本达成了这样一个共识,即 GI 拥有非常显著的经济价值和社会价值,但我们对如何定量甚至定性描述这种价值的认识还非常有限(Crompvoets et al. 2010;Longhorn and Blakemore 2008)。迅速崛起的用户生产的或志愿式地理信息(VGI)作为空间数据应用和生产的补充模型,对理解 VGI 或者 GI 的价值提供了新的视角(Goodchild 2007)。其中一些变化,比如广告支持的地理信息商业模式公司意识到通过用户生成和众包的数据带来的成本节约相对容易概念化和赚钱,因为它们在某种程度上可以看成过去做法的变种和改进(Rana and Joliveau 2009)。与此相反,鉴于传统的价值评估方法,VGI 的社会政治学维度更加有趣,也更加问题重重。例如,在生产和使用 VGI 的演变过程中,诸如谁受益和多大程度受益这些问题变得越来越难以驾驭,因为地理网络上的社会联系,其特性是瞬时发生的,并且事件位置相当具体(Elwood 2010)。类似地,对 VGI 表达、过程和结果的价值进行概念化更具有挑战性,因为相比之前的时代,在 Web 2.0 时代,构成"地理信息"的边界在本质上更加不确定和不透明(Haklay et al. 2008)。

本章主要介绍了 VGI 价值的几个方面,并较为概括地说明了 VGI 的应用和生产是如何给我们对 GI 和 VGI 的价值理解带来挑战的。讨论的基础建立在以下两个方面:一是讨论价值的概念是如何定义的,又是怎样应用到地理信息中的;二是简要回顾评估传统或权威 GI 的内容和途径。接着讨论 VGI 的显著特征,这需要重新审议传统的评估方法。本章的最后提出一些比喻,这些比喻帮助我们理解 VGI 的价值,而且提供了利用"适用性"概念指导用户评估 VGI 实践价值的方法。

2.2 对价值和地理信息价值的定义

尽管"价值"在通常的论述和学术研究中都经常出现,但若要给它下个准确的定义却有一定的难度。Rodriguez(2005)指出,"价值"的哲学意义和经济意义具有很大差别。从哲学视角看,价值在大多数情况下与个人信仰相关,与道德、伦理和行为等概念相联系，用于评判个人或者社会行为是否正确。这个概念对讨论信息技术的道德用途和地理信息技术的社会影响是极为重要的，体现在诸如 GI 行业中的行为规范（如 GIS 认证协会的道德规范），以及处于争议中的 GI 技术尤其是在隐私和审查方面的社会影响（Perkins and Dodge 2009；Pickles 1995；Elwood and Leszczynski 2011）。广大 GIS 科学研究团体对这项研究都有浓厚的兴趣，在本章中价值被看作特定商品或服务的经济价值和重要性。

经济理论中有一些具有历史传承的价值概念，如效用、利益和支付意愿，一直被用来探讨诸如消费者行为的理论、政府的支出模式和保护濒危动物的经济学意义等各种课题（Musgrave 1939；Tiebout 1956；Richardson and Loomis 2009）。尽管它在经济学理论中处于中心地位，但经济学家长期以来一直致力于通过共同的货币视角来看待价值，来抓住这个概念的多面性 。例如，私有或近私有物品（如排他的、竞争的）的价值基本很好地反映了其价格、产量、分配和成本（Genovese et al. 2009a）。与此相反的是，那些具有公共或公有特性的物品或服务（如国家公园、清洁的空气、海洋渔业资源），其价值就不那么容易地被货币化，因为当潜在用户不能通过定价或者通过某些专属产权机制被排除时，市场就失效了。有些物品或服务（如公共健康、通信系统）对个人和整个社会都非常有用，尽管衡量的方式不一样。另外，有些物品或者服务从文化或者政治角度看非常有价值，比如宗教和历史建筑，甚至在对其重要性已经达成共识的情况下，量化其在各领域的价值仍存在相当大的困难。地理信息具有个人和公共商品或服务的典型特征（如地籍、土地覆盖、道路网），这使得通过货币或者其他普适性的方式去衡量其价值会出现问题。

不管价值是否通过货币或定性方式（如生活质量指数）这样的经济指标表达，很显然，价值是相对的和动态的。只通过我们个人的经验，就可以知道特定商品或服务的价值是随着每个人的喜好、商品的用途、所用的耗材和消费的处境而变化的。例如，一个人在陌生城市旅行过程中对旅行地图视若珍宝，但却在回来后弃之敝屣，相应地，一位对这座城市拥有第一手知识的人可能根本感觉不到旅游地图的价值。

价值因情况而异的特点使地理信息评价变得复杂。第一，只有在被应用到适当的问题和任务时，信息才能被认识到其主要的潜在价值（Longhorn and Blakemore 2008）。通过这种方式，信息产品的价值（如网络流）催生了一些应用（如水文建模），而不是由其他（如交通规划）和选定的用户催生的。第二，信息是无形的产品，而且由于某人使用信息时其他人对该信息的利用并不会受到影响，因此信息也通常类似于公共物品；然而，应用信息是要经过许可的，关于版权和保密性的考虑意味着它也近似为法律意义上的私有物品。在这些情况下，经过传统、权威过程生产的地理数据的价值可以依据投入（如劳动力、时间、软件、分发等成本)和产出来量化。第三,很多与GI应用有关的利益本质上是无形的或者被定性的。例如,投资GIS、空间数据基础设施和相关的技术,不仅是合理的成本节约或经济上的收益,也会带来重要但却难以量化的好处,如改善决策、客户服务、公共安全或社会实用价值(Roche and Raveleau 2009; Obermeyer 2006)。

2.3 权威GI价值的定义方法

正如Genovese等(2009a)提到的,评价以地理信息为代表的数字信息产品服务和数字基础设施的价值具有挑战性,原因如下:第一,在GI本身的定义没有统一的情况下,定义和评估GI的价值是很复杂的。此外,即使价值中可定量的部分,即生产、更新、销售和分发一个数据集的费用等可以合理估算,GI价值的定量尺度也是很难估计的。Longhorn和Blakemore(2008)同样指出,在不同个体和组织之间,一个给定数据集的价值经常会因用途、资源和目的不同而变化。以这种思路,他们考虑了GI的外部特性,将GI价值与满足用户需求和期望的能力联系起来。通过这种“适用性”方法,GI的经济价值可以依据它的交换价值和购买者愿意支付的数额来表示。更普遍的是,GI兼具公共和私有物品的特征。改造GI的多级过程(从它最初的形式到生产出新的产品形式)在GI的价值评定过程中是非常重要的。

然而主要由于对官方GI生产商(如政府机构、私有数据销售、代理商)的需求,在过去的15年中一些研究特别致力于探索GI价值和发展其经济评估方法(具体评述见文献Longhorn and Blakemore 2008;Genovese et al. 2009a)。其中大部分工作的核心是提出定量的经济方法和模型来计算GI的经济价值,使用的方法有非线性价格(Krek and Frank 2000)、成本效益分析(CBA)(Halsing et al. 2004)、投资回报率(ROI)(Craglia and Nowak 2006)和避免成本(Didier 1990)。官方和主要公共部门的GI生产者的动机之一就是定义与政府运营有关的GI产品的经济利益。在一些国家,量化GI生产的国有投资对区域和国家经济的净收益的官方研究已经完成,如澳大利亚(ACIL Tasman 2008)、美国(GITA 2007)和加拿大(Natural Resources Canada 2006)。在最近预算限制的背景下,找出成本回收和税收增值的依据是政府的另一个动机。从私营企业的角度看,为了潜在的GI市场和利益最大化的需求,GI生产者一直在尝试确立GI的价值及其边界。空间数据基础设施(SDI)近期向区域范围的扩展,如加拿大魁北克(PGGQ 2004)、西班牙加泰罗尼亚(Garcia Almirall 2008),引起了人们研究SDI投资对于区域和当地的经济价值的更大兴趣。

除信息外，最近几年针对产品和服务，包括价值链和市场划分的方法已经被广泛应用，用于估算 GI 为不同领域和用户带来的价值（Krek 2006；Genovese et al. 2009b，2010）。Longhorn 和 Blakemore（2008，p.38）将价值链定义为：机构在生产、分发产品和服务中的增值过程，包括直接业务（如生产和销售）和非直接业务（如人力资源和资金的管理）。价值是沿着价值链逐步创造出来的；价值链中的定价方法决定最终用户创造的价值在贡献者中的分布模式（Genovese et al. 2010）。在价值链的终端，利润的总和是所有增加的价值之和（Krek and Frank 2000；Longhorn and Blakemore 2008；Genovese et al. 2009b）。虽然价值链被看作评估 GI 价值最合适的途径之一，但它也是最复杂的方法之一，原因就是它有很多必须考虑的描述 GI 生产和传播特性的变量。因此，发展出一个可行的 GI 价值链方法是必要的。

相比使用诸如成本/收益法或者投资回报法等货币方法来估计价值，理解官方 GI 的定性价值是更复杂的事情。通常，社会效益的衡量通过“产出”来表达，例如，服务交付的改进、更好的决策制定、加强弱势群体对公共 GI 和空间信息技术的使用能力。Craglia 和 Novak（2006）指出了因权威 GI 运用而带来的社会-政府利益的三种主要形式：

（1）通过更好地获取信息和更透明负责的政府机制，更好地参与和授权，让消费者和民众获得更好的生活质量，为公众带来利益；

（2）通过提升政府内部或外部利益方的合作，获得更好的政治合法性，更好的决策，更强的服务能力，更好的土地、环境和可持续发展的管理和规划方法，为政府带来利益；

（3）通过不断增长的方法知识、新的商业机会和应用，增加就业，为企业带来利益。

通过经济、社会和政治各个维度来定义官方 GI 的价值仍然存在挑战。即使在对价值的定义达成一致的情况下，也有其固有的复杂性，因为它包含很多变数和与数据固有特性、终端用户特性、不同领域和应用背景下的需求变异性有关的理论和实际的定位问题。大部分已有的方法通常是为用户群的特定目的来定义价值，尽管有时候也会通过成本利益法、乘数效应、投资回报率和价值链等方法将其延伸到更广阔的社会范围中。

2.4 评估 VGI 有哪些不同？

一些迹象表明，上述的官方 GI 价值评价方法至少在一定程度上可以应用在 VGI 中。例如，一些厂商已经有效地转包了数据维护和生产的部分，方法是通过鼓励用户终端提交数据错漏报告。谷歌地图的“问题报告”、佳明(Garmin)的“报告地图错误”和TomTom的“地图分享”是权威GI通过VGI而被推广和加强的典型案例。对企业运营中整合消费者VGI经济价值的定量化是非常困难的,因为它们已经被私有化了,然而从避免成本开销以及由GI服务带来的潜在的、更高的客户黏性方面可以得到类似的估计。类似OpenStreetMap的VGI成熟项目同样也带来了相当大的经济附加利益,因为这些公司通过强化无版权数据资源(如CloudMade),或者依靠免费数据和开源软件(如JOSm,Potlatch,CloudMade和Ushahidi)开发新的地理网络软件和服务,建立了新型的商业模式。

VGI的社会价值在应急制图、人道主义援助和灾害援助领域是很明显的。Goodchild和Glendon(2010)及其他专家(Roche et al. 2011)很好地说明了公众附加地理位置的媒介(如短信、地理标记的影像)可以为救济工作提供帮助。海地目击(Ushahidi-Haiti)平台就很好地表现了这款应用程序处理危机的社会价值。2010年地震三天后就开始启用,两周内就收集到了3000多条援助需求,一半以上是通过短信发送来的。基本的绘图需求也因为地震灾害的发生而增加,原因是近些年海地政府没有绘制过地图,而且政府的地图机构也被地震摧毁了。地震后,由全世界成千上万的网络志愿者自发组织起来的“Drawing Together”地图小组开始了一场制图战役。这些科技志愿者做的这项工作最终由其他主动加入的机构接手,如开放式街道地图(OSM)制图机构,它很快为海地订制了基于OSM的协作制图平台(Roche et al. 2011)。很显然,在类似的情况下对这些可以救死扶伤的信息价值进行定量化是不可能的。此外,鉴于在某些危急情况下,VGI可能是当前地理信息唯一的形式,甚至通过对比私有或者公共部门的替代方案来进行价值评估的方法都不可行。

个人能力的建立,更准确地说是空间支持能力,涉及另外一个VGI的社会价值表现显著的领域。从个人的观点看,Williamson等(2010)所定义的“空间支持能力”指的是一个人应用地理空间信息和定位技术激发自己空间技能和提升自己“空间能力”的能力。Lussault(2007)将“空间能力”定义为人们通过空间与空间本身或在这个空间的人们互动并产生相互作用的能力。因此在当前社会背景下,个体的空间能力不应该与其信息化的机动性和基于位置的实时通信所带来的潜能相分离。一个拥有空间能力的公民的特点是具有表达、形式化、用技术和认知装备自己,当然还有自觉和不自觉地高效运用空间技术的能力。我们认为,参与VGI项目是人们提升自身空间能力的有效方法之一。这种提升是VGI社会价值的另一个方面。对一个群体或者一个组织乃至社会,提升空间支持能力是地理附加值的一部分。

前面提到的这些引人注目的案例说明,至少大概估计特定类型VGI的相对价值是可能的。然而,如何估计或者这种价值能否被估计,价值的哪些维度最为相关,VGI 对哪些人是有利的、对哪些人是有弊的(如侵犯隐私),这些问题尚不明确。这是因为 VGI 的价值不像权威 GI,而是由志愿者上报数据本身固有的特点及这些数据生产和应用的社会过程两个方面共同决定的。产品和过程的两面性在 Goodchild(2007)最初对 VGI 定义时已经提到"……伴随着大量民众间的交互,地理信息的生产中正式鉴定过程却相当缺乏"。作为理解这些问题的第一步,我们下面列举了一些 VGI 的关键特点,正是这些特点使权威 GI 的估值方法在志愿式协作生产的背景下只能部分地适用。为了方便起见,我们通过两个宽泛的和交叉的维度来介绍这些特点,重点放在与 VGI 价值相关的——作为数据的固有特点及它的用户和生产过程。

2.4.1 VGI 数据特点

以专家引领生成的空间数据集经常通过一些本身属性来评价,如分辨率、价格、位置精度以及提供机构的声誉。相较于出版的标准和生成合并的空间数据集总体精度,数据集的很多属性可以通过众所周知的方法进行数据精度检验,如均方根误差(Burrough and McDonnell 1998;Haklay 2010)。空间数据质量长期以来一直被认为是"适合性"的概念,即质量,就像价值一样,不是绝对的,因为给定的数据集对于特定目的和用户需求具有不同的适应性(Chrisman 1983;Devillers and Jeansoulin 2006)。很大程度上"适用性"并不能直接理解为交换价值,因为由顾客的支付意愿来直接报价并不可行。然而在绝大多数情况下,综合数据质量与价格都是呈正相关的(Genovese et al. 2009a;Longhorn and Blakemore 2008)。

相较于权威 GI,根据其属性评价 VGI 数据集的价值受到一些限制。由于 VGI 缺乏市场推动和专业标准,所以关于 VGI 属性的文档和计量方式比专家们生产的 GI 更具有多变性。个人因私人或小团体用途制作 VGI,它们对于编写数据文档没有动力,在这方面同一些专家为内部使用而生产的"工作质量"数据相类似。相反,成熟的 VGI 项目,像 OpenStreetMap 的数据文档就做得非常好,并且允许逐条记录地检查(OpenStreetMap 2011)。

VGI 多样性的本质对它的价值评估提出进一步挑战。正如本书所写的,VGI 涵盖了从感性化甚至是隐私数据(如有地理位置的个人度假照片)和被动上传的个人活动数据(如信用卡消费信息、手机定位跟踪),到准科学的数据(比如动物的目击位置数据、气象爱好者的解读)。总体来说,特定的 VGI 资源与权威的 GI 越接近,并且描述可量化无争议的事件、现象或"事实",就越适合使用传统的基于数据集属性的质量和价值评价体系。VGI 异质性的其他维度对其价值评估引入了不确定性。例如,因为 VGI 取决于业余爱好者的兴趣,所以 VGI 在关注主题上比权威 GI 更加呈现多样性(Goodchild 2008)。在某些方面,VGI 的新形式需要建立在理解空间数据本质、潜在应用以及最重要的用来回顾和延伸价值的基础上(Sui 2008)。最后,VGI数据集的内部异质性是通过许多志愿者努力协同对VGI数据评价来进行评估的,尤其是用来评估数据的准确性和完整性的标准方法,该方法涉及原先设计实施在完全单一个体生产GI上的方法。尽管社区对用户生成内容进行了自我监督,但给定数据集的质量在不同贡献者之间也会有大幅度变化。

2.4.2 VGI的使用和生产过程

从价值的角度来说,VGI的生产和使用过程与权威GI的明显区别是:① 空间数据的使用和生产已经从专家行为转变为由大量的不同兴趣爱好者和业余活动者共同参与的过程;② 空间数据使用者和生产者的界限变得模糊,因为有时我们是数据生产者,有时我们又变成了使用者[如Bruns(2008)定义为“用户生产者”,在GI领域中由Budhathoki等(2008)和Coleman等(2009)详述];③ 数据的生产和使用中组织较为松散,并且不受制于市场推动和像权威GI一样的监管和标准。

在本章中,考虑到VGI价值如何概念化和可操作化,使用和生产过程的净效果更加不确定与多变。从积极的方面来说,既然VGI的生产取决于个人兴趣和目的,导致很多情况下相应的数据就没法由公司和政府机构生产(Goodchild 2008)。有时这些数据仅对其作者有用,有时则生产的是由本地和(或)经验知识构成的丰富数据集(Hall et al. 2010)。这种类型的公众主导空间数据的生产和使用具有明显的社会价值。首先,它可以培养一种自下而上的参与文化,公众可以在数字地图环境下直接表达自己的观点,不必像典型公众参与式GIS(PPGIS)案例一样太多地受制于专家监管和控制(Roche 2011)。其次,参与到协作式的VGI可以通过加强社会网络和专业技能使个人和组织的能力得到提高。另外,在短时间内组织成百上千个松散的志愿者通过分布的方式构建数据的潜力意味着可以比政府甚至公司更快地响应紧急需求,比如在Goodchild和Glendon(2010)强调的危机管理方面。在2011年年初,起源于突尼斯的所谓的“阿拉伯之春”迅速传播到多数北非和中东国家,以及最近的“占领华尔街”运动,都已经清楚地显示社交网络可以多么强大而有效地动员人群。用户制作的基于位置的数据在充满各种思想和观点的社会和空间传播上扮演并将继续扮演重要的角色,尽管它不容易从经济上进行评估。VGI在社会和政策改革以及社会凝聚力上具有很大的价值。

由志愿者组织并带领的VGI的使用和生产过程,不仅仅有经济和社会政治价值方面的积极影响。例如,已经有人关注空间数据生产依赖于“免费”劳动力形成的剥削现象(“地理奴隶”)(Dobson and Fisher 2003;Obermeyer 2008)。另一些人已经注意到目前违反隐私和保密方面仅有少数限制的潜在问题,比如关于哪些可以上报、分享或者通过对个人行为的被动监视来收集信息(比如通过人们的手机挖掘个人活动空间等)。一个这方面的案例是:在过去的两年中,法国学生 Max Schrems 22 次上诉 Facebook(Yahoo! 2011)。缺乏专业的监督和控制,让大家对 VGI 的数据质量和数据用途产生怀疑,尤其是在与权威 GI 做比较时(Grira et al. 2010)更是如此:个人对协作式 VGI 资源的贡献,如志愿者的技术能力、客观性、生产和共享 VGI 的动机等,致使它们价值的不确定性波动相当大(Coleman et al. 2009;Budhathoki et al. 2008;Flanagin and Metzger 2008)。在 VGI 背景下造成这些困难的原因是:这些不确定性不仅取决于所有数据,而且取决于多人参与的数据集中每个个体的特点和记录。最后,志愿者的兴趣改变和某些新兴事件给 VGI 的生产带来的影响在某种程度上是把双刃剑,因为长时间维持积极性是很困难的(Haklay 2010)。这种困难对大多志愿者的社会活动来说普遍存在。因而,如果考虑志愿者从事时间的长短等不稳定因素,VGI 作为可靠的空间数据资源的价值将会减弱。

2.5 从价值链到乐高积木:VGI 是可扩展和可重用的数据组件

本章旨在挖掘 VGI 价值的特殊维度,以及概述 VGI 的使用和生产是如何使我们以相同的方式理解 GI 和 VGI 的价值变得困难。我们已经讨论了 VGI 的典型特征——异质性、时间敏感性、响应能力、基于社会-地理属性等,因此需要重新考虑传统的价值估测算法,而不是去细致发掘传统 GI 价值估测方法如何适用在 VGI 中。此节我们要讨论该领域的新提法,即 VGI 价值的一个更重要方面是它培育创新和学习的潜力。在这方面,创新和学习的驱动因素是使用者特殊且多样的需求及背景、目标,以及直接的内容生产和将其他人的数据进行扩展或重新定义用途的协作成果。本章前面部分主要讲的是 VGI 的产出(数据集和内容)是有价值的,以及潜在的社会-技术过程(学习、链接等)中的价值。实际上,VGI 应该通过提供正规的教育机构以外的学习机会来为地理学认知做贡献。有地理知识的志愿者们可以"记录其观察结果,结合其他人的记录,以及为地理空间模式分析这些结果"(Edelson 2011)。

价值链的概念为理解权威 GI 生产的产业本质和 GI 生产及使用过程之间的区别提供了一个很好的比喻。虽然价值链的某些方面可以应用到很多结构化的 VGI 生产中(如 OSM、圣诞节鸟类统计活动等),但是很明显,它不能适用在其他多数的 VGI 类型中,这些类型中用户为了适应其特定技术和需求,其工作往往涉及更大的范围并且更加有针对性。因此我们提出了另一个比喻,用来进一步认识创新的组织化和矛盾化的特性,这种特性更加适合于 VGI 的环境。Raymond 关于大教堂和集市的隐喻(Raymond 1999)被广泛应用于比较专用和开源软件。专用软件是在高度组织化和盈利导向的背景中开发的,其中有专家团队负责对庞大软件包评估需求、开发和销售。由于专用软件的复杂性、缺少源代码和销售渠道等原因,对专用软件的基础改动基本控制在公司专家的手中。相比之下,开源软件是一些个体或不断变化的用户群体在开放、无秩序的方式下开发的。在这种情形中,创新不是被专家控制而是通过多个独立或共享的不间断的社群所带来的。

大教堂和集市的隐喻在 VGI 的应用和生产方面得到很好的运用。然而 Debord's(1958)的心灵漂流"Dérives"比喻更加丰富和适用,它描述了在 VGI 的生产和应用中偶然创新与社会学习间相互影响的过程。Debord 把"Dérives"或是漂流描述为没有目的地在城市环境中游荡,而不是在经验和生活的叙事网络中去发现和沉浸。就像心理地理学家探索城市空间那样,VGI 的生产者经常在没有预先计划的情况下去挖掘、应用和生产新的 VGI。VGI 中的浏览允许数据生产者使用事先无预期的数据源,发现预期现象并提升 VGI 作为数据和流程的潜在价值。以这种方式,至少 VGI 价值的很多方面实际上都跟寻宝(Serendipity)联系起来。寻宝是一个正在演变的概念,被广泛应用在 Web 2.0 的文献中,指的是在无意间通过智慧找到了不寻常的发现,而且最初的目标和最终的结果是完全不同的。

我们不建议 VGI 价值寻宝的维度仅仅建立在对 VGI 进行心灵漂流式探索所带来的偶然发现上。例如,寻宝是受环境的丰富度(比如能够发现什么)和数据生产用户的挖掘能力限制的(Bourcier and Van Andel 2008)。更重要的是,虽然心灵漂流概念可以很好地解释创新是怎样在个体中培养的,但它并没有充分考虑协同效应,即协同地使用和再利用 VGI 对于创新的作用。还可以有一个比喻,那就是在 VGI 的背景下创新的方式和儿童用乐高积木建造自己的玩具有很多相似之处。一个儿童可以选择一些部件来建造房屋,然而另一个可以用这些东西搭造一辆车,第三个也许会受其他人的工作激励,然后帮助第一个儿童去完成他的房屋,或者把同伴的"产出"直接拿过来,根据他自己的偏好和能力去修改或再利用。就此而论,不同的 VGI 的数据集就像那些积木一样,可以在协作式的 Web 2.0 环境中通过数据联合构建或者混合汇编的方式扩充或重新利用。

从多种角度看,这些比喻可以帮我们将 VGI 生产过程的创新与个人和社会学习过程的价值相联系并概念化。然而,在确立 VGI 的价值中将一个有趣的隐喻转换成一个可行的过程仍是一个实质性的挑战。一个有效方法就是加强 Web 2.0 模型的协作能力,让用户去对 VGI 的价值进行基于社区的评估。例如,

Grira 等(2010)使“适用性”概念适合于描述有关 VGI 数据集质量的不确定因素如何根据用户对不同任务的适应性评估而被解决。我们建议应该做一个类似“适用性”的替代品,为特定 VGI 数据集及其处理过程对用户的价值提供大规模的估测。这些以用户为主体的 VGI 评估和那些饭店及景点的评价网站(如 Yelp! 和 TripAdvisor)扮演着同样的角色。由此说明,即使是很简单的用户评价或说明都能够为群体学习、创新和交流提供基础,也能够促进识别数据集对于什么样的用途和用户是有价值的。更重要的是,这种大规模价值评估形式可以从令人感兴趣的视角说明个人或团体为了重塑和重定义如何使用 VGI 来表现和理解位置(Graham and Zook 2011)。

2.6 总结与结论

本章的目的是调查日益发展的 VGI 及其在企业、政府和公众中的生产使用模式是如何改变我们对地理信息价值的理解的;然后讨论如何总体地定义价值的概念,以及随之而来的信息价值评估,并综述多种传统的 GI 评估方法。考虑到地理信息的用户、应用和本地化需求实际上都是非常多变的,价值因物而异的本质尤其重要。由于 VGI 的独有特性,对 GI 背景敏感价值的论证其实在 VGI 的背景下更为适合。作为数据资源,缺少专家监督、缺乏专业标准和 VGI 在主题、媒介和空间尺度原本的异质性,是造成 VGI 数据价值评估如此复杂的主要原因。而更加复杂的是个人群体生产 VGI 的社会过程,没有这些过程,生产者们可能无法交互与沟通。适当地运用一些隐喻的方法可以解释其中的复杂性。

我们希望将来能把乐高积木的概念应用并延伸到更加规范的概念中,我们想通过给出一些未来可能的方向来结束本章。因为这个理论的主要基础是每种 VGI 数据集都可被看成是一个可扩展和可重用的数据部件(像是乐高积木块),因此,创建一个更加坚固的概念框架应当以 VGI 本体和评价体系为根基。为了在创建中更加有效,这个本体需要使用来自不同领域、不同生产用户背景和不同目的的 VGI 观测角度的感知来填充。就像 Grira 等(2010)在空间数据不确定性背景下的演示一样,利用用户社区的评价开发一个可操作的 VGI 评估框架很有潜力。考虑到 VGI 异质性的现象,建议这个框架首先应当在更加成熟的 VGI 环境中去测试(如 OpenStreetMap,Wikimapia)。而且,伴随之前对寻宝和心灵漂流两个概念的讨论,笔者建议在认识乐高积木理论最主要的规则和评价其对 VGI 价值评估的作用时,运用坚实的理论也许是最合适的方式。

参考文献

ACIL Tasman(2008).*The value of spatial information:The impact of modern spatial information echnologies on the Australian economy*.Report prepared for the CRC for Spatial nformation and ANZLIC,the Spatial Information Council,Australia.http://www.anzlic.org.au/Publications/Industy/Downloads_GetFile.aspx? id=251.Accessed anuary 2,2012.

Bourcier,D.,& Van Andel,P.(Eds.).(2008).*La Sérendipité:Le hasard heureux*.Paris:Hermann.

Bruns,A.(2008).*Blogs,Wikipedia,second life,and beyond.From production to Produsage*.New York:Peter Lang.

Budhathoki,N.R.,Bruce,B.,& Nedovic-Budic,Z.(2008).Reconceptualizing the role of the user of spatial data infrastructure.*GeoJournal*,72,149–160.

Burrough,P.A.,& McDonnell,R.A.(1998).*Principles of geographic information systems*(2nd ed.).New York:Oxford University Press.

Chrisman,N.R.(1983).The role of quality information in the long term functioning of a Geographical Information System.*Proceedings of the International Symposium on Automated Cartography*(*Auto Carto* 6),Ottawa,Canada,pp.303–321.

Coleman,D.J.,Georgiadou,Y.,& Labonté,J.(2009).Volunteered geographic information:The nature and motivation of produsers.*International Journal of Spatial Data Infrastructure Research*,4,332–358.

Craglia,M.,& Nowak,J.(2006).*Report of international workshop on spatial data infrastructures:Cost-benefit/return on investment:Assessing the impacts of spatial data infrastructures*,*European Commission*,*Directorate General Joint Research Centre*(Technical report).Ispra:Institute for Environment and Sustainability.

Crompvoets,J.,de Man,E.,& Macharis,C.(2010).Value of spatial data:Networked performance beyond economic rhetoric.*International Journal of Spatial Data Infrastructures Research*,5,96–119.

Debord,G.E.(1958).*Théorie de la dérive*,*Internationnale situationniste*,n.2,décembre.http://debordiana.chez.com/francais/is2.htm#theorie.Accessed January 2,2012.

Devillers,R.,& Jeansoulin,R.(Eds.).(2006).*Fundamentals of spatial data quality*.London:ISTE.

Didier,M.(1990).*Utilité et valeur de l' information géographique*.Paris:Presses Universitaires de France.

Dobson,J.E.,& Fisher,P.F.(2003 Spring).Geoslavery.*IEEE Technology and Society Magazine*,47–52.

Edelson,D.C.(2011)."GeoLearning":Tricorders–The next tool for geographic learning? *ArcNews*,Winter 2010/2011.http://www.esri.com/news/arcnews/winter1011articles/tricorders.html.Accessed January 2,2012.

Elwood,S.(2010).Geographic information science:Emerging research on the societal implications of the geospatial web.*Progress in Human Geography*,34(3),349–357.

Elwood, S., & Leszczynski, A. (2011). Privacy reconsidered: New representations, data practices, and the geoweb. *Geoforum*, 42(1), 6-15.

Flanagin, A.J., & Metzger, M.J. (2008). The credibility of volunteered geographic information. *GeoJournal*, 72, 137-148.

Garcia Almirall, P., Bergadà, M.M., & Queraltó Ros, P. (2008). The socio-economic impact of the spatial data infrastructure of Catalonia, European Commission, EUR 23300 EN. Accessed January 2, 2012.

Genovese, E., Cotteret, G., Roche, S., Caron, C., & Feick, R. (2009a). Evaluating the socio-economic impact of geographic information: A classification of the literature. *International Journal of Spatial Data Infrastructure Research*, 4, 218-238.

Genovese, E., Roche, S., & Caron, C. (2009b). The value chain approach to evaluate the economic impact of geographic information: Towards a new visual tool. In B. van Loenen, J.W.J. Besemer, & J.A. Zevenberger (Eds.), *SDI convergence: Research, emerging trends, and critical assessment* (pp. 175 - 187). http://www.gsdi.org/gsdiconf/gsdi11/SDICnvrgncBook.pdf. Accessed January 2, 2012.

Genovese, E., Roche, S., Caron, C., & Feick, R. (2010). The ecoGeo cookbook for the assessment of geographic information value. *International Journal of Spatial Data Infrastructure Research*, 5, 120-144.

GITA (2007). Building a business case for shared geospatial data and services: A practitioners guide to financial and strategic analysis for a multi-participant program. http://www.fgdc.gov/policyandplanning/50states/roiworkbook.pdf. Accessed January 2, 2012.

Goodchild, M.F. (2007). Citizens as voluntary sensors: Spatial data infrastructure in the world of Web 2.0. *International Journal of Spatial Data Infrastructures Research*, 2, 24-32.

Goodchild, M.F. (2008). Commentary: Whither VGI? *GeoJournal*, 72, 239-244.

Goodchild, M. F., & Glennon, J. A. (2010). Crowdsourcing geographic information for disaster response: A research frontier. *International Journal of Digital Earth*, 3(3), 231-241.

Graham, M., & Zook, M. (2011). Visualizing global cyberscapes: Mapping user-generated placemarks. *Journal of Urban Technology*, 18(1), 115-132.

Grira, J., Bédard, Y., & Roche, S. (2010). Spatial data uncertainty in the VGI world: Going from consumer to producer. *Geomatica*, 64(1), 61-71.

Haklay, M. (2010). How good is volunteered geographic information? A comparative study of OpenStreetMap and ordnance survey datasets. *Environment and Planning B*, 37, 682-703.

Haklay, M., Singleton, A., & Parker, C. (2008). Web mapping 2.0: The neogeography of the GeoWeb. *Geography Compass*, 2(6), 2011-2039.

Hall, B., Chipeniuk, R., Feick, R., Leahy, M., & Deparday, V. (2010). Community-based production of geographic information using open source software and Web 2.0. *International Journal of Geographic Information Science*, 24(5), 761-781.

Halsing, D., Theissen, K., & Bernknopf, R. (2004). A cost-bene fi t analysis of the National Map. Circular 1271, U.S. Department of the Interior, U.S. Geological Survey, Reston, Virginia. http://pubs.

usgs.gov/circ/2004/1271.Accessed January 2,2012.

Krek,A.(2006).Geographic information as an economic good.In M.Campagna(Ed.),*GIS for sustainable development*.Boca Raton:Taylor and Francis.

Krek,A.,& Frank,A.U.(2000).The production of geographic information–The value tree.*Geo-Informations-Systeme–Journal for Spatial Information and Decision Making* 13(3),10–12.ftp://ftp.geoinfo.tuwien.ac.at/krek/3226_value-tree.pdf.Accessed January 2,2012.

Longhorn,R.,& Blakemore,M.(2008).*Geographic information:Value,pricing,production and consumption*.Boca Raton:CRC Press.

Lussault,M.(2007).*L' homme spatial:la construction sociale de l' espace humain*.Paris:Seuil.

Musgrave,R.A.(1939).The voluntary exchange theory of public economy.*Quarterly Journal of Economics*,53(2),213–237.

Natural Resources Canada(2006).*Résultats du recensement 2004 de l'industrie géomatique*(Technical report).Sherbrooke:Natural Resources Canada.

Obermeyer,N.(2006).Measuring the bene fits and costs of GIS.In P.Longely,M.Goodchild,D.Maguire,& D.Rhind(Eds.),*Geographical information systems:Principles,techniques,management and applications*(2nd ed.,pp.601–610).Hoboken:Wiley.

Obermeyer,N.(2008).Thoughts on "Volunteered(Geo)Slavery".http://www.NCGIA.ucsb.edu/projects/VGI/docs/position/Obermeyer_Paper.pdf.Accessed January 2,2012.

OpenStreetMap (2011). OpenStreetMap Changesets. http://www. openstreetmap. org/browse/changesets.Accessed January 2,2012.

Perkins,C.,& Dodge,M.(2009).Satellite imagery and the spectacle of secret spaces.*Geoforum*,40,546–560.

Pickles,J.(1995).*Ground truth:The social implications of geographic information systems*.New York:The Guilford Press.

Plan géomatique du gouvernement du Québec(PGGQ).(2004).*Profil financier de la géomatique des ministères et des organismes*(Technical report).Ministère des Ressources naturelleset dela Faunes,Québec,23.

Rana,S.,& Joliveau,T.(2009).NeoGeography:An extension of mainstream geography for everyone made by everyone? *Journal of Location Based Services*,3(2),75–81.

Raymond,E.S.(1999).The cathedral and the bazaar:Musings on Linux and open source by an accidental revolutionary.Cambridge,MA:O' Reilly.

Richardson,L.,& Loomis,J.(2009).The total economic value of threatened,endangered and rare species:An updated meta-analysis.*Ecological Economics*,68,1535–1548.

Roche,S.(2011).De la cartographie participative aux WikiSIG.In O.Walser,L.Thévoz,F.Joerin,M.Schuler,S.Joost,B.Debarbieux,& H.Dao(Eds.),*Les SIG au service du développement territorial*(pp.117–129).Lausanne:Presses polytechniques et universitaires romandes.

Roche,S.,& Raveleau,B.(2009).Social use and adoption models of GIS.In S.Roche & C.Caron(Eds.),*Organizational facets of GIS*(pp.115–144).London:ISTE Ltd/John Wiley.

Roche,S.,Sureau,K.,& Caron,C.(2003).How to improve the social-utility value of geographic information technologies for the French local governments? A Delphi study. *Environment and Planning B: Planning and Design*, 30(3), 429–447.

Roche, S., Propeck-Zimmerman, E., & Mericskay, B. (2011). GeoWeb and risk management: Issues and perspectives of volunteered geographic information. *GeoJournal*. doi: 10.1007/s10708-011-9423-9.

Rodriguez, P.O. (2005). *Cadre théorique pour l'évaluation des infrastructures d'information geospatial*. PhD thesis, Département des Sciences Géomatiques, Faculté de Foresterie et de Géomatique, Laval University, Québec.

Sui, D. (2008). The wiki fi cation of GIS and its consequences: Or Angelina Jolie's new tattoo and the future of GIS. *Computers, Environment and Urban Systems*, 32, 1–5.

Tiebout, C.M. (1956). A pure theory of local expenditures. *Journal of Political Economy*, 64(5), 416–424.

Williamson, I., Rajabifard, A., & Holland, P. (2010). Spatially enabled society. *Proceedings of the FIG Congress* 2010, "*Facing the Challenges–Building the Capacity*", *Sydney*. http://www.fi g.net/pub/ fi g2010/papers/inv03%5Cinv03_williamson_rajabifard_et_al_4134.pdf. Accessed January 2, 2012.

Yahoo! (2011). Austrian student takes on Facebook. http://news.yahoo.com/austrian-studenttakes-Facebook-074701796.html. Accessed December 7, 2011.

第3章

志愿式还是贡献式？来源于公众的地理信息的重要区别

Francis Harvey

摘要:地理学者、规划人员和其他人员越来越多地将地理学中的众包(来自公众的)数据归类为志愿式地理信息(VGI)。但是“志愿”这个词是否适合所有类型的众包地理信息呢？本章我们通过其中的一个伦理标准来区分源于公众的数据:只有遵循“选择性加入”(opt-in)的数据收集才算是志愿式的;遵循“选择性退出”(opt-out)的数据收集是贡献式地理信息(CGI)。选择性加入协议使数据收集清晰并且可控,以及有意识地去再利用。相比之下,选择性退出的协议十分开放,在开始收集数据时可控性有限。本章讲到将贡献式众包数据从志愿式中区分开十分重要,因为这样可以理解各种来源的公众数据的本质,还能够帮助我们认识到可能的偏差。在最后的结语中,讨论了CGI和VGI之间的这种区别,尽管区别简单,但对数据在VGI应用中“适用性”的评估很有价值。松懈的管理甚至渎职,会产生不准确和有偏差的众包数据,而按照因食物产品而闻名的“标识真相”原则,区分CGI和VGI,可以帮助识别这些状况。

Francis Harvey
明尼苏达大学地理系(Department of Geography, University of Minnesota),美国,明尼苏达州,明尼阿波利斯
E-mail:fharvey@umn.edu;francis.harvey@gmail.com

3.1 引　　言

在很多讨论中,众包地理信息被直接称为"VGI"(Goodchild 2007)。本章考虑了志愿式的含义,以及讨论在众包数据应用和获取过程中是如何按伦理标准将志愿式和贡献式加以区分的。这个问题有很多方面,大多数人认为,人们自由选择收集到的数据就是志愿式数据。当收集数据的过程自动、开放或者不受控制时,再用志愿式来描述可能并不合适。而当数据收集时有所选择,或是不怀好意地用模糊的"众包"术语去掩盖采集失准、有偏差或者甚至是完全渎职等问题时,区分采集和参与方式对评估数据质量将会非常有价值。本章从介绍 CGI 和 VGI 的一个简单区别入手,接着介绍 "选择性加入"和"选择性退出"的协议在清晰度和控制性方面的区别,认识这种区别有助于正确评估众包数据的价值(表 3.1 和表 3.2)。OSM(OpenStreetMap)数据和 Geocaching 数据都有关于"选择性加入"志愿式地理信息的例子。而"选择性退出"式众包或贡献式数据的例子包括移动手机追踪和 RFID 交通卡。本章以一个建议结束:使用来源于公众的数据时要从 CGI 中区分出 VGI,这可以提供数据的出处或起源的信息。VGI 和 CGI 的区别帮助我们理清数据收集、应用和利用潜力的基础过程,帮助我们回答用户对来源于公众的地理信息的起源和质量的疑问。重点是让数据生产者和使用者理解众包地理信息的关键特点,帮助我们更清晰和更好地对数据质量做出评估。

表 3.1　志愿式(选择性加入)和贡献式(选择性退出)众包数据采集的清晰度与控制性的简单区别

	志愿式(选择性加入)		贡献式(选择性退出)	
	采集	再利用	采集	再利用
清晰度	+	?	?	?
控制性	+	?	-	-

注:"+/-"分别表示可能和不存在;"?"表示不确定。

表 3.2　志愿式与贡献式地理信息的关键区别

选择性加入(志愿式)	选择性退出(贡献式)
清晰并具体	模糊并概括
对数据采集进行控制	对数据采集没有控制
对数据再利用有限地控制	对数据再利用没有控制

3.2 志愿还是贡献:公众数据的重要区别

公众地理信息在信息社会已经无所不在了(Dobson and Fisher 2003;Goodchild 2007)。例如,在用户没有任何察觉和控制的情况下从智能手机采集的数据,其细节和数量令人吃惊。2010年,德国绿党成员Malte Spitz提起诉讼,然后收到了服务商提供的7个月中的手机详细使用记录,其中位置数据上的细节让他震惊。在这段时间手机上传了他的35 831条个人记录,单条或是成批的,可以拿来建立他的活动档案:他走过了哪条街,他什么时候乘坐了火车或者飞机,他在哪里工作,他喜欢去哪儿喝杯啤酒,甚至他何时何地睡的觉(Biermann 2011)。智能手机不断地采集着用户的详细数据,除非用户关机或者关闭定位服务。

最近,关于收集公众位置信息的案例在激增,而且通常我们不会察觉,也不知道其用途(Liptak 2011;National Research Council 2007;Acohido 2011)。很多人报告他们手机的定位在不知情的情况下被打开。苹果、谷歌和微软公司在过去的2010—2011年都面临着尴尬的境地:工程师们发现海量的位置数据被记录并传送到移动设备应用程序和服务运营商,而用户往往不知情。更糟的是,关闭定位服务并不管用,而保护定位信息的唯一方法是关机。技术和隐私问题已经超出了本章的范围,但是近来这些用户的定位信息引发的小骚动指向了定位隐私的重要性及其社会认知。它同样也指出了数据收集和再利用(重新使用,而不是简单应用)之间的复杂关系。虽然定位隐私和监管问题是手机应用这一更大问题中的一部分,但是来自公众的地理信息已经可以让公司和政府知道并预测人们的活动了。

公众地理信息是志愿式还是贡献式的区别是本章的关键部分。利用这个区别,“标识真相”的概念按照实用的道德观点帮助我们解释公众地理信息的出处、评估其适用性、决定松散标准甚至不尽职的行为是否削弱数据的准确性(参见本书第17章)。接下来在对基础概念回顾之前,我们使用Malte Spitz手机的例子为这个区别提供一个最初的例证。假设他和大多数人一样签订了合同,授予运营商收集数据的权力,他算是自愿同意运营商对他进行位置信息采集吗?不管出于是技术上、市场上还是其他目的,运营商要采取什么措施才能正当地使用数据?其他公司可以购买来自Malte Spitz先生的这些或原始或汇总或隐去姓名的数据吗?分清志愿式和贡献式的区别不但可以帮助我们评估当前的数据,还可以评估所有被标记为来源于公众的数据。在用户的控制内采集的公众数据就是志愿式的,而用户无法控制或只能有限控制的公众数据则是贡献式的。

对Malte Spitz的遭遇来说,他只能去法庭才能获得自己的数据十分荒诞,但实际上在这件事情中他自己的权力是被合同限制了。无论如何,这一步的必然性进一步证明了这些数据是贡献式的。合同中限制个人定位数据权限的条款不在少数。在我们兴奋地开始使用技术软件或硬件时,我们通常直接在冗长的用户协议中最后勾选“同意”,而忽略其中关于位置信息的收集和第三方应用的信息。而在很多情况下,由于对隐私和手机的应用关注开始增加,提供位置信息的可选项直接被去掉了。

地理信息是志愿式的还是贡献式的,两者的区别为公众数据和之后的应用提供了宝贵的标准。一种直截了当的区分是,我们有意选择采集的数据,例如,在共享网站或社交网络上传的有地理标记的照片;自动采集的数据,例如,来自固定式大气监测传感器或其他传感网的数据。当考虑到细节时,由公众的设备而来的地理信息,其收集和应用是非常复杂的。但是明确志愿式数据和贡献式数据的根本区别为做出这一关键选择提供了实用的方法。我们主动上传到社交网站的照片完全由我们控制,很明显是志愿式信息。如果同一张照片被网站用来为这项功能做广告,而且是在没有本人知情和允许的情况下,这种情况就变成了贡献式信息。而当照相者拥有访问权和再利用权,但网站仅使用照片的位置信息去分析用户并把整合后的信息卖给广告商时,情况就愈加复杂了。采集中最根本的区别在于,是公开采集地理信息,还是不受控制地采集甚至是有目的地让用户不去参与。用户参与管理数据以及管理派生物的访问和使用权限时,其方式的区别也需要重视。在认清采集和再利用数据的目的时这些区别可能会被反映出来,同时在对采集和再利用数据的管理能力分析中也可以得到体现。

按照这些区别,志愿式地理信息就是采集和再利用的目标和管理非常清晰的众包信息。CGI 指的是在用户当时没有知晓和明确指示下,通过能够记录位置的移动通信技术采集的地理信息。而 VGI 是在用户知道并确认的情况下采集的地理信息。CGI 和 VGI 的代表性例子有:在手机的使用过程中收集的地理信息(CGI)、在汽车导航系统的操作中收集的地理信息(CGI)、通过地理寻宝活动收集的地理信息(VGI)、OpenStreetMap(OSM)数据集中生产的地理信息(VGI)。

志愿式和贡献式地理信息的区别促使人们思考选择权和其他的重要问题,如公众的地理信息的真实出处、数据再利用的潜力评价、对位置隐私的考虑以及对责任的关注。

3.3 道德与法律问题

这一节主要介绍志愿式和贡献式两者间的道德差异,同时可以反映它们在法律中的表现和原则。Malte Spitz 的故事和其他事例指出,当我们评估对众包数据的贡献和管理收集再利用过程的潜力时，要在伦理方面做出重要选择。与隐私问题相关的是，开发应用程序和实施应用程序的后果可能是广泛的使用和实质的影响。当用许多伦理批评法来处理隐私问题时，实用的伦理学提供了一个有用的框架来处理我们行为的实际后果（Kwame 2008；Critchley 2007；Harvey 2012）。关于公众数据方面的实用伦理准则是，作为采集者我们应该承担可能发生的问题，作为用户我们应该明白我们在做什么。这个准则与对公众数据来源（出处）的考虑相关。为了制定提供公共数据和关于采集、再利用自己所贡献数据的协议，寻求其清晰的结果并且接受管理的各种情况，可以让我们的决定更加合理。因为没有一个普适的价值观在任何时候都适用于所有人，伦理问题和人的决定涉及极大范围的选择。法律和法理则反映了这种多样性，并致力于描绘一个最清楚、最少限制的管理构架，以帮助人们做出恰当的决定。

基于透明和控制区分志愿式和贡献式地理信息的差异，一些关于伦理和法律问题的额外考虑提供了重要背景。从网上讨论开始，在苹果手机上存储个人位置信息的内幕被揭露后，所谓的“定位门”展示了针对隐私和法律责任不同道德姿态的有趣一面（Pogue 2011）。一些参与讨论的人声称，他们对持续和无控制地采集位置信息没有任何意见；然而另外一些人则认为，这距离政府秘密收集公民信息的可怕局面不远了。一些评论家建议我们应该接纳新事物，抛开过时的隐私观念；然而另一些人固执地认为，隐私作为人权应得到保障。对于那些在地理信息方面有经济利益，或是有强烈的专业或个人兴趣的人来说，公众地理信息在伦理、法律、隐私和责任等方面也有一系列相似观点。大量对公共信息获取技术的研究显示，公众的意见分布范围很广，从恐惧到考虑接受甚至积极接受都有（Pew Research Center 2010）。相反，在各种持有矛盾立场的专业团队、学术团队、社会团体中，大部分参与者更愿意直接面对这种挑战和困境（Blakemore and Longhorn 2004）。实际上，法律研究者指出，有必要重新修改过时的法律来应对新技术的各种可能（Samuelson，n.d.）。当前需要应对的是信息提供者的关切和怎样约束合同限制等方面的问题（Onsrud 1995，1997）。

移动技术所面临的发展的、复杂的甚至与法律相矛盾的环境，在思考选择权和个人隐私保护以及在明确公众地理信息来源时，实用伦理概念可能会提供指导。与原则一样有价值的是，情况的复杂性指出了将概念转化为行动或制定政策指导行动的必要性。明确在这些设备及技术开发使用协议中规范的“选择性加入”和“选择性退出”之间的区别，为解释对公众地理信息收集和使用中的选择权提供了一种好的方法，可以将道德转变成地理信息中的技术应用和操作动力（Elwood and Leszczynski 2011）。

“选择性加入”和“选择性退出”的条款，其核心区别首先在于，用户需要去主动管理服务（“选择性加入”式）还是选择无条件地同意所有条件并接受服务

(“选择性退出”式)。“选择性加入”式协议更加灵活和易于管理,例如,可以使用其中一些定位服务但关闭其他服务。而在“选择性退出”式协议中,其用户只能选择使用或者不使用。

大部分利用个人位置信息的软件和应用程序有“选择性退出”的条款,例如,在 2011 年,苹果公司的隐私政策向用户公布了如何关闭推荐的广告[①]。这个开放的 iPhone 软件许可协议[②]解释说,使用定位服务即表明用户已经同意苹果及其合作伙伴收集、维护、处理和使用客户的位置数据,但可以随时取消。然而,第三方的应用程序和服务的隐私权政策及条款可能会有所不同。

为了采集 CGI,信息的生产者和使用者需要接受所有的条款,否则不能使用设备和应用程序。例如,向谷歌公司的 Map Maker 应用提交作品的用户可以发现,其隐私条款和使用协议是“选择性退出”型的:

当您提交了本用户协议后,您已永久、不可撤销、放弃版权、非独家地在世界范围内授权谷歌公司对您的作品进行复制、调整、修改、翻译、出版、展示、公开、分发以及用于制作衍生品。您确认并保证拥有所有必要的权限、同意本用户协议,同时您给予谷歌服务的终端用户访问和使用包括编辑的权力,本协议同样适用于谷歌服务条款[③]。

推特(Twitter)公司的位置服务则是一个“选择性加入”的例子(Trapani 2009)。为了使用“推特”的位置服务,用户必须做出明确的选择,因为在默认情况下是不启用的。在公众地理信息的情况中,相较于来自谷歌的 Map Maker 的贡献式地理信息,开放式街道地图的“制图团队”采集的数据是志愿式地理信息的典型。法律上的差异反映了公司对公众地理信息数据收集和再利用的过程进行阐释和管理的能力。

虽然每个公众数据都有“选择性加入”和“选择性退出”的条款,但变化相当复杂,“选择性加入”(志愿式)和“选择性退出”(贡献式)之间的法律区别触及了志愿的基本道德解释(Cloke et al. 2007)。许多人坚持认为,只有在了解我们贡献的是什么、怎样去贡献以及将来采集的信息可能会被如何使用时,我们才能称之为志愿式。在许多文化中,这种对于志愿分享信息的普遍态度,反映了个人对所有志愿行为的务实理解。为了理解将来的数据再利用,有必要理解再利用的便利性这一务实的概念。

选择性加入的协议使公众数据的采集者明白,他们同意提供的数据是如何采集的,并使他们理解数据再利用开发的可能性,这与广泛接受的志愿原则一致。选择性退出的条款或许明确,但范围很大;同意条款的话意味着对数据采集

---

① http://www.apple.com/privacy

② http://images.apple.com/legal/sla/docs/iphone.pdf

③ http://www.google.com/mapmaker/mapfiles/s/terms_mapmaker.html

和利用失去了管理和控制的能力。这一差异说明了区分收集的数据中来自公众收集的众包信息的重要性，具备了一些控制措施，从收集的众包数据中自动收集，或明确地清除可能影响数据收集和重用的可能性。

3.4 标识的真实性

对众包地理信息本质的阐述要从区分 VGI 和 CGI 开始。不同的标记帮助指示数据来源。数据世系(Provenance)是一个被广泛使用的信息科学术语，指的是可以用来辅助评估信息的来源特性(Simmhan et al. 2005; Moreau et al. 2008; Cheney et al. 2009)。它帮助鉴定数据的适用性，以及辅助鉴别数据收集和处理过程中的宽松标准甚至不正当行为。在20世纪80年代末和90年代初，评定数据来源是开发地理信息元数据的一个基本问题(Lanter 1991; Smith 1996; Bowker 2000; Harvey 2002; West and Hess 2002)。在采集和准备数据的过程中，如果缺少对其处理和测度的第一手资料，如何共享数据将会非常复杂(Goodchild 1992, 1995)，但是用户希望在可以信任数据可靠性的基础上再简单一些(Harvey 2003)。随着互联网的发展，我们解释其中复杂性的能力仍然有限(Chrisman 1994; West and Hess 2002; Tosta 1999)。在这个意义上，"标识真相"的概念指的是一种科学经验主义方法，用来确保信息的来源、处理过程和当前状态可以获得，以及保证在任何需要的时候对信息进行评估(Chrisman 1999)。

在地理信息数据世系中，标识真相是一个简单的准则，用来记录信息在采集、处理和再利用方面的特性，并提供给已有或潜在的用户。作为数据来源的一部分，对于用户来说，CGI 和 VGI 之间的差异就是一个重要的关于质量和误差的"标识真相"指示因子。

对于可用的地理信息来源，由于采集和制作信息需要成本和时间，用户对这种方法可能会有所疑虑。这种怀疑的确反映了重要的实用性问题，但在用户需要根据用途细致地确定数据质量时，评估数据适用性所花费的时间就可以灵活平衡了。考虑到很多人对数据资源有不同的应用，每组质量评估成倍增加的成本和时间远远超过了建立数据来源所需的，使得这项任务更加值得考虑。当然，从 CGI 中区分 VGI 不会增加建立元数据准备工作的时间。

CGI 和 VGI 之间的复杂性以及缺乏明显界限也引发了质疑。例如，一个团体组织或是团体支持的开放式街道地图(OSM)制图团队(mapping party)是 CGI 式的，尽管其中制图成员是志愿的。因为在他们看来，团体的影响会形成明确或者隐含的偏差。CGI 和 VGI 的区别可能与个人观念或认知不太一样，但是它仍然是一种区分采集的种类和厘清数据来源的可行方法。

3.5 为公众地理信息标识真相

知道公众数据是 CGI 还是 VGI 有助于评估公众地理信息的继续利用或再利用的价值。当一个本地的组织利用 OSM 数据来展示违法搭建(占地)的位置,却发现已经有人为警察上传了 OSM 数据,这显示了其中存在(管理)操作的可能性,以及同时了解数据采集者和数据来源的重要性。在另一个情景下,由商户或代理商采集的街区便利店和流动摊贩的公众数据表明,数据来源的特性也非常重要。从 VGI 中辨别出 CGI 并不能回答所有有关数据来源和数据适用性的问题,但接下来,标识真相的原则开始用于区分采集数据的人们及其所扮演角色之间的关系。

本章的主要论点是,标识真相及区分 VGI 和 CGI 公共地理信息,有助于确立数据来源、评定数据质量、评估可能的松懈标准和渎职行为。确定不同级别的透明和控制依赖于数据采集与数据重用的差异。公众数据的复杂性是多方面的。向 Flicker 上传带有定位信息的照片与参与 OpenStreetMap 制图不是简单的一回事,登录 Foursquare 账号和找到推荐的当地餐馆,也不同于你收到附近餐馆的短信优惠券,即那些源自于运营商将你的数据出售给各种公司造成的垃圾短信。

清理和管理个人提供信息是比众包地理信息更大的议题,是移动信息技术应用的一部分,包括公众数据和对位置隐私政策的讨论。由于不可能详尽地预先确定地理信息的重用,保证将来的使用者能够评估和获得数据是非常必要的,那么就应当从区分 VGI 和 CGI 两种地理信息数据开始。

识别 CGI 和 VGI 不仅是一个学术问题。由于公众对个人隐私的关切明显不断增长,它们之间的区别可以帮助地理信息收集者和使用者在忙碌中区分最关键的信息质量(Duval et al. 2002;Kim 1999;Tsou 2002),而不应该用冗长全面的细节去压垮他们。CGI 和 VGI 的区分凸显出一个最基本的差异:对于其他数据来源的分析,如地理信息关于人物、事件、时间、地点、原因和方式等问题都应该被阐述清楚。

生产和发布公众信息时,标识真相是区分 CGI 和 VGI 的一个原则。虽然形势背景和属性精度问题十分复杂,“标识真相”这一术语的使用使得区分两种地理信息变得容易。这两种信息是:通过直接由人管理并对可能的重用有充分认识而采集的信息;没有直接的人为控制和有限甚至没有对重用认识的地理信息。对这种差异的认识将是为信息的用户和进一步的生产者厘清众包地理信息起源的第一步。

3.6 结　　论

志愿式地理信息就是这些。其他类型的信息,如通过自动传感器收集的公众地理数据,作为其他活动部分或遵照选择性退出式协议的信息,都是贡献式地理信息。以伦理概念区分志愿式和贡献式是减少歧义的重要途径。

特别需要指出,这涉及隐私和责任问题。Sui(2008)已经表述了VGI隐私和责任的核心意义,提出了在变化的计算机网络生态系统中VGI将如何发展的重要问题。现在和将来需要考虑的选择如下:当我们制作了地理信息,我们如何把隐私问题考虑进去并阐述地理信息采集和使用的背景和模式? 当我们使用公众地理信息时,我们如何评估信息采集和准备的背景以及模式。

由Michael W.Dobson写作的本书第17章更深层次地讨论了有关数据质量问题。用来弥合CGI和VGI的区别及一个潜在的富有成果的方式是,发布数据质量评估结果的同时,把结果连接到数据库的元数据中,来作为CGI和VGI在标识中基础差异的额外细节。David J. Coleman在其所著章节中讨论了使用这种方法进行传统基础地形图制图。厘清数据质量可以帮助评估数据的适用性,使潜在用户了解尺度相关的差异,并了解可能存在的对精度标准甚至渎职和放松监管的各种行为。如果文件和数据来源足够清晰,采集数据的个体能进行更好的管理和阐述,使用经许可的数据虽然增加了费用,但也许会得到人们的支持。

致谢:除了要感谢2011年在美国西雅图研讨会上的有用的评论和讨论,还要感谢那些为本章内容做出贡献的匿名评论员以及编辑。

参 考 文 献

Acohido, B. (2011). Privacy implications of ubiquitous digital sensors. *USA Today*, January 26, 2011, P1B.

Biermann, K. (2011). Betrayed by our own data. Die Zeit Online, March 26, 2011. http://www.zeit.de/digital/datenschutz/2011-03/data-protection-malte-spitz. Accessed August 26, 2011.

Blakemore, M., & Longhorn, R. (2004). Ethics and GIS: The practitioner's dilemma. In *AGI 2004 Conference Workshop on GIS Ethics*.

Bowker, G. C. (2000). The world of biodiversity: Data and metadata. *International Journal of Geographical Information Science*, 14(8), 739-754.

Cheney, J., Chiticariu, L., & Tan, W. C. (2009). Provenance in databases: Why, how, and where. *Foundations and Trends in Databases*, 1(4), 379-474.

Chrisman, N.R. (1994). Metadata required to determine the fitness of spatial data for use in environmental analysis. In W.K. Michener, J.W. Brunt, & S.G. Stafford (Eds.), *Environmental information management and analysis: Ecosystem to global scales* (pp.177-190). London: Taylor and Francis.

Chrisman, N.R. (1999). Speaking truth to power: An agenda for change. In K. Lowell & A. Jaton (Eds.), *Spatial accuracy assessment. Land information uncertainty in natural resources*. Chelsea: Ann Arbor Press.

Cloke, P., Johnsen, S., & May, J. (2007). Ethical citizenship? Volunteers and the ethics of providing services for homeless people. *Geoforum*, 38(6), 1089-1101.

Critchley, S. (2007). Infinitely demanding: Ethics of commitment, politics of resistance. London: Verso. Dobson, J.E., & Fisher, P.F. (2003). Geoslavery. *IEEE Technology and Society Magazine*, 22(1), 47-52.

Duval, E., Hodgkins, W., Sutton, S., Weibel, S.L. et al. (2002). Metadata principles and practicalities. *D-Lib Magazine* 8(4). http://dlib.org/dlib/april02/weibel/04weibel.html.

Elwood, S., & Leszczynski, A. (2011). Privacy, reconsidered: New representations, data practices, and the Geoweb. *GeoJournal*, 42(1), 6-15.

Goodchild, M.F. (1992). Sharing imperfect data. Available on-line at: http://www.geog.ucsb.edu/~good/papers/228.pdf. Accessed August 26, 2011.

Goodchild, M.F. (1995). Sharing imperfect data. In H.J. Onsrud & G. Rushton (Eds.), *Sharing geographic information* (pp.413-425). New Brunswick: Rutgers University Press.

Goodchild, M.F. (2007). Citizens as voluntary sensors: Spatial data infrastructure in the world of Web 2.0. *International Journal of Spatial Data Infrastructures Research*, 2, 24-32.

Harvey, F. (2002). Visualizing data quality through interactive metadata browsing in a VR environment. In P.F. Fisher & D. Unwin (Eds.), *Re-presenting GIS*. Chichester: Wiley.

Harvey, F. (2003). Developing geographic information infrastructures for local government: The role of trust. *The Canadian Geographer*, 47(1), 28-37.

Harvey, F. (2012). Practical ethics for professional geographers. In M. Solem, K. Foote, & J. Monk (Eds.), *Practicing geography: Careers for enhancing society and the environment*. Upper Saddle River: Pearson Prentice Hall.

Kim, T.J. (1999). Metadata for geo-spatial data sharing: A comparative analysis. *The Annals of Regional Science*, 33(2), 171-181.

Kwame, A.A. (2008). Experiments in ethics. Cambridge, MA: Harvard University Press.

Lanter, D.P. (1991). Design of a lineage meta-database for GIS. *Cartography and Geographic Information Systems*, 18(4), 255-261.

Liptak, A. (2011). Court case asks if 'Big Brother' is spelled GPS. *The New York Times*, online. http://www.nytimes.com/2011/09/11/us/11gps.html. Accessed August 26, 2011.

Moreau, L., Groth, P., Miles, S., Vazquez, J., Ibbotson, J., Jiang, S., Munroe, S., Rana, O., Schreiber, A., Tan, V., & Varga, L. (2008). The provenance of electronic data. *Communications of the ACM*,

51(4),52-58.

National Research Council.(2007).*Putting people on the map:Protecting confidentiality with linked social-spatial data*.Washington,DC:National Academy Press.

Onsrud,H.(1995).Identifying unethical conduct in the use of GIS. *Cartography and Geographic Information Systems*,22(1),90-97.

Onsrud,H.(1997).Ethical issues in the use and development of GIS.*Paper read at GIS/LIS'* 97.Pew Research Center(2010).The future of online socializing.http://pewresearch.org/pubs/1652/social-relations-online-experts-predict-future.Accessed August 26,2011.

Pogue,D.(2011).Wrapping up the Apple location brouhaha.http://pogue.blogs.nytimes.com/2011/04/28/wrapping-up-the-apple-location-brouhaha/? pagemode=print.Accessed August 26,2011.

Samuelson,P.(n.d.).Privacy as intellectual property? http://people.ischool.berkeley.edu/ ~pam/papers/privasip_draft.pdf.Accessed August 26,2011.

Simmhan,Y.L.,Plale,B.,& Gannon,D.(2005).A survey of data provenance in e-science.*ACM SIGMOD Record*,34(3),31-36.

Smith,T.R.(1996).The meta-information environment of digital libraries.*D-Lib Magazine*(July/August).http://dlib.org/dlib/july96/new/07smith.html.

Sui,D.(2008).The wiki fi cation of GIS and its consequences:Or Angelina Jolie's new tattoo and the future of GIS.*Computers,Environment & Urban Systems*,32,1-5.

Tosta,N.(1999).NSDI was supposed to be a verb.In B.Gittings(Ed.),*Innovations in GIS* 6(pp.3-24).London:Taylor and Francis.

Trapani,G.(2009).Details on Twitter's imminent geolocation launch.Smarterware.org.http://smarterware.org/3419/details-on-Twitters-imminent-geolocation-support-launch.

Tsou,M.-H.(2002).An operational metadata framework for searching,indexing,and retrieving distributed geographic information services on the Internet.In M.J.Egenhofer,& D.M.Mark(Eds.),*Proceedings,geographic information science*. Second International Conference,GIScience 2002,Boulder,CO,USA,September 2002.New York:Springer.

West,L.A.,Jr.,& Hess,T.J.(2002).Metadata as a knowledge management tool:Supporting intelligent agent and end user access to spatial data.*Decision Support Systems*,32,247-264.

第4章

元数据的平方：提高志愿式地理信息和地理网络的可用性

Barbara S. Poore　Eric B.Wolf

可以这样说，考虑到地理信息的交互性，可用性不仅适用于系统，还适用于系统所包括的内容：其数据和元数据的结构和描述。这是可用性研究相对薄弱的地方，因此也是研究所面临最大挑战的领域之一。

(Davies et al. 2005)

在以前使用纸质地图的时候，元数据描述的信息只是一幅简单的地图，一些内部的联系仅存于地图的内容和注记之间。然而在数字时代，数据集的概念更为灵活和不固定。

(Goodchild 2007a)

摘要：在信息时代，网络给地理信息的创建和共享方式带来了很多变化。一方面，它的元数据没有改变。静态的空间数据质量描述在20世纪90年代中期被标准化，但这不能适应当前的环境，例如，非专业人士用手机或者其他移动定位设备向网络地图平台提供持续有偏差的数据。(传统)标准地理空间元数据的可用性遭到学术界和新生代地理学者的质疑。本章对元数据进行了系统的讨论，目的是证明正在发生的媒体转变如何影响对元数据的需求。其中展示了两

Barbara S.Poore(✉)，Eric B. Wolf
美国地质调查局地理信息科学卓越中心(Center of Excellence in GIScience，U.S.Geological Survey)，美国，佛罗里达州，圣彼得斯堡
E-mail：bspoore@usgs.gov；ebwolf@usgs.gov

个使用元数据的研究案例:一个是在 2000 年早期的时候,通过一个区域空间数据基础设施实现对环境信息的在线共享;另一个是运用在完全由志愿者创建的开放式街道地图(OpenStreetMap)上的新型元数据。元数据需求的变化正在被测试以满足可用性,这里的可用性包括:元数据支持社区用户协作生产的便利性、怎样提高元数据的检索性、元数据和本体数据间的联系方式是怎样改变的。本章我们讨论的是空间数据基础设施中传统元数据的不足,并提出几条研究建议,使这种元数据在地理网络(GeoWeb)上更容易交互和有效。

4.1 引 言

地理空间元数据通常被称为数据的数据。元数据描述地理空间数据集的内容、特性以及来源。美国联邦地理数据委员会(FGDC)在 20 世纪 90 年代开创了地理空间元数据内容标准,认为元数据对于数据的在线传递至关重要,使用户能够查找、理解和再利用那些与他人共享的数据(FGDC 2000)。元数据可以让有关企业组织更好地管理在地理空间数据上的投资,并提供在线产品目录和数据交换中心的信息(FGDC 2000)。当互联网还处于萌芽期时,元数据的标准就已经出现,从那时起,互联网作为通信和数据交流媒介的角色就已经萌芽了。现在元数据在信息查询和管理 GeoWeb 上的海量地理空间数据中扮演了更加重要的角色(Scharl and Tochterman 2007;Tsou 2002)。

许多与地理空间数据打交道的人认为,元数据不方便、复杂和难以生产,这就出现一个新名词——“元数据瓶颈”(Batcheller et al. 2009;Batcheller 2008;Tsou 2002)。尽管很多 GIS 领域的专家都知道元数据的重要性,但是他们一般也不会把它提上议程。元数据中的悖论是数据生产组织投入花销,但获益的是用户(National Research Council 2001)。数据生产者鼓励他们的人员通过各种各样的方式来生产元数据:直接命令——你应当编写元数据;提供专门的元数据工具;缺失元数据时不允许向系统提交数据。尽管如此,许多数据集还是缺少相关的元数据(最近的例子见 Henning et al. 2011)。

如果对生产者来说元数据存在是否可用的问题,那么对终端用户来说这也同样存在。2010 年,在一个关于地理空间元数据的在线讨论(Fee 2010)上,一个讨论者就指出探索地理空间数据文件内容的元数据,其可用性会受到如数据标题那样简单东西的严重影响:

> 完善元数据标题的创建,这个工作听起来很简单,但是长远来看它真的很重要。从某种程度上来讲,需要用户为其数据创建一个用户友好的标题放在最前面,这样元数据就不是默认的隐晦文件名(Haddad 2010)。

生产者和用户之间的脱节是元数据影响地理空间数据集可用性的关键因素(Comber et al. 2008)。FGDC 收到通过构建数据共享合作关系来改善地理空间元数据可用性的建议,这样可以使数据生产者和用户的关系更为紧密(National Research Council 2001)。但是可用性问题不是专业数据生产者和非专业用户的二元性问题,还有第三个因素,那就是技术(Moore 2010)。互联网技术允许地理空间数据的用户成为数据生产者(Coleman et al. 2009;Budhathoki et al. 2008)。专家理解那些受控的词汇和领域,但他们的解决方案不能扩展。而用户了解本地的背景和使用案例,他们的数量比专家多得多,但是他们未必理解专家的词汇和领域。机器能处理大量的数据并可以通过编程来识别和加工结构数据,但它们在解释与上下文含义方面能力较差。

本章研究从纸质科学到网络科学转变过程中技术媒介所孵化的新型元数据如何产生更有用、更好的交互模型。这种交互模型来源于专业数据生产者、机器(在这里可理解为是结构化程序设计)以及被授权为自己提供数据的用户博弈中。这种新模型颠覆了对元数据的传统观点,即关于数据集的信息是在用户和制造者之间透明的交流系统中进行传输的(Poore and Chrisman 2006)。

探究元数据在地理网络中扮演角色的动力来源于 2010 年美国地质调查局(USGS)承担的一个项目,项目试验了志愿式地理信息(Goodchild 2007b)是否可以整合到 USGS 的美国国家地图中(www.nationalmap.gov)(Wolf et al. 2011)。这个持续进行的项目使用 OSM 社区开发的数据库结构和 Potlatch 2 编辑器,目的是采集和管理那些由志愿者提供的地理空间数据。OSM(www.openstreetmap.org)是一个世界性的开源的街道地图,完全由志愿者创建和维护。为了支持大量用户的并发使用,以及完整记录所有编辑工作,OSM 的数据库存储了节点级别的元数据,这一点许多公共性质的 GIS 都没有做到。

在研究开放和公众的项目怎样能够适用于空间数据基础架构时(Onsrud 2007),作者指出,近期在有关 GIS 的正式科技文献和非正式的在线讨论(我们称之为地理博客)中,对元数据技术讨论的热情日益高涨。一个对"Web of Science"索引的研究表明,关于地理空间元数据的论文从每年一两篇增加到了 2004 年平均 5 篇,也许反映了人们对本体论越来越有兴趣(Rodriguez et al. 2005)。毫无疑问,地理博客不具有很强的学术性,但是它也成为持续讨论元数据的地方。一篇 Fee(2010)写的博客说:"让我们保留元数据吧",引起了 GIS 专家和那些想重塑地图在互联网上角色的新生代地理学者(Turner 2006)的注意。我们评估元数据怎样在地理网络时代被重塑的背景,就是由目前这些期刊文章和博客的讨论中形成的。

我们的论点是现在网上的地图合作项目与之前的机构间数据共享项目(地理空间数据基础设施)有性质上的不同。我们认为,地理信息和元数据是交流的媒介(McLuhan 1964;Sui and Goodchild 2001,2011;Sui 2008),并探索新生代地理学者建立的媒体实践和传统地图(如国家地图)业务之间的关系,从而将公众的贡献整合进来。

媒介的转变具有深远意义,20世纪90年代中期以来,元数据的操作并没有发生多少改变。我们对媒介的变化做个分类,可以得出元数据也需要在以下4个方面与之相适应:

(1) 可用性。这是由用户在与程序或者软件交互时的难易程度来定义的一个质量属性(Nielsen and Loranger 2006)。

(2) 支持用户社区的协同数据生产。非传统地理空间数据用户又被称为新生代地理学者或“公众传感器”(Goodchild 2007b),这些人在网上提供和分享大量的数据。这一变化是Web 2.0的特征(O'Reilly 2005),这种媒介变革需要与当前地理网络的活力和规模相匹配,反映海量数据的即时编辑,以及支持在线传感网应用和基于位置的服务(Pultar et al. 2010)。

(3) 可查找性的需求变化。即一个特定对象被发现或者定位的容易程度(Morville 2005:4),对于个体和系统均适用。

(4) 数据和元数据之间的关系变革。在当前互联网这个无序的环境下,所有的东西都是数据(Weinberger 2007);元数据和地理空间数据已经没有区别了。

为了研究对元数据态度的改变,我们对网上资源、采访、Web 2.0革命前后的信息共享社区研究案例进行分析,主要关注元数据怎样提高地理空间数据的可用性以及元数据本身是如何适应媒体变化的。第一个案例是在20世纪90年代末期,太平洋沿岸地区从事数据共享的一些人建立了一个地区空间数据基础设施,来帮助改善生态环境,缓解本地大马哈鱼的濒危(Poore 2003)。第二个案例是一些非地理领域志愿者的在线讨论内容分析,他们对元数据进行辩论,并使用开源制图平台为2010年海地地震后的街道和建筑物编制地图。最后,我们建议当前元数据范式的替代应该将数据生产者、用户、技术人员带入一个交互系统,在那里用户可以为元数据的生产提供更多输入。

4.2 背　　景

20世纪90年代中期,即在互联网开创初期,FGDC就推动地理空间元数据内容标准(CSDGM)的开发和推广(FGDC 1994)。尽管它作为标准被持续改动和公布,但它的精髓形式得以保留(International Organization for Standardization 2003)。元数据标准的主要目的是帮助大型机构管理地理空间数据,而供应终端用户只是次要目的。元数据标准将通用的元素汇集起来描述地理空间数据,包括数据集标识、数据质量、数据集组织、空间参考系、实体和属性信息、分发约束以及关于元数据生产者的信息(FGDC 2000)。在媒介的转变中,新的媒介往往借鉴和重新定义旧媒介的形式。因为地理空间元数据内容标准(CSDGM)跨越了印刷和数字时代,它将两种早期媒介格式拼凑在一起,即借书证和地图图外注记。

4.2.1 元数据的库模型

传统图书馆的卡片目录中包含了实体的元数据,但这种卡片仅仅是书的一个指针,对书的内容涉及很少。一旦读者已经找到了书架上的书,就不需要元数据了,书就是所需的内容。CSDGM 以及它的后续产品是由一种基于标准通用标记语言(standard generalized markup language, SGML)(International Organization for Standardization 1986)的结构化语言建立的,源自库社区的概念(FGDC 2006; Goodchild et al. 2007)。在元数据标准中关于数据集应该怎样描述信息,是被逻辑约束的生产规则严格定义的,这些规则用来识别许可的元素(或如同关键字的字段),元素怎样组合,哪些元素是复合的,哪些能重复,哪些是所需的,以及在每个元素中允许什么样的表达方式。

这种结构使得可以通过机器来分析元数据记录。设在分布式服务器上用来描述数据集的元数据,被索引和存储在集中式的注册中心或者数字卡片目录中,称为数据交换中心或门户(FGDC 2006)。这些空间数据门户的内容在互联网上不会频繁地整体曝光,例如,被爬虫爬取或被搜索引擎全文索引。或者说,空间数据门户变得专门针对地理信息,并且依靠元数据的逻辑结构来提高搜索精度。例如,一个用户只用元数据记录的关键字就能指定 2009 年美国佛罗里达州的土地利用数据,并且不需要用谷歌搜索上百万的相关网页就能精确获得想要的数据集。

这种数据库模型的一个大问题是要不断地更新和维护目录(Li et al. 2010)。此外,生产元数据非常困难,因为需要面临包含高达 334 种要素的复杂性和高度结构化的标准。这种要严格遵守生产规则的要求比较耗费人力(Shirky 2005a)。由于库模型的陈旧以及复杂的标准,元数据往往从地理空间数据库中分离开来,这就增加了那些从实际数据生产者那里提取元数据,并解决数据融合问题的元数据管理员的工作量(Millerand and Bowker 2009; Schuurman 2009),从而使元数据与生产者及用户之间的距离越来越远。

4.2.2 元数据的地图模型

在已经发现一种潜在数据集记录的同时,用户想进一步得到描述其数据质量和怎样获取它的信息。这就是地理空间元数据内容标准(CSGDM)与图书馆模式的分离之处。元数据指向数据，但有元数据并不意味着就有数据。地图及由其衍生的地理空间数据不会产生用户需要知道的所有内容，这是因为地图仅仅是图像，而地理空间数据是由机器语言来表达的；因此除了自身的作用，元数据还扮演了解释的角色。就像地图图外注记或图例，元数据包括了关于数据集的内容和质量的信息。

在印刷时代，地图图外注记提供了关于作者、位置、比例尺、主题、符号等额外的信息。但最详细的图例也不能完全解释一幅地图（Wood et al. 2010），大多数图例抹去了那些在地图制作和信息精简中的痕迹（Latour 1999）。严格来说，元数据是一种叙事形式（首先我们做这个，然后做那个）。理论上，它特别宽泛，从细节上描述处理的过程，但是在实践中就像地图图外注记一样，它不能向外部用户完全解释清楚数据的起源。在标准的FGDC元数据中，对工作规程的叙述说明被分割成数据元素，并与地理空间数据库隔开，就像地图图廓被切除一样。把元数据从数据中分离出来会使用户在地理网络中感到困惑。

作为检索工具的图书目录依靠的是把元数据从数据中分开，但是这会对用户产生新的可用性问题，致使元数据不能实时反映数据库处理过程中的迅速变化。为了适应地理网络中伴随的媒介改变，元数据必须可以实现交互，并且可以直接嵌入数据中，这是从生产者和用户反映出的变化。

4.2.3 数字时代的交互式和嵌入式元数据

亚马逊网站（Amazon.com）提供了一个元数据在线运行的模型，这个模型展示了生产者、用户-生产者和科技间的三角关系。在亚马逊网站上搜索一本书，网络会生成一个虚拟页面，包括与图书目录类似的描述性元数据，如标题、作者、出版社和出版时间。这个描述性的元数据并非指向真实书本，而是指向怎样购买实体或电子书籍的信息，与FGDC模型很像。此外，亚马逊提供专业的书评，根据用户和其他读者的购买习惯向用户推荐可能会喜欢的书，同时读者可以方便地将其保存到“愿望清单”（wish list）中。通过把书的页面与用户的行为（搜索条目和购买行为）链接起来，亚马逊利用以用户为中心的事务性元数据来加强网站的可用性。除此之外，亚马逊还让用户通过读者评论和页面上的用户列表来互动。这种大多是由网站的用户生成的，不断膨胀的说明性和事务性信息就是元数据，即使它不是正式的和权威的。这种混杂的解释信息都是与一个支持并发同步编辑的标准平台相连接的。

亚马逊的这种行为多少有点像实体图书馆那样，知道书的元数据就可以确定书的位置。但是在目前很多情况下，书籍已经被数字化了。以实体书为例，电子书也可以称为元数据，因为它不是真的书，就像地图不是真正的领土一样

(Korzybski 1933:58)。数据和元数据之间不再有差异。Goodchild(2007a)指出,不仅是数据集,元数据的概念也开始变形。事实上,元数据就是空间数据(Chrisman 1994)。搜索是一种得到书的相关信息的方式,但是其他元数据是通过链接访问的。所以在用户的经验里,亚马逊运用在线模型使自己获得了效益。亚马逊将元数据设置了丰富的说明信息背景,其工作方式按照以上所描述的新媒介模型方式。社区用户产生的关于书的元数据加强了元数据的可用性,同时提高了相关信息的可检索性。

4.3 关于元数据的正式和非正式讨论

现在有两种看似相反的论点,即地理空间元数据不够简单,但同时也不够复杂(这个出现在当前的元数据的相关讨论中)。前者在新生代地理学社区常见;而后者主要出现在学术界。虽然在类型上不同,但它们基本上都是可用性的问题。Goodchild(2007a)指出,数字时代数据和元数据的区别更不稳定。分布式在线制图系统中,地图的可用性比作一幅更易直观使用的地图,界面更加复杂。可用性研究必须从数据及其元数据入手(Davies et al. 2005)。

4.3.1 “保留元数据”:新生代地理学者

最近,“保留元数据”的号召出现在一篇地理博客中(Fee 2010),Fee斥责了FGDC标准可用性差的问题。根据标准生产元数据是非常困难的,而读取典型的元数据同样不易。服务器可以使用XML相互交流,“但是服务器在没有人交互时很少会自己读写元数据,因此现实情况就是工作人员不得不亲自去获取和分析那些形如<XML>YIKES<? XML>的元数据。”(Fee 2010)。这是从美国佛罗里达地理规划中心(Florida GeoPlan Center)下载的一个XML格式的土地利用数据集(图4.1)。在实践中,这种格式很少遇到,更常见的是,元数据以一种更常见的缩进格式呈现(图4.2),但即使是这种更容易被理解的格式,也要求读者做大部分的解码工作,从而回答用户对这个数据集的有关问题。

对于用户来说,关键的是对人物、事件、时间、地点、方式以及原因等问题的解答,但是“元数据中的这些问题很难解析获得”(Fee 2010)。这种关于元数据可用性和用户真正需求的讨论,从本质上改变了那些在20世纪90年代中期,即元数据标准刚被提出时的结论,这说明关于元数据可用性的问题在20年内都尚未解决(Schweitzer 1998)。

像ArcGIS一类的专业GIS软件,在某种程度上可以使元数据的生产更加自动化,但Fee也注意到,当前的GIS软件可以在这方面做得更好。此外,很多在

```
<?xml version="1.0" encoding="ISO - 8859 - 1"?>
< ! DOCTYPE metadata SYSTEM "http : // www . fgdc. gov/ metadata/ fgdc - std -
001 - 1998 . dtd">
<metadata>
    <idinfo>
        <citation>
            <citeinfo>
                <origin>University of Florida GeoPlan
Center</origin>
                <pubdate>20101220</pubdate>
                <title>GENERALIZED LAND USE DERIVED
FROM 2010 PARCELS - FLORIDA DOT DISTRICT 7</title>
                <geoform>vector digital data</geoform>
                <pubinfo>
                    <pubplace>Gainesville,
FL</pubplace>
                    <publish>University of Florida
GeoPlan Center</publish>
                </pubinfo>
                <othercit>FDOT District 7</othercit>
                <onlink>http ://www.fgdl.org</ onlink>
                <lworkcit>
                    <citeinfo>
                        <othercit>Source -
2010 Automated - 2010</othercit>
                    </ citeinfo>
                </ lworkcit>
                < ftname
Sync="TRUE">ETAT.D7_LU_GEN_2010</ftname></ citeinfo>
        </ citation>
```


图 4.1 从美国佛罗里达地理规划中心下载的佛罗里达州土地利用地图的元数据 XML 代码片段

此博客上进行在线评论的人都不用专业 GIS 软件,在 72 条评论里,虽然有一些评论来自学术界、产业界和政府的专业 GIS 用户,但可以看出有许多评论具备新生代地理学的理念。

关于元数据有一个共识,就是元数据需要更简单地生产和整理。有一个评论对所有论点进行了总结,“除非是史前人都能做,否则用户永远不会去读或写有意义的元数据。而且相关的元数据和数据必须一起存储和传输”(Entchev 2010)。

上述的最后一点,将元数据与数据同时存储和传输的必要性,在地理博客上引起了大量讨论。在对这两个研究案例进行比较时,我们展示了元数据的标准方法与开源制图社区的方法之间的区别,前者是由专业 GIS 组织在空间数据基础设施上开发的,而后者是对在个人数据对象级别上存储元数据的数据结构的尝试。

在一个拥有海量信息的时代,可查找性变得极其重要(Morville 2005)。谷歌(Google)让我们习惯于用简单的关键字(土地利用、佛罗里达)去搜索所有需

GENERALIZED LAND USE DERIVED FROM 2010 PARCELS -FLORIDA DOT DISTRICT 7

Metadata also available as

Metadata:

- Identification_Information
- Data_Quality_Information
- Spatial_Data_Organization_Information
- Spatial_Reference_Information
- Entity_and_Attribute_Information
- Distribution_Information
- Metadata_Reference_Information

Identification_Information:

Citation:
Citation_Information:
*Originator:*University of Florida GeoPlan Center
*Publication_Date:*20101220
Title:
GENERALIZED LAND USE DERIVED FROM 2010 PARCELS -FLORIDA DOT DISTRICT 7
*Geospatial_Data_Presentation_Form:*vector digital data
Publication_Information:

Publication_Place: Gainesville, FL
*Publisher:*University of Florida GeoPlan Center

*Other_Citation_Details:*FDOT District 7
Online_Linkage:<http://www.fgdl.org>
Larger_Work_Citation:

Citation_Information:

*Other_Citation_Details:*Source - 2010 Automated - 2010

图 4.2 以缩进格式显示的元数据

要的数据信息,但是这些应用领域目前隐藏在过度复杂的元数据结构中(Gould 2006a)。实际上,如果在 Google 中搜索“土地利用、佛罗里达”,搜索结果的最前面会显示几个 FGDC 的元数据记录,其“关键字”字段最为相近,所以结构化元数据的原始理论是正确的。这对数据的可查找性很有帮助。这个案例中的问题在于对标准的适应不同,以及互联网上整体的元数据记录并没有详尽地被披露。由于需要遵循自上而下式指令,或许这已经让元数据的潜力耗尽。相反,自下而上的、用户生成的分类法或者大众分类法(Vander Wal 2007)可能会更加有效(Gould 2006b)。那些本地产生的等效于元数据标准中关键字段的用户标记,捕获和利用用户标签,这是本地生成的元数据标准的关键字字段,可能会产生一个有助于可查找性的新兴本体,下面将使用 OpenStreetMap 的实例进一步讨论这个问题。

4.3.2 元数据及其意义:地理信息科学

从2005年开始,关于元数据的学术文献迅速增长。从20世纪90年代中期开始,在Goodchild(2007a)对于元数据标准的采用和传播的回顾中,他倡导要以用户为中心,而不是以生产者为中心的元数据,强调了易懂的数据质量检测方式,以及对用户特有需求适用性的评估工具。这与新生代地理学团体的讨论是一致的。

同时,一些研究人员转到了不同的方向,要求提高复杂性,要么采用不同类型的元数据,要么进行进一步的扩展。这些争论主要的中心思想是,目前结构化的元数据,在数据库中理解相异含义或是体现语义时还做得不够好(Comber et al. 2008)。Schuurman和Leszczynski(2006)为帮助数据的互操作性提出了额外的正式元数据类别,并通过人种数据库实现(Schuurman 2008)。就像嵌入元数据中那样,让机器理解语义是非常诱人的,但扩展的元数据标准将会使本已复杂的结构更加复杂化。Gahegan等(2009)研究了网络基础设施中基于社区的知识,并警告单凭本体无法捕捉到真实的含义,因为他们会忽略"使用案例、数据来源、社交网络和工作流程"。

4.4 自上而下的元数据

与空间数据基础架构相关的传统元数据可以依据本章开头提到的4个标准来检验:是否容易使用?是否反映了一个用户社区的协同生产?是否提高了数据的可查找性?数据和元数据之间的关系是什么?

20世纪90年代末,位于太平洋沿岸的美国西北部地区的联邦和州府机构为所有河流和小溪建立了一个共享的、机构间的区域性数据集,来辅助在1999年被列为濒危或易危的22种大马哈鱼的保护计划(US Department of Commerce 1999)。超过40个组织参与开发了一个通用的水文数据模型,并且按流行的FGDC模型建立了一个在线数据交换中心(Poore 2003)。

4.4.1 可用性

传统元数据的可用性受到工作实践中的数据压缩、元数据的模块结构以及元数据从数据中的分离程度等共同影响。元数据是通过技术媒介用来描述工作实践(数据分析和数据生产)中的产品(数据)。这些实践起源于社区为特定问题共同工作时的情景学习(Lave and Wenger 1991)。情景知识主要是项目进程中得到的隐性知识,很难从其他人那里转述获取。下面的例子中,工作程序浓缩成元数据时丢失的那些信息,可以从保存在太平洋沿岸地区水文项目中的河流数据库条目中获得。

美国六河国家森林公园(Six Rivers National Forest 1999)覆盖了加利福尼亚州北部大片联邦土地,其河流图层的一条元数据记录反映了这些区域整合所面临的问题。这片森林的河流图层其生产过程由元数据描述,但是工作细节经过了必要的精简,所以数据早期的历史是省略了的。太平洋沿岸西北地区的河流数据的数字化成果,主要来源于 90 年代早期美国地质调查局(USGS)1:24 000 比例尺的地形图数据。这些数据是数字线划地图(DLG)格式,然后又被简化到 1:100 000 比例尺,并且与美国森林管理局及其他机构共享。但是对流域级别的工作,这个数据还不是很充分,其中简化的过程省略了很多季节性河流和小河流的细节,另外用来导出数据的地图也有些过时。

为了在六河国家森林公园的本地尺度中使用,这个河流网络必须增加密度,对河流增加那些创建数字线划地图时删除的信息。当时在森林中使用了一种流行的称为皱缩的增密过程,来描绘没有被包含在 USGS 的 DLG 中的河流。这个过程中的元数据包括对现有操作过程的参考说明(Maxwell et al. 1995)。皱缩是通过在等高线地图上沿坡度向下追踪褶曲或细褶皱来推断河道的过程。这种方法可以追溯到 20 世纪 30 年代有关河道地貌学文献中的记载。因此,这个历史悠久的科学发现和洞见被精简转述成一个词——皱缩,常常出现在元数据的条目中。这个精简和转述过程的特点是科学知识的循环(Latour 1999),但是为了理解数据是如何创建的,用户必须深入研究各种散落的数据源。

最终,原来的六河国家森林公园的水文数据集被集成为一个更大的数据集,由美国森林管理局西北地区内所有的河流图层组成(US Department of Commerce 2004)。这个元数据记录显示了对数据的技术和来源的进一步精简。一种较新的基于集流的软件建模技术,被应用在一些流域的河流加密上。来自六河国家森林公园的较老的季节性河流被强化的细褶皱方法丢弃,连同麦克斯韦方法的联系被切断了,同时切掉的还有以前本地观察报告和带有科学知识的悠久传统社区的工作实践。综合数据集的最终用户需要知道皱缩的背景故事吗?也许不需要,这取决于数据集的用途,但是新的元数据着重强调,没有必要把数据集的描绘内容和在流域中直接观察到的内容联系起来:必须清楚认识到,这个数据集在这个时刻,既不打算也不能显示水在地面上流动的方向。

4.4.2 社区

重构这些建立河流数据集的社区有一定难度,因为社区在元数据上没有体现,同时也没有办法恢复这个数据集的特定历史。“数据内容的时间”是元数据中的字段,只反映数据集生产的时间。它是静态的,并且不能反映数据或生产技术的历史起源。

4.4.3 元数据的可搜索性和可分性

对于可搜索性来说,结果是喜忧参半的。我们不能通过国家森林的网站来对原始的六河国家森林公园的数据和麦克斯韦参考系进行定位,但是我们能够找到前面讨论的集成的西北地区的元数据记录。例如,通过谷歌和其他网站的搜索,我们在美国国家水文数据集(www.nhd.gov)中找到了一个 Esri 地理数据库。麦克斯韦过程的参考系被深度保存在地理数据库的几个图层中,但没有对相关文献的引用。当通过软件重组和数据向用户传递过程的重构,数据的历史记录也很难重建时,可查找性和可用性就是一个问题了。

4.4.4 自下向上的元数据或是元数据的平方

数字媒介已经催生了新型的数据分类。分类操作在物理世界中并不难,因为世界上每一个特定对象都有自己的特定位置,而在数字世界就有必要改变了(Shirky 2005a)。在数字世界中,一个对象可以在同一时间出现在不同地方,并且可以在同一时间与很多不同的事物相关,从而引发信息的增殖。这种增殖要求基于网络的用户生成的分类,即一个自下而上的本体,一个“秩序”下的新秩序(Weinberger 2007)。

4.4.5 OpenStreetMap

OpenStreetMap(OSM)(http://www.openstreetmap.org)于 2004 年由 Steve Coast 创办(Wikipedia 2010)。OSM 的目标是做一个全志愿式的在线世界地图,对用户没有使用限制,并且向全世界开放(http://wiki.openstreetmap.org/wiki/FAQ)。任何人都可以编辑地图、互相讨论、创作教程及其他说明材料,自由地访问数据,并对地图未来的发展方向贡献力量。通过在线数据的参与和邮件列表,可使志愿者参与到这个项目中来。全球范围内经常举行集体制图活动,通过面对面交流来巩固社区。Wiki 软件是 OSM 的基础,其显著特征是保留了地图所有的更改历史记录。OSM 同样可以用那些评价传统元数据的标准来评价:可用性、社区协同生产、可查找性以及数据与元数据之间的变化关系。

在 OSM 里,地图和地图图外注记不再分离,也就是说数据和元数据之间不再分离,这是一个新型的绘图媒介。地图成了一个可以邀请用户去参与绘制的平台或画布,也就是说自己编辑地图。用户去为地图做出贡献的动机各有不同(Budhathoki 2010),比如为了发展用户社区,以及对发挥创造力的渴望也是很重要的(Budhathoki 2010)。系统几乎可以即时地更新,证明了绘图平台的创造性。

OSM 的数据结构也使得 OSM 社区在紧急情况下能够做出快速反应,并提供更精确的地图。2010 年 1 月,来自全球的志愿者们在海地发生地震的几个小时内就开始绘制街道的网络地图。OSM wiki、邮件列表和社交网络上的公告在世界范围内广泛传播。面对面的危机营地聚集了世界各地 700 多个制图者(Waters 2010)。由 GeoEye 和 DigitalGlobe 向公众发布的高质量的卫星影像是基本工具,还有最早 20 世纪 40 年代的中央情报局老地图,志愿者们用这些数据来描绘街道和受损的建筑(Silver 2010;Maron 2010)。生成的地图被很多组织机构用在应急响应和重建上(Ball 2010)。社区使用地图周边的辅助元数据进行了自身的组织和协调。

4.4.6 元数据类型

OSM 平台提供两种不同类型的元数据:对象级的元数据和辅助元数据。在传统的地理空间数据中是没有总体的元数据文档的。对象级的元数据直接并入数据结构中,因此数据与元数据没有区别(Weinberger 2007)。数据非常简单:用 XML 表示,数据的元素或基元有节点(一个用经度和纬度表示的点)、路径(节点间有序的互联)以及关系(节点或路径的集合)(http://wiki.openstreetmap.org/wiki/Data_Primitives)。元数据定义了节点,以及它的坐标、创建的用户、编辑会话(变更集)的部分、编辑的版本号和编辑的时间。元素可以有任意数量的用户生成的标签,由键和数值组成。以下是一个例子,是用户创建的海地太子港的震后地图中的 OSM 元数据。

```
<node id="613826766" lat="18.5450619" lon="-72.3305089" user="sam-
  larsen1"
uid="5974" visible="true" version="2" changeset="3636891" times-
  tamp
="2010-01-16 T23:34:34Z">
<tag k="building" v="collapsed"/>
<tag k="source" v="GeoEye"/>
</node>
```

在这个例子中,节点是一个倒塌的建筑(即 tag k = "building", v = "collapsed")。来源是一个叫"samlarsen1"的用户,他使用 GeoEye 的海地影像数字化了这个节点。

因为 OSM 随着时间不断地变化,有时遇到像海地地震一样的突发危机,对象级的元数据就是必要的了。对象级的元数据促进了给出地图生产的公共属性。地图的变化可以追踪,如果另一个编辑者检测到错误,可以很容易地"返回"到之前的历史状态。

除了直接包含在数据结构中的元数据，还有海量纷乱的辅助数据来描述地图、解释使用，以促进社区中的讨论。这些数据是多样化的，包括计算机程序、分块方案、IRC 聊天室、YouTube 视频、"推特"推文、邮件讨论组以及维基百科页面。所有这些都由社区进行社交化的生产和传播，并允许任意用户来访问。他们不像上文介绍的水文学中的麦克斯韦方法，不是正式的元数据，而是通过描述制图过程的相关文档来增强数据的含义。在传统元数据的格式中，这些联系常常丢失，但在地理网络中，与他们的连接不会有额外的费用。这些辅助数据很像围绕在亚马逊数字对象周围的"信息云"。因其有无尽增殖的可能性，我们称其为元数据的"平方"。

用户社区在 OSM 上做出最终决策时，不像在维基百科上那样，编辑被半匿名并且有争议话题会被一组编辑监督。在 OSM 里，编辑地图需要有一个账户，这样用户可被识别并向社区负责。在开源的程序员中，用最常见的林纳斯定律表示这种信任，"给予足够的关注，所有的问题都可以浮现"(Raymond 1999)。对于地图的疑问可以贴在 OSM 的维基帮助页面上。用户可投票选出他们最喜欢的问题，对于积极参与回答的用户还将授予其徽章。这种类似游戏的特点有助于社区建设。

我们可以在维基页面上搜索一个特定的用户，这样可以从地图界面再定向到用户主页。上面讨论的那个编辑了节点的用户 samlarsen1，他的主页上列出了他已经绘制的区域，并链接到他编辑的历史记录。一场编辑会话(或变更集)在 2010 年 1 月 18 日进行(图 4.3)，当时 Larsen 绘制了一条太子港西南部靠近 Grand Goâve 的道路。这个页面不可否认地是元数据，它给出了用户贡献的节点地理位置、所使用的编辑软件(JOSM)、所使用的影像来源于 Digital Eye、节点列表，还有节点所连接的道路(方式)。

每个节点和路径都有自己的动态生成界面，并经过图形化设计来方便人们研究数据。例如，在变更集 3654854 的主页面上，用户单击图形，可以显示完整的 OSM 地图，这样用户就可以看到节点和路径所处的地理背景。

为了对数据集有更丰富的理解，将维基、地图、用户信息与不同媒体的部署之间紧密地耦合起来了。此外，用户可以下载这些任何用户生产的任何变更数据集。用户可以用不同的方式，如用户、标签或地理区域，来操作这些变更数据集以及相关的元数据。相关代码的示例在维基中可见。此外，在 OSM 工作的程序员已经开始构建出各种工具来操作用户标签，用各种有趣的方法来可视化 OSM 数据。例如，Tagwatch 一周会有三次整合用户标签，而且提供团体使用标签的相关统计信息(http://tagwatch.stoecker.eu/)。

标签是一对键和值的对应，可以附加在节点、路径、关系甚至变更数据集上(http://wiki.openstreetmap.org/wiki/Tags)。在传统的关系型数据库模型中，标

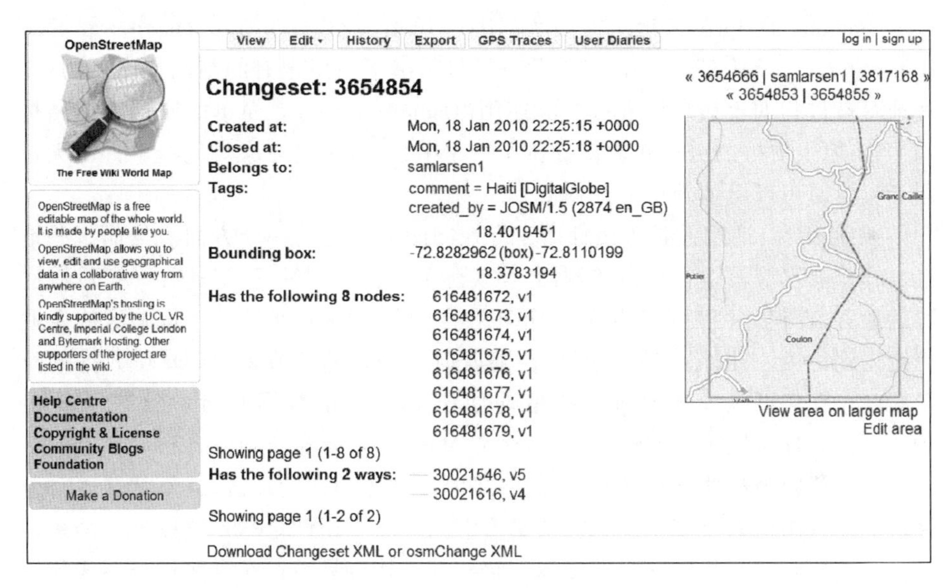

图 4.3 OpenStreetMap 的变更集 3654854,屏幕截图来自 www.openstreetmap.org

签与角色和属性差不多,除非它们没被自上而下的模式所约束。标签的内容取决于用户,任何标签只要是可证实的都可以被使用,但即使这条也并不是一定要严格执行的。如果用户找不到相关标签,则可以提出一个社区所接受的新标签。从海地地震地图中出现的标签来看,这也可能会导致混乱。倒塌的建筑物有很多不同的定义方法,例如,“earthquake:damage = collapsed_building”“earthquake:damage = collapsed”“building = collapsed”,还有另外的变体是拼写错误引起的。社区推荐的用于未来灾害事件的标签反映了它最频繁的用途。

随着 OSM 的成熟,用像 Tagwatch 这样的程序进行标签分析可以用来生成一个以用户为中心的、自下而上的本体(Shirky 2005b)。图书馆工作加强了这种理念:通过像 OSM 活动的社会过程生成的标签之间的关系,即社会语义,可以最好地捕捉到本地特定的含义,并且社会语义可以使用受控的词汇表来消除歧义和系统化(Qin 2008)。对于地理空间元数据,OSM 标签和受控的数据库相似,如美国地质调查局的地名信息系统(http://geonames.usgs.gov/domestic/index.html),用来生成一个包括语义关系和反映当地习惯的非官方名称的地名辞典。

4.4.7 评价

按照评估的准则,包括可用性、社区协同生产、可查找性以及数据与元数据之间的变化关系等,开放式街道地图(OSM)的元数据方法在适应非专业团体制图和分布式同步更新方面做得很好。

OpenStreetMap 的人道主义团队(HOT)(http://wiki.openstreetmap.org/wiki/Humanitarian_OSM_Team)在海地危机里显示出了前所未有的制图速度,而且这些地图被最初的救援反应人员广泛使用(Osborne 2010)。简单的底层数据结构和 OSM 原生支持的分布式通信提供了一个平台,该平台在应对危机事件中大量同步编辑时可以迅速地增大规模。

- 可用性:适用性是可用性对于专业制图最常见的一个方面。然而有些地区,如海地,本应该进行全覆盖制图,但实际上地图极度缺乏,对这样一个没有底图的地方,任何地图都是有用的。OSM 数据的额外好处就是可以从政府或企业免费得到许可。此外,众包地图往往随着时间而改进。在欧洲,OSM 数据的位置精度正在接近国家测绘机构的相应数据,而官方的数据有诸多限制(Haklay 2010a)。同样可以证实 OSM 数据对诸如 MapQuest 等商业利益有利。

但仅仅因为这些地图是有用的,特别是在缺乏地图的地区,并不意味着对于终端用户可用性的所有方面都被认真考虑到了。可用性指的是整体上一个系统的交互式功能。查找、访问、编辑和理解数据有多容易呢?在对两种志愿式数据集的完整性分析中,Haklay(2010b)对比了由 HOT 的志愿者制作的 OSM 海地地图和使用谷歌地图制作器(Google Map Maker,GMM)的志愿者制作的海地地图,及由联合国海地稳定特派团(MINUSTAH)制作的更加官方的数据集,他发现官方的数据集是最完整的。每个数据集都包含其他数据集所没有的特性,然而由于缺乏解释数据语义的元数据,它们在不同的地图中是不一样的,使得最终用户整合这三种数据集变得困难。尽管 OSM 和 GMM 的数据是由与新生代地学团体合作的志愿者生产的,而 MINUSTAH 的数据是由专业人员生产的,但 OSM 和 GMM 的数据交付给终端用户的方式与传统的 GIS 产品类似。也就是说,数据语义的知识是由终端用户来决定的。MINUSTAH 的数据集还包括实用性的地理信息,如道路状况,它对在外工作的人道主义工作者非常有用。在接着分析的在线讨论中,评论员普遍认为,在最初响应人员的需求不能被一般数据集的元数据满足时,需要有一些媒介来转换或适当数据来满足其需求。因此,元数据可以直接影响数据集和工具的可用性。

这两个海地制图平台的许多用户希望保持简易,他们称元数据的增殖让事情变得更困难了:

> 如果 GMM 的使用更加简单、更易于学习,因而对初学者来说更受欢迎的话,我相信它会是 OSM 的重要竞争对手。用 GMM 可以制作诸如骑行轨迹的简易地图,每个人都能在十分钟内完成制图。而使用 OSM 时你要有两种主要的工具,大量的标签、维基、论坛、一些邮件列表、对问题的不同答复、相互矛盾的文档、过期的讨论,而且当你翻遍了所有这些东西,你会意识到这个问题一直没有得到解决。可以看到有

多少人会更喜欢谷歌提供的简单方式。——2010 年 1 月 1 日 抵制谷歌的宣传页面下题有"拒绝"的回复。(http://lists.openstreetmap.org/pipermail/talk/2010-January/046358.html)

• 可查找性:矛盾的是,在 GeoWeb 中正在发生的媒介变革中,解释材料和标签的扩充,以及让 OSM 变得有用和可用的社区讨论的增长是可查找性的实质。Morville(2005)描述了以下转变,即从基于以目录为核心元数据的传统信息检索理论,转向那种使用许多不同的策略、不按照系统的步骤,而是追寻随时出现的线索信息浏览或搜寻过程(Bates 2002)。信息的搜寻过程依赖于上下文、参考框架、环境或搜索操作的设置(Courtright 2008),这里的可用性和实用性也是一样的。

• 社区:OSM 使用各种图片、文本、互动之间的相互链接创造的环境,不同于空间数据基础设施的概念,它是规整的、格式化的数据,和形式化诸如目录、数据和界面。背景就是社区,并且社区与当今互联网中的小道消息和推荐文化有很密切的关系。对于在 OSM 积极的人来说,参与决定绘制什么地图与绘制这项行动是同等重要的。对于新生代地理学者而言,能够设计项目的方向和制作地图本身,是传统地理空间世界中媒介重大转变的一个显著标志。

4.5 结 论

Goodchild(2008)、Schuurman 和 Leszczynski(2006)曾建议,需要反思正式的元数据标准,要变得更加以用户为中心。他们还建议对非空间属性的元数据增加新数据元素,这将帮助用户接触除技术和几何元素之外的背景信息,并传递数据集制作过程中的隐含信息。Goodchild(2008)建议将扩展现有的关于数据几何和世系的元数据,以更好地表达混合数据源的数据集质量。这些都是好的建议,但我们认为地理网络中新生代地理学者的实践显示出元数据的"精灵"可能已经"逃出瓶子"了。

在互联网的支持下,交互、协作以及合作生产地理数据变得越来越普遍。元数据既可以自动生成,也可以由用户通过记述和事务工作来贡献,因此元数据紧密地与新型地理网络系统中的地理数据耦合在一起。这种元数据的增殖或称为元数据的平方,对于查找、评估、使用和制作地理空间数据十分有利。

对于像 OSM 那样的开源社区,集中式、格式化的元数据与放任的元数据是如何平衡的呢? 我们认为新生代地理学者和专业学者都是对的。标准元数据不够简单而同时在描述数据生产背景时也不够复杂,这些问题很大程度上源于我们已经描述过的媒介转变。许多人发现传统元数据难以管理、难以生产、难以使用,并且基于一个过时的静态模型。理论上,传统的元数据可以认为优于在OSM的精确描述和术语中那些凌乱的伪元数据;然而,困难在于让人们遵照严格的标准并保持更新。格式化的编目系统不能与信息网络规模增长的速度相匹配。

像OSM这样的系统提供了一个以低成本生产和使用数据的途径。元数据是简化过的并且是面向对象的,允许灵活运用和迅速扩展,自由地下载数据和元数据能够支持紧急用途。不断增加的辅助材料、元数据的平方,有时可能会难于浏览,但是内部链接及迅速切换文本和图形模式的能力,可以促进形成一个经探索可得到丰富回报的环境。通过用户之间的即时反馈,地图不断成长并发挥效益。这种成长可以是指数级别的,而制图机构都意识不到。

久而久之,社区可能会变得更加组织化。Weber(2004)指出开源软件项目可以强力地吸引标准的制定。正如上面所讨论到的,在OSM的列表上有人讨论开发正式的、有关灾害的本体。Van Exel 和 Dias(2011)正在探索如何分体OSM中的用户行为可以代表信任和权威。考虑到地图与其解释性背景的紧密耦合,空间数据基础设施可能得益,而且可能发展出更好的系统来鼓励用户进行反馈,如以上提到的美国地质调查局对志愿式地理信息的研究所展示的那样(Wolf et al. 2011;van Oort et al. 2009)。

正如一个地理博客中所说的:

> 像"误差"那样的传统概念将从根本上改变,因为资料的采集不再以年度为基础,而将从全球分布的数以百万计的传感器中持续产生数据。误差将是一个动态的概念,而不是一个静态的测量值。需要将元数据也变成一个动态的概念。掌握数以百计元数据的专用GIS元数据管理员需求不会扩展。我认为最重要的是我们不该再把群众看作志愿者和业余爱好者。我们应该把他们看作数据采集点。这一新的现实将需要一些创新的概念,不仅为了数据发动群众,而且要利用众人确定数据的准确性,我们需要众人来验证和更新元数据。(Gorman 2011)

民众应该被当作"采集点"的建议源于Goodchild(2007b)的"把公众作为传感器"的想法,这种想法让人和所居住地之间的关系物化。把"人群"视为自动装置的建议忽视了个人(或本地团体)对本地独特视角的巨大价值。其中的关键点在于允许交互和反馈(Grira et al. 2010)。像Tagwatch这样的系统可能会被部署利用到基于用户标签的本体中。van Exel对于信任和权威的研究可能提供了由元数据用户验证系统的基础,正在进行的定性GIS和元数据(Schuurman 2009)相关的工作可能开辟出另一个丰富元数据的新途径。总之,有关对于用户如何生成对地理网络贡献额外意义的数据的前沿研究是从元数据开始的。

致谢:感谢作者 Daniel Sui、Michael Goodchild 和 Sarah Elwood 对于将本文提交到志愿式地理信息相关著作的邀请。我们感谢 Peter Schweitzer、Martin van Exel 和两个匿名的审稿专家帮助我们提升论文的结构及其中的一些概念。

参 考 文 献

Ball, M. (2010). What can be learned from the volunteer mapping efforts for Haiti? *Spatial Sustain*, January 31, 2010. http://vector1media.com/spatialsustain/what-can-be-learned-from-the-volunteermapping-efforts-for-haiti.html. Accessed July 28, 2011.

Batcheller, J. (2008). Automating geospatial metadata generation—An integrated data management and documentation approach. *Computers & Geosciences*, 34, 387–398. doi: 10.1016/j.cageo.2007.04.001.

Batcheller, J., Gittings, B., & Dunfey, R. (2009). A method for automating geospatial dataset metadata. *Future Internet*, 1, 28–46.

Bates, M. (2002, September 11). Toward an integrated model of information seeking and searching. *Fourth international conference on information needs, seeking, and use in different context*, Lisbon, Portugal.

Budhathoki, N. (2010). Participants' motivations to contribute geographic information in an online community. Dissertation, University of Illinois Urbanna-Champaign.

Budhathoki, N., Bruce, B., & Nedovic-Budic, Z. (2008). Reconceptualizing the role of the users of spatial data infrastructure. *GeoJournal*, 72(3–4), 149–160. doi: 10.1007/s10708-008-9189-x.

Chrisman, N. (1994). Metadata required to determine the fi tness of spatial data for use in environmental analysis. In W. Michener, J. Brunt, & S. Stafford (Eds.), *Environmental information management and analysis: Ecosystem to global scales* (pp. 177–190). London: Taylor and Francis.

Coleman, D.J., Georgiadou, Y., & Labonte, J. (2009). Volunteered geographic information: The nature and motivation of produsers. *International Journal of Spatial Data Infrastructures*, 4, 332–358.

Comber, A., Fisher, P., & Wadsworth, R. (2008). Semantics, metadata, geographical information and users. *Transactions in GIS*, 12, 287–291. doi: 10.1111/j.1467-9671.2008.01102.x.

Courtright, C. (2008). Context in information behavior research. In B. Cronin (Ed.), *Annual review of information science and technology* (pp. 273–306). Medford: Information Today, Inc.

Davies, C., Wood, L., & Fountain, L. (2005, Nov 8–10). User-centred GI: Hearing the voice of the customer. *Annual Conference of the Association for Geographic Information: AGI 05: People Places and Partnerships*, London.

Entchev, A. (2010). Comment to "Let's save metadata", February 16, 2010. http://www.spatially-adjusted.com/2010/02/15/lets-save-metadata/#comment-13108. Accessed July 27, 2011.

Federal Geographic Data Committee. (1994). *Content standards for digital geospatial metadata*. Washington, DC: Federal Geographic Data Committee.

Federal Geographic Data Committee.(2000).*Content standard for digital geospatial metadata workbook*, *Version* 2.0.Reston:Federal Geographic Data Committee.

Federal Geographic Data Committee.(2006).Clearinghouse concepts q&a.Federal Geographic Data Committee. http://www. fgdc. gov/dataandservices/clearinghouse _ qanda. Accessed November 10,2010.

Fee,J.(2010).Let's save metadata.http://www.spatiallyadjusted.com/2010/02/15/lets-savemetadata/.Accessed November 12,2010.

Gahegan,M.,Luo,J.,Weaver,S.D.,Pike,W.,& Banchuen,T.(2009).Connecting GEON:Making sense of the myriad resources,researchers and concepts that comprise a geoscience infrastructure. *Computers & Geosciences*,35,836-854.

Goodchild,M.(2007a).Beyond metadata:Towards user-centric description of data quality. Spatial Data Quality 2007:ISSDQ.13-15 June at Enschede,the Netherlands.

Goodchild,M.(2007b).Citizens as sensors:The world of volunteered geography.*GeoJournal*,69(4), 211-221.

Goodchild,M.(2008,June 25-27).Spatial accuracy 2.0.In *8th international symposium on spatial accuracy assessment in natural resources and environmental sciences*,Shanghai.

Goodchild,M.,Fu,P.,& Rich,P.(2007).Sharing geographic information:An assessment of the geospatial One-stop.*Annals of the Association of American Geographers*,97(2),250-266.

Gorman,S.(2011).Statistical challenges of data at scale:Bringing back the science.http://blog.geoiq.com/2011/06/20/statistical-challenges-of-data-at-scale-bringing-back-the-science/. Accessed July 27,2011.

Gould,M.(2006a).Meta- findability:Part 1.*GeoConnexion International Magazine*,5(7),36-38.

Gould,M.(2006b).Meta- findability:Part 2.*GEOconnexion International Magazine*,5(8),28-29.

Grira,J.,Bédard,Y.,& Roche,S.(2010).Spatial data uncertainty in the VGI world:Going from consumer to producer.*Geomatica*,64(1),61-71.

Haddad,T.C.(2010).Comment to let's save metadata.http://www.spatiallyadjusted.com/2010/02/15/lets-save-metadata/#comment-13113.Accessed July 20,2011.

Haklay,M.(2010a).How good is volunteered geographical information? A comparative study of OpenStreetMap and Ordnance Survey datasets.*Environment and Planning B*,37(4),682-703.

Haklay,M.(2010b).Haiti—Further comparisons and the usability of geographic information in emergency situations. http://povesham. wordpress. com/2010/01/29/haiti--further-comparisonsand-the-usability-of-geographic-information-in-emergency-situations/.Accessed July 11,2011.

Hennig,S.,Belgiu,G.,Wallentin,K.,& Hormanseder,K.(2011).User-centric SDI:Addressing users in a third-generation SDI.In *Inspire Conference* 2011,Edinburgh.International.

Korzybski,A.(1933).*A non-Aristotelian system and its necessity for rigour in mathematics and physics.Science and sanity*.Laxeville:International Non-Aristotelian Library.

Latour,B.(1999).*Pandora's hope:Essays on the reality of science studies*.Cambridge,MA:Harvard University Press.

Lave,J.,& Wenger,E.(1991).*Situated learning:Legitimate peripheral participation*. Cambridge:

Cambridge University Press.

Li, W., Yang, C., & Yang, C. (2010). An active crawler for discovering geospatial web services and their distribution pattern - A case study of OGC web map service. *International Journal of Geographical Information Science*, 24(8), 1127-1147. doi: 10.1080/13658810903514172.

Maron, M. (2010). Haiti OpenStreetMap response. http://brainoff.com/weblog/2010/01/14/1518. Accessed November 11, 2010.

Maxwell, J., Edwards, C., Jensen, M., Paustian, S., Parrott, H., & Hill, D. (1995). *A hierarchical framework of aquatic ecological units in North American (Nearctic Zone)*. St. Paul: U.S. Department of Agriculture, Forest Service.

McLuhan, M. (1964). *Understanding media: The extension of man*. London: Sphere Books.

Millerand, F., & Bowker, G. (2009). Metadata standards: Trajectories and enactment in the life of an ontology. In M. Lampland & S. Star (Eds.), *Standards and their stories* (pp. 149-166). Ithaca: Cornell University Press.

Moore, M. (2010). Cyborg metadata: Humans and machines working together to manage information-Part 1: Text. *Online Currents*, 24(3), 131-138.

Morville, P. (2005). *Ambient fi ndability*. Sebastopol: O'Reilly. National Research Council. (2001). *National spatial data infrastructure partnership programs: Rethinking the focus*. Washington, DC: National Academies Press.

Nielsen, J., & Loranger, H. (2006). *Prioritizing web usability*. Berkeley: New Riders Press.

Onsrud, H. (Ed.). (2007). *Research and theory in advancing spatial data infrastructure concept*. Redlands: ESRI Press.

O'Reilly, T. (2005). What is web 2.0?: Design patterns and business models for the next generation of software. http://www.oreillynet.com/lpt/a/6228. Accessed November 15, 2010.

Osborne, C. (2010). Mapping a crisis. *Guardian Online* http://www.guardian.co.uk/open-platform/blog/mapping-a-crisis. Accessed July 27, 2011.

Poore, B. (2003). *Blue lines: Water, information, and salmon in the Pacific Northwest*. Dissertation, University of Washington.

Poore, B., & Chrisman, N. (2006). Order from noise: Toward a social theory of geographic information. *Annals of the Association of American Geographers*, 96(3), 508-523.

Pultar, E., Cova, M., Yuan, M., & Goodchild, M. (2010). EDGIS: A dynamic GIS based on space time points. *International Journal of Geographical Information Science*, 24(3), 329-346. doi: 10.1080/13658810802644567.

Qin, J. (2008). Controlled semantics vs. social semantics: An epistemological analysis. In *Proceedings of the Tenth International ISKO Conference: Culture and identity in knowledge organization* (pp. 5-8), Montreal, August 5-8, 2008.

Raymond, E. (1999). *The Cathedral and the Bazaar*. Sebastopol: O'Reilly.

Rodriguez, M., Cruz, I., Egenhofer, M., & Levashkin, S. (Eds.). (2005). *GeoSpatial semantics. Lecture notes in computer science* (Vol. 3799). Berlin: Springer.

Scharl, A., & Tochterman, K. (2007). *The geospatial web*. London: Springer.

Schuurman, N. (2008). Database ethnographies using social science methodologies to enhance data analysis and interpretation. *Geography Compass*, 2(5), 1529-1548.

Schuurman, N. (2009). Metadata as a site for imbuing GIS with qualitative information. In M. Cope & S. Elwood (Eds.), *Qualitative GIS: A mixed media approach* (pp.41-56). Los Angeles: Sage.

Schuurman, N., & Leszczynski, A. (2006). Ontology based metadata. *Transactions in GIS*, 10(5), 709-726.

Schweitzer, P. (1998). Easy as ABC-Putting metadata in plain language. *GIS World*, 11(9), 56-59.

Shirky, C. (2005a). Ontology is overrated: Categories, links, and tags. http://www.shirky.com/writings/ontology_overrated.html. Accessed January 28, 2009.

Shirky, C. (2005b). Folksonomies + controlled vocabularies. http://many.corante.com/archives/2005/01/07/folksonomies_controlled_vocabularies.php. Accessed October 28, 2010.

Silver, J. (2010). Data information: How visual tools can transform lives. http://www.wired.co.uk/wiredmagazine/archive/2010/09/features/data-information? page = all. Accessed November 11, 2010.

Six Rivers National Forest. (1999). *Metadata for stream*. Eureka, CA: U.S. Forest Service. http://www.ncgic.gov/GIS_Data/smf/hydro/stream.metadata.html. Accessed September 10, 2001.

Sui, D. (2008). The wiki fication of GIS and its consequences: Or Angelina Jolie's new tattoo and the future of GIS. *Computers, Environment and Urban Systems*, 32, 1-5.

Sui, D., & Goodchild, M. (2001). GIS as media? *International Journal of Geographical Information Science*, 15(5), 387-390. doi: 10.1080/13658810110038924.

Sui, D., & Goodchild, M. (2011). The convergence of GIS and social media: Challenges for GIScience. *International Journal of Geographical Information Science*, 25(11), 1737-1748.

Tsou, M. (2002). An operational metadata framework for searching, indexing, and retrieving geographic information services on the Internet. In M. Egenhofer & D. Mark (Eds.), *GIScience 2002: Lecture notes in computer science* (Vol.2478, pp.313-332). Berlin: Springer.

Turner, A. (2006). *Introduction to neogeography*. Sebastopol: O'Reilly Media.

U.S. Department of Commerce, National Oceanic and Atmospheric Administration. (1999). 50 CFR Part 223: Endangered and threatened species; proposed rule governing take of threatened Snake River, Central California Coast, South/Central California Coast, Lower Columbia River, Central Valley California, Middle Columbia River, and Upper Willamette River evolutionarily signi fican-tunits (ESUs) of West Coast steelhead. *Federal Register*, 64(250), 73479-73506.

U.S. Department of Commerce, U.S. Forest Service, Remote Sensing Lab, Pacific Southwest Region. (2004). Metadata for NWCSTRM03_2 2004. http://www.fs.fed.us/r5/rsl/projects/gis/data/calcovs/nwcstrm03_2.html. Accessed July 27, 2011.

Van Exel, M., & Dias, E. (2011). Towards a methodology for trust stratification in VGI. *VGI Pre-Conference at AAG*, Seattle. http://VGI.spatial.ucsb.edu/sites/VGI.spatial.ucsb.edu/ files/ fi le/aag/van_Exel_abstract.pdf. Accessed July 8, 2010.

van Oort, P., Hazeu, G., Kramer, H., Bregt, A., & Rip, F. (2009). Social networks in spatial data infrastructures. *GeoJournal*, 75(1), 105-118.

Vander Wal, T. (2007). Folksonomy: Coinage and definition. http://www.vanderwal.net/folksonomy.htm. Accessed November 15, 2010.

Waters, T. (2010). The OpenStreetMap project and Haiti earthquake case study. http://www.slideshare.net/chippy/openstreetmap-case-study-haiti-crisis-response. Accessed November 10, 2010.

Weber, S. (2004). *The Success of open source*. Cambridge: Harvard University Press.

Weinberger, D. (2007). *Everything is miscellaneous: The power of the new digital disorder*. New York: Times Books.

Wikipedia. (2010). OpenStreetMap. http://en.wikipedia.org/wiki/OpenStreetMap. Accessed November 15, 2010.

Wolf, E., Matthews, G., McNinch, K., & Poore, B. (2011). *OpenStreetMap collaborative prototype, phase one* (Open- file report of 2011 - 1136). Reston: U.S. Geological Survey. http://pubs.usgs.gov/of/2011/1136/. Accessed December 12, 2011.

Wood, D., Fels, J., & Krygier, J. (2010). *Rethinking the power of maps*. New York: Guilford.

第5章

政府采用VGI的情形

Peter A. Johnson　Renee E. Sieber

摘要:政府一直积极致力于利用网络为民众提供服务和信息。随着Web 2.0技术的发展,很多政府机构开始考虑如何更好地参与并接受民众通过网络提供信息,特别是收集和使用志愿式地理信息(VGI)。尽管政府接受VGI有诸多好处,但采用VGI作为决策支持系统的过程仍然是一个挑战。本章归纳了政府采用VGI的三个方面的挑战,包括VGI的成本,政府面对采用非专家数据带来的准确性与规范性问题的挑战,以及VGI的司法管辖权问题。我们提炼了三种方式让政府能更好地引导自身接受VGI:规范化VGI的收集过程、鼓励各级政府间的合作以及调查VGI参与的潜力。

5.1 引　　言

各级西方民主政府常对使用类似Web 2.0等基于互联网的通信技术与公众联络十分感兴趣。在政府与公众之间建立这种新的在线关系,不但提高了政府服务的透明度、效率和有效性(Brewer 2006;Dovey and Eggers 2008;Saebo et al.

Peter A.Johnson(✉)
滑铁卢大学地理与环境管理系(Department of Geography and Environmental Management, University of Waterloo),加拿大,安大略省,滑铁卢市
E-mail:pa2johns@uwaterloo.ca

Renee E.Sieber
麦吉尔大学地理系(Department of Geography, McGill University),加拿大,魁北克省,蒙特利尔
E-mail:renee.sieber@mcgill.ca

2008),同时也提高了公众参与决策的程度。支持电子政务的技术正不断涌现,这些平台能用于协助政府解决公众在日常生活中遇到的地理位置相关方面的问题(Drummond and French 2008)。应用范围从获取众包交通数据以减少通勤时间,到与公众一起讨论土地利用开发方案、告诉公众所需服务的地点等各个方面。地理空间 Web 2.0 技术(或 Geoweb)是地理空间在线工具和数据的集成,用来为这些类型的倡导者提供技术支持(Ganapati 2010;Rouse et al. 2007)。志愿式地理信息(VGI)来源于公众,又服务于公众,Geoweb 可作为"政府-公众"(G2C)的单向渠道和"公众-政府-公众"(C2G2C)双向渠道的组成部分。通过要求公众参与 VGI,政府有可能潜移默化地创建一种与公众的双向对话,让公众了解政府对具体问题的应变措施。

有两种原因促使政府以及政府机构收集和使用 VGI。首先,是公民的应用潜能:不论公众是位于特定的司法管辖区之内还是之外,公众都可被认为是所在环境的传感器(Goodchild 2007)。在新自由主义的推动下,省/州级政府的规模不断缩减,从而导致他们可用于决策的资源正在减少(Dovey and Eggers 2008;Johnson and Sieber 2011a)。在北美洲和欧洲,上级要求市级政府加强对土地管理和规划的责任,却没有相应地增加资源和人力支持。但这正好为使用 VGI 或多或少地创造了机会,以一种"合同外包"(contracting out)的数据采集任务形式(Newman et al. 2010),形成了一种依赖于志愿者贡献的政府空间数据基础架构。政府使用 VGI 的过程是将公众视为一系列的分布式传感器(Goodchild 2007),通过网络连接在一起,从而为决策者提供丰富的数据源。民众,特别是对实地情况十分熟悉的当地居民,可以发现变化,相对于依靠政府职员的低频次的数据收集模式,他们可以更快地向上级汇报这些变化。由于公众不确定他们掌握的地方信息是否有价值,而且认为最重要的是为地理空间信息做贡献,因此,他们更倾向于志愿式提供数字化的信息(Budhathoki et al. 2010;Elwood 2008)。Tulloch(2008)提供了一个由公众验证官方政府收集的春池(vernal pool)数据的案例。该任务由一些民众科学家牵头,他们构建了一个定制的 Geoweb 网站,让公众提供信息。该案例说明,可以将公众的志愿贡献与政府政务相结合,达到既节约政府资金,又利用公众知识进行决策支持和管理的目的。

其次,对于政府来说,VGI 是一种重要的公众参与形式。与将公众当作传感器的观点相反,这一观点认为 VGI 使用过程中公众是政府的搭档,共同实现相应的社会、经济和环境的目标。对政府而言,更注重的是 VGI 信息收集过程和双向沟通,而不是单向传感器式的关系。它可以对民主政府的民主参与提供重要的支持,特别是有助于加强各级政府在其选区的执政透明度和响应速度(Dovey and Eggers 2008;Ganapati 2011)。正如,市政厅会通过召集公众开会或者给代表写信的形式向选区公众分享政府官员的治理观点一样,VGI 可作为数字和地理空间的参与媒介,将选民与政府官员及政府部门联系起来。公众—政府—公众联系的加强包括选民在选举时考虑政府雇员的能动性和对官方政策支持度的可能性。

尽管政府为什么采用VGI和Geoweb的原因已经被阐明(Ganapati 2011;Johnson and Sieber 2011a),但这些动机本身并不能决定政府是否会主动索取信息,或将信息内容整合为政策。要将政府的意愿转换为具体的参与行动,还需要面对组织和文化方面的挑战、技术问题以及管理的本质等问题。由于政府需要采取不同的规范或非规范的流程和工具去收集、评价及将这类数据整合到决策过程中,因此,要求批判性地反思VGI作为公众参与的一种形式与政府的需求和限制之间的关系。

过去的研究一直强调VGI和Geoweb的机会在于它们能否实现公众参与式地理信息系统(PPGIS)的功能(Miller 2007;Sieber 2006),能否为公众提供一个与决策者分享其本地知识的渠道,从而影响变革并建立双向沟通,甚至绕过传统的公众参与渠道。为了应对这些挑战,VGI的研究人员可以重点开展关键性GIS研究(Crampton 2009;Schuurman 2000;Sieber 2004,2006)。例如,随着Web 2.0时代的到来,我们将面临隐私越来越少的问题(Elwood and Leszczynski 2011;Zook and Graham 2007),公众对在线讨论政务的参与程度远不如社交网络和游戏等其他网络活动那样高的问题(Chadwick 2009)。与GIS(如Pickles 1995)所受的批评相呼应,政府采用VGI可能只是从其他更有效的公众参与方式中吸引、拉拢、转移公众的一种方式。上述这些观点说明了更好地理解VGI与政府如何整合的重要性以及何种因素能影响两者整合的必要性。这种研究与目前政府采纳VGI的大部分研究不同,它强调数据处理(如评价的准确性、了解公民的动机,有助于作为一种永久信息流的机制)主要是为了排除政府必须在其中起作用的民主程序,因此,我们使用了"定位"(situating)这个词,体现了一种社会性和批判性的过程。

本章描述我们在为加拿大魁北克省的政府制定和实施VGI的应用实践。这一应用提出的建议也适用于其他类似的西方民主国家,如英国、澳大利亚、新西兰、美国等。尽管VGI应用在一个国家的不同市、州/省政府或是国家不同政治传统的政府中,都可能存在差异,但我们还是可以从中总结出可比较的经验,能对其他地方的VGI实践起到指导作用。我们在阿克顿农村地区,一个与县差不多但司法管辖权更大的市级行政单元(称为"阿克顿市级县"或阿克顿MRC),距魁北克蒙特利尔东部有一小时车程,与政府合作开发了一个Geoweb和VGI的采集平台。该项目由5个省级机构合作建设,计划成为全省范围内Geoweb进一步发展的基础。该项目的具体目标是,鼓励公众在社区经济建设和环境管理方面使用Geoweb,共同搭建一个可与其他社区共享的、可持续的软件平台。我们实施这个项目之后,基于用户贡献的数据生成了当地经济资产地图来支持地方市场营销,并收集公众上报的河岸侵蚀报告作为市政府补助、救援工作的一部分。我们具体通过这两个项目,参与了政府采纳 VGI 信息收集的过程,也了解到他们对这一举措带来的挑战的综合反应。这些采纳 VGI 面临的挑战和组织间的限制是本章的重点。

与我们合作的政府机构在一开始时十分看好 VGI 的潜力,但这种热情却在接近部署时减退了,因为他们质疑 VGI 在政府中的适应性。在与不同类型政府合作的过程中,我们已多次看到对接受和使用 VGI 的抗拒。基于这些经验,我们列出了限制政府采用 VGI 的一些明显因素。这些限制因素包括导致政府考虑采用 VGI 的动机,以及这些动机是如何阻碍组织机构对 VGI 的采用和使用。这意味着,政府采纳 VGI 要通过两种公众参与模式:公众作为传感器和公众作为合作伙伴。我们讨论了政府在什么样的限制条件下能采用 VGI。

5.2 政府的 VGI 实践

用户通过在网上提供含有地理位置的信息来参与政府管理的概念其实并不新鲜。在一个关于用地理信息系统(GIS)提高公众参与程度的综述中,Ganapati (2010)列出了四种政府使用 Geoweb 作为电子政务应用的主要领域:面向公众的交通信息、公众关系管理、志愿式公众地理信息、公众参与的规划和决策。这些应用领域都建立在确立的信息和通信技术(ICT)在电子政务及用于公众服务和增强公众参与感的 PPGIS 的角色基础上,很多实例都是建立在政府部门接受 VGI 的基础上的。前两个领域是政府通过向公众提供数据的形式提供更好的服务。无论是对交通的实时跟踪,还是让政府的数据变得更实用,这些举措都表明,政府可以提高服务水平,并使之更为透明,尽管这种单纯的信息提供并不等同于公众参与。

许多电子政务活动注重于政府服务提供和制定战略规划的基本功能。而 VGI 最出色之处是它对自然灾害或人为灾害的快速响应。这些往往是与政府不相关的外因导致的,在某种意义上,VGI 是对政府无法迅速确定重点区域并进行救援的快速响应。最早的案例是 2005 年鼓励志愿者通过谷歌地图提供有关卡特里娜飓风影响的信息(Miller 2007)。这些信息后来为政府的官方救援工作提供了支持。类似的 VGI 应用同样在森林火灾(De Longueville et al. 2010; Goodchild and Glennon 2010)以及地震(Zook et al. 2010)的响应中可以见到。虽然,所列举的每一个例子都是在政府组织的外部开展的,但它们不但是群策群力的结果,而且也是政府行动的需要。同时也带来一个问题,即政府直接接受并基于 VGI 展开行动的能力和渴求程度的大小。VGI 在决策制定方面的可用性已经得到了认可,但是政府在接受并采用实施 VGI 的整个过程还有待讨论。

5.3 政府对 VGI 的采纳

在决定何时要采用 VGI 时,除了会从现有的电子政务案例中学习,政府通常会审视自身在 GIS 应用方面的经验。虽然两者都是基于空间和地理位置的,采用 Geoweb(VGI 的后台),但 VGI 与政务中的 GIS 应用还是有所不同。一个重要的区别就是研发的模式不同。政府使用 GIS 的实施步骤,如软件的定制、数据集采集框架的建立以及硬件的购置等,都是在政府机构或相关部门的授权下进行的。即使 GIS 是多个机构协作开展的,政府(此处主要是指市政府或市区)仍对采购、人员和数据等有相当大的控制权。相比之下,许多 Geoweb 是在现有的政府控制和管理之外的平台上运行的,软硬件大多都部署在基于 Web 的"云端",依赖软件即服务(SaaS)的分布模式。GIS 数据来源于组织内部,而 VGI 数据来源于组织外部。在这种模式下,公众得以绕过政府,使得 VGI 的使用过程不同于政府采用的其他技术,如 GIS(Budic 1994;Goelman 2005)、规划支持系统(PSS)或空间决策支持系统(SDSS)(Geertman 2006;Vonk et al. 2007)。政府采用 GIS、PSS、SDSS 等技术往往是从购买或研发一系列可以完成相应任务的软件开始(Nedovic-Budic 1998)的。

技术研发的目的在于为技术研发者、工具和用户之间搭建一个桥梁,对已知的限制因素的讨论只限于研发者和机构之间(Johnson and Sieber 2011b;te Brömmelstroet and Bertolini 2008;te Brömmelstroet and Schrijnen 2010)。VGI 要求满足一个变化的需求,而不仅仅是只需要让开发者满足用户的需求而已。从管理层面上考虑,公众、社会组织、非政府组织(NGO)、大学、信息技术(IT)公司和各级政府共同形成了管理的准则。例如,公众既可以充当技术开发者的角色,也可是 VGI 贡献者和数据用户。公众可以开发自己的网络应用程序和移动应用程序,他们生产信息(VGI 的主题),消费信息(传统 GIS),但同时让信息产生附加值。IT 公司研发工具,但他们也可能出于营销目的成为 VGI 用户。各级政府现在为了特定目的收集某些 VGI 而开发 Geoweb 应用程序,他们依然会使用"推特"(Twitter)和谷歌地图等他们几乎没有控制权和所有权的第三方平台,同时也几乎不给这些平台提供输入。处于这种优先级,Geoweb 应用会有多重目标,其中一些可能仅仅与政府有关。从开发人员的角度看,VGI 收集工具并不局限于满足政府简单地提取、撤销或修订数据的需求;取而代之的是,它们可以根据企业和社区用户的偏好表现而不断完善。相较于采用传统的地理空间技术——软件由开发者提供、数据仅限内部共享或来自其他政府机构,政府采用以 Geoweb 为基础的 VGI 需要通过一些更为互联和复杂的途径来实现(Harvey 2003;Onsrud and Pinto 1991)。

我们阐述了大量 VGI 挑战政府技术采纳流程的特点,建立了新的组织约束条件,或者说对现存的阻碍政府采用 VGI 的因素进行了补充,包括 VGI 成本、政府采用非专家数据的准确性和规范性问题及 VGI 的司法管辖权问题。

5.3.1 VGI 的成本

任何新技术的引进都会给政府带来资源成本。对于 VGI 来说,既有用于购买软件和服务的经济成本,也有 VGI 培训、增加雇员维护系统等带来的人力成本。每一项具体成本会因政府机构类型的不同而存在差异。一般来说,预算比较充足或已有 GIS 部门的政府机构更有能力承担 VGI 的使用成本。首先,他们已有空间数据,能更好地将数据合并和提炼到 VGI 中去;其次,他们可能具有在系统管理、计算机服务器维护以及计算机应用等方面受过培训的人员。Geoweb 平台开发需要的知识储备是从空间分析知识转向系统管理方向的知识。对某些地方政府,他们可能十分愿意采用 VGI,但他们缺乏相应的基础设施,或者设施不完备,从而无法收集信息。这与很多组织在衡量是否采用 IT 和 GIS 时相似,即经济和人力资源是他们在采用相应技术时考虑的主要因素(Al-Kodmany 2000;Carver et al. 2001)。

用于收集 VGI 的 Geoweb 框架所需的资源通常很容易被学术界所忽略,因为它们被认为是轻量级的工具,部署十分简单(Haklay et al. 2008;Hudson-Smith et al. 2009;Turner 2006)。虽然使用诸如谷歌地图(http://code.google.com/apis/maps/index.html)或者 Open Layers(http://openlayers.org/)等平台的经济成本比较低,甚至完全免费,但仅开发出一个基础解决方案的技术成本就十分高昂,因为需要优秀的编程能力。此外,网站还需要进行维护与更新,这会给政府带来持续的开销。甚至只是在 Twitter 和 Facebook 等免费社交媒体网站中活跃的政府,也会意识到他们需要额外增加培训和人力成本,才能收集、响应和分析信息。另外,因为要接受 VGI 这种新数据输入模式,政府需要修改已有的工作流程和办事程序,这也会增加人力成本。政府雇员可能需要根据不同 VGI 的具体程序对他们的工作流程进行调整。例如,在一个市政服务系统中,公众可以提交维修损坏的路灯或道路等请求。如果政府在工作流程中没有完整有效的队伍,包含调度员、施工人员、反馈人员,一旦这样的流程运行起来,这样的系统可能会大大增加政府的工作量。

在阿克顿 MRC 的实例中,遭遇了以下几种 VGI 成本。首先,因为政府雇员需要学习使用 VGI 的工作流程,因此耗费了大量的人力资源。尽管阿克顿 MRC

早已使用传统的桌面 GIS,但我们发现,这并没有对雇员收集和使用 VGI 提供帮助,尤其在这两种技术存在明显差异的情况下。正如前面所讨论的,GIS 中使用的空间分析技术,不能直接转换为 VGI 中收集、使用数据所需的系统管理技术和 Web 开发技术。因此,要想在政府工作中引进 VGI,必须考虑到这点:使用 GIS 的技能和经验不能直接转换为 VGI 技能。

其次,尽管 VGI 一直以其节约资源和成本著称,但在与阿克顿 MRC 的合作中,我们发现 VGI 同时也存在着机会成本。我们假定,VGI 可以缩小政府与公众之间的政治距离,但它同样也会增加政治距离。我们正在与一个社区组织合作建立一个 Geoweb 平台,用于对河岸侵蚀损坏的鉴定和管理。第一步就是农场主和土地所有者将侵蚀情况汇报给政府,让政府采用措施减少侵蚀。但是,上报侵蚀情况本身可能正好让政府认为农场主在管理他们自己的土地时存在不正当行为,从而导致农场主上报所需的成本增加。因此在这个项目中,侵蚀监控成为一个保护农场主身份信息与暴露其所处位置信息之间微妙的博弈。面对面将会产生很多非正规操作,这将会导致之后的数字化传播障碍。

5.3.2 政府使用非专家数据的挑战

VGI 是一种由多人贡献的数据类型,它与政府常使用的传统 GIS 的专家数据有着本质的区别(Budhathoki et al. 2008)。Goodchild(2007)将这两种数据的区别归纳为:一种是由没有接受正式培训的个人自愿提供的第一手信息;一种是在规范的数据框架下收集的权威信息,在通常情况下这种信息是该领域专家有偿工作的一部分成果。后者属于 GIS 范畴,其数据都是由专家提供的;这些数据可能有误差,但其来源是可信的。政府在使用 VGI 时,他们将从完全依赖专家数据的模式转变为要同时使用公众数据的混合模式,这是一种巨大的挑战。它要求政府参与 VGI 的各个方面,如 VGI 贡献者、公众参与推广等,而很多政府还没有为此做好准备。

传统形式的专家采集数据与 VGI 的一个显著区别就是进行数据采集的人员不同。与训练有素的专家团队使用专业的工具(如传感设备)或规范的方法(如政府普查)来采集数据不同,VGI 的数据主要是由个人的业余爱好或以无偿工作形式提供的(Goodchild 2007;Newman et al. 2010;Tulloch 2008)。公众被视为是有价值的本地信息的拥有者(Elwood and Ghose 2004)。尽管有证据表明非专业人士也可以提供信息(Budhathoki et al. 2010;Haklay 2010;Parsons et al. 2011),但 VGI 最初是由业余人士或“新生代地理学者”创建的一种不规范的数据来源(Hudson-Smith et al. 2009;Turner 2006),而这可能阻碍政府将其视为一种正式的数据来源。与政府机构提供的权威专家数据相比,这样的术语和措辞往往意味着负面含义(Harvey 2007)。要想更好地将 VGI 纳入政府的决策制定过程,我们应不再将它与权威数据进行比较,不再使用这些负面术语。

相比权威数据,VGI 在数据质量上参差不齐是阻碍政府采纳它的原因之一。这主要是源于政府错误的法律层面问题:如果数据有误,谁来负责?将 OSM(一个较大的 VGI 收集平台)中的数据与权威数据进行比较可以得知,VGI 数据的一致性有一定波动,数据质量随着人口稠密程度的增加而越来越好(Girres and Touya 2010;Haklay 2010)。VGI 面临的另一挑战是,由于它的采集方式有可能带来数据质量问题,因此有人认为它不科学。例如,在那些以伐木为生的地区会忽略濒危物种的相关信息。如果政府无法确保 VGI 的数据质量,他们就无法衡量公众意见应该在决策中占据多大的分量。

VGI 的一个关键特征就是它经常以一种不规范的、随意的甚至是非结构化的形式出现(Elwood 2009;Flanagin and Metzger 2008)。数据有时完整,有时不完整,而只在空间范围内连续。正是这种不规范性导致了 VGI 的数据质量参差不齐。如 Twitter 上的帖子或在线评论网站上的自由格式文本也许包含了大量信息,但由于其结构不规范,也无法定性分析,因此很难整合到政府决策制定中去(Johnson et al. 2012)。VGI 的数据质量和准确性是政府目前主要担忧的问题(Haklay 2010;Seeger 2008)。VGI 数据可以帮助修正错误、提升数据的精确度,甚至可以对政府官员无法到达区域的数据进行补充。从这一角度说,VGI 完全有能力支持政府管理。但政府在制定规划时还得考虑自身的法律责任。无论 VGI 是否可作为决策支持的数据源,相较于其他传统的数据形式,它还是具有可信度高、数据量大、经济实惠的特点(Flanagin and Metzger 2008;Haklay 2010)。

政府在使用非专家数据时面临着一系列挑战。要确保数据的可信度,政府需要确切地知道数据的提供者是谁,以保证数据反映的是管辖区域内的问题,而不是其他区域的事务。由于网上行为多是匿名的,导致政府可能永远无法得知 VGI 贡献者的真实身份(Budhathoki et al. 2010)。VGI 是由拥有某一现象第一手信息的个人所生产的吗?还是某一特定程序的产物?当政府要将 VGI 用来对公众意见进行评估时,这一点就显得十分重要。VGI 可能只是某一类人的采样,无法代表整体。这与由人口随机抽样采集到的并可以进行严格统计分析的规范数据库是截然相反的。要想解决这些问题,可以建立一个重视贡献者身份验证的 VGI 采集框架(Seeger 2008)。验证身份的技术可以采用登录、邮件访问代码和 IP 记录等,保证参与者处于特定的地理区域内。不过,这些技术都有可能因为参与者匿名的需求或技术的壁垒导致公众参与度的降低(Brewer 2006;Vonk et al. 2005)。

Tulloch(2008)讨论了将“第二人生”(Second Life)项目中采集的 VGI 数据用于公园设计时出现的几个问题。首先,这样获得的公众反馈是否完全反映了社区的需求?VGI 贡献是否应该与传统形式的公众参与,如市政厅会议,相互补充？或者说与传统的公众参与形式，如指导委员会和公众设计团队相比，它应该处于什么地位？政府在管理方面的法律义务是它拒绝 VGI 这种数据来源的真实原因，尤其是在目前 VGI 数据有失败案例的情况下。VGI 数据在数据来源和数据质量方面存在的问题，是政府接受它的一个主要障碍。

我们研究发现，政府无法对 VGI 采集和展示平台进行有效的控制，使得他们在部署产生了相当多的担忧，特别是贡献式数据和基础地图数据两方面。我们在项目中使用了专有的谷歌地图平台，它具有卫星影像免费、地理编码内置、用户界面流行等优势。同时也有基础地图不够准确、图像分辨率较低（尤其在农村地区）等不足。政府部门对谷歌地图的基础数据的准确性十分不满。例如，对当地有一定了解的政府官（雇）员发现了许多标记错误的道路和一些已不再使用的村庄名。他们起初认为这是因为谷歌地图不够权威，并对其数据来源和更新频率提出质疑。但当他们发现加拿大联邦政府的基础地图也有同样的错误时，便对谷歌基础地图有了更积极的看法。后来，当他们发现谷歌数周内就能更正所提交的基础地图中的错误，而政府基础地图则需要更长的时间（一般一年更新一次）时，对谷歌的正面印象进一步加深了。这个例子说明，在不考虑数据实际区别的情况下，数据来源（已知的联邦数据 VS 未知的独立公司数据）对政府的使用意愿会有怎样的影响。

5.3.3 VGI 的司法管辖权

人们很容易将地理空间信息技术与位置边界联系起来，认为它是对位置的描述。但是 VGI 作为一种网络技术，在空间上可以横跨本地尺度和全球尺度。了解这点这对于政府如何与公众交互、权利的方向是否转移等来说具有重要意义（Crampton 2009；Sieber 2004）。这种现象被称为“尺度跨越”（Cox 1998；Smith 1993），它与 VGI 的政治环境息息相关。尺度跨越是指本来发生在小尺度的个人行为（如社区尺度），避开或绕开决策的中间尺度（如市政府尺度），提升到了一个更高的尺度（如省级尺度或联邦尺度）去讨论（Cox 1998；Swyngedouw 2004）。例如，VGI 原本只是对本地问题进行回应，但最后它却受到了省级政府甚至联邦高层决策者的干预。这就同时给当地政府和上级政府带来了压力。这种尺度的跨越意味着公众可以通过 VGI 绕开传统的公众参与途径，即使这与原本正规的决策制定程序不符。

VGI 的跨级本质从以下几方面给政府带来了困扰。首先，VGI 可以跨越政治边界进行沟通，政府就可能因此失去对某些问题的控制。随着 VGI 向上输送，各级政府可能都需要投入人员来解决或者回答一个问题。也许这是一个积极的因素，特别是在当地政府资源有限的情况下，省政府或联邦政府可以投入更多的资金确保问题得到解决。但这种控制权的丧失也意味着政府在决策过程中可能出现过度管理或者丧失管理的情况。政府主动要求公众对某个问题做出贡献也存在着一定的风险,如果一些公众的行为超出了政府的管理范围或地域范围,就可能导致政府无法及时给公众以反馈。例如,市政府要求公众输入土地重新分区的信息,但土地重新分区行为却需要省或区域的批准。这就可能导致期望高于实际的结果。这在规划中是一个长期存在的问题;一旦公众是应政府的要求参与贡献,那么政府必须愿意并且有能力听取公众的意见(Wittig and Schmitz 1996)。虽然 VGI 贡献可以进行尺度跨越,但政府的政治决策和授权却不是同样灵活。

我们在对阿克顿的研究中已经发现 VGI 尺度跨越的用途。我们与阿克顿的一个基于社区的流域管理机构合作,部署了一个 Geoweb 的网站作为公众汇报侵蚀以及其他环境问题的渠道。这个过程基于流域尺度,它是最近才成为一个在魁北克省的决策制定边界。省政府已为诸如侵蚀等问题建立了新的司法管辖权,但却没有建立一定的机制将公众或社区组织观点纳入省级政策制定的过程中。流域管理机构就自己使用 Geoweb 收集 VGI,然后提交给省级部门,从那儿获得用于流域管理的资金。这说明了 VGI 可以通过某种方式将当地的观点传至更高级别。可以跨越层级的这种地方性 VGI,给了基于社区的组织一个机会,让他们可以获得来自省级政府对流域尺度上问题的支持。

5.4 政府采用 VGI 的情形

VGI 的生产和它被政府部门接受都是一个新兴的现象。因此,应用它可能带来的挑战也还未可知。我们希望通过找出政府采用 VGI 可能遇到的问题,给政府采用 VGI 提供更好的建议。通过研究,我们总结了三条可以让政府更充分地参与 VGI 收集和使用的方法:加强 VGI 收集的规范化、鼓励政府之间的合作、重新认识 VGI 可使公众成为知识创造和决策改进方面发挥的作用。

5.4.1 加强 VGI 收集的规范化

政府接受和使用 VGI 的一个障碍就是数据的实际价值和潜在价值。由于政府不认为 VGI 意味着公众参与,因此要向他们证明 VGI 应用可用于决策制定的合理性存在一定的困难。由于政府的决策有法律责任,尤其是涉及地理信息的事务,如设施建设、土地使用及财产所有权等,所以当一项基于公众参与的决策可能对某些公众有负面影响时,一定要对政策的执行有保障措施。在整体衡量社会的愿望和要求时,由于存在相互冲突的观点,决策者必须依赖那些能真正体现公众意愿的数据和信息。VGI 是一种新兴技术,它与传统的公众参与方法相比仍存在许多问题。例如,VGI 支持的观点和参加市政厅会议的公众支持的观点,孰轻孰重? 这种参与方式(数字参与 vs 亲自参与)是否能体现公众意见的强烈程度? 虽然这些问题都需要进一步研究,但政府对 VGI 价值的关注主要体现了他们对程序的重视程度。

由于政府运作的流程化和规范化,它们喜欢的是一个重视数据质量、严格控制贡献流程的更加规范的 VGI 采集机制。对于采用 VGI 的政府而言,要将它与政府运作流程和决策过程相关联,需要建立一个可以控制甚至是减少公众参与的具体规则。例如,要求公众在网站注册时使用真实姓名或者其他身份识别信息。这样一来,那些习惯了匿名贡献的 VGI 用户可能会对提供身份信息这一要求感到不适应。通过姓名或居住地等方式对 VGI 贡献者进行身份识别的方式,可能会让政府实施 VGI 时更为规范,但同时也会对公众参与度带来一定影响。如果不考虑参与的限制因素,要使 VGI 成为决策制定中的一种合法数据来源,建立一个能加强身份识别、划分参与类型的采集框架对政府而言是十分重要的。

5.4.2 鼓励政府间的合作

VGI 尺度跨跃的特性也是政府接受它要面临的问题之一。这是由于政府具有一定的行政范围和管辖区域,而 VGI 可能来自管辖区以外的个人,甚至超出一个政府机构的管理范围。如果政府之间可以加强合作,VGI 就可以直接在适应决策层上施加影响。例如,当一个由市政府所收集的 VGI 可能涉及省政府的决策时,如果省政府也参与或者至少知晓 VGI 的采集过程,那么这个决策将更有可能被执行。加强政府之间的合作能更好地解决公众参与的尺度跨跃问题。虽然这样一来符合公众的利益,但对政府而言并非如此,甚至可能遭到它们的反对。

政府之间加强合作也有一些好处,例如,在 VGI 的采集过程中节约成本。这对于市级政府以及农村和偏远地区是十分重要的,因为那里可能没有 IT 技术支持人员操作 VGI 数据采集框架。早在市政府给技术共享项目和 IT 系统(如企业级 GIS)进行投资时,这种类型的合作就已经在许多地方出现了(Budic 1994;Harvey 2003)。VGI 研发经验的共享也同样通过开源的技术,与私营企业、大学和非营利组织等进行合作(Hall et al. 2010)。同样道理,政府间合作的加强也可以加速 VGI 技术的扩散。政府和组织之间共享技术的主要方法之一就是借助大量用户(Budic 1994;Onsrud and Pinto 1991)。很多时候,市级规划机构引入 GIS 技术就是因为其他类似的机构也引入了 GIS 技术。一个机构在使用中获得的经验可以使其他机构更容易引进和采用这项技术。这种传播形式也可以应用在同一层级的政府(如市政府)或不同层级的政府间。

5.4.3 VGI 参与潜力的调查

整体来说,从公众提供 VGI 到政府接收 VGI 以及对此采取行动,这一整个过程可以代表公众参与管理的各种形式。如果将公众视为被动的传感器,只允许他们单向地将数据提供给高级别的决策者,公众的参与则受到了限制。同时,也可以将公众视为合作者,允许他们就具体问题与决策者建立一种双向沟通,提供一种直接的民主机会。在引导政府采用 VGI 的过程中,双向沟通是说服政府接受和使用 VGI 最有力的论据之一。在目前公众极度关注政府的开放性、责任感的政治环境下,使用 VGI 作为决策制定的来源可以给政府树立一个与选民直接沟通、对选民意见及时反馈的形象。实现这一设想的关键是将 VGI 转化为一种可实际操作的政策,而如何转化还未可知。因此,VGI 因其新颖性和实验性而存在潜力,它可能会无意(或有意)地背离传统行为,但可能也是一个更有效的公众参与决策的形式。

VGI 的使用让政府在处理公众参与时更为灵活,因为它是一种能够发布信息(如以 KML 形式)、使政府更透明的新媒体技术。如果使用了 VGI,政府就有可能在直接获取大量公众数据的同时,允许公众访问政府数据,甚至直接参与政府雇员和决策人员的讨论。正如 PPGIS 的研究者既重视营造数字形式的场所,也重视输出的地图、数据库等成果。政府可以借鉴“民主比赛应用”鼓励创新和创业精神(http://www.appsfordemocracy.org)的成功经验;也可以建立新的参与途径,与社会底层的公众直接交流,并重新定义权力的流向。这就可以使不同群体打破隔阂,建立对话,达成一致,并最终制定行动。只有通过这种交流方式,政府的管理结构才能持续不断地变革,社区才能形成(Wittig and Schmitz 1996)。

5.5 结　论

正如将信息交流技术(ICT)和 GIS 引入政府时一样,VGI 的引入也会有限制因素。这些因素可能是技术性的、机构内部的,或者是与当地实际情况及 VGI 实施过程相关的。要想打破这些限制性因素,政府需要找出潜在的问题,并积极地进行解决。这是一项重大的挑战,也是我们一直在强调的挑战。VGI 可以从多种层面给政府运作带来帮助。最简单地说,它代表了公众参与,而将公众作为合作者为政府决策提供建议时,VGI 就代表了民主社会的直接民主方式。从更积极的角度看,VGI 可以是公众表达观点的窗口,而这些观点往往是被传统的管理方式所排斥的。VGI 是否能够扮演一个用公众驱动的管理替代目前这种不完善的政府管理的角色?在联邦政府和省级政府的权力越来越多地下放到市级政府和社区一级的情况下,或者说新自由主义导致政府全盘萎缩的情况下,VGI 是否能扮演多重角色,既是紧缩的反馈,又是紧缩的结果?社会经济正填补着由失败的新自由主义政策造成的漏洞,VGI 及创造它的社区会被认为是不受私营和公共经济影响的产品或服务吗(Amin et al. 2002;Carpi 1997)?

VGI 被政府接受和采用的道路上还有很多障碍。需要进一步研究的一个重要问题就是,如何将 VGI 整合到政府的决策制定流程中去,同时要找出决策者在具体执行时拒绝或接受 VGI 的原因是什么。在这样的评估中,暗含着一个比较:假设 VGI 数据库与权威数据库的一致性已达到可接受的水平,相较于权威数据库,决策者或规划者对 VGI 数据库的信任度如何?如果没有可以用于比较的权威数据库,这种信任还会存在吗?再例如,如果 VGI 数据库与权威数据库直接冲突,决策者会对权威数据库提出质疑吗?怎样才能使决策制定者信任 VGI 数据库多过权威数据库?发现一致性以外的其他因素,也许能够找到决策制定过程中与数据库的准确性和数据质量同等重要,甚至是更为重要的其他因素。例如,数据库的实时性(假定 VGI 实时性更好)是否重要,特别是在快速变化的政治形势下?VGI 代表了公众(和选民)意愿的事实,是否会对决策制定者或者被选举的政府官员带来影响?这些问题以及相关的其他问题将是今后的研究重点,因为它们决定了能否成功地将 VGI 应用到政府管理和决策制定之中。

致谢:本研究由加拿大魁北克省政府服务部的“信息社会支持计划”和加拿大基础地理信息中心资助。

参考文献

Al-Kodmany, K. (2000). Using Web-Based technologies and geographic information systems in community planning. *Journal of Urban Technology*, 7(1), 1-30.

Amin, A., Cameron, A., & Hudson, R. (2002). *Placing the social economy*. London: Routledge.

Brewer, G. A. (2006). Designing and implementing E-Government systems: Critical implications for public administration and democracy. *Administration & Society*, 38(4), 472-499.

Budhathoki, N., Bruce, B., & Nedovic-Budic, Z. (2008). Reconceptualizing the role of the user of spatial data infrastructure. *GeoJournal*, 72(3), 149-160.

Budhathoki, N., Nedovic-Budic, Z., & Bruce, B. (2010). An interdisciplinary frame for understanding volunteered geographic information. *Geomatica*, 64(1), 11-26.

Budic, Z. D. (1994). Effectiveness of geographic information systems in local planning. *Journal of the American Planning Association*, 60(2), 244-263.

Carpi, T. (1997). The prospects for the social economy in a changing world. *Annals of Public and Co-operative Economics*, 68(2), 247-279.

Carver, S., Evans, A., Kingston, R., & Turton, I. (2001). Public participation, GIS, and cyberdemocracy: Evaluating on-line spatial decision support systems. *Environment and Planning B: Planning and Design*, 28(6), 907-921.

Chadwick, A. (2009). Web 2.0: New challenges for the study of E-democracy in era of informational exuberance. *I/S: A Journal of Law and Policy for the Information Society*, 5(1), 9-41.

Cox, K.R. (1998). Spaces of dependence, spaces of engagement and the politics of scale, or: Looking for local politics. *Political Geography*, 17(1), 1-23.

Crampton, J. (2009). Cartography: Maps 2.0. *Progress in Human Geography*, 33(1), 91-100. De Longueville, B., Annoni, A., Schade, S., Ostlaender, N., & Whitmore, C. (2010). Digital earth's nervous system for crisis events: Real-time sensor web enablement of volunteered geographic information. *International Journal of Digital Earth*, 3(3), 242-259.

Dovey, T., & Eggers, W. (2008). *National issues dialogues Web 2.0: The future of collaborative government*. Washington, DC: Deloitte Research.

Drummond, W., & French, S. (2008). The future of GIS in planning. *Journal of the American Planning Association*, 74(2), 161-174.

Elwood, S. (2008). Volunteered geographic information: Future research directions motivated by critical, participatory, and feminist GIS. *GeoJournal*, 72(3), 173-183.

Elwood, S. (2009). Geographic Information Science: New geovisualization technologies-emerging questions and linkages with GIScience research. *Progress in Human Geography*, 53, 256-263.

Elwood, S., & Ghose, R. (2004). PPGIS in community development planning: Framing the organizational context. *Cartographica*, 38(3/4), 19-33.

Elwood, S., & Leszczynski, A. (2011). Privacy, reconsidered: New representations, data practices, and the geoweb. *Geoforum*, 42(1), 6-15.

Flanagin, A., & Metzger, M. (2008). The credibility of volunteered geographic information. *GeoJournal*, 72(3), 137-148.

Ganapati, S. (2010). *Using geographic information systems to increase citizen engagement* (pp.1-46). Washington, DC: IBM Center for The Business of Government.

Ganapati, S. (2011). Uses of public participation geographic information systems applications in E-government. *Public Administration Review*, 71(3), 425-434.

Geertman, S. (2006). Potentials for planning support: A planning-conceptual approach. *Environment and Planning B: Planning and Design*, 33, 863-880.

Girres, J.F., & Touya, G. (2010). Quality assessment of the French OpenStreetMap dataset. *Transactions in GIS*, 14(4), 435-459.

Goelman, A. (2005). Technology in context: Mediating factors in the utilization of planning technologies. *Environment and Planning A*, 37, 895-907.

Goodchild, M. (2007). Citizens as sensors: The world of volunteered geography. *GeoJournal*, 69, 211-221.

Goodchild, M., & Glennon, J. (2010). Crowdsourcing geographic information for disaster response: A research frontier. *International Journal of Digital Earth*, 3(3), 231-241.

Haklay, M. (2010). How good is volunteered geographical information? A comparative study of OpenStreetMap and Ordnance Survey datasets. *Environment and Planning B: Planning and Design*, 37(4), 682–703.

Haklay, M., Singleton, A., & Parker, C. (2008). Web mapping 2.0: The Neogeography of the Geoweb. *Geography Compass*, 2(6), 2011–2039.

Hall, G., Chipeniuk, R., Feick, R., Leahy, M., & Deparday, V. (2010). Community-based production of geographic information using open source software and Web 2.0. *International Journal of Geographical Information Science*, 24(5), 761–781.

Harvey, F. (2003). Developing geographic information infrastructures for local government: The role of trust. *Canadian Geographer/Le Géographe canadien*, 47(1), 28–36.

Harvey, F. (2007). Just another private–public partnership? Possible constraints on scientific information in virtual map browsers. *Environment and Planning B: Planning and Design*, 34, 761–764.

Hudson-Smith, A., Crooks, A., Gibin, M., Milton, R., & Batty, M. (2009). NeoGeography and Web 2.0: Concepts, tools and applications. *Journal of Location Based Services*, 3(2), 118–145.

Johnson, P.A., & Sieber, R.E. (2011a). Motivations driving government adoption of the Geoweb. *GeoJournal*, 1–14. doi: 10.1007/s10708-011-9416-8

Johnson, P.A., & Sieber, R.E. (2011b). Negotiating constraints to the adoption of agent-based modeling in tourism planning. *Environment and Planning B–Planning and Design*, 38(2), 307–321.

Johnson, P.A., Sieber, R.E., Magnien, N., & Ariwi, J. (2012). Automated web harvesting to collect and analyse user-generated content for tourism. *Current Issues in Tourism*, 15(3), 293–299.

Miller, C. (2007). A beast in the field: The Google maps mashup as GIS/2. *Cartographica*, 2(3), 187–199.

Nedovic-Budic, Z. (1998). The impact of GIS technology. *Environment and Planning B–Planning and Design*, 25(5), 681–692.

Newman, G., Zimmerman, D., Crall, A., Laituri, M., Graham, J., & Stapel, L. (2010). User-friendly web mapping: Lessons from a citizen science website. *International Journal of Geographical Information Science*, 24(12), 1851–1869.

Onsrud, H., & Pinto, J. (1991). Diffusion of geographic information innovations. *International Journal of Geographical Information Science*, 5(4), 447–467.

Parsons, J., Lukyanenko, R., & Weirsma, Y. (2011). Easier citizen science is better. *Nature*, 471 (7336), 37.

Pickles, J. (Ed.). (1995). *Ground truth: The social implications of geographic information systems.* New York: Guilford.

Rouse, J. L., Bergeron, S. J., & Harris, T. M. (2007). Participating in the Geospatial Web: Collaborative mapping, social networks and participatory GIS. In A. Scharl & K. Tochterman (Eds.), *The geospatial web: How geobrowsers, social software and the Web 2.0 are shaping the network society* (pp.153–158). London: Springer.

Saebo, O., Rose, J., & Flak, L.S. (2008). The shape of eParticipation: Characterizing an emerging research area. *Government Information Quarterly*, 25, 400–428.

Schuurman, N. (2000). Trouble in the heartland: GIS and its critics in the 1990s. *Progress in Human Geography*, 24(4), 569–590.

Seeger, C. (2008). The role of facilitated volunteered geographic information in the landscape planning and site design process. *GeoJournal*, 72, 199–213.

Sieber, R. (2004). Rewiring for a GIS/2. *Cartographica*, 39(1), 25–39.

Sieber, R. (2006). Public participation geographic information systems: A literature review and framework. *Annals of the Association of American Geographers*, 96(3), 491–507.

Smith, N. (1993). Homeless/global: Scaling places. In J. Bird, B. Curtis, T. Putnam, G. Robertson, & L. Tickner (Eds.), *Mapping the futures* (pp. 87–119). London: Routledge.

Swyngedouw, E. (2004). Globalisation or 'glocalisation'? Networks, territories and rescaling. *Cambridge Review of International Affairs*, 17(1), 25–48.

te Brömmelstroet, M., & Bertolini, L. (2008). Developing land use and transport PSS: Meaningful information through a dialogue between modelers and planners. *Transport Policy*, 15, 251–259.

te Brömmelstroet, M., & Schrijnen, P. (2010). From planning support systems to mediated planning support: A structured dialogue to overcome the implementation gap. *Environment and Planning B: Planning and Design*, 37(1), 3–20.

Tulloch, D. (2008). Is VGI participation? From vernal pools to video games. *GeoJournal*, 72(3), 161–171.

Turner, A. (2006). *Introduction to neogeography*. Sebastopol: O'Reilly.

Vonk, G., Geertman, S., & Schot, P. (2005). Bottlenecks blocking widespread usage of planning support systems. *Environment and Planning A*, 37, 909–924.

Vonk, G., Geertman, S., & Schot, P. (2007). A SWOT analysis of planning support systems. *Environment and Planning A*, 39, 1699–1714.

Wittig, M. A., & Schmitz, J. (1996). Electronic grassroots organizing. *Journal of Social Issues*, 52(1), 53–69.

Zook, M., & Graham, M. (2007). The creative reconstruction of the Internet: Google and the privatization of cyberspace and DigiPlace. *Geoforum*, 38(6), 1322–1343.

Zook, M., Graham, M., Shelton, T., & Gorman, S. (2010). Volunteered geographic information and crowdsourcing disaster relief: A case study of the Haitian earthquake. *World Medical and Health Policy*, 2(2), 7–33.

第 6 章

当 Web 2.0 遇上 PPGIS：中国的 VGI 与参与式制图

Wen Lin

摘要：尽管目前的研究已经对志愿式地理信息(VGI)在空间知识生产方面的影响及它们两者之间的关系提供了重要的视角，本章认为还需要进行更多的研究用以衡量这种新技术是如何影响参与者的意见以及如何影响公众参与规则的制定过程的。本章将基于公众参与式 GIS(public participation GIS，PPGIS)的研究、经典 GIS 研究和经典社会学理论，探讨主体形成与地理空间技术发展之间的复杂关系，并在不同场景下进行应用。本章选用了中国应用 VGI 进行民族区域制图的三个案例，它们构成了重叠的“数字空间”(DigiPlaces)，这一由 Matt Zook 和 Mark Graham 提出的概念，强调了自动化生产、个性化定制与产品活力。同时，这些案例都受主体形成的复杂过程影响，根据 Mark Poster“信息模式”的概念，对电子通信的扩散进行了标记，用以帮助形成多重主体。需要特别关注的是，随着互联网和通信技术的快速发展，相较于 20 年前，中国人民有了更强的个人权利和去中心化意识。因此，VGI 实践构成了公众参与的空间。然而，由于现存的经济及社会不均衡因素，仍然存在着重大的挑战。

Wen Lin(✉)
纽卡斯尔大学地理、政治与社会学院(School of Geography，Politics and Sociology，Newcastle University)，英国，纽卡斯尔
E-mail：wen.lin@ncl.ac.uk

6.1 引 言

在线制图这一概念早已出现。但在最近5年出现了大量地理视觉化技术与Web 2.0的结合，从而带来了更多的用户生成的空间数据的生成和分发，也引起了GIS学者越来越多的关注(cf.Elwood 2009;Goodchild 2007;Haklay et al. 2008;Sui 2008;Crampton 2009)。这样的空间数据提供方式，被定义为志愿式地理信息(VGI)的实践(Goodchild 2007)[①]，主要是指没有接受过正式的GIS或制图训练的公众提供的包含位置信息的多媒体数据，如照片、文字和声音(Elwood 2009)。研究者已经开始调查VGI实践对公众科学以及参与民主社会和政治的影响，同时也对其可能形成的新型监督形式和隐私侵犯进行了调查(Elwood 2009,2010)。

需要指出的是，关于不同类型的VGI与传统的PPGIS实践之间的异同已经有了一些很有深度的研究(Miller 2006;Tulloch 2008;Boulton 2010)。研究者已经指出，要想鼓励公众制图，一定要降低VGI的准入门槛，改善用户体验。同时，VGI产品中已有的权利关系也要进行加强和重新分配(Obermeyer 2007;Crutcher and Zook 2009)。除此之外，VGI的多种表现形式和组成方式也得到了大家的认可(Tulloch 2007)。

尽管如此，相对于PPGIS实践更注重解决某些组织与团体的问题(Sieber 2006;Elwood and Ghose 2004)，VGI产品则更显个性化与动态化(Zook and Graham 2007)。因此，PPGIS与VGI相交叉的部分还存在着一些关键性问题。尤其是我们如何概念化不断变化的社会经济政治条件与参与式VGI实践之间的相互关系？例如，在不断增长的个性化VGI实践和互联网等信息技术实现的“远程”参与中，谁来参与“社区”？“参与”的社会政治含义是变化中的结果吗？随着信息技术和位置信息的转变，个人和团体的参与目的将如何转变？不同的参与式VGI实践在本地的数据生产和公众参与方面会有怎样的异同？

本章的研究是对上述问题进行讨论的一部分，主要有三个论点：第一，尽管PPGIS的文献已经对公众和基层组织将GIS应用与空间知识产品相结合的强相关性有了深入研究，但其前提仅限于组织内部，而组织内部却并不适宜个性化的VGI实践。第二，经典GIS研究已经解决了由地理空间技术与一般性计算所导致的主体性问题，但社会与技术的融合却可能在本体的层次改变以技术为媒介的参与方式、社区组成及公众参与的权力关系。第三，本章对

① 参见Elwood(2010)对其他诸如新生代地理学(neogeography)、geoweb、map 2.0等的论述。

Mark Poster 的经典社会学理论,即"信息模式"概念的文化地位进行进一步阐述。

通过这种综合的框架,本章开展了一个以经验为基础的关于中国参与式 VGI 实践的调查研究。随着城镇化与全球化的深入,中国的参与式 GIS 深受不断变化的复杂主体性和公众身份转变的影响。尽管 VGI 很多时候仍缺乏有组织的公众参与,空间知识的生产仍牢牢掌握在国家手中,互联网在中国还有着严格的审查制度,但本书仍然认为 VGI 实践用一种动态和巧妙的方式为公众参与和公众言论带来了发展空间。与此同时,在这一背景条件下,即使公众参与通过如 VGI 这样"开放"的途径,也受着固有的微观权力和无形组织力量的限制,从而影响了进一步发展。另外,虽然中国在政治环境和民主参与方面与西方国家有很大的不同,但中国的 VGI 实践却与其他国家的实践具有相同的特征,主要表现在他们构成自我认同的方式、虚拟空间与物理空间的融合两个方面,这可能也给空间知识生产的参与和规则赋予了新的含义。

第 6.2 节讨论了本研究的理论背景。第 6.3 节以中国公众参与的积极性为例,对中国 VGI 实践的社会经济条件和政治环境进行了简单介绍。第 6.4 节对 VGI 在中国的应用案例进行了研究。最后提出了结论和讨论。

6.2 理论背景

6.2.1 VGI 与 PPGIS:一致与分歧

越来越多的研究已经指出了 VGI 生产的目的、VGI 数据的价值、相关的技术更新以及社会政治意义(Goodchild 2007,2008;Haklay et al. 2008;Sui 2008;Elwood 2008,2009,2010)。大家已经形成两点共识:一是 VGI 的提供者同时也是数据的使用者;二是 VGI 的生产过程是移动的、普遍存在的(Perkins 2008;Haklay et al. 2008),并且通常由一种类似"维基化的"合作方式进行(Sui 2008)。需要指出的是,由非专业人士提供的越来越分散的 VGI 数据模式已经促使 GIS 学者更为关注公众科学和参与民主的背后含义(Goodchild 2007;Tulloch 2007;Boulton 2010;Elwood 2010)。大量的研究指出,VGI 与 PPGIS 之间存在相同之处(Tulloch 2007,2008;Miller 2006)。限于本研究的范围,本书专注于"参与式的 VGI"实践研究,即数据的提供者是有意识地在生产和共享他们的数据。

PPGIS 的研究工作始于 20 世纪 90 年代初。当时普遍认为,相较于其他形式的知识生产,GIS 技术体现了实证主义的认识论,使用工具也更为合理。因此,研究人员做了大量的工作去增强 GIS 数据和技术在普通公众中的可访问性。

他们将传统 GIS 技术或者重新编码后的 GIS 转变为软件包(GIS/2),并借此来研究被边缘化群体的本地知识的整合和表现的方式(cf. Sieber 2006;Craig et al. 2002)。PPGIS 的一个关键研究就是探讨空间知识是如何生产的,由谁生产的,以及生产过程会在不同社会群体之间形成怎样的权力关系(Sieber 2006;Tulloch 2007;Ghose 2007;Elwood 2009)。PPGIS 在实践方面出现了矛盾的结果,它一方面加强了参与和不参与之间的界限,另一方面也削弱了这一界限(Weiner and Harris 2003;Elwood 2004;Ghose 2005)。同时,也存在着空间数据滥用和侵犯个人隐私的问题(Pickles 2004;Sui 2006)。尽管仍有关于个人在 PPGIS 实践中权力关系的分析(e.g.,Elwood 2004;Kyem 2004),但目前社会关系的讨论还是聚焦在 PPGIS 组织与团体的角色上(Sieber 2000;Elwood and Ghose 2004;Tulloch 2007)。

与 PPGIS 试图扩大技术可用性的努力一致,VGI 也在这方面做了大量工作,它可以提供一种新的更多用户可以通过众包参与其中的方式,对用户更友好和更具时空灵活性的制图方式(Miller 2006;Tulloch 2007,2008;Kreutz 2010)。Miller(2006)调查了谷歌地图的迅速走红对 PPGIS 的影响。他认为,谷歌在线地图的易用性、快速响应和高交互性使公众的参与成为可能。谷歌地图平台和应对卡特里娜飓风的成功案例都是基于以用户为中心的 GIS/2 的理念。Kreutz(2010)讨论了“制图主义”(maptivism)的概念,它可以被看作 VGI 积极性的具体应用。他同时指出,志愿式地图十分强大,因为它给用户一种“连接”的感觉:连接复杂主题,促进公众参与。

同时,研究人员也指出了 VGI 的一些局限,例如,它可能带入现有社会的不平等现象,并为公众参与带来新的技术和社会壁垒(Tulloch 2007;Crutcher and Zook 2009)。Tulloch(2007)指出,虽然这些在线地图应用程序不受地理位置局限,但受“年龄段”的影响。Crutcher 和 Zook(2009)研究了业已存在的社会经济不平等是如何与数字制图领域相互交织和相互影响的。他们特别调查了卡特里娜飓风后的谷歌地球使用情况,用来说明公众使用(或不使用)谷歌地球的行为是如何形成的。Kreutz(2010)也指出了制图主义的挑战,包括可能的侵犯隐私、过度宣传以及缺乏关注等问题。

Tulloch(2008)提出了一种描述 PPGIS 和 VGI 的异同的方法。特别是,就参与而言,PPGIS 与 VGI 之间重叠的核心问题在于,公众在参与过程中处于一个什么样的位置。PPGIS 往往是公众利用公共的数据库来参与他们感兴趣的决策;VGI 是指公众建立自己的数据库,而非使用已有的公共数据库。此外,VGI 还有一定的休闲娱乐性质,所以不能简单地将它纳入现有的 PPGIS 理论中。Tulloch 指出了 VGI 和 PPGIS 的两个重要区别。其一是 VGI 使用的技术通常不属于传统的 GIS 软件。并且,VGI 主要是关于制图而不是决策,而 PPGIS 更侧重于决策和通过地图发现社会变迁。与此相关的第二个区别是,VGI 作者可以在不知情的情况下创建和共享他们的数据,即一种类似"地理奴役"的形式(Obermeyer 2007)。然而,随着 VGI 的作者可能通过创建数据和共享数据,在决策制定过程中处于更有影响力的位置,因此 VGI 和 PPGIS 的判别标准是变化的。

经典 GIS 和经典制图领域的一些研究也指出了 VGI 与 GIS 实践之间的区别(cf.Elwood 2010)。首先,快速发展的 VGI 实践促进了"拼凑式"(patchwork)的空间数据基础架构的出现(Goodchild 2007),这使公众与草根团体的角色发生了转变,他们从数据的访问者变为数据的提供者(Elwood 2008;Perkins 2008;Dormann et al. 2006)。其次,私营企业参与者向在线制图工具置入广告的现象可能急剧增加(Zook and Graham 2007),同时他们在开源软件的投入方面也会有所增加(Haklay et al. 2008)。第三,VGI 可能会加剧现有的社会不平等现象,也有可能造成新的排斥和监视,如处理开放的应用编程接口(API)的技术能力差距,以及大型数据库的访问权限削弱可能带来的数据滥用问题(Elwood 2010;Williams 2007)。

6.2.2 主体性和数字空间

一些从事经典 GIS 研究的学者从一般性计算和地理空间技术的角度对主体性进行了研究(Elwood 2010),如数据机器人(Schuurman 2004)、公众地理编码(Wilson 2009)和数字化本身(Dodge and Kitchin 2007)。例如,基于人和计算机的复杂交互计算的机器人理论(Haraway 1991),Schuurman(2004)在 21 世纪提出了一种变种机器人——数据机器人(data-borg),用来收集和使用人体的数据,这对日常生活十分有用。随着并行技术的进步,GIS 分析大型数据库结构成为可能,Schuurman 由此提出一种在个人层面上数据更为丰富的数据机器人(同上)。Schuurman 还通过一个虚拟教练的案例,即收集运动员的日常(训练)数据记录,从而提供相应的训练计划,以此说明这些日常和长期数据收集的自我延伸。这样的自重构既带来了机遇,也存在着风险:一方面,它允许个人制定个性化的培训计划;另一方面,可能被有权力的团体用来进行人为控制。

Kingsbury 和 Jones(2009)运用经典地理空间技术的辩证理论来进行超越"恐惧-希望"的辩证研究。他们认为,谷歌地球也常常被视为"一个由控制、命令和计算构成的阿波罗实体"(同上,p.503)。在阿波罗观点的影响下,对这项技术的讨论形成了两种截然不同的观点。如作者指出,美国大屠杀纪念博物馆展示达尔富尔地区的高清晰度的照片和影像,由此带来了两种不同的观点:一种赞成这种教育方式;另一种则批评认为这可能带来窥阴狂人数的增加。两种观点都有局限性。不过,谷歌地球也是一个"酒神"(Dionysian)实体,具有不确定性、诱惑性和疯狂特性。这种借助"酒神"的解释可以帮助我们更好地理解为什么谷歌地球会在不同的情况下,使用不同方式来展现谷歌地球的诱人甚至略显夸张的影像。这种理论也承认了 VGI 的“休闲娱乐性”(Tulloch 2008,p.165)。此外,作者认为,阿波罗实体具有主体性,它严肃、理性、缜密、真诚,而“酒神”具有艺术家的无政府主义,或者说不关心政治的黑客精神。但“酒神”也是“萌发新的政治和道德思想的地方”(Kingsbury and Jones 2009,p.509)。

Gerlach(2010)也指出,新兴的 Web 2.0 制图方式超越了传统制图中的主客二元对立理论。他提出一种“区域性制图”的概念来形容制图实践的日常性,如 OpenStreetMap。他认为,区域性制图由“通过创新潜能形成的美学政治作为政治干预,但不一定以一种颠覆式的或焦虑的方式”构成(同上,p.166)。总之,这些研究强调了 VGI 制图普遍存在的特性,这种特性使它在空间知识生产和政治方面进行自我表达时具有多重主体性。

Zook 和 Graham(2007)在“数字空间”的理论下,研究了“日常生活地理”(p.1323)在数字化和纸质资料间的交叉部分,这对探讨 VGI 实践及其对空间知识的生产和表达是十分重要的。作者认为,谷歌地图和谷歌地球的计算规则及其数据会对物理位置的获取和使用产生影响。由于数字空间在与地点交互时,同样兼具物理地图的特点,作者提出了数字空间的三个重要的新特性:首先,数字空间的可视化是由程序自动产生并加以过滤的;其次,数字空间是高度个性化的,拒绝静态显示;第三,数字空间显著地提高了数字制图可视化的动态性。因此,数字空间的建设意味着程序和位置的不断融合。数字空间在创建过程中,具有复杂的环境条件和多变的技术能力,能认识到这点是至关重要的。在不同的环境下,不同的用户有不同的反应,而这又会反过来影响他们对物理位置的认知(同上)。

6.2.3 信息模式和空间叙事模式

Poster(1990)从后结构主义的角度出发,使用“信息模式”的概念,分析了通信系统出现的变革与社会思潮中去中心化思想两者之间的关系。Poster 将信息模式分为三个阶段:第一,面对面交流,以口头语言为交流媒介,具有互动性;第二,书面交流,以书面语言为交流媒介;第三,电子媒介交流,它具有信息模拟的特点。每个阶段都有其主体性的形式。在口头交流阶段,自我意识是通过面对面交流表达实现的。在书面阶段,自我意识是通过既理性又抽象的文字进行表达的。在电子阶段,语言出现了去中心化,自我意识消解了,并且起伏不定(同上)。目前这些阶段之间虽不连续,但密切联系。他进一步指出,电子媒介交流增加了发信人与收信人之间的距离,因为它允许信息传达者与接受者之间关系的重构、信息与其背景的重构以及接收者或主体与其表达方式的重构(Poster 1990,p.14)。这样的重构反过来会给不同机构、社区和个人间的社会关系带来影响和转变。不可否认的是,很多现代的机构及其实践仍在社会中占据着主导地位。但 Poster 坚持认为,信息模式是一种新兴现象,影响虽小,但对日常生活而言却十分重要(同上)。

特别是随着互联网的出现,主体建构通过互动机制逐渐形成。这种互动式的交流方式形成了"虚拟社区"和社交网络,它们与历史上社区的构建方式相比,具有独特的典型性。首先,这种电子通信方式具有一定的身份流动性。其次,虚拟社区与真实社区相互映射与组成,这样,参与者通过"真实的"现实世界的种类来对"虚拟的"现实进行编码(同上,pp.191—192,着重强调)。Poster 认为,新媒体很可能要用可改变主体形成方式、将问题置于主体相关领域的主体复杂性方式来抵制现代化。然而,这种可能性需要新媒体交流技术的支撑。事实上,相较于去中心化的"小叙事方式"的后现代文化,信息技术更可能带来极权主义控制(同上,p.198)。

因此,在看待电子媒介交流时,可以用 Kingsbury 和 Jones(2009)认为谷歌地球具有"酒神"精神的观点,将"信息模式"的概念延伸到主客二元论。此外,"信息模式"这个概念强调了媒体在主体性和社会关系形成过程中扮演的多种角色,本书认为这是 VGI 和 PPGIS 实践讨论中的一个重要补充。

媒体确实已经在知识的生产方面发挥了重要的作用(Flew and Liu 2011)。Habermas(1989)提出了"公共领域"的概念,它强调对话交流,借助大众媒体传播,这一概念已经成为普通民众理解欧洲自由资本主义制度出现的重要基础(Flew and Liu 2011)。最近,公共领域及公众参与如何通过互联网交流形成的议题得到了广泛的讨论。许多人对形成一个虚拟的公共领域的可能性进行了论证(如 Rheingold 1994;Poster 1997)。另外,有些人认为,网络的作用主要表现在加强了原有的国家、社会之间的关系(如 Drezner 2005)。还有一些人指出互联网在控制和自由倾向之间的复杂混合关系(如 Warf 2011)。同时,地理学家从媒体新形式的角度出发,对 GIS 未来的发展进行了探讨(如 Sui and Goodchild 2003)。然而,新的媒体和 VGI 如何形成主体,进而影响政治社会和公众参与的意义还无人涉及,本章旨在通过中国的情况对其进行研究。需要指出的是,在研究中国的 VGI 和公众参与时,将中国公众参与的大环境纳入研究范围是至关重要的。

6.3 中国公众的参与活力

公众身份在这里指的是"国家和社会成员之间的一系列法律、政治、社会以及经济的联系"(Goldman and Perry 2002,p.3)。需要指出的是,公众是一个不连续的、不断形成与协商甚至会中断的制度化过程(Woo 2002;Staeheli 2010)。

在过去的十年中,中国的电子商务迅速发展(Lin 2008)。中国制定了一些国家级项目,用以鼓励电子政务和提高公众参与度。虽然许多人认为公众参与只是停留在纸上(Lin and Ghose 2010),但电子政务却实实在在地推动了政府对数字化基础设施的建设。此外,经济改革也显著地改变了中国的传媒行业,这反过来促使政府在改革的过程中要对与公众有关的意见进行评估。可以说,过去十年,公众在国家政策制定中所扮演角色的转变速度,可能远远超过政府控制的想象(Yang 2009)。

最近一些人认为,随着中国互联网用户的快速增长,互联网已经在公众舆论中扮演着更重要的角色(Gao 2009;Tai 2006)。2011 年 6 月,中国的互联网用户从 2000 年的 2250 万上升至 4.85 亿(CNNIC,2011)。移动电话已成为互联网接入的重要设备。但是,城市地区和农村地区还存在明显的不平衡(CNNIC 2011;Michael and Zhou 2010)。互联网已经至少从三个方面改变了中国社会的舆论环境:首先,它创建了一个新的平台,使中国互联网用户可以对许多问题在网上发表自己的观点;其次,它会产生"一个稳定的、核心的意见领袖",在网络空间中不断地引导舆论;第三,它使越来越多的用户能接触到其他网民的观点(Tai 2006,p.188)。随着这些转变,中国公众的个人权利意识和反对强权意识也更加强烈(Yang 2009)。

中国公众定义的不断变化,可以从不同形式反映出来,例如,反映在过去十年中活跃的网上维权行动(Yang 2009;Tai 2006)②。还有出现在 2010 年的"围观改变中国"言论。这句话首次出现在以"中国的自由派报纸"而著称的《南方周末》(Xiao 2010)的一篇社论中。后来这篇社论被大量引用,"围观改变中国"也在中国网民中广为流传③。Hu(2011)将这一现象命名为"周围的目光",并对其在现代中国文学和文化的历史渊源,以及在信息时代的新含义进行了详细阐述。来自"人群"的"围观"对那些被围观者施加了强大的压力。值得一提的是,最近出现的社交网站,如微博(如 www.weibo.com)已吸引了更多的网民参与到热门话题的讨论中。围观者的目光通常关注与特定社会问题相关的帖子,然后帖子被转发到社交网站和博客中。这种形式的参与可能是 Arnstein(1969)眼中一个最低层次的公众参与。但是,在某些方面,对网络的

---

② 尽管中国的审查制度越来越严格,但是大量的中国网民还是参与到了相关行动中(Yang 2009;Tai 2006)。这样,关于各种议题的有活力的社团通过网络大量地涌现,例如,动员公众参与基于 Web 的环境保护的志愿者团体(Yang 2003)和通过网络与移动技术组织工人罢工(Qiu 2009)。

③ 例如,2011 年 7 月 31 日来自中国的 328000 条结果被返回,并且这一数据在 2011 年 10 月 29 日增长到了 648000 条。

这种使用可以出现多个数字空间，从而形成一个大的集合。这种不断变化的、混合的数字化公众对 VGI 在中国的实践有重要的推动作用，这将在下面进行具体讨论。这一调查结论是作者基于文档分析和对 VGI 参与者的访问所得出的。

6.4 中国的 VGI 实践

2009 年 1 月 15 日，Ogle Earth 上发表了一篇名为"中国正在开放到新地理学吗？"的文章（http://www.ogleearth.com/2009/01/is_china_openin.html）。后来有人回应道，中国已经开始建立中国版的"谷歌地球"。它同时指出，尽管中国领导阶层对制图工具持有更开放和宽松的态度，但是中国对空间资源的控制和互联网审查制度可能影响 VGI 在中国的发展。不过，文中并没有提到非政府性的在线制图和地理知识生产。其实在中国，"草根"十分活跃，他们在环境保护、危机制图、政治争论等方面形成了大量的 VGI（Lin 2010）。下面，我将讨论三个 VGI 的应用实例，研究 VGI 在中国可以通过怎样的方式得到认可，为公众参与提供可能。

6.4.1 四川地震的救灾地图

这一 VGI 实践来源于 2008 年 05 月 17 日，谷歌地图在"5 · 12"汶川地震后的快速制图（图 6.1）。这幅地图的创作者之一说，他们之所以能够制作这幅地图，是因为之前都用表格的形式显示这些信息，十分复杂（Ding④，2010 年 4 月，个人通信）。共有 23 位志愿者参与了地图的更新（同上）。他们在豆瓣网（www.douban.com）——一个在中国流行的社交网站，发布了一个帖子，宣告地图的创建（图 6.1），并号召志愿者提交与抗震救灾工作相关的任何数据。这个帖子还附了详细操作指南，用来告诉志愿者他们可以做些什么来为地图做出贡献。他们还对提交的地图数据格式做了明确的要求，包括地点、时间、证实与否以及内容。最终，地图上显示的信息主要来源于两个途径：一是志愿者从广播、电视报道以及在受灾现场的非政府组织的志愿者那里收集的数据；另一个是政府直接公布的数据。

Ding 曾经在人机交互领域工作过，因此，最初他考虑使用 IBM 的开源代码。但最终他选择了谷歌地图，因为"方便、对用户友好"（Ding，2010 年 4 月，个人通信）。Ding 证实，谷歌的工程师在后续工作中加入了这个项目。地图网站页面

④ 采访中涉及的人物均为化名。

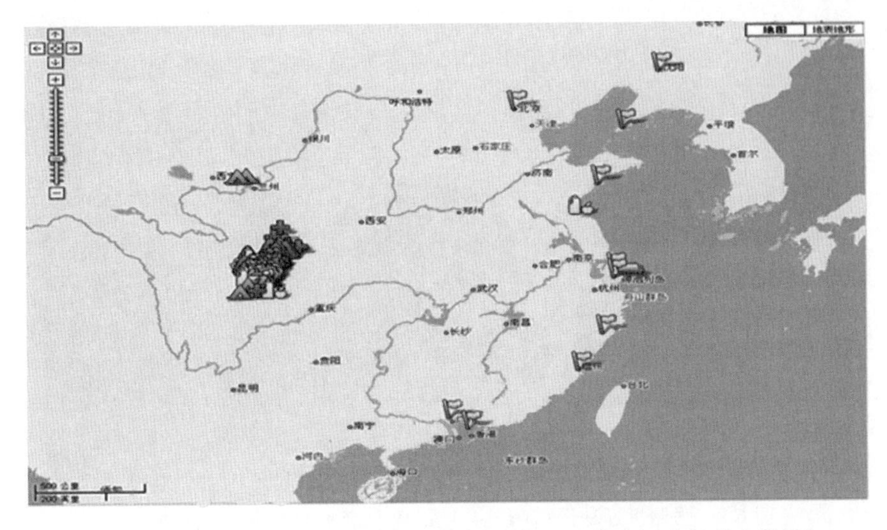

图 6.1 汶川地震救灾需求地图(2008 年 5 月 21 日获取)(参见书末彩插)

的左侧说明各个符号指代的含义,并指出所列条目的顺序。地图中共有 8 个标示符,其中,红色惊叹号表示被困人员,瓶子和苹果分别表示水和食物,绿色三角形代表帐篷,篮子表示其他物资,卡车表示车辆,扳手表示工程师,旗子表示志愿者。虽然符号的具体选择过程没有公开,但这一案例中使用的符号要比另外两个例子精巧得多。

在地图创建一周之内,点击量就达到了 82 539 次,并且很快突破了百万。此外,一些灾区的非政府组织也使用了这幅地图来协助他们的救灾工作(Ding, 2010 年 4 月,个人通信)。还需指出的是,该项目在非常短的时间内吸引了大量人参与其中。正如 Ding 所说,如此规模和水平的地图合作与协调在那时是非常罕见的:“大家因为不同的原因聚到一起为这幅地图做贡献。这次地震的影响实在太大了。”(同上)。

事实上,这幅汶川救灾地图部分反映了志愿者的震后救灾工作。同时,这幅地图与卡特里娜飓风地图(Miller 2006)、2010 年的海地地震危机制图一致,是世界各地危机制图的活动之一。虽然全球范围内危机制图工作在不断发展并在全球范围内扩大,但目前看来,正如 Meier(2011)所说,中国还没有形成相对稳定的制图社区。不过,汶川地震救灾地图标志着在中国进行的第一次相对大规模的 VGI 实践。最近还有一个大规模的 VGI 案例,即 2010 年 10 月的强制拆迁活动,目前已经引起了主流媒体的关注(图 6.2)。强制拆迁地图的其中一个目标是劝阻公众购买出现在强制拆迁范围内的房屋。

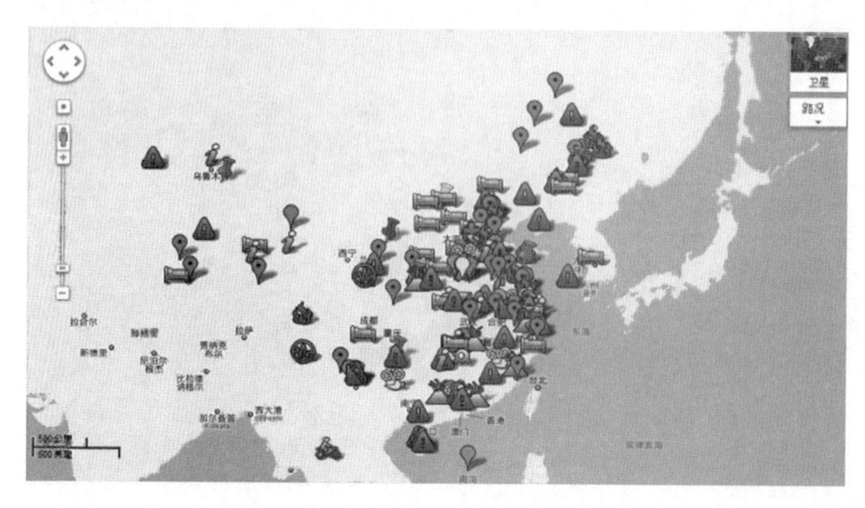

图 6.2 强制拆迁地图(2012 年 1 月 19 日获取)(参见书末彩插)

6.4.2 中国矿难地图

第二个例子是由 Wang 绘制的“2010 年中国矿难地图”(图 6.3)。这幅地图是个人通过制图来解决特定社会问题的一个例子，反映了 Wang 对中国矿难的强烈关注。Wang 整合了新闻报道中每一位矿难者的信息，主要包括以下方面：事故的时间、地点、原因、伤亡人数和媒体来源。每种颜色代表一定值域范围内的伤亡人数，紫色代表死亡 20 人以上，红色代表死亡 10 ~20 人，绿色代表死亡

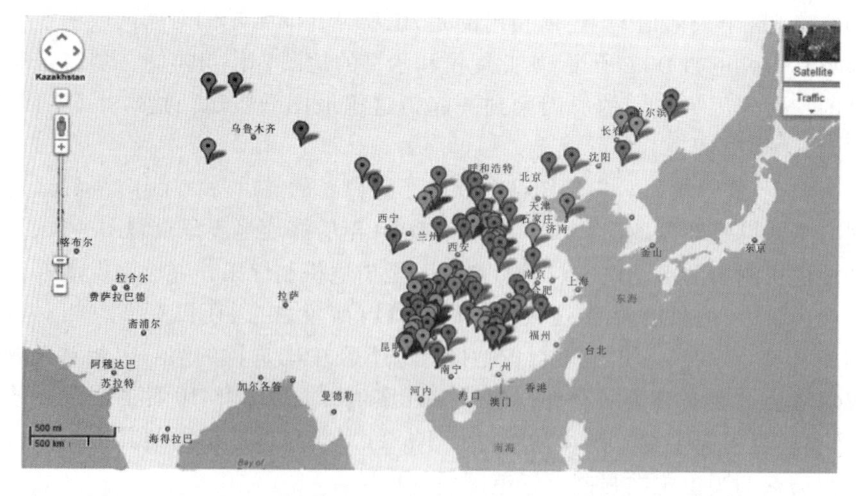

图 6.3 2010 年中国矿难地图(2012 年 1 月 19 日获取)(参见书末彩插)

5 ~10 人,蓝色表示死亡 5 人以下[5]。VGI 作者发现,对他而言,创建这样的地图从技术上来说十分容易,但却十分耗费时间,尤其是刚开始的时候。他白天浏览新闻,晚上有空闲时间时去主动搜索相关的消息,看看是否有遗漏。另一项费时的工作是,有时很难根据新闻报道提供的地址获得准确的坐标。他指出,即使将谷歌地图放大到县一级,也常常很难确定一个村庄或一个县的准确位置。

2010 年 1 月中旬,Wang 首次在他的博客上发布了这幅地图,然后根据新出的事故对地图进行更新。他还在“推特”(Twitter)上发布了一个链接。很快,大量人访问了地图,“短短几天,就收到了数千条留言”(Wang,2010 年 7 月,个人通信)。很多人对他的博客进行了评论或者在 Twitter 上进行了留言。很多人对矿难的次数和造成的伤亡感到震惊;一些人感谢 VGI 作者制作了这幅地图。同时也有一些错误被他的 Twitter 粉丝指出(在当时进行这个地图实践时,他约有 7000 位 Twitter 粉丝)。“他们大多被震惊了……他们说,事故就像灌木一样多。”(同上)。

Wang 在制作这幅地图之前,他已经制作了几幅类似的地图。早在 2009 年 6 月,他就在谷歌地图中创作了第一个关于环境污染问题的地图。后来,当严重的环境污染问题导致的“癌症村”问题由《凤凰周刊》——香港的一个时政杂志——报道后,一个 Twitter 用户号召大家来绘制癌症村地图。Wang 主动加入了这幅地图的制作中。从那时起,他为绿色和平组织制作了更多地图,包括中国水质问题地图和中国铅中毒问题地图。

Wang 认为,制作这些地图的初衷是为了记录正在发生的事件,特别是在中国的经济发展中出现的问题。“这更像是我个人对历史的记录……如果是政府,他们不会使用这种方式将这些信息提供给公众”(Wang,2010 年 7 月,个人通信)。也就是说,这幅地图与他创作的其他谷歌地图一起,表达了他对社会问题的担忧。这些在线地图是 VGI 作者的空间叙事,然后通过一些主要的社交网站(如本案例中的 Twitter)快速传播。

6.4.3 销量/租金比值地图

第三个案例是使用销量与租金的比值地图来展示中国城市的高额房价,它使用的是众包的非官方数据(图 6.4)。这幅地图制作于 2010 年 2 月 26 日,共有 5 个标示符来表示不同的范围。如果该比值低于 20:1,记为绿色;20:1 ~ 30:1,记为蓝色;30:1 ~ 40:1,记为紫色;40:1 ~ 50:1,记为黄色;大于 50:1,记为红色。

---

⑤ 最初,地图中在弹出窗口中仅用一种颜色的符号与数字来描述死亡人数。在笔者采访 VGI 的作者时,提到可以用不同的颜色来表示不同值的范围。这幅图后来才采用了现在所看到的图例。

图 6.4 销量与租金比值地图(2012 年 1 月 19 日获取)(参见书末彩插)

这幅地图的作者 Liang 是一名摄影师,他长期以来关注中国的城市生活和城市化,还利用博客和 Twitter 宣传这个项目。在 2010 年 2 月 26 日的博客中,他写道:

> 我将继续在 Twitter 上调查中国的房屋销量与租金的比值。我用谷歌电子表格(你需要翻墙)收集数据。数据提交的网址是[……]。收集的所有资料将被整合到谷歌地图[地图链接……]。所有数据都向公众开放,@(其他 Twitter 的用户)有助于这方面的传播。(作者翻译)

在不久后的另一条 Twitter 中,他写道:

> 继续使用 Twitter 收集房屋销量与租金比值的信息。我不奢求面面俱到的信息;只对少数相关信息感兴趣。Twitter 的朋友们对国家统计局的数据进行了补充。也欢迎香港和台湾的朋友参与。[调查]网站的地址是[……](你需要翻墙),结果展示的网址是[……]。(作者翻译)

这些言论透露了很多信息,Liang 不仅说明了他是如何收集信息的,还通过隐喻说明了他是如何创建地图的。首先,很明显,Liang 采用了大量在网上收集信息的工具,用来解决特定问题,这可以被看作是一种众包。当后来被记者问及他如何确保所提交的数据质量,Liang 说,他知道会有很多随机提交的资料,所以他能够自己判断资料的质量。如果一些信息过于荒谬,他就不会使用(Liang,2010 年 8 月,个人通信)。其次,他还使用了一些隐喻,如"墙",指的是防火墙,是国家为了进行互联网审查而安装的。需要指出的是,"Twitter 的朋友"泛指的是普通的 Twitter 用户,Liang 可能认识也可能不认识。这个词也常常被中国的其他 Twitter 用户使用。由于 Twitter 在中国被限制访问,与其他国家的用户相比,中国用户更常在 Twitter 上讨论政治。从这个意义上说,来自中国的 Twitter 用户在 Twitter 上形成了一定的团体,这个团体流动性很强,而且没有固定的准入限制。在 Twitter 上常常可以看到许多对热点社会问题的讨论,如"Twitter 观光团来见证这个问题",吸引了围观者表达他们担忧的事情。第三,正如 Liang 所说,他之所以进行这项调查和制作这一地图,一方面是因为官方的数据缺乏可信度,另一方面是因为民众也有自己描绘城市生活压力的愿望。因此,这种地图允许表达对国家抗议的空间叙事,不仅与官方的数据针锋相对,还对中国在快速城市化发展过程(由国家主导的土地政策刺激)中造成的民众压力提出质疑。

这幅地图曾经允许公众编辑。然而也出现了一些问题,例如,在建议如何从一个地方到另一个地方的线路时,出现一些其他的线路。另外,地图的标题被改为"远东的地图"。"我在 2010 年 7—8 月的野外工作时发现了这些修改",Liang 惊讶地看着上述的这些修改,这显然与地图的原始主题不符(Liang,2010 年 8 月,个人通信)。在最近一次访问这个地图网站时,其点击量已超过 53 000 次,且不再允许公众编辑,其最后一次更新发生在 2010 年 9 月 14 日。因此,这幅地图在 8 个月的时间里至少收集了 64 条记录。这不是 Liang 制作的第一幅 VGI 地图,早在他拍摄了 11 个省份的 23 个县的政府办公楼后,他制作了第一幅地图,并进行了展出。当被问到为什么要制作这些地图时,Liang 说到,"首先,它很有趣。其次,它很有用。"Liang 还说,这样的制图方式如同"在地图上写日记"(Liang,2010 年 8 月,个人通信)。

总之,以上这些 VGI 实践在数据收集、传输、表达和分析中有几个特征。第一,这些地图基本是由个人发起的,虽然其中可能也有合作项目的性质,但它仍然主要是个人行为,或者是这两者的动态组合。此外,这些 VGI 的创建者们使用各种网络工具传播他们的地图都十分熟练。特别是社交网站,对于传播地图发挥了重要作用。第二,鉴于这些 VGI 实践所涉及的主题,因此制图的过程中,位置是否精确并非主要的关注点。地图设计也十分基础,但制图并非一个静态过程,而且作者可以根据在过去的经历中学习到的经验,对设计的元素进行修改。第三,创建地图甚至进行相关分析的目的十分广泛,可能是源于个人对日常记录的兴趣,也可能是源于对社会问题的关注。因此,这样的 VGI 实践吸引了不同领域的参与者,在地图的制作和更新过程中形成了一个组织关系松散、成员不断更替的团队。然而,本研究采访的所有 VGI 创作者(在撰写本文时为 12 位)都是男性,多为 30 多岁,且都十分喜欢互联网。

此外,"个人历史记录"和"地图日记"表明,这些制图实践为这些 VGI 作者提供了一种重要的空间叙事模式。参与者借助 VGI 制图来唤起普通公众对社会问题和政治问题的关注,恰好说明了中国公民意识的提升,特别是通过声明政治主张来与国家权力机构进行协商的政治权力。一位 VGI 作者创建的地图可能不止一幅。因此,VGI 从业者可能会从一幅自己关注某地方的环境污染地图开始,跨过私人与公共、个人主张与政治观点之间的界限,慢慢演变成一幅中国的环境污染地图。这种以 Web 2.0 和地理空间技术为媒介、表现为"信息模式"(Poster 1990)的实践,形成了多个复杂的、交互的、移动的"数字空间"(Zook and Graham 2007)。我们可以将其视为一种"无组织的组织形式"的微政治(Hu 2011)。

在此期间,随着上文提到的 VGI 的动态变化,也出现了新的问题。首先,尽管中国网民数量在过去十年显著增加,但数字鸿沟问题仍然存在,尤其是城市用户和农村用户之间的差异(如 Michael and Zhou 2010)。其次,文中引用的案例说明,目前活跃着的 VGI 作者绝大多数是年轻且频繁使用互联网的男性。VGI 的实践还需要在人口统计基础方面做更多的研究。

6.5 结　　论

虽然以上的案例分析无法反映 VGI 实践在中国的全貌,但仍可以说明,PPGIS、经典 GIS 理论和经典社会学理论的综合使用,有助于理解复杂的制图实践及其在不同情况下的社会政治影响。同时,以上讨论的中国 VGI 实践在空间知识生产、社区定义和参与方式等方面,与西方的 VGI 实践相比展现出了一些共性和不同之处。具体来说,中国的 VGI 实践都共同具有数字空间的主要特点,即不断增长的个性化、动态化和数字可视化(Zook and Graham 2007)。如上所述,这些在线的、交互式的制图实践基本是由个人发起的,后续的制图则可以由个人或一批志愿者进行。这些制图往往源自 VGI 创作者个人对某一社会问题的担忧,而非源于特定机构。制图技术会随时间不断发展。因此,VGI 制图是高度动态化的。

这些 VGI 实践创造了参与的氛围,但同时也带来了新的隔阂。通过制图实践和数字空间的建设,产生的新参与空间,用一种复杂且微妙的方式超越了虚拟空间和物理空间。每幅地图所希望达到的具体目标因其具体内容而大相径庭。但所有这些实践都力求利用地图可视化的力量,向公众传达他们对于具体问题的担忧,并发出这些可视化的政治信息。也就是说,制图系统为 VGI 作者表达他们的担忧提供了一个新的平台。通过这个平台,更多的人知道了相关问题,这从 VGI 产品相对较高的总点击量就可以看出。不过,这些实践不仅仅停留在数字层面,它们还在非数字空间中积极地用行动响应,如第一个案例中的抗震救灾工作地图以及试图劝阻人们购买有强制拆迁历史的房屋强制拆迁地图。要在广大的社会群体中衡量制图的实际影响是很难的。不过,这些看似平凡的通过地图进行的记录、观察和监测,具有很广的传播范围,是中国的普通民众和草根参与的一种重要形式。另外,实践的过程也带来了一定的隔阂。这种制图几乎没有需要正式制图培训或 GIS 培训。然而,在克服了无法上网这一数字鸿沟后,还要对工具和在线地图接口比较熟悉,并且需要奉献宝贵的时间。

此外,这些 VGI 实践中的“社区”概念的定义被 Web 2.0 技术与中国特殊的社会政治环境动态的交互作用模糊化了。一方面,这些 VGI 实践改变了传统的由权威组织提供和表达空间数据的方式,形成了一种“拼凑式”的空间数据提供方式(Goodchild 2008)。不过,中国的空间数据生产方式与其他的 VGI 实践如开放式街道地图(OpenStreetMap)相比,可能多了一层政治含义。中国的空间数据生产是由草根以一种无组织的方式形成的。在强大的国家控制的环境中,“围观者”们的制图实践做法既受到不断变化的公众身份的影响,也受到信息模式的影响(Poster 1990)。此外,这些 VGI 参与实践也具有制图的娱乐性和空间叙事的趣味性,从而形成了“阿波罗”与“酒神”的混合体。另一方面,在中国的城市化和全球化背景下,这些参与实践也受到不断变化的社会阶级、年龄构成和性别的影响。

更广泛地说,中国不断变化的社会政治环境使中国的 VGI 实践,与其他国家的社会环境下的可能大有不同。但是,在数字空间建设的复杂性以及与 Web 2.0 技术的融合方面,却与西方国家的 VGI 实践有共同的特征,正如前面提到的,这些 VGI 实践还证明会有越来越多的人参与。Habermas 认为,大众交流媒介的影响使得媒介的接收形成了一种私有接收,这种接收又反过来构成了舆论氛围和公众参与(Thompson 1995),如果他的理论是正确的,那么通过互联网这种新媒体,特别是 Web 2.0,空间叙事却在不断地将私有的东西融入公开的平台,将个体融入网络,又该如何解释?在空间知识生产和鼓励公众参与中,这些不同的信息模式又扮演着什么角色?也许在这所谓的信息时代,正是通过这一观点,PPGIS 和 VGI 都与空间政治紧紧结合在一起,以空间技术、空间数据、传播媒介等形式影响并召唤着公众的参与。

参考文献

Arnstein, S. (1969). A ladder of citizen participation. *Journal of the American Institute of Planners*, 35(4), 216-224.

Boulton, A. (2010). Just maps: Google's democratic map-making community? *Cartographica*, 45(1), 1-4.

CNNIC(China Internet Network Information Center).(2011).The 28th statistical report on internet development in China. http://www.cnnic.net.cn/dtygg/dtgg/201107/W020110719521725234632.pdf.Accessed November 15,2011.

Craig,W.J.,Harris,T.M.,& Weiner,D.(Eds.).(2002).*Community participation and geographical information systems*.London:Taylor and Francis.

Crampton, J. (2009). Cartography: Performative, participatory, political. *Progress in Human Geography*,33(6),840-848.

Crutcher,M.,& Zook,M.(2009).Placemarks and waterlines:Racialized cyberscapes in post-Katrina Google Earth.*Geoforum*,40,523-534.

Dodge,M.,& Kitchin,R.(2007).Outlines of a world coming into existence:Pervasive computing and the ethics of forgetting.*Environment and Planning B:Planning and Design*,34,431-445.

Dormann,C.,Caquard,S.,Woods,B.,& Biddle,R.(2006).Role-playing games in cybercartography: Multiple perspectives and critical thinking.*Cartographica*,41,47-58.

Drezner,D.(2005).Weighing the scales:The internet's effect on state-society relations.Paper presented March 2005 at conference: "Global Flow of Information," Yale Information Society Project, Yale Law School. http://islandia.law.yale.edu/isp/GlobalFlow/paper/Drezner.pdf. Accessed November 15,2011.

Elwood,S.(2004).Partnerships and participation:Reconfiguring urban governance in different state contexts.*Urban Geography*,25(8),755-770.

Elwood,S.(2008).Volunteered geographic information:Future research directions motivated by critical,participatory,and feminist GIS.*GeoJournal*,72,173-183.

Elwood, S. (2009). Geographic information science: New geovisualization technologies - emerging questions and linkages with GIScience research.*Progress in Human Geography*,33(2),256-263.

Elwood,S.(2010).Geographic information science:Emerging research on the societal implications of the geospatial web.*Progress in Human Geography*,34(3),349-357.

Elwood,S.,& Ghose,R.(2004).PPGIS in community development planning:Framing the organizational context.*Cartographica*,38(3-4),19-33.

Flew,T.,& Liu,R.(2011).Who's a global citizen? Julian Assange,WikiLeaks and the Australian media reaction.Paper presented at Australian and New Zealand Communication Association(ANZCA) 2011 annual conference,Communication on the Edge:Shifting Boundaries and Identities, University of Waikato,Hamilton,New Zealand,July 6-8,2011.

Gao,B.(2009).Observations of China's civil society in 2009:The formation of the social field.*Bolan Qunxhu*,3,2010.

Gerlach,J.(2010).Vernacular mapping,and the ethics of what comes next,guest editorial.*Cartographica*,45(3),165-168.

Ghose,R.(2005).The complexities of citizen participation through collaborative governance.*Space and Polity*,9(1),61-75.

Ghose,R.(2007).Politics of scale and networks of association in public participation GIS.*Environment and Planning A*,39,1961-1980.

Goldman, M., & Perry, E. (Eds.). (2002). *Changing meanings of citizenship in modern China*. Cambridge, MA: Harvard University Press.

Goodchild, M. (2007). Citizens as sensors: The world of volunteered geography. *GeoJournal*, 69, 211-221.

Goodchild, M. (2008). Commentary: Whither VGI? *GeoJournal*, 72, 239-244.

Habermas, J. (1989). *The structural transformation of the public sphere*. Cambridge, MA: MIT Press.

Haklay, M., Singleton, A., & Parker, C. (2008). Web mapping 2.0: The neogeography of the GeoWeb. *Geography Compass*, 2(6), 2011-2039.

Haraway, D. (1991). *Simian, cyborgs and women: The reinvention of nature*. New York: Routledge.

Hu, Y. (2011). The surrounding gaze. http://huyongpku.blog.163.com/blog/static/1243594962011012113731103/. Accessed November 15, 2011.

Keane, M. (2001). Redefining Chinese citizenship. *Economy and Society*, 30(1), 1-17.

Kingsbury, P., & Jones, J.P. (2009). Walter Benjamin's Dionysian adventures on Google Earth. *Geoforum*, 40, 502-513.

Kreutz, C. (2010). Maptivism-Maps for activism transparency and engagement, speech given at Re: publica 2010, Berlin. http://www.youtube.com/watch? v=47zn9sz1DcQ&feature=player_embedded. Accessed September 15, 2011.

Kyem, P. (2004). Of intractable conflicts and participatory GIS applications: The search for consensus amidst competing claims and institutional demands. *Annals of the Association of American Geographers*, 94(1), 37-57.

Lin, W. (2008). GIS development in China's urban governance: A case study of Shenzhen. *Transactions in GIS*, 12(4), 493-514.

Lin, W. (2010). Emerging neogeographic practices in China: (New) spaces of participation and resistance? Paper presented at the Annual Meeting of the Association of American Geographers, Washington, DC, April 14-18, 2010.

Lin, W., & Ghose, R. (2010). Social constructions of GIS in China's changing urban governance: The case of Shenzhen. *Cartographica*, 45(2), 89-102.

MacKinnon, R. (2010). Networked authoritarianism in China and beyond: Implications for global internet freedom. Paper presented at Liberation Technology in Authoritarian Regimes, Stanford University, October 11-12, 2010. http://iis-db.stanford.edu/evnts/6349/MacKinnon_Libtech.pdf. Accessed November 15, 2011.

Meier, P. (2011). What is crisis mapping? An update on the field and looking ahead. http://irevolution.net/2011/01/20/what-is-crisis-mapping/. Accessed November 15, 2011.

Michael, D., & Zhou, Y. (2010). *China's digital generation 2.0: Digital media and commerce go mainstream*. Boston Consulting Group Report.

Miller, C. (2006). A beast in the field: The Google maps mashup as GIS/2. *Cartographica*, 41(3), 187-199.

Obermeyer, N. (2007). Thoughts on volunteered (geo) slavery. http://www.ncgia.ucsb.edu/projects/vgi/participants.html. Accessed June 24, 2011.

Perkins, C. (2008). Cultures of map use. *The Cartographic Journal*, 45(2), 150-158.

Pickles, J. (2004). *A history of spaces: Cartographic reason, mapping and the geo-coded world.* New York: Routledge.

Poster, M. (1990). *The mode of information: Poststructuralism and social context.* Chicago: University of Chicago Press.

Poster, M. (1997). Cyberdemocracy: Internet and the public sphere. In D. Porter (Ed.), *Internet culture* (pp.202-214). London: Routledge.

Qiu, L. (2009). *Working-class network society: Communication technology and the information have-less in urban China.* Cambridge, MA: The MIT press.

Rheingold, H. (1994). *The virtual community.* New York: Harper.

Schuurman, N. (2004). Databases and bodies—A cyborg update. *Environment and Planning A*, 36, 1337-1340.

Scott, J. (1987). *Weapons of the weak: Everyday forms of peasant resistance.* New Haven: Yale University Press.

Sieber, R. (2000). GIS implementation in the grassroots. *Journal of Urban and Regional Information Systems Association*, 12(1), 15-29.

Sieber, R. (2006). Public participation geographic information systems: A literature review and framework. *Annals of the Association of American Geographers*, 96(3), 491-507.

Staeheli, L. (2010). Political geography: Where's citizenship? *Progress in Human Geography*, 35(3), 393-400.

Sui, D. (2006). The Streisand lawsuit and your stolen geography. *GeoWorld*, (December Issue), 26-29.

Sui, D. (2008). The wikification of GIS and its consequences: Or Angelina Jolie's new tattoo and the future of GIS. *Computers, Environment and Urban Systems*, 32, 1-5.

Sui, D., & Goodchild, M. (2003). A tetradic analysis of GIS and society using McLuhan's law of the media. *The Canadian Geographer*, 47(1), 5-17.

Tai, Z. (2006). *The internet in China: Cyberspace and civil society.* New York: Routledge. Thompson, J. (1995). *The media and modernity: A social theory of the media.* Cambridge: Polity Press.

Tulloch, D. (2007). Many, many maps: Empowerment and online participatory mapping. *First Monday*, 12 (2). http://firstmonday.org/htbin/cgiwrap/bin/ojs/index.php/fm/article/view/1620/1535. Accessed November 15, 2011.

Tulloch, D. (2008). Is VGI participation? From vernal pools to video games. *GeoJournal*, 72(3-4), 161-171.

Warf, B. (2011). Geographies of global Internet censorship. *GeoJournal*, 76(1), 1-23.

Weiner, D., & Harris, T. (2003). Community-integrated GIS for land reform in South Africa. *URISA Journal*, 15, 61-73.

Williams, S. (2007). Application for GIS specialist meeting. http://www.ncgia.ucsb.edu/projects/VGI/participants.html. Accessed January 28, 2011.

Wilson, M. (2009). Coding community. Unpublished PhD dissertation, Department of Geography, University of Washington.

Woo, M. (2002). Law and gendered citizen. In M. Goldman & E. Perry (Eds.), *Changing meanings of citizenship in modern China* (pp.308-329). Cambridge, MA: Harvard University Press.

Xiao, S. (2010). Paying attention is power, Onlooking to change China. News editorial of *Southern-Weekend*. January 13, 2010. http://www.infzm.com/content/40097. Accessed July 29, 2011.

Yang, G. (2003). Weaving a green web: The internet and environmental activism in China. China Environment Series, Issue 6. http://bc.barnard.columbia.edu/~gyang/Yang_GreenWeb.pdf. Accessed November 15, 2011.

Yang, G. (2009). *The power of the internet in China: Citizen activism online*. New York: Columbia University Press.

Zook, M., & Graham, M. (2007). The creative reconstruction of the Internet: Google and the privatization of cyberspace and DigiPlace. *Geoforum*, 38, 1322-1343.

第7章

公众科学与VGI：参与概况与参与类型

Muki Haklay

摘要：在VGI中，公众科学是一类需要特别关注和分析的活动。公众科学可能是VGI中进行时间最长的研究，其中一些项目已经连续开展超过一个世纪。而且许多项目都从丰富人类的科学和知识角度出发，带有真正的志愿和信息贡献的特点。不过，当我们评价结果的有效性时，首先需要对数据质量和不确定性进行评价。本章以VGI为背景，对公众科学——特别是地理公众科学——进行了综述。本章主要介绍公众科学的诞生背景及近期发展。同时还介绍了公众科学所面临的一些文化性和概念性的挑战，以及由此产生的限制。通过与PPGIS文献对比，本章建立了一个公众科学的参与框架，并认为公众科学的参与性有可能更强。

7.1 引　言

VGI是由Goodchild(2007)提出的，包括十分广泛的活动和实践，从暑假"有趣"活动照片的定位(Turner 2006)到地震灾后救援的集中观测(Zook et al. 2010)，都可算作VGI。在这些活动当中，有一部分可归为公众科学——业余科

Muki Haklay(✉)
伦敦大学学院城市、环境与地理信息工程系(Department of Civil, Environmental and Geomatic Engineering, University college London)，英国，伦敦
E-mail：m.haklay@ucl.ac.uk

学家通过收集数据,甚至在某些层面通过分析数据参与其中。虽然我们或许可以对公众科学进行明确定义,但更重要的是理解公众科学的基本特性,以及它与VGI的相同之处。正如我们所看到的,并非所有的公众科学都与地理相关,也就是说,并非所有的公众科学项目都有一个地理位置在其中起重要作用。一旦我们将与地理相关的项目和与地理无关的项目区分开来,我们就可以只关注前者,因为它们包含了VGI的必要元素。

在将重点转向公众科学之前,需要指出,在本书中VGI的不同背景是如何揭示那些可能未被注意或未被发现的方面的。当VGI被视为一种挖掘地理信息的方法和一种更新国家地理数据库的工具(Goodchild 2007;Antoniou et al. 2010)时,空间数据的质量和地理信息的挖掘成为应用背景。当我们从GIS的批判性、参与性或平等性等角度出发(Elwood 2008),关于VGI的参与性、权利关系以及其他社会方面的问题被提出,于是创造VGI的过程变得与对它进行分析同等重要。Budhathoki等(2010)在VGI的背景下,对出于休闲、志愿以及奉献原因参与开源项目的参与者进行调查时指出,参与者的行为和参与原因都是VGI的重要组成元素。其他的VGI背景也提供了对参与者行为与最终结果之间的关系的看法。由于VGI需要社会技术分析,这些研究对帮助理解具体现象和探索产品的具体应用十分宝贵。而公众科学又为VGI研究提供了另一个视角,它着重说明VGI是如何在科学知识生产中运作的。

本章,我们首先对近十年来全球沟通平台互联网的快速发展及其变化的历史背景进行回顾。接着,对促进因素和发展趋势进行介绍。随后,根据目前的研究,分析了地理公众科学的特征。接下来,对当前公众科学实践中的文化挑战进行了讨论。最后,基于一个已有的参与式GIS实践,建立了一个公众科学的参与框架,并分析其重要性。

7.2 公众科学

如前所述,本章的目标并不是给“公众科学”下一个精确的定义,但我们还是需要对其核心特征进行定义与说明。在此我们将“公众科学”定义为:非专业的科学家自愿参与科学项目的数据采集、分析和传播的科学活动(Cohn 2008;Silvertown 2009)。那些只参与科学项目却不参与研究本身的人,如自愿参与医学试验或参与社会科学调查的人,并不包括在此定义范围内。同时,对“谁是科学家?”这一核心问题不做定义,因为大家很容易将专职科学家定义为进行科学工作和调查的人。相较于有薪科学家,无薪科学家的情况要复杂得多:许多人即使正在科学框架内从事着重要的研究工作,但他们并不认为自己是科学家。其他人也许会用业余科学家或"看鸟人"这样的词汇来描述自己。然而,在我们看来,科学家就是所有在科研项目中活跃的参与者。

需要指出的是,虽然公众科学的界限很模糊,但如果一个项目被划为公众科学领域,那么它就应该是有界限的。如果一个项目的目标是收集科学信息,例如记录植物物种的分布,那它就可以被定义为公众科学,但有时也会出现定义不清楚的情况。例如,开放式街道地图(OpenStreetMap)、谷歌地图等在数据采集过程中,主要关注那些可以从地表上观察到并且可证实的事实。开放式街道地图的制图者所使用的工具——如遥感影像、GPS接收机和地图编辑软件——都是科学的装备。为了将观察到的事物准确地记录到地图上,他们采用了Robert Hooke的科学调查步骤。Robert Hooke曾经用科学的方法对伦敦1666年以后的大火进行了一项广泛的调查(尽管不如开放式街道地图那样广泛,但他尽了自己最大的努力)。最后,如Ghose(2001)所说,在参与式制图活动中收集的信息,只有当参与者也认同时,这条信息才被认为是公众科学所产生的。这个活动的框架是很重要的,因为公众科学的期望是,数据收集遵循一个特定的协议进行,数据分析和可视化也要符合一定规范。在公众科学框架下,重点是记录观测结果,而不是强调社会研究的观点或意见。

在此需要指出的是,根据定义,公众科学只能存在于由学术机构和相关行业的专职科学家形成的团体里。如果不如此,那么任何一个参与了科学项目的人都被会认为是贡献者,甚至是科学家。如Silvertown(2009)所说,直到19世纪后期,科学还主要是由那些有充足资源的人来从事,因为只有他们才有时间从事数据的收集和分析。众所周知,查尔斯·达尔文在加入贝格尔号航行时,并不是一个专业的博物学家,而是舰长菲茨罗伊的同伴。因此,在那个时代,几乎所有的科学都是由绅士和淑女科学家主导的公众科学。虽然世界上第一位专职的科学家很可能是17世纪的罗伯特·虎克,他当时受雇从事科学研究工作,但专职科学家队伍的扩大主要发生在19世纪后期和整个20世纪。

随着专职科学家的崛起,志愿者的角色并没有消失,特别是有大量爱好者加入考古学的挖掘中,以及有很多非专业人士进入自然科学和生态学领域帮国家收集和寄送样本及观察结果。这些活动包括自1900年的圣诞鸟类观察(Christmas Bird Watch),以及自1932年成立以来已收集3100万条记录的英国鸟类学调查委员会(British Trust for Ornithology Survey)(Silvertown 2009),见图7.1。天文学是另一个业余爱好者和志愿者可以与专业人士相提并论的领域,例如在夜空观察,星系、彗星及小行星的确定(BBC 2006)。最后,气象观测自早期系统性地观测温度、降水和极端天气事件开始,就一直依赖于志愿者(WMO 2001)。

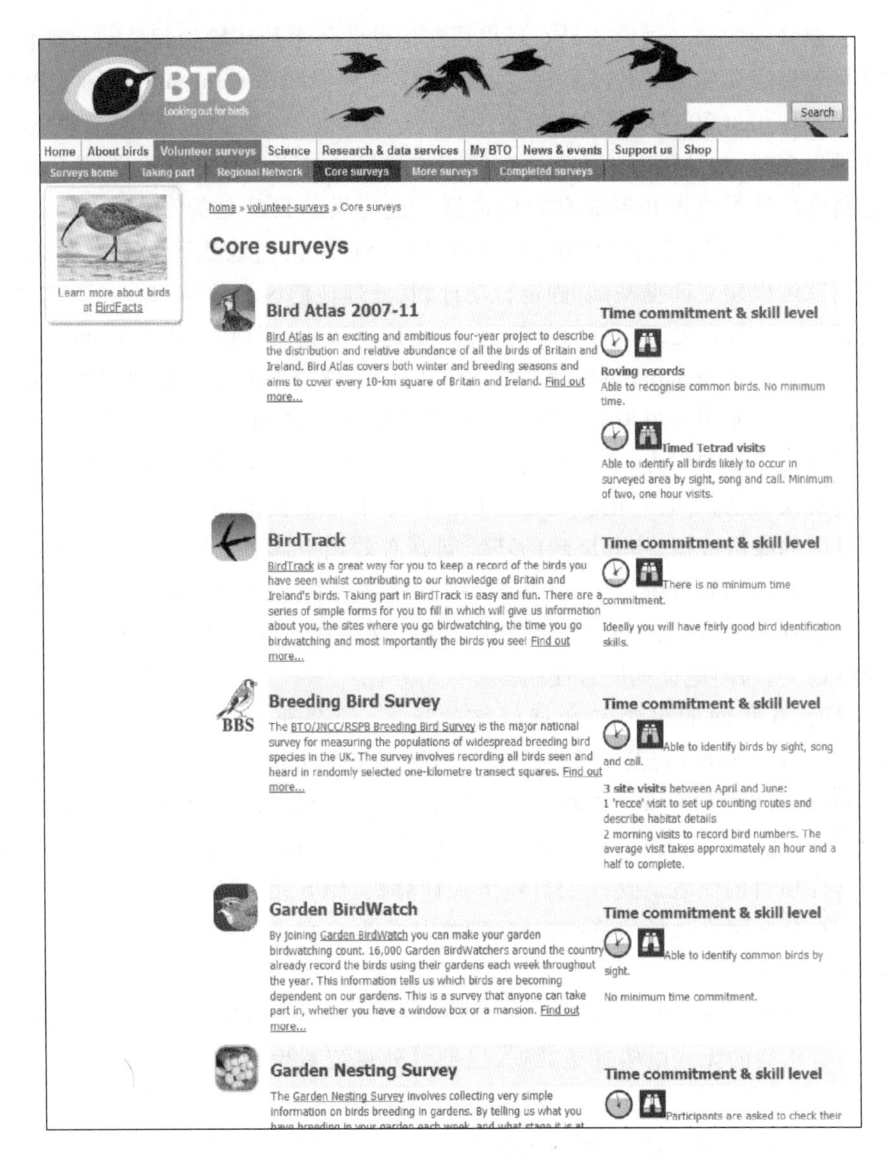

图 7.1　英国鸟类观察潜在参与项目的清单和参与度

这类公众科学便是“经典”公众科学的原型——体现了科学的“连续性”，即由于资源、地域等问题，在科学的专业化和机械化之前，志愿者就已出现了。这类活动需要一个大型但又稀疏的观察者网络，往往由有兴趣爱好的业余观察人士组成。这类的公众科学在某一科学实践的空白期蓬勃发展，并且随着现代通信工具的发展，既可保证收集的数据更贴近其本来面目，还使得从参与者那里收集数据的过程变得越来越简单和经济。

公众科学的第二种形式是在环境司法运动背景下的环境管理活动。现代化的环境管理需要强大的技术管理实践和科学管理实践(Bryant and Wilson 1998;Scott and Barnett 2009),环境决策也主要基于科学的环境信息。因此,当环境冲突事件出现时,如社区对地方工厂的噪声或机场的扩张计划进行抗议,他们需要通过科学的数据收集并形成有效的证据。这样做的目的是为了鼓励社区开展“社区科学”。在“社区科学”中,科学测量和分析都由当地社区的成员完成,这样他们就可以建立证据基础,确定行动计划,处理他们区域的问题。一个成功的案例就是允许社区处理空气污染问题的“全球社区监控”(Global Community Monitor)方法(Scott and Barnett 2009)。社区使用一种简单的方法鉴别空气污染问题:首先,他们使用塑料桶对空气进行采样,然后对样本进行分析,最后提供结果说明。这项活动被称为“救火队行动”(Bucket Brigade),后来也推广到世界各地的环境抗议活动。同样,伦敦也使用社区科学来收集被机场和工业活动影响的两个社区的噪声数据,使其反映的环境问题有效地引起了决策者和管理当局的注意(Haklay et al. 2008a)。在“经典”的公众科学中,电子通信的发展使社区可以识别潜在的危险,如通过“全球社区监控”网站或找到具体的国际标准、法规及科学论文,与当地证据配合使用。

然而,互联网的出现和全球网络的接入,给公众科学带来了新的形式,Francois Grey(2009)将其命名为“公众网络科学”(citizen cyberscience)。正如Silvertown(2009)和Cohn(2008)所言,科学家认识到公众可以提供免费劳动力、技能、计算能力甚至资金,以及研究者对公众参与需求的不断增长现状,都推动了创新性项目的研发。这些项目将个人计算机、GPS接收器和手机等作为科学仪器。在公众网络科学的范围内,我们将其分为三个子类:志愿计算、志愿思考和参与式感知。

志愿计算由SETI@home项目在1999年首次提出(Anderson et al. 2002),用于发布分析后的无线电望远镜数据,以搜寻外星智慧生命。该项目使用个人计算机未曾使用的处理能力,并利用互联网来发送和接收“工作包”,这些“工作包”经过自动分析将结果送回到主服务器。截至2002年7月,该项目网站的下载量已超过383万次。SETI@home这个项目所使用的系统——伯克利开放网络计算基础设施(BOINC),目前已经有超过100个项目在使用,包括了物理学:基于LHC@home项目的大型强子对撞机的数据处理;气象学:在climateprediction.net网站上运行气候模型;生物学:在Rosetta@home项目中计算蛋白质的形状。

除了需要在计算机上安装软件外,志愿计算对参与者的要求很低,但志愿思考就要求志愿者具有较高的行为水平和认知水平(Grey 2009)。在志愿思考的项目中,参与者被要求使用向他们呈现信息或图像的网站。他们在注册时,就被培训如何对信息进行分类。培训完成以后,他们将对没有分析的信息进行分类。在项目 Stardust@home(Westphal et al. 2006)中,志愿者被要求使用一个虚拟显微镜来确定星际尘埃的痕迹。这个项目与美国国家航空航天局对火星上的陨石坑进行分类的项目一样,是该领域的第一批项目。在星际动物园(Galaxy Zoo)(Lintott et al. 2008)这个项目中,志愿者负责对星系进行分类。目前,这个项目是发展得比较好的几个项目之一,拥有 100 000 余名参与者,并在 Zooniverse 项目中提供大量的应用程序(http://www.zooniverse.org/)。

参与式感知是最新的公众科学形式,也是最终形式。在这里,手机的功能可用来感知环境。一些手机有多达 9 个传感器,包括不同的收发器(移动网络、无线网络、蓝牙)、调频接收器、GPS 接收器、相机、加速度计、电子罗盘和麦克风。此外,他们还可以与外部传感器相连。这些功能正越来越多地被用于公众科学项目中,如在 Mappiness 项目中,参与者在手机里可以记录他们具有幸福感时所处的位置并允许与不同的幸福位置(MacKerron 2011)相连。其他一些活动包括空气质量感知(Cuff et al. 2007)、利用手机定位和麦克风读数方式测试噪声水平(Maisonneuve et al. 2010)等也属于参与式感知应用的方面。

在对目前的公众科学的背景和驱动因素进行讨论之前,Cooper 等(2007)、Wilderman (2007)、Bonney 等(2009)、Wiggins 和 Crowston (2011)等提出的一些公众科学类型也值得一提。他们从研究的不同角度或目的出发,重点研究了一般的科学教育水平和参与者的参与度。这与 VGI 相似,也是一个新兴领域,研究人员可对相关领域进行深入研究。

7.3 背景和驱动因素

Web 2.0 制图时代(Haklay et al. 2008b;Goodchild 2007)这一大趋势也是最近驱动公众科学,特别是公众网络科学增长的一个因素。具体来说,例如,国内高容量互联网连接的增加、计算机和高端移动设备成本的降低;计算机存储设备成本的降低和个人计算机存储容量的增加,使参与者不会因为存储和处理大量数据而影响他们的活动;互联网技术和计算机传输标准,如可扩展标记语言(XML)的不断发展;2000 年以后,GPS 精度的提高以及接收器成本的降低以及高端 Web 应用程序的研发,丰富了用户的交互方式,如 Stardust@home 项目就引入了可使用虚拟显微镜的应用程序。

然而,这些普遍存在并且主要是技术的因素,只是促使公众科学遍地开花原因的一部分。与之同等重要的是社会趋势,其中占主导作用的是受过良好教育的人口增长,数百万人在科学或工程领域获得了较高学位或接受了相应的教育,但在日常生活中并没有从事相关科学知识的活动。此外,随着中等教育需求的增加,许多人虽然没有完成学业,但却拥有许多基本科学知识,足以使他们成为公众科学项目中有效的参与者。对他们而言,教育激发了他们的科学兴趣,但却无法在日常生活中实践。因此,公众科学给这种沉睡的兴趣提供了一个探索的机会,同时,教育程度的不同意味着科学家在设计项目时需要对参与者的基本情况进行了解。

同时,在过去40年里,经济发达国家的民众的休闲活动时间有所增加而工作时间有所减少,也是驱动原因之一。在电子通信设备发展之前,这些爱好仅限于小群体爱好者的私人活动或偶尔聚会之中。网络允许冷门兴趣的存在,也允许分布在不同地方的个人分享并讨论他们的兴趣,这对公众科学活动来说尤其重要。公众科学通过创建网站、发送邮件和其他方式将这些爱好者组织起来,分享他们关于科学地收集或分析数据的相关经验。

综上所述,公众科学是受社会发展与经济发展共同驱动的。其参与者极有可能是生活在发达国家的中产阶级,有着较好的教育背景和技术技能,能够获取参与这些活动的资源和相关基础设施。

7.4 地理公众科学

相对于普通公众科学的背景,我们可以定义一种称为“地理公众科学”的子类活动,它同时也隶属于VGI。收集位置信息是地理公众科学不可或缺的一部分。根据上文,我们可知,在“经典”的公众科学、社会科学和公众网络科学中,所收集信息的一个重要组成部分是地理位置,例如,圣诞节观鸟节活动中观察点的位置,或在噪声带测试活动中沿着指定路径记录噪声大小(Maisonneuve et al. 2010)。然而在过去,位置通常只是近似值,有时基于100 m甚至是1 km的地理网格,这样的精度意味着将观测点与位置连接在一起比较复杂,并且可靠性低。尽管随着个人导航设备(PND)、GPS接收器和手机的发展,定位技术有所提高,但由于较为稀缺——指在使用频率和易用性方面(Norman 1990),纸质地图仍是一个非常有效的数据收集介质。根据伦敦的公众科学研究和开放式街道地图(OSM)对纸质制图的调查——“行走的地图”(Walking Papers)(Migurski 2009)的研究,只要数据收集的媒介能获取精确的地理位置,项目就会是高质量的地理公众科学。

要理解地理公众科学,首先要理解志愿者的作用。志愿者这一角色可以是主动的,也可以是被动的。当参与者有意识地为观察或分析做贡献时就是主动贡献,如对观察的物种进行拍照、标记并用电子邮件的方式将其发送至项目中心。当贡献者更多地充当观测平台,并且他们没有主动参与数据收集时,就是被动贡献。例如,志愿者使用 GPS 接收机来监控自己每日的步行情况,或者是他给自动跟踪鹿的数码相机替换存储卡和电池(Cohn 2008)。两者的区别可以从公众科学项目对地理位置是否有明确要求看出(Antoniou et al. 2010)。对地理位置有明确要求的项目,其目的是收集地理信息。例如,在英国鸟类观测项目中,要求参与者记录下观测的具体地点。而在对地理位置要求不明确的项目中,其目标可能是收集不同物种的图像;图像可能会记录一些位置信息(如地理标记),但项目的目的绝不是收集地理信息。

不同的方案对激励和吸引参与者的方式、培训水平和受教育水平的要求各有不同。此外,不同的方案会造成获取定量信息和定性信息的性能不同。虽然各种方案都可支持收集一些定量信息,但是只有主动的并对地理位置要求明确的项目可能收到有意义的定性信息,如个人观点描述以及记录观察点位置的文本描述。

对 VGI 的动机和空间特征的研究(Budhathoki et al. 2010;Coleman et al. 2009;Haklay 2010),以及维基百科和公众科学项目的研究(Nov et al. 2011),都给地理公众科学提出了一些建议。迄今我们所知道的是,公众科学是一个“严肃的娱乐”活动,对相关主题有兴趣且渴望学习的参与者会愿意加入其中。他们主要是男性,受过良好教育,从事着高收入的工作,这些优势给了他们足够的时间去野外,也让他们有一定的经济能力购买专业设备。同时也存在着一些参与者贡献较多、大部分参与者贡献小的“参与不平等”现象。

地理公众科学覆盖较好的区域主要是人口较稠密或户外活动水平较高的区域,如一些著名的国家公园。其他地区则需要制定具体的规划和合适的激励方案,如金钱刺激,或依赖少量志愿者。数据的收集也呈现时间差异,夏季、周末和白天是参与者比较喜欢从事数据收集活动的时间段。

以上的描述说明数据是异构的,了解数据质量随志愿者数量和每位志愿者知识储备的不同而不同是十分重要的。因此,由于数据之间的差异,不应对所有数据有同等的对待,而应采取分类措施。尽管地理公众科学对研究问题的类型和科学性挑战的所有影响都可以通过合适的方案来化解,但它还面临着潜在的更大挑战。目前的问题不是公众科学的公认价值,而是当代的科学文化氛围。

7.5 科学研究的文化问题

现代科学往往以数据获取的准确性、数据分析的精确性大大提高而著称(如 Bryson 2004)。在实验科学中,精确性更好的仪器和设备,复杂的实验准则,可降低测量工具带来的不确定性。

虽然不同的学科有自己的文化和具体规则(Latour 1993),如医学领域采用的双盲实验在其他人类研究领域并不适用,但不确定性仍然是许多科学领域的主要研究内容,地理信息科学也不例外(Couclelis 2003)。

让人感兴趣的是,消除不确定性的努力在工程管理或环境管理等应用领域尤其普遍。由于组织原因和政策因素(King and Kraemer 1993),准则被包装成了规定,并引入一些刚性准则,使之成为"科学的正确方法",但其中有些过于严苛。

消除(至少是减少)不确定性和制定复杂的准则是解决文化问题——怀疑、嘲笑甚至否定公众科学是一种有价值的科学数据收集方法——的核心。正如最开始提到的,对公众科学的不信任是基于这样的观点:认为科学是科学家的事,只有专业科学家的严谨、知识和技能才能推动科学继续发展。正如Silvertown(2009)所言,"公众科学之所以在正规文献中出现不多,可能有两个原因:首先,这个术语是近期才出现的,但事实上,早已有数百篇科学论文来源于圣诞观鸟节项目的数据和其他一些长期的志愿式监测计划。其次,那些不符合标准的假设以及检验模型的研究只能发表在灰色文献中,甚至是无法发表的"(P417)。Holling(1998)也提出了同样的观点,他认为确实存在两种文化的科学,而公众科学属于存在不确定性、强调综合研究的科学。有趣的是,对VGI的质疑与10年前Holling对生态领域的质疑一致。尽管有证据表明VGI的精确性可以与专业数据相媲美(Haklay 2010;Girres and Touya 2010),但不将其视为地理信息来源的情况在专业用户中十分常见(Flanagin and Metzger 2008)。

那些对公众科学持反对意见的人忽略了科学工具的发展,以及其对使用者在知识和技巧方面的影响,他们同时也忽略了志愿者的主动性、奉献精神和观察力。如果我们把1663年Hooke发明的显微镜作为第一个现代化的科学仪器,我们就会发现,科学仪器在过去的350年里发生了极大的变化,特别是其观察力、准确性和精确性的提高。然而,直到20世纪末,操作仪器仍需要操作者具有大量的理论和实践知识,同时也需要大量的专业知识对计算的准确性与研究的实用性进行衡量。例如,美国国家航空航天局(NASA)登月计划中的很多计算都要在不同的计算尺度下进行,然后通过经验和判断力决定计算结果是否可行。

但科学仪器的电子计算机化和小型化(特别是过去的20年)已经打破了这种平衡。现在,一个简单的GPS接收器就置入了极其复杂的知识和程序,可以在用户不进行任何操作的情况下进行精准的计算。GPS卫星也置入了数量相当多的科学知识和很强的理解能力。例如,当时William Roy组成了一个12人的团队,花了大约6周时间测量英国三角测量计划的5英里[①]基线,精度为2.5英

① 1英里≈1.6 km。

寸[②]。今天,一个配备了高质量 GPS 接收器和移动电话的人,可以在不到一天的时间里得到差不多的结果。这首先是因为设备的先进性,更重要的是因为设备的高性能计算能力。

设备具有精确的测量能力是志愿者能提供可靠科学信息的核心因素,尤其是当志愿者已具有相关知识储备和奉献精神时。例如,美国的研究表明,公众科学家识别螃蟹类型的正确率为95%(Cohn 2008)。重要的是,对科学的原则和方法的基本了解——现在学校的教学内容,意味着,研究的参与者知道他们需要具备怎样的能力,也知道怎样才能使科学计量可靠。更重要的是,由于志愿者具备了基本知识,他们可以在没有监督或者接受少量培训的情况下完成观察任务。公众科学家展现了他们对研究主题强烈的奉献精神,并在很多案例中的表现与最好的研究者一样出彩。因此,应该信任他们生产的信息。

7.6 从参与式科学角度看待地理公众科学

在不考虑公众科学的技术、社会及文化背景的前提下,我们建立了一个用于划分公众科学活动中志愿者参与和贡献水平的框架。尽管我们建立的框架与 Arnstein(1969)提出的"参与阶梯"有相似之处,但也有显著的不同。建立参与范围的主要目的是突出已存在于社会程序中的权力关系,如城市规划或参与式 GIS 可以用于决策制定(Sieber 2006)。在公众科学中,这种关系演变成了专业科学家和普通公众之间的差距。这一现象在环境决策问题中尤为突出(Irwin 1995)。

在公众科学领域,由于很多参与者对能领导项目的专业科学家的专业知识以及他们在项目相关工作中的科学知识储备十分尊重和认可,因此这一关系变得更为复杂。同时,随着志愿者在参与项目的过程中,形成了自己的观点,并通过网络上可用的资源和具体的项目提高了自己的认识水平,他们更愿意发现问题,并在参与阶梯中上行进步。在某些项目中,参与者更愿意自己通过被动的方式贡献,如不用完全了解项目情况却能给科学研究贡献志愿式计算(工作)。例如,数万人自愿参与 Climateprediction.net 项目。在这个项目中,他们的计算机被用来运行全球气候模型。许多人喜欢这种参与到重要科学研究的感觉,但他们并不愿意完全理解背后的科学。

因此,与 Arnstein 的阶梯概念不同,我们认为不应该对具体项目的地位进行过多的评价。同时,如果参与者的参与度在阶梯层次中越来越高,那么对具体的

② 1 英寸≈2.54 cm。

项目是十分有益的。因此,我们应该把这个框架视为一个对参与水平的分类(图7.2)。

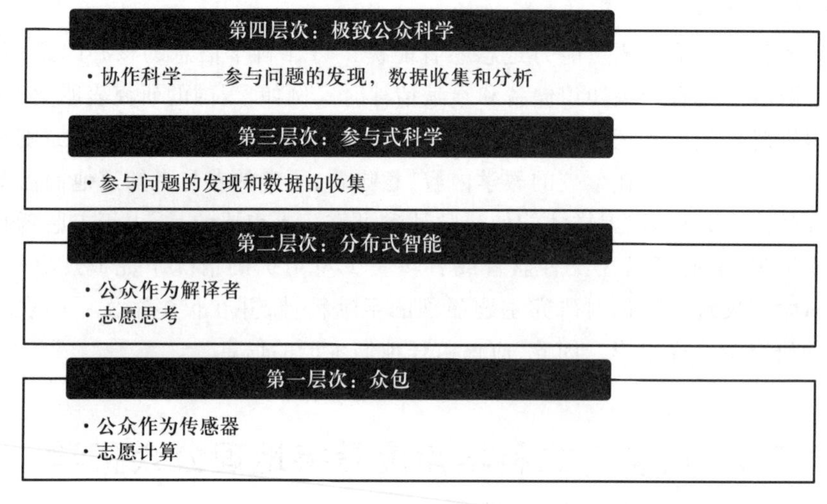

图7.2 公众科学项目中参与以及贡献水平

在最基本的层次,参与受限于资源的提供,并且认知方面的参与较少。志愿计算主要依赖这个级别的参与者,Howe(2006)将此称为“众包”。在参与式传感中,这样的参与主要是让参与者携带传感器四处行走,然后再将传感器还给实验组织者。从科学框架的角度来看,这种方法的优点在于,只要知道设备的特种性能(如GPS接收器的准确性),实验就被控制在一定范围内,而且信息质量有一定的保证。同时,在这一层次上运行的项目意味着,尽管参与者很愿意参与到科学项目中,但他们最重要的输入——认知能力——却被浪费了。

第二个层次是“分布式智能”。在这一层次中,将用到参与者的认知能力。星际动物园和其他一些“经典”的公众科学项目就处于这个工作水平。参与者要接受一定的培训,然后再进行收集数据或一些简单的解译活动。通常,培训中会包括一个测试,让科学家知道参与者的大致工作质量。针对这种类型的参与,组织者需要提前预测参与者在项目执行过程中可能遇到的问题,并在最初的培训中设置相应的课程。

接下来的一个层次,与“社区科学”关系密切。在这个层次中,问题是由参与者发现的,并且与科学家和专家进行讨论,对数据采集方法进行修正。然后参与者从事数据收集的工作,但需要专家帮助对结果进行分析和解译。这一方法在环境评估的案例中较为常见,并正随着Irwin(1995)的观点——科学要满足公众的需求——发展。不过,参与式科学研究也可以出现在其他类型的项目和活动中,特别是那些志愿者可以通过数据收集和分析成为专家的项目。这样一来,参与者就可以在他们收集的数据中发现新的研究点。参与者并不对他们的工作成果进行深入的分析,这可能是因为从数据中得出科学结论对参与者的知识水平有一定的要求。

最后一个层次是"协作科学",具有综合性。它是天文学的一部分,在天文学中,专业和非专业的科学家共同决定解决哪些科学问题,然后在符合参与者动机和兴趣的基础上,开始收集有效的数据,以满足科学研究的需要。参与者可以选择自己的参与层次,并可能参与结果的分析、出版或进一步使用。这种公众科学被称为"极致公众科学",要求科学家除了担任专家的角色以外,还要担任督促者的角色。这种科学模式也使没有专业科学家的公众科学成为可能,即达到一个具体目标的整个流程都由参与者完成。

参与的层次适用于所有的公众科学活动,一个项目不应该只归入一个层次。例如,在志愿计算项目中,大多数参与者处于最基本层次,而十分热衷这个项目的参与者很可能会上升到第二层,在其他志愿者遇到技术问题时给予帮助。一些更关注项目的参与者可能会上升到更高的层次,与项目的科学家一起讨论分析结果,并建议新的研究方向。

参与的类型说明了公众科学可以促进科学研究和知识生产。问题在于,用这种方式生产的知识和发现的规律是否属于科学认知论的一部分。如上所述,在整个20世纪,科学变得更加细化,同时也变得更加专业化。也许有些人被政府、企业和研究机构聘为科学家,其他人,即使他们以高分毕业于顶尖大学的某一学科——除非他们被雇佣专职地从事相关行业,否则他们也不被认为是科学家或科学的参与者。在极少数情况下,遵循"绅士/淑女科学家"的传统,富人可以通过成为"荣誉伙伴",或资助一个研究所来参与其中。"科学家"和"公众"是通过是否需要专业设备、专业知识和其他特权——如去藏书丰富的图书馆——进行区分的。很有可能如Silvertown(2009)所言,保持这种区别的需求是专业科学家在实际工作中避而不谈公众科学家贡献的第三个原因。

但是,科学家与其他公共领域的专业人士(如医学专家或记者)一样,也要适应网络这一新环境。通信技术最新的变革,以及开放式信息可获取性的增强,加之以上所提的因素,意味着很多社会和文化活动领域中知识生产和传播的过程也逐渐开放了(Shirky 2008)。于是,科学实践的精英论受到了公众科学的挑战,如奉献的概念、全职研究者可以生产科学知识等。例如,一般认为,只有专业的科学家可以解决病毒的蛋白质结构预测等复杂的科学问题,但实际情况是,这一问题最近是通过科学家与计算机游戏Foldit爱好者的协作才解决的(Khatib et al. 2011)。科学精英论的另一个方面可以通过科学家与公众的互动显现,但前提是,知识是由专家单向传递给普通公众的。当然,上文已经提到,如果像Keen(2007)认为的那样,"专家是不必要的,完全可以由业余爱好者替代"——那将是一个严重的错误;另一个观点认为,“因为出现了公众科学,专业科学的需求将会减少”,这个观点我们也不认同。在许多公众科学项目中,参与者都能够接受参与这些项目的科学家具有的不同知识和技能(Bonney et al. 2009)。与此同时,科学家也需要更加尊重那些曾经帮助过他们的人,因为如前所述,他们提供了无偿的劳动。

在目前的情况下,可以将参与层次视为一个从最基本层次“一切照旧”的科学认知论,逐渐上升到最高层次的更为平等的科学知识生产过程。在最基本层次,参与者在无意识的情况下贡献资源,维持着科学家与普通公众的等级区别。公众自愿地奉献自己的时间和资源来帮助科学家,科学家向参与者介绍具体的工作,但并不期望参与者在智力方面有所贡献。可以说,即使在这一层次,科学家也要接受参与者的质疑和建议,如果不用合理的方式进行回应,可能会使参与者反感。中介机构,如IBM全球联众网(IBM World Community Grid)——一个致力于同愿意主持项目的科学家和愿意参与志愿计算的公众取得联系的团队,是社区管理“众包”的典型案例,从某种程度上说,它允许科学家与公众隔离开来。

当我们顺着阶梯晋级到更高层次的参与时,科学家与公众之间直接接触的需求增加了。在最高层,就科学知识生产而言,参与者与科学家是平等的。这要求对该过程有一个认知论上的重新理解,即在保证科学标准实施、进行科学实验(如使用系统观测或严格统计分析验证结果的显著性)的同时,科学观点的产生过程是对所有参与者开放的。这一观点认为,只要有合适的工具,许多普通人所做的工作,也能挑战那些科学家们认为只有他们才拥有的技能。这一观点对于一些认为他们的技能是独特的科学家来说,是具有挑战性的。上文所提的通过计算机游戏协助发现新的蛋白质结构的案例(Khatib et al. 2011),就说明科学家与普通公众的合作可以在尖端科学领域取得丰硕成果。不过可以预测的是,更为通俗和实用的科学领域更容易使参与者对协作科学研究产生满足感,因为他们可以和科学家一起发现问题并研究解决方案。而前沿科学领域对知识水平的要求过于严苛。

科学文化面临的“极端”挑战的另一方面是它需要科学家成为公众科学家,正如Irwin (1995)、Wilsdon等(2005)和Stilgoe(2009)所提倡的那样。这并不是要公众成为科学家,而是要科学家成为公众。它要求科学家对他们工作的社会道德层面进行深入的研究。Stilgoe(2009,p.7)认为,在某些情况下,专业科学活动、社会责任,以及如何将道德问题和社会问题整合到科学项目,这三者之间将不再有明确的界限。不过这些学者也指出,这种概念化和实践化的科学方式,还未被目前的科学文化广泛接受。

因此,我们可以得出结论,参与式的和协作式的科学方式将给许多科学领域带来挑战,并非因为技术因素或智力因素,而是本章所提到的文化因素。不过这却可能最后成为公众科学最重要的成果,因为它可促进科学家学习,使得科学家更多地参与社会活动。

7.7 结　　论

地理公众科学近年来不断发展,在生物多样性、空气污染和城市边界变化等领域显示了巨大的潜力。不过,当把公众科学与 VGI 以及参与式 GIS 的研究方向融合在一起考虑时,有以下两个关键问题亟待解决。

第一,要根据 VGI 数据的收集模式、志愿者的招募以及培训志愿者的能力、参与的层次和其他因素,衡量公众科学可以解决哪些科学问题。第二,我们要克服文化问题,并在科学界建立对公众科学的理解并接受公众科学。这需要挑战科学中一些根深蒂固的观点,如不将不确定性视为可通过严格的协议消除,而将其视为数据收集的组成部分,然后在分析过程中寻找适当的方法来处理它。此外,将科学问题与社会责任及道德伦理独立开来,也是一个挑战,尤其是当科学家和参与者都有较高的参与度时。

最好的可能性就是将公众科学作为参与式科学中不可或缺的一部分,这样一来,公众科学研究的整个过程都可与更广泛的公众合作完成。地理学中(Pain 2004)已经出现了这样的案例,也许可以为未来公众科学的发展指明方向。

致谢:本章是在英国工程与自然研究理事会(Engineering and Physical Sciences Research Council)资助的"极端公众科学"(EP/I025278/1)与欧盟第七计划合作资助的"全面感知"(EveryAware)项目下完成的。在此特别感谢 2010 年地理科学年会的 VGI 研讨会、2011 年美国地理学家协会年会、2011 年韦斯普奇暑期峰会的与会者以及 ExCiteS 团队的提问与建议。

参 考 文 献

Anderson, D.P., Cobb, J., Korpela, E., Lebofsky, M., & Werthimer, D. (2002). SETI@home: An experiment in public-resource computing. *Communications of the ACM*, 45(11), 56-61.

Antoniou, B., Haklay, M., & Morley, J. (2010). Web 2.0 geotagged photos: Assessing the spatial dimension of the phenomenon. *Geomatica, The Journal of Geospatial Information, Technology and Practice*, 64(1), 99-110.

Arnstein, S.R. (1969). A ladder of citizen participation. *Journal of the America Institute of Planners*, 35(4), 216-224.

BBC(2006).Citizen science, Radio 4 series. http://www.bbc.co.uk/radio4/science/citizenscience.shtml. Accessed June 2011.

Bonney, R., Ballard, H., Jordan, H., McCallie, E., Phillips, T., Shirk, J., & Wilderman, C. (2009). Public participation in scientific research: Defining the field and assessing its potential for informal science education. In *A CAISE Inquiry Group Report*, Center for Advancement of Informal Science Education (CAISE), Washington, DC (Technical Report).

Bryant, R. L., & Wilson, G. A. (1998). Rethinking environmental management. *Progress in Human Geography*, 22(3), 321–343.

Bryson, B. (2004). *A short history of almost everything*. London: Black Swan.

Budhathoki, N.R., Nedovic-Budic, Z., & Bruce, B. (2010). An interdisciplinary frame for understanding volunteered geographic information. *Geomatica, The Journal of Geospatial Information, Technology and Practice*, 64(1), 11–26.

Cohn, J.P. (2008). Citizen science: Can volunteers do real research? *Bioscience*, 58(3), 192–197.

Coleman, D.J., Georgiadou, Y., & Labonte, J. (2009). Volunteered geographic information: The nature and motivation of producers. *International Journal of Spatial Data Infrastructures Research*, 4, 332–358.

Cooper, C.B., Dickinson, J., Phillips, T., & Bonney, R. (2007). Citizen science as a tool for conservation in residential ecosystems. *Ecology and Society* 12(2), 11. http://www.ecologyandsociety.org/vol12/iss2/art11/. Accessed January 5, 2012.

Couclelis, H. (2003). The certainty of uncertainty: GIS and the limits of geographic knowledge. *Transactions in GIS*, 7(2), 165–175.

Cuff, D., Hansen, M., & Kang, J. (2007). Urban sensing: Out of the woods. *Communications of the Association for Computing Machinery*, 51(3), 24–33.

Elwood, S. (2008). Volunteered Geographic Information: Future research directions motivated by critical, participatory, and feminist GIS. *GeoJournal*, 72(3–4), 173–183.

Flanagin, A.J., & Metzger, M.J. (2008). The credibility of volunteered geographic information. *GeoJournal*, 72(3–4), 137–148.

Ghose, R. (2001). Use of information technology for community empowerment: Transforming geographic information systems into community information systems. *Transactions in GIS*, 5(2), 141–163.

Girres, J.-F., & Touya, G. (2010). Quality assessment of the French OpenStreetMap dataset. *Transactions in GIS*, 14(4), 435–459.

Goodchild, M. (2007). Citizens as sensors: The world of volunteered geography. *GeoJournal*, 69, 211–221.

Grey, F. (2009). The age of citizen cyberscience, CERN Courier, April 29, 2009. http://cerncourier.com/cws/article/cern/38718. Accessed July 2011.

Haklay, M. (2010). How good is OpenStreetMap information? A comparative study of OpenStreetMap and Ordnance Survey datasets for London and the rest of England. *Environment and Planning B*, 37, 682–703.

Haklay, M., Francis, L., & Whitaker, C. (2008a). Citizens tackle noise pollution. *GIS Professional*, August issue.

Haklay, M., Singleton, A., & Parker, C. (2008b). Web mapping 2.0: The Neogeography of the Geoweb. *Geography Compass*, 3, 2011-2039.

Holling, C.S. (1998). Two cultures of ecology. *Conservation Ecology* 2(2), 4. http://www.consecol.org/vol2/iss2/art4/. Accessed January 5, 2012.

Howe, J. (2006). The rise of crowdsourcing. *Wired Magazine*, June 2006.

Irwin, A. (1995). *Citizen science*. London: Routledge.

Keen, A. (2007). *The cult of the amateur: How blogs, MySpace, YouTube, and the rest of today's user-generated media are destroying our economy, our culture, and our values* (1st ed.). New York: Doubleday.

Khatib, F., DiMaio, F., Foldit Contenders Group, Foldit Void Crushers Group, Cooper, S., Kazmierczyk, M., Gilski, M., Krzywda, S., Zabranska, H., Pichova, I., Thompson, J., Popovic, Z., Jaskolski, M., & Baker, D. (2011). Crystal structure of a monomeric retroviral protease solved by protein folding game players. *Nature Structural & Molecular Biology*. Published online September 18, 2011. doi: 10.1038/nsmb.2119.

King, J.L., & Kraemer, L.K. (1993). Models, facts, and the policy process: The political ecology of estimated truth. In M.F. Goodchild, B.O. Parks, & L.T. Steyaert (Eds.), *Environmental modeling with GIS* (pp.353-360). New York: Oxford University Press.

Latour, B. (1993). *We have never been modern*. Cambridge: Harvard University Press.

Lintott, C.J., Schawinski, K., Slosar, A., Land, K., Bamford, S., Thomas, D., Raddick, M.J., Nichol, R.C., Szalay, A., Andreescu, D., Murray, P., & van den Berg, J. (2008). Galaxy zoo: Morphologies derived from visual inspection of galaxies from the Sloan Digital Sky Survey. *Monthly Notices of the Royal Astronomical Society*, 389(3), 1179-1189.

MacKerron, G. (2011). mappiness.org.uk. In *LSE Research Day* 2011: *The Early Career Researcher*, May 26, 2011, London School of Economics and Political Science, London, UK (Unpublished).

Maisonneuve, N., Stevens, M., & Ochab, B. (2010). Participatory noise pollution monitoring using mobile phones. *Information Polity*, 15(1-2), 51-71.

Migurski, M. (2009). Walking papers. walking-papers.org. Accessed 5 January 2012.

Norman, D.A. (1990). *The design of everyday things*. New York: Doubleday.

Nov, O., Arazy, O., & Anderson, D. (2011). Technology-mediated citizen science participation: A motivational model. In *Proceedings of the AAAI International Conference on Weblogs and Social Media* (*ICWSM* 2011), Barcelona, Spain, July 2011.

Pain, R. (2004). Social geography: Participatory research. *Progress in Human Geography*, 28(5), 652-663.

Scott, D., & Barnett, C. (2009). Something in the air: Civic science and contentious environmental politics in post-apartheid South Africa. *Geoforum*, 40(3), 373-382.

Shirky, C. (2008). *Here comes everybody: The power of organizing without organizations*. New York: Penguin Press.

Sieber, R. (2006). Public participation and geographic information systems: A literature review and framework. *Annals of the American Association of Geographers*, 96(3), 491-507.

Silvertown, J. (2009). A new dawn for citizen science. *Trends in Ecology & Evolution*, 24(9), 467-471.

Stilgoe, J. (2009). *Citizen scientists—Reconnecting science with civil society*. London: Demos. Turner, A. J. (2006). *Introduction to neogeography*. Sebastopol: O' Reilly Media, Inc.

Westphal, A.J., von Korff, J., Anderson, D.P., Alexander, A., Betts, B., Brownlee, D.E., Butterworth, A.L., Craig, N., Gainsforth, Z., Mendez, B., See, T., Snead, C.J., Srama, R., Tsitrin, S., Warren, J., & Zolensky, M. (2006). Stardust@home: Virtual microscope validation and first results. In *37th Annual Lunar and Planetary Science Conference*, League City, Texas, March 2006, Abstract no.2225.

Wiggins, A., & Crowston, K. (2011). From conservation to Crowdsourcing: A typology of citizen science. In *Proceedings of the Forty-fourth Hawaii International Conference on System Science* (*HICSS*-44), Koloa, HI, January 2011.

Wilderman, C.C. (2007). Models of community science: Design lessons from the field. In C.McEver, R.Bonney, J.Dickinson, S.Kelling, K.Rosenberg, & J.L.Shirk (Eds.), *Citizen science toolkit conference*. Ithaca: Cornell Laboratory of Ornithology.

Wilsdon, J., Wynne, B., & Stilgoe, J. (2005). *The public value of science or how to ensure that science really matters*. London: Demos.

World Meteorological Organisation. (2001). *Volunteers for weather, climate and water*. Geneva: World Meteorological Organisation. WMO No.919.

Zook, M., Graham, M., Shelton, T., & Gorman, S. (2010). Volunteered geographic information and crowdsourcing disaster relief: A case study of the Haitian earthquake. *World Medical & Health Policy*, 2(2). doi: 10.2202/1948-4682.1069.

第二部分　地理知识生产和地方认知

第8章

志愿式地理信息和计算地理:新观点

Bin Jiang

摘要:志愿式地理信息,作为用户生成互联网内容的几种最重要的类型之一,已经形成了一种新的现象。志愿式地理信息来源于无数的志愿者,其技术支持为Web 2.0技术。这一章,我们将讨论志愿式地理信息是如何为计算地理、基于数据密集型计算使用的转换地理,并为揭示地理形成和过程背后底层机制的模拟等提供新的观点。首先我们使用开放式街道地图(OpenStreetMap)数据和GPS跟踪数据,来提供几个计算地理的实例,以研究地理空间的尺度及其对人类流动模式的影响;其次阐述地理领域正在经历的戏剧性变化;最后说明了地理信息学和计算地理的区别,两者应该明确区分,前者是研究某一项工程,而后者是一门科学。

8.1 引　　言

志愿式地理信息是个体用户生成内容的形式,这种形式是以Web 2.0技术为支撑的(Goodchild 2007;Sui 2008)。地理信息科学领域的发展正受益于志愿式地理信息获取渠道和数量的增多。传统地理数据的获取主要由国家勘测机构主导,是自上而下的一种模式。志愿式地理信息的出现代表了地理数据获取方式正在由传统的自上而下的模式向自下而上的模式转变。在这种新的模式中,

B.Jiang(✉)
瑞典耶夫勒大学测绘部,瑞典,耶夫勒
E-mail:bin.jiang@hig.se

数据的生产是由业余志愿者收集得到,而在传统模式中是由专业人士完成的(Howe 2009)。各式各样大量的志愿式地理信息和需要这些数据才能够完成的计算成为 eScience 和数据密集型计算的重要组成部分,这种现象被称为科学发现中的第四范式(Hey et al. 2009)。其他方面,如开放式街道地图(OSM)是志愿式地理信息最成功的案例之一。

OSM 是一个类似于维基百科的合作机制,或者基层活动。它提供了一个可编辑的覆盖世界范围的地图,地图的数据来源于轻便的 GPS 设备、航空摄影和其他免费渠道(Bennett 2010)。目前,OSM 有 40 多万个注册的数据贡献者或用户,而且这个数量在过去几年呈指数增长趋势。令人意想不到并且史无前例的是 OSM 并不属于任何人所有,研究者可以从 OSM 获得全世界所有的街道数据来进行分析和计算,从而提出对城市和环境可持续发展深入分析的观点。而且对于研究者来说意义重大的是,可以从 OSM 免费获得数据,这是不同于谷歌地图的特点。谷歌地图允许有插件,但是它的许可机制和受版权保护的数据是不允许用户获得分析性见解的。用户无法只通过谷歌地图来研究城市或地区是怎样向外扩展的。取而代之,用户需要实现对城市扩展水平定量化的分析与计算。就这一点而言,OSM 是除谷歌地图以外可以为研究者提供丰富、免费数据来源的一种渠道。利用先进的分析计算技术对上述数据进行分析,可以帮助更好地理解城市及其环境的变化。这种理解可以进一步用来进行空间规划,例如,重新开发一座城市的某些区域或者制约国家某区域的进一步开发。换句话说,可以通过分析 OSM 数据来获取各种不同形式下的模式、结构、关系以及空间决策规则等方面的知识。例如,城市的扩张如何与经济活动、人口密度和公共卫生(如肥胖)问题相关?

本章将讨论通过对 OSM 数据的地理空间分析和计算发现一些隐藏在底层并且令人惊奇的地理空间结构和模式。所涉及的讨论全部基于一个假设,那就是 OSM 数据或者通常所说的 VGI 数据质量是很好的,是可以用来计算和分析的。尽管 VGI 的数据质量有问题,但这并不会阻止通过这些数据去发现未见诸于世的或者令人惊奇的城市、环境和人类活动的模式。Linus 定律曾提到“足够多的眼睛,就可以让所有错误水落石出”(Raymond 2001,p.30)。大量的证据表明,OSM 数据的质量与制图机构所提供的数据有关,而这些是可以通过其他公众用户提供的内容,如维基百科来印证研究结果的(Giles 2005)。

本章将简要回顾计算地理以及其他相关概念在地理信息系统(GIS)领域陆续出现的发展历程。首先给出了计算地理一种全新的定义,并且将其与地理信息科学做了区分;然后给出了一些凭借 OSM 数据来发现基层结构和地表处理模式的计算地理范例;最后总结了一些对未来研究影响的评论。

8.2 什么是计算地理?

1994 年,英国利兹大学首个跨学科的机构——计算地理中心成立,计算地理的概念最早就是这时候出现的。1996 年,关于计算科学(地学计算)的国际会议系列组织成立,截至目前已经举办十几次会议。尽管地学计算和计算地理所指的是相同的科学领域而且可以交换使用,但是从文献中可以看出,计算地理已经明显成为一个受人喜爱的术语。

什么是计算地理? 这个问题在 GIS 或地学计算中已经被集中研究并且激烈争辩过(如 Longley et al. 1998;Gahegan 1999;Ehlen et al. 2002)。很多不同领域的学者针对不同的情况对这一问题进行了解答和验证。概括来说,对于什么是计算地理,前辈们提出了三种基本观点。第一种观点主要由 Stan Openshaw (2000)和 Mark Gahegan(1999)提出,他们承认地理或者地球学科中不断增长的计算能力和复杂的计算方法所产生的影响。这种观点侧重于处理难以解决的地学难题,如高性能计算、人工智能、数据挖掘技术以及可视化。第二种观点更关心地理科学的集中环境计算以及对地学计算的预测,从而提供一种解释地理现象的方法。这种观点主要由 Helen Couclelis(1998)和 Bill Macmillan(1998)提出。Paul Longley 及其合作人,如 Mike Goodchild(Longley et al. 2001)坚持第三种观点,地理计算与地理信息科学(GIScience)同义,是一种处理使用地理信息和技术时的问题并且支撑 GIS 技术的科学。

计算地理的出现发生在将 GIS/地理信息作为一种工具的时代,当时正是 GIS 刚经过几十年的演变和应用后迅速发展的时代。许多 GIS 的前辈开始考虑伴随 GIS 发展的一些基本问题。20 世纪 90 年代,地理信息科学(GIScience)(Goodchild 1992)和空间信息理论(Frank et al. 1992)作为被广泛认可的术语和计算地理几乎同时出现。毫无疑问,许多 GIS 研究者看到了 GIS、地理信息科学、地理空间信息科学和空间信息理论之间的交叉研究点。这些学科的共同出现表明了这一领域已经在飞速发展和演变,每一个学科都在努力跟上发展的步伐。随后,我们提出了一个比较新颖的计算地理定义,该定义考虑了密集型数据计算或 eScience 的影响,并且将论述它是怎样得与众不同,例如,与地理信息学的区别。

计算地理是一种数据驱动下的地理转换,目的是通过对复杂地理现象的模拟,理解潜在的地理形成和过程的机制,是一种基于密集型数据的计算。伴随着计算社会科学领域的出现(Lazer et al. 2009),计算地理既是对数据的集中,也是对计算的加强。计算地理是一种聚焦于地理形成和过程以及通过模拟得出解释的地理科学。换句话说，计算地理寻求解决的不仅仅是世界看起来如何，而是世界如何工作。这与地理信息科学的重点恰恰相反，地理信息科学的重点在于世界看起来是怎样的，而不是世界是如何工作的(Goodchild 2004)。与此相反，地理信息科学通常利用工程或地理科学的方法，以达到发展地理空间数据需求、管理、分析和可视化工具及模型，从而解决真实世界难题的目的。尽管有所不同，但他们都与地理空间信息和先进的工具密切相关。这种关于地理信息科学和计算地理的不同观点映射出一个类似于生物信息学的观点，那就是生物信息学是工程领域，而计算生物是一门科学。

21 世纪初，计算地理大部分吸引力依赖于物理和虚拟空间中的关于环境和人类活动的数据有效地增长。随着这种由形形色色的科学仪器产生的数据量的不断增长(常常是 7 天 24 小时不间断地)，计算地理应该采取对密集型数据地理空间的计算来实践地理科学。就这一点而言，高性能计算的发展、栅格/云计算以及地理学上的分布式传感器提供了一种强有力的计算方法。同时，新兴的由志愿者提供数据，并且通过社会媒体集中的 VGI，为计算地理研究者提供了一个有价值的、史无前例的数据源。下一部分，我们将总结一些最近的研究工作来解释什么是计算地理，以及 VGI 是如何支持计算地理研究的。

8.3 计算地理的实例

接下来，我们将介绍一些最近利用 VGI 特别是利用 OSM 的计算地理研究。这些研究的核心均围绕两个基本概念：拓扑和尺度变换。拓扑指的是大量地理单元的拓扑关系，而尺度变换的特点通常为幂律分布或重尾分布。这一部分，我们将阐述通过拓扑和尺度变换帮助发现潜在的地理空间结构和模式，而在这之前，首先需要进一步区分这两个概念。

8.3.1 拓扑和尺度变换的概念

拓扑，最初是数学的一个分支，可以定义为一种在几何空间变形下未发生变化的定性研究。正是由于这个原因，拓扑被称为“橡胶几何学”。在 GIS 的相关文献中，拓扑的概念出现在至少两种情况下。最常见的一种可能是拓扑集成的地理编码参考系统(TIGER)。TIGER 数据结构或数据库由美国人口普查局在 20 世纪 70 年代创建。拓扑的概念也与 Max Egenhofer 和 Robert Franzosa(1991)的拓扑关系公式一同出现在 GIS 文献中。尽管拓扑的精髓(关于拓扑关系)是相同的，但是我们所采取的拓扑概念是指基于拓扑的地理空间分析。拓扑，相比于几何学特征，如位置、方向、大小和形状来说，其关注的是空间物体或单元之间的关系。我们用伦敦地下地图作为例子来进一步详细描述拓扑和几何学的区别。

图 8.1 显示了两种版本的伦敦地下地图:左边是几何纠正地图(几何地图),右边是用拓扑形式保存但是有几何扭曲的地图(拓扑地图)。可以看出,在拓扑地图中除了车站的相对方向外,所有连接车站的点和线都是完全扭曲的。从沿地铁线导航方面来讲,这种拓扑地图比几何地图能提供更多的信息。然而,如果我们想得到更深入的结构或模式,这种拓扑地图提供的信息是不够的。例如,有多少条线必须从一个车站穿越到另一个车站?从图中任何一个人都可简单地想到答案是 12 条。假如有上百条线呢?按照通常使用来讲,在一座城市中,从一条街到另一条街,中间需要穿过多少条街?这是一个最基本的问题,比如,这就是寻找最优路线的出租车司机所关心的问题。

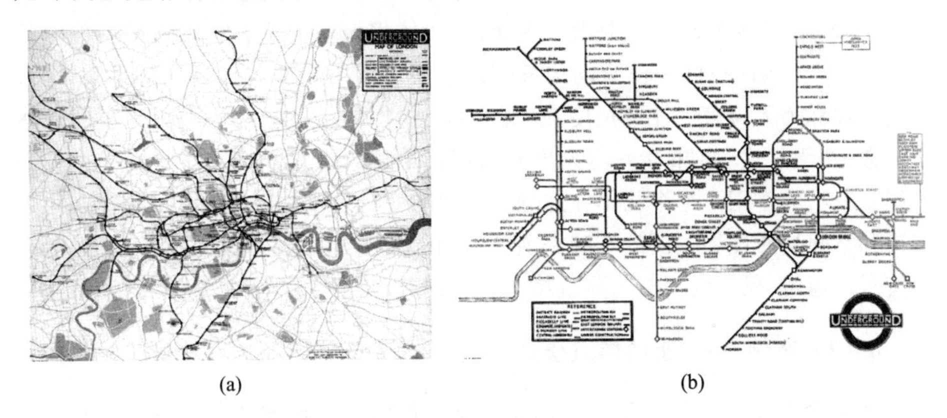

(a) (b)

图 8.1 两种不同版本的伦敦地下地图:(a)几何地图;(b)拓扑地图

图 8.2 展示的是两种版本的拓扑地图。图 8.2(b)是一个带有交叉路口或地铁线拓扑的拓扑地图,从图中可以看到一个深层次的结构。12 条线中,10 条来自一个与其他点相近且互相有关联的连通的点,这就形成了一个全图。伦敦东

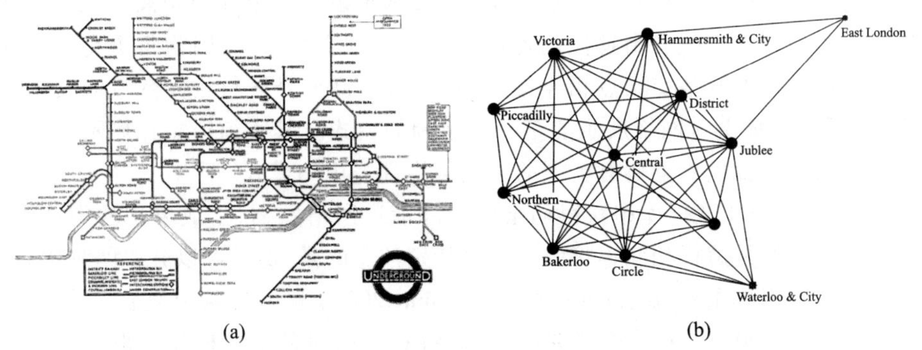

(a) (b)

图 8.2 两种版本的拓扑地图:(a)车站拓扑;(b)线拓扑

图(b)中节点的大小代表与其他多少条线相交,即连通程度

线和 Waterloo & City Line(城市线),这两条与其他点联系较少的线就位于这个核心点之外。这个地图表明,如果一个人从伦敦东线到 Waterloo & City Line,那么他/她必须经过其他的中间线,因为这两条线之间没有直接的联系。相比几何地图而言,带有车站的拓扑地图仍然保持着确定的几何特征,如相关位置、线和车站的方向。就这一点而言,线状拓扑地图是纯粹的拓扑:既不包含节点的几何位置,也没有线的几何距离。

尺度变换,或者本章中特指的地理空间的尺度变换,实际是指地理空间中有更多的小实体而非大空间实体。例如,小城市比大城市多,短的街道比长的街道多,低矮建筑物比高的建筑物多。这种"小的地理实体比大的地理实体多"的现象是很普遍的,因此可以说是"再正常不过了"。尺度变换是支撑很多地理现象的一种规范。"小的地理实体比大的地理实体多"这一理念也强调了一种空间异质性,即在地理空间中没有均匀分配的事实。因为缺少均匀分配的事实,地理空间也被称为无尺度。注意尺度在"无尺度"中指的是大小——平均大小或算术平均数。"无尺度"意味着平均大小或均值这个概念在幂律分布中标定一个变量时起到较小的作用。一个物体在地理空间中的变量是多种多样的。地理空间尺度变换和空间异质性最主要的不同是前者具有幂律分布的特点,而后者有正态分布的特点。通常,尺度变换必须有重尾分布的特点,如幂律或者对数和指数函数。

8.3.2 案例一:瑞士的街道模式

彼此联系的街道构成了一个国家的基础设施或支撑实体。相连到一起的街道穿梭在城市中。尽管将现实世界用图表示出来的这种方法,在估算距离、路径以及跟踪方面已经有了很多的应用,但非常遗憾的是,街道的底层结构或者模式还不能简单地用传统的分别作为结点和链的交叉路口以及街道分段的街道网络来解释。从以下两方面来讲,我们把传统的街道网络叫作几何网络:① 每个交叉点有其唯一的地理位置;② 每条街道分段都被赋予一个几何距离。几何网络嵌入了街道交叉点或者街道段的连通性。从结构方面来看,因为每个交叉点几乎和相同数量的其他交叉点相连接,或者相当于每个分段与相同数量的其他段连接,所以传统街道网络展示的是一个单调的模式。其实街道拓扑展示了一个很有趣的可以说世界上所有类型的街道网络都适用的模式。

我们从 OSM 数据库中获得瑞士的全部街道网络数据,生成单独的街道,从而来判断它们是怎样相互连接的。需要特别注意的是,街道可以分成两种类别:由唯一名字识别的街道(Jiang and Claramunt 2004)和由连接原则产生的街道(Jiang et al. 2008)。在这个研究中,我们将具有相同名字且相邻的街道分段连接并创建了街道单元,然后采用一些原则将这些街道单元连接成自然街道。上述过程之所以可以实现是因为 OSM 数据库中有很多无名的街道片段。这样形成的自然街道非常接近已经命名的街道。最终,我们从 600 000 多个弧段中获得了超过 160 000 条街道。图 8.3 显示的是街道网络的不同分级层次,从图中可以看出短的街道(蓝色)比长的街道(红色)要多一些。连接数最少的街道等级为 1,连接数最多的街道等级为 1040。这种高比率(连接最多街道等级/连接最少街道等级)就是重尾分布的一个明确指征。

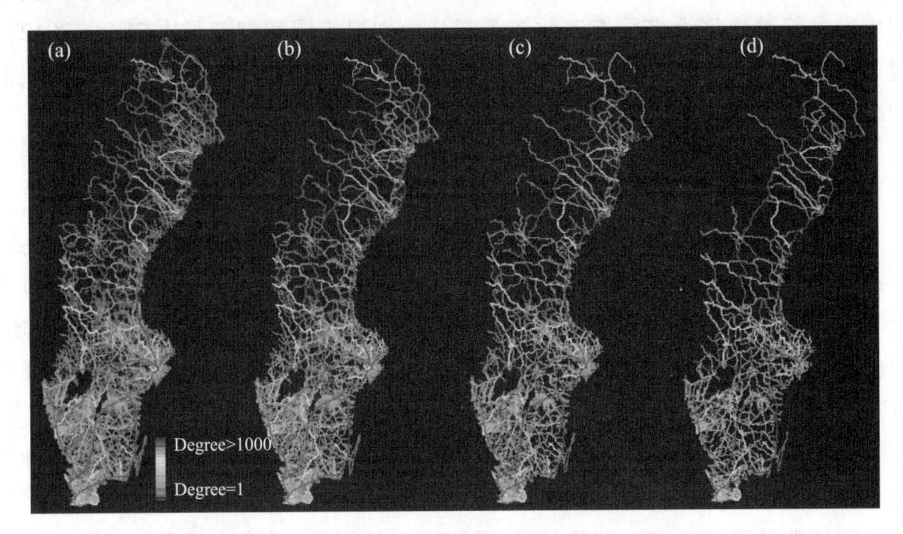

图 8.3　瑞士 1600 条街道分级结构的四种细节层次:(a)源地图;(b)第一层次;(c)第二层次;(d)第三层次

这个街道网络尺度变换模式的发现对其他现象的理解产生了深远影响,如交通流量。大部分的交通流量只发生在一少部分街道,这部分街道是具有很多连接的;而剩下的大部分街道却只有很少的交通流量(Jiang 2009),这部分街道只有很少的连接。最终,交通流量和人类迁移模式也证明了这种尺度变换模式。我们可以进一步说明这是地理空间的尺度变换,它塑造了人类活动模式。这正是我们力求通过计算地理来发现的一种机理。

Barabási(2010)尝试从人类视角而非空间视角来寻找为何人类活动说明尺度变换模式的答案。他解释了我们突然实施某项事情的原因是因为我们给这些事情设置了优先权。就人类活动而言,我们有大部分时间(90%的时间)是出现在临近我们的家、城市及其周边的地方的,而只有很少部分的时间(10%或者更少的时间)去较远的地方旅行。这是一种思考的传统方式——因为每个个体很复杂,所以社会复杂;实际上,我们可以把每个个体看作是分子或者是原子(Buchanan 2007)。在最近的一项研究中,Jiang 和 Jia(2011a)创造了两种活动类型(随机的和有目的的),并在街道网络中模拟了他们的活动模式,结果发现活动行为对整个交通模式的影响很小。

考虑尺度变换模式或者版权之后,制图综合或通常的地图可以通过简单的方式表达。我们阐述的头/尾除法规则就可以用到这种情况中。什么是头/尾除法规则呢?除法规则指任何带有尺度变换模式的事物都可以被分成两个不平衡的部分:在头部的所占比例很小但是数量很多,在尾部的所占比例很大但是数量很少(Jiang and Liu 2012)。实际上,图8.3正是这种头/尾除法规则的一个应用,图中通过简单地将大多数街道放在头部从而创建不同的细节层次(Jiang 2012)。我们可以进一步将地理空间的尺度变换想象成是一些基本的潜在地图概括机制(Jiang et al. 2011),这是一种可以促使综合制图成为可能的潜在属性。

8.3.3 案例二:法国的街区模式

第二个例子关注的是从一个国家的大量街区中显露出来的尺度变换模式。一个街区指的是由相邻街道分段构成的一个最小的环或圆,在城市环境中也被称为"城市街区"。街区的概念在这里既包括城市街区,也包含乡下的田地块。我们发明了一个能自动地从欧洲三大城市的街道网络中派生出大量街区的递归算法(Jiang and Liu 2012)。接下来我们以法国为例,来解释相连的城市地块如何辅助探索潜在(规律)的模式。首先,我们发现城市街区的大小表现出一种对数分布,这种分布是重尾分布的一个类型。通过这种分布可以观测到小街区比大街区的数量要多很多。有趣的是,我们可以使用头/尾除法规则将所有街区分为两类:比均值小的一类和比均值大的一类。实际上,小街区可以聚类成城市,而大街区构成了乡村。

然后,我们给定了一个边界数量的概念来表示每个街区与最外边界的距离。受凯文指数的激发,即一名演员距离好莱坞的Kevin Bacon有多远("六度分割")的一个表示值,边界数量被定义为:最外层街区的边界数量为1,直接连接到边界1的边界数量为2,以此类推。此例中边界数量的定义是从拓扑视角来进行的,这是与几何视角完全不同的。图8.4展示了两种不同之处。图中的几何和拓扑距离都采用光谱色来显示:街区越远,越是中心。图中有两个中心:拓扑中心和几何中心。显然,拓扑中心是巴黎的位置,而几何中心实际上是中轴算法的直接应用(Blun 1967)。几何中心不是人们理解的城市中心,但拓扑中心是。

我们可以将这种理解延伸来定义生物体的中心。例如,什么是人体中心?依据Blun的中轴算法,我们可以找到骨骼,但是常识告诉我们心脏和大脑是人类的两个中心。假设我们从拓扑视角出发,也许可以产生这两个中心。正是基于这样的假设:细胞或任何子单位的大小,像街区一样是重尾分布的。目前尚未发现任何科学文献来支持以上观点,但是在计算机时代我们需要全新的地理想象力(Sui 2004);涵盖大量地理信息的数据密集型计算,在某些独特的方面促进产生创造性的想象。

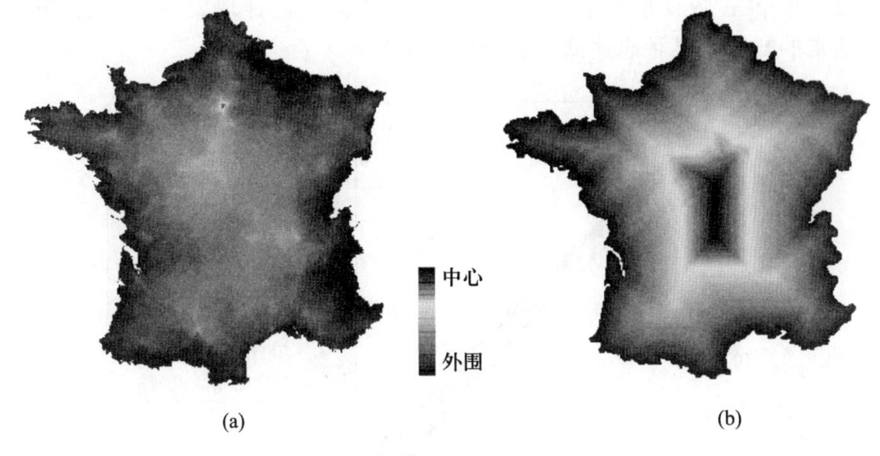

图 8.4 法国中心:(a)拓扑中心;(b)几何中心

8.3.4 案例三:通过自然城市验证 Zipf 定律

Zipf 定律是尺度变换属性的众多变形之一,由语言学家 George Kingsley Zipf (1949)创造。Zipf 定律说明了城市大小与其排名成反比,例如,第二大城市是最大城市的 1/2;第三大城市是最大城市的 1/3,以此类推。城市的大小通常由其人口或物理范围来确定。城市的定义一般指法律或者行政区域,如人口普查的指定地点、城市圈或都市圈。这些定义的主观性和武断性引发了对 Zipf 定律的验证问题。目前已经有一些研究针对这个问题来探索城市或城市边界的客观定义(如 Holmes and Lee 2009;Rozenfeld et al. 2011)。但是这些研究仍然使用统计数据而不是基于个人数据来定义城市。

我们提出一种通过采用街道节点来替代人口数据的方法来定义城市(Jiang and Jia 2011b)。首先检索了超过 120 GB 的美国 OSM 数据,并且提取了 25 000 000 个街道节点。再利用聚类算法,我们将邻近的街道节点划分成独立的城市居住区。因为上述聚类过程是自动递归实现的,所以将生成的城市居住区定义为"自然城市"。最终,根据选定的聚类标准,得到了大约 200 万~400 万个自然城市。因为城市地块大小具有相同的数量级,所以分别选择了 400 m、500 m、600 m 和 700 m 为聚类标准。有趣的是,生成的自然城市呈现显著的幂律分布,但是 Zipf 指数却偏离 1.0。

通过检验 Zipf 定律,进行了自然城市和城市圈的对比研究,发现该定律对于所有按照从大到小排列(只有一个道路节点)的自然城市都非常稳定(Jiang and Jia 2011b)。奇怪的是,Zipf 指数在整个范围内都保持不变;这个可以从图 8.5 中关于分布的重对数坐标图中看出。该结果与遵循 Zipf 定律的一些大城市的结果反差巨大;Zipf指数在整个范围内的各部分均不同。这种现象可能表明Zipf定律或通常的幂律是某种志愿式工作过程的基础。

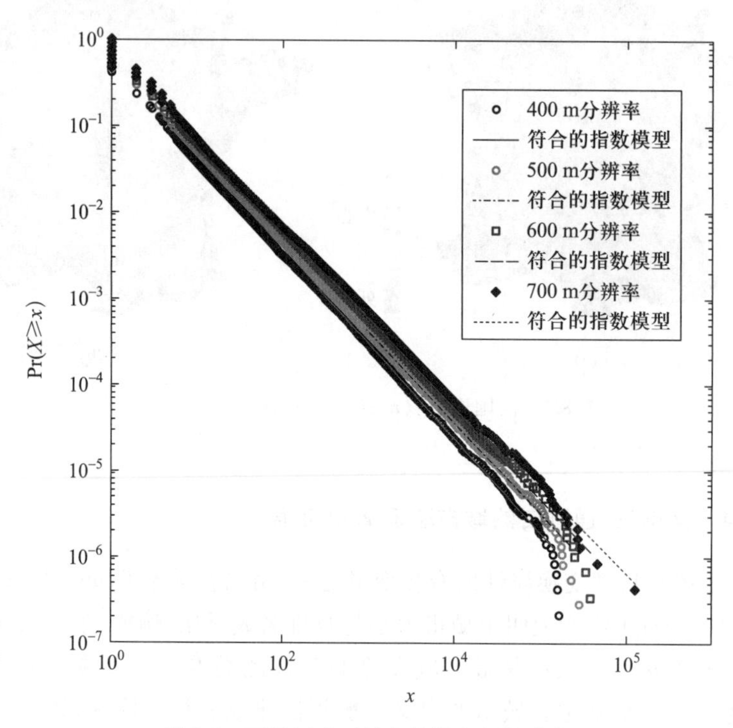

图 8.5 不同标准下的自然城市幂律分布

8.4 讨 论

围绕三个关于使用计算地理来发现潜在的尺度变换属性的例子,尤其是说明地理空间中潜在的人类活动模式机制的研究,本章介绍了两个主要概念。下面让我们进一步阐述这些研究的意义。目前的地理空间分析主要受两种思想影响:一个是依据大小、形状、方向、位置而言的几何思想,另一种是高斯思维方式,这种思想是用地统计学来描述空间相关性和空间异质性等空间属性。空间相关性也被称为空间自相关,空间自相关可以由Tobler(1970)地理学第一定律简明扼要地表达出来——"每件事物都与其他事物相关,但是相近事物的相关性比较远事物要大"(p.236)。空间异质性强调地表是不均匀的,但是这种不均匀具有正态分布的特点。基于尺度转换和重尾分布的统计理论很少在地理现象研究中被采用。因此,我们想促进两种可选择的思想,即拓扑思想和尺度转换思想来深刻理解地理形成和过程。

拓扑思想来源于有关空间的两种基本观点中的一种——Leibniz 相对空间,该观点关注的是个体事物之间的关系。将这种观点与几何思想或拓扑思想相对照来理解,它受信仰牛顿学说的持绝对空间观的人所控制。侧重关系的拓扑思想并不是全新的,因为它在很久以前的地理文献中就被详细研究过(如 Haggett and Chorley 1969)。然而,本章内容与其他的不同且有趣之处在于,本章考虑的是拓扑思想是如何帮助我们领会尺度转换模式的。拓扑思想属于空间思考的一部分,当大多数人类将活动转入虚拟空间以及新兴的社会,媒体开始掌控每天的人类活动时,拓扑思想逐渐变得重要起来(Allen 2011)。

应该注意的是至少有两个因素阻止我们深入理解地理空间尺度转换:① 如何看待地理空间(视角);② 我们所选的研究范围大小(视野)。例如,街道网络的几何表示是不可能显示尺度转换属性的。更重要的是,几何表示不符合人类活动对街道网络的理解。第二个因素与大量众包地理信息的可用性密切相关。就这一点而言,VGI 提供了史无前例的数据源,这些数据能辅助我们进行地理空间分析和建模。

有人可能会对由政府或私人公司持有的地理信息来允许我们实现同样的目标提出质疑。如果数据可以获得,这确实是可以实现的,但是说得容易,做得很少。首先,在数据获取方面有很多限制;其次,所研究的数据很少能被相关研究单位共享。假如其他研究者想用相同的数据来验证研究结果会怎么样呢? 通常是没有办法实现的。这是科研的一个大的限制条件。首次利用 OSM,我们将可用的公众地理信息无缝地进行整合,并且通过志愿者的努力可以连续不断地保持数据的更新。

有许多其他格式的 VGI 从各种各样的社会媒体中涌现出来,比如本章中没有提到的 Facebook、Twitter 和 Flickr。这些数据可能胜过 Goodchild(2007)所谈到的 VGI,而且他们潜在的研究空间可以是很大的。GIS 与社会媒体的结合正在提供一种全新的方式,这种方式可以用来研究对地理学非常重要的人类、空间和位置之间的相互关系(Sui and Goodchild 2011)。我们相信,在未来有必要进一步沿着这个方向进行更多的研究。

8.5 结 束 语

本章我们简要回顾了计算地理的出现、定义以及近 20 年的演变。提出了一个计算地理的替代定义,即计算地理是通过模拟地理现象来发现地理形成和进程的潜在机制。计算地理与地理信息学不同,后者更侧重于地理信息工程方面,诸如数据采集、管理、分析及可视化。政府已经在数据收集方面(如人口普查、住房和经济活动)做出了巨大的努力,但是这些数据很少提供给研究使用。从这一点来讲,VGI,尤其是 OSM 为计算地理提供了一个有效的数据源。

我们列举了几个有关计算地理的研究案例,这些例子依赖于 VGI,以及相对和相关空间概念。尽管作为使空间概念化的一种重要方式,但是地理研究仍然倾向于从几何意义上检测(绝对)空间,而不是从本章中所提到的拓扑意义(上的空间)去检测。现在是重新考虑地理研究中空间相关观点的时候了,尤其是在计算地理研究中。在地理研究中,尤其是概念化和定义空间的替代方法方面,Gatrell(1984)的观点仍然是有效的,而且应该获得更多关注。从本章可以看到,拓扑和尺度转换确实与地理空间分析有关系。我们需要从几何思维转换到拓扑思维上,并从高斯思维模式转换到一些更标准的分布上,而非正态分布——这是尺度转换的属性。

致谢:感谢图书编辑提出的建设性建议,正是他们提出的建议使本章内容得到了很大的提升,特别感谢 Daniel Sui 引导我关注最近有关人文地理中拓扑思想的文献。

参考文献

Allen,J.(2011).Topological twists:Power's shifting geographies.*Dialogues in Human Geography*,1(3),283-298.

Barabási,A.(2010).*Bursts:The hidden pattern behind everything we do*.Boston,MA:Dutton Adult.

Bennett,J.(2010).*OpenStreetMap:Be your own cartographer*.Birmingham:PCKT Publishing.

Blum,H.(1967).A transformation for extracting new descriptors of form.In W.Whaten-Dunn(Ed.),*Models for the perception of speech and visual form*(pp.362-380).Cambridge,MA:MIT Press.

Buchanan,M.(2007).*The social atom:Why the rich get richer,cheaters get caught,and your neighbor usually looks like you*.New York:Bloomsbury.

Couclelis,H.(1998).Geocomputation in context.In P.A.Longley,S.M.Brooks,R.McDonnell,& B.Macmillan(Eds.),*Geocomputation:A primer*.Chichester:Wiley.

Egenhofer,M.,& Franzosa,R.(1991).Point-set topological spatial relations.*International Journal of Geographical Information Systems*,5(2),161-174.

Ehlen,J., Caldwell, D. R., & Harding, S. (2002). GeoComputation: What is it? *Computers, Environment and Urban Systems*,26,257-265.

Frank,A.U.,Campari,I.,& Formentini,U.(1992).*Theories and methods of spatio-temporal reasoning in geographic space*(Lecture Notes in Computer Science,Vol.639).Berlin:Springer.

Gahegan,M.(1999).What is geocomputation? *Transactions in GIS*,3(3),203-206.

Gatrell,A.C.(1984).*Distance and space:A geographical perspective*.Oxford:Oxford University Press.

Giles, J. (2005). Internet encyclopedias to head to head. *Nature*, 438, 900-901.

Goodchild, M.F. (1992). Geographical information science. *International Journal of Geographical Information Systems*, 6(1), 31-45.

Goodchild, M.F. (2004). The validity and usefulness of laws in geographic information science and geography. *Annals of the Association of American Geographers*, 94(2), 300-303.

Goodchild, M.F. (2007). Citizens as sensors: The world of volunteered geography. *GeoJournal*, 69(4), 211-221.

Haggett, P., & Chorley, R.J. (1969). *Network analysis in geography*. London: Edward Arnold.

Hey, T., Tansley, S., & Tolle, K. (2009). *The fourth paradigm: Data intensive scientific discovery*. Redmond: Microsoft Research.

Holmes, T.J., & Lee, S. (2009). Cities as six-by-six-mile squares: Zipf's law? In E.L. Glaeser (Ed.), *The economics of agglomerations*. Chicago: University of Chicago Press.

Howe, J. (2009). *Crowdsourcing: Why the power of the crowd is driving the future of business*. New York: Three Rivers Press.

Jiang, B. (2009). Street hierarchies: A minority of streets account for a majority of traffic flow. *International Journal of Geographical Information Science*, 23(8), 1033-1048.

Jiang, B. (2012). Head/tail breaks: A new classification scheme for data with a heavy-tailed distribution. *The Professional Geographer* xx, xx-xx.

Jiang, B., & Claramunt, C. (2004). Topological analysis of urban street networks. *Environment and Planning B: Planning and Design*, 31, 151-162.

Jiang, B., & Jia, T. (2011a). Agent-based simulation of human movement shaped by the underlying street structure. *International Journal of Geographical Information Science*, 25(1), 51-64.

Jiang, B., & Jia, T. (2011b). Zipf's law for all the natural cities in the United States: A geospatial perspective. *International Journal of Geographical Information Science*, 25(8), 1269-1281.

Jiang, B., & Liu, X. (2012). Scaling of geographic space from the perspective of city and field blocks and using volunteered geographic information. *International Journal of Geographical Information Science*, 26(2), 215-229. Preprint, arxiv.org/abs/1009.3635.

Jiang, B., Zhao, S., & Yin, J. (2008). Self-organized natural roads for predicting traffic flow: A sensitivity study. *Journal of Statistical Mechanics: Theory and Experiment*. July, P07008, Preprint, arxiv.org/abs/0804.1630.

Jiang, B., Liu, X., & Jia, T. (2011). Scaling of geographic space as a universal rule for map generalization. Preprint: http://arxiv.org/abs/1102.1561.

Lazer, D., Pentland, A., Adamic, L., Aral, S., Barabási, A.-L., Brewer, D., Christakis, N., Contractor, N., Fowler, J., Gutmann, M., Jebara, T., King, G., Macy, M., Roy, D., & Van Alstyne, M. (2009). Computation social science. *Science*, 323, 721-724.

Longley, P.A., Brooks, S.M., McDonnell, R., & Macmillan, B. (1998). *Geocomputation: A primer*. Chichester: Wiley.

Longley, P.A., Goodchild, M.F., Maguire, D.J., & Rhind, D.W. (2001). *Geographic information systems and science*. Chichester: Wiley.

Macmillan, B. (1998). Epilogue. In P. A. Longley, S. M. Brooks, R. McDonnell, & B. Macmillan (Eds.), *Geocomputation: A primer*. Chichester: Wiley.

Openshaw, S., & Abrahart, R. J. (2000). *GeoComputation*. London: CRC Press.

Raymond, E. S. (2001). *The Cathedral & The Bazaar: Musings on Linux and open source by an accidental revolutionary*. Sebastopol: O'Reilly Media.

Rozenfeld, H. D., Rybski, D., Gabaix, X., & Makse, H. A. (2011). The area and population of cities: New insights from a different perspective on cities. *American Economic Review*, 101(5), 2205–2225.

Sui, D. Z. (2004). GIS, cartography, and the "third culture": Geographic imaginations in the computer age. *The Professional Geographer*, 56(1), 62–72.

Sui, D. Z. (2008). The wikification of GIS and its consequences: Or Angelina Jolie's new tattoo and the future of GIS. *Computers, Environment and Urban Systems*, 32(1), 1–5.

Sui, D. Z., & Goodchild, M. (2011). The convergence of GIS and social media: Challenges for GIScience. *International Journal of Geographical Information Science*, 25(11), 1737–1748.

Tobler, W. (1970). A computer movie simulating urban growth in the Detroit region. *Economic Geography*, 46(2), 234–240.

Zipf, G. K. (1949). *Human behavior and the principles of least effort*. Cambridge, MA: Addison Wesley.

第9章

众包地理的演变：将志愿式地理信息带到第三维

Marcus Goetz　Alexander Zipf

摘要：志愿式地理信息(VGI)描述了各种空间数据的协同和志愿集合，并且已经发展成为一个重要的地理信息来源。用户参与VGI社区并与其他社区成员免费地分享他们的数据，而这些数据是由个人测量获得或基于个人知识得到的，也有一些是由必应地图*(Bing Maps)，提供的航空影像等。在发展初期，VGI只有二维(2D)数据，但现在越来越多的用户也贡献三维(3D)兼容的数据，如高度信息。利用3D信息或3D-VGI可以创建虚拟动态的真实3D地图和模型，这是可以与谷歌地球等产品相媲美的。本章我们将讨论VGI从2D到3D的演变，其次还特别对创建3D虚拟地球(包括三维建筑模型和交通等基础设施以及土地利用区域和兴趣点的可视化)进行了回顾。然后对附加数据源和语义丰富的虚拟模型进行了探讨。众包地理数据可以作为一种真正的替代数据源，而VGI也可以用于生成丰富的三维城市模型。

Marcus Goetz(✉)，Alexander Zipf
德国海德堡大学地理信息科学研究组(GIScience research group，University of Heidelberg)，德国，海德堡
E-mail：m.goetz@uni-heidelberg.de；zipf@uni-heidelberg.de

* 以前称为Live Search Maps、Windows Live Maps或Windows Live Local，是微软公司推出的线上地图服务。使用该服务可以在网络浏览器中观察到世界上的每一个角落。——译者注

9.1 引　　言

众包地理、用户生成的地理内容和志愿式地理信息(VGI)等术语都描述了地理信息学里的一个新现象,即不同类型的空间数据正由一个不断扩大的用户群体主动收集(Goodchild 2007a)。也就是说,非专业人员和专业人士都在创建基于测量(如通过 GPS 设备或个人知识)的地理数据,并且将这些数据通过某个 Web 2.0 社区平台提供给该社区的其他用户。正是由于上述现象的发生,VGI 社区创建了一种综合的具有多种类型的数据源,而提供这些数据的社区成员则扮演着远程传感器的角色(Goodchild 2007b)。尤其是在城市地区,通常可以获取非常详尽的 VGI,这也是 VGI 在城市数据管理中使用越来越多的原因(Song and Sun 2010)。其中流传最广的一个 VGI 社区的例子是 OpenStreetMap(OSM 开源 wiki 地图)项目,这将在后文详细描述。

在 VGI 的早期发展阶段,可用的数据主要是二维(2D)数据,但自 2008 年以来,人们越来越多地开始收集三维(3D)数据,如高度信息、屋顶几何信息等,从而将 VGI 从 2D 地图影像转换成 3D 数据。将 3D 信息添加到 VGI 项目是重要的一步,不仅是因为我们生活在一个三维世界,也是因为 3D 信息允许开发和提供许多不同的应用程序。例如,通过给一个城市地区提供 3D 模型,可以使公众在参与过程中更形象地了解到未来城市发展的规划。正如 Sarjakoski 的建议,"为了获取在城市计划中的空间立体感体验,三维建模和逼真的可视化以及动画应该包含在公众参与的 GIS 中"(Sarjakoski 1998)。3D 模型不仅能调动公众参与的积极性,而且能实现更精确的科学分析结果。例如,在城市地区区域的可见性分析方面,已经证明了"3D 能见度指数比 2D 更有效"(Yang et al. 2007)。此外,城市地区的三维信息可支持在紧急情况下的决策(Lee 2007;Kolbe et al.2008;Lee and Zlatanova 2008;Schilling and Goetz 2010),并可用于可视化拓扑关系的研究(Lee 2001)。对于本章的作者而言,非常明显的是城乡的 3D 信息对于不同的应用都是有效的,但关键是如何能够获得各种类型的 3D 数据源。VGI 数据(特别是 OSM 数据)的丰富性和多样性说明 VGI 是一种真正的可选三维信息数据源。将 VGI 向三维信息数据源向前推进一步,并且鼓舞 VGI 社区成员的是被称作"OSM-3D"[①]的项目,该项目是一个由可视化 OSM 数据作为 3D 模型的虚拟地球,其基本思想和这个项目背后的基础早在 2010 年就已经被描述和证明过

① www.osm-3d.org

(Over et al. 2010)。该应用最近被扩展到整个欧洲地区,并已经做了改进(特别是建筑物建设)。

本章的其余部分是这样编排的:首先,对 OSM 项目进行了介绍;然后,对 OSM-3D 项目特别是对 OSM 属性的 3D 兼容性进行了全面、定量的分析;此外,还对使用额外数据源来丰富 OSM 数据进行了展望。紧接着讨论了使用 OSM 获得的 VGI 数据从语义方面改进 3D 城市模型的可能性。最后一节是总结和展望。

9.2 开放式街道地图:流传最广的一个 VGI 例子

在过去的几年中,有不同的活动(如不同的用户组、目标等)对 VGI 进行了收集,如地理标记 Flickr 图片②、Wikimapia③、Foursquare④、Gowalla⑤ 等。其中一个最广泛的例子毋庸置疑是开放式街道地图(OpenStreetMap,OSM)项目。OSM 创建于 2004 年,并迅速发展成为一个快速增长的网络社区,直至目前已有超过 40 万个注册用户,因此也就有了超过 40 万名的潜在数据贡献者。

OSM 用户能够通过简单地添加几个地理坐标点(即节点)到数据库从而实现数据的共享。这些地理坐标点都是用户使用个人 GPS 设备测量得来的(如具备 GPS 功能的手机)或通过运用个人常识以及对周边地区的了解而获得的。此外,不同的高分辨率航拍影像供应商,如必应地图已授权可使用他们提供的影像进行制图等相关涉及地图的工作(如绘制街区或建筑物的形状)。正是由于这个授权,现在无须到达实地就能收集到世界各地的地图数据,所以这也增加了 OSM 内部的数据量。除地理节点外,OSM 的用户还可以将它们组合成所谓的路(即一些节点的连接),创建几个弧段相连的几何图形(如街区)。这种创建方法不一定要求弧段是闭合的(即起点与终点是连接的),但如果这样操作的话,它们可以被进一步用于绘制任意多边形(如区域)。用外边界和内岛绘制复杂多边形时,可能在 OSM 里创建所谓的可以被用于描述不同节点之间的复杂关系或绘制道路的关系。OSM 最新的数据集(2011 年 11 月)包含超过 12.5 亿个地标节点、1.14 亿条路和 110 万个关系。

但开放式街道地图不仅包含纯几何信息,为了添加不同语义信息和几何属性,OSM 还创建了一个无限开放的“键-值对”的概念。也就是说,用户可以

---

② flickr.com

③ wikimapia.org

④ http://foursquare.com

⑤ http://gowalla.com

通过使用节点、路或关系来绘制几何图形,并且用不同的"键-值对"信息来丰富它们。键描述了有效信息域或条件,而相应的值则描述了信息本身。例如,一条路的键为"公路",则表示这条路是布满车辆和行人的;而"高速公路"的键则标志这条路是不被行人利用的。因为"键-值对"数量是不局限的(即用户可以添加任意数量的"键-值对"),因此用户可以通过不断地添加"键-值对"属性来增加关于高速公路的描述信息,例如,通过添加键"最高速度"并赋值130,表示该条高速公路的限速为130。同时,用户不仅可以绘制街道,还可以绘制森林、大海等自然区域,自动取款机或邮箱等不同的兴趣点(POI)以及建筑地面形状等。OSM的"键-值"方法本身是非常开放的,因此,用户很容易添加任何额外的信息。正如OSM wiki页面(OSM 2011b)描述的那样,当然也对一些对于绘制不同地图的要素给出最好的实践和建议,如"美化市容""建筑""自然""地点""航道"等键。从Tagwatch也可以获得完整的键列表(2011)。

OSM的数据可以从其不同的供应平台下载(如Geofabrik[⑥])或通过使用Web API(OSM可视化Web接口的一部分[⑦])获得。即使不是OSM的会员,也可以通过使用这个Web接口来访问2D在线地图和浏览全世界。图9.1是OSM地图的一个典型截图。此外,这个Web API还允许下载OSM数据。

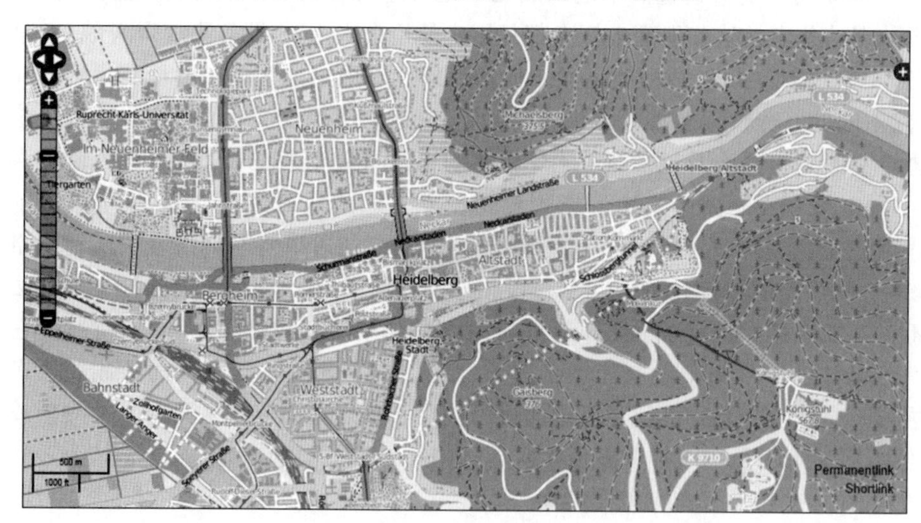

图9.1 带有不同地图特征(街道、建筑等)的海德堡OSM透视图(OSM 2011a)

⑥ http://download.geofabrik.de/

⑦ http://www.openstreetmap.org

9.3 三维开放式街道地图

大多数使用开放式街道地图作为数据源的应用程序和研究调查都是基于且只以鸟瞰的方式 2D 可视化这些数据。按照 Over 等(2010)的说法,几乎没有任何关于 3D 可视化和 OSM 数据的惯例研究,并且基本上只有 KOSMOS Worldflier (Brejc 2011)和 OSM-3D 项目(OSM-3D 2011)这两种不同的应用提供了一个附加 DTM 和 3D 建筑物的真正 3D 视角地图。一些其他的应用提供了平坦地区的视角场景和一些受挤压的建筑,如 Ziegler(2011),但关于场景显示尺寸、应用功能和 3D 可视化都是非常有限的。相比之下,OSM-3D 项目是基于公共的开放地理空间联盟(OGC)标准和草稿,如 Web 地图服务(WMS)或 Web 3D 服务(W3DS)和专用的客户端软件,并且用大气的可视化效果提供了一个详细的虚拟地球。DTM、POIs、建筑、街道、标签、自然区域等很多数据类型可以被选中用于显示 3D 地图的不同功能。

据作者所知,OSM-3D 是唯一一个使用大量 OSM 数据生成三维模型的项目。此外,它是第一个纯粹使用 OSM 提供的志愿式地理信息(VGI)生成逼真 3D 模型(特别是建筑模型)的应用,这也证明了 VGI 的丰富和强大。图 9.2(a)描绘了在 XNavigator 中 3D 球体的概览。图 9.2(b) 是对意大利里瓦 · 德尔 · 加尔达湖详细展示的透视图,在这幅图中,直观形象地展示了不同的自然区域以及街道、水道和 3D 建筑等。下一节将更详细地描述 OSM-3D,尤其关注 3D 建筑模型的生成和 3D 地图的功能。在这之前,我们先来看一个关于 3D 兼容 OSM 的键和值,以及一个简短的 OSM-3D 系统体系结构的介绍和讨论。

9.3.1 3D 兼容 OSM 属性的讨论

基本上,OSM 里的所有地理数据都是以 2D 形式存在的。OSM 社区内的用户测量 2D GPS 点或基于 2D 航空影像绘制几何图形。因此,OSM 里的可见几何图形,在大多数情况下通过 Web 的 OSM 展示的可见地图都是 2D 的。乍看起来,OSM 似乎并不提供任何类型的三维数据。然而,当更进一步详细地查看数据结构以及“键-值对”时,就不难发现在 OSM 里其实有足够多的 3D 信息。

“高度”作为 OSM 的键,从名称上我们就能看出是包含 3D 数据的。它描述了地图垂直的高度,其中,默认长度测量单位(如果没有明确用户提供)是米。表 9.1 包含了 OSM 三种不同数据类型的“键-高度”的定量和定性信息。表 9.2 包含“高度”键与其他 OSM 键(只有那些用来描述 3D 实体的键可用作组合键)组合使用的信息,其他一些很少使用的键不在本表考虑范围内。“建筑”键用来

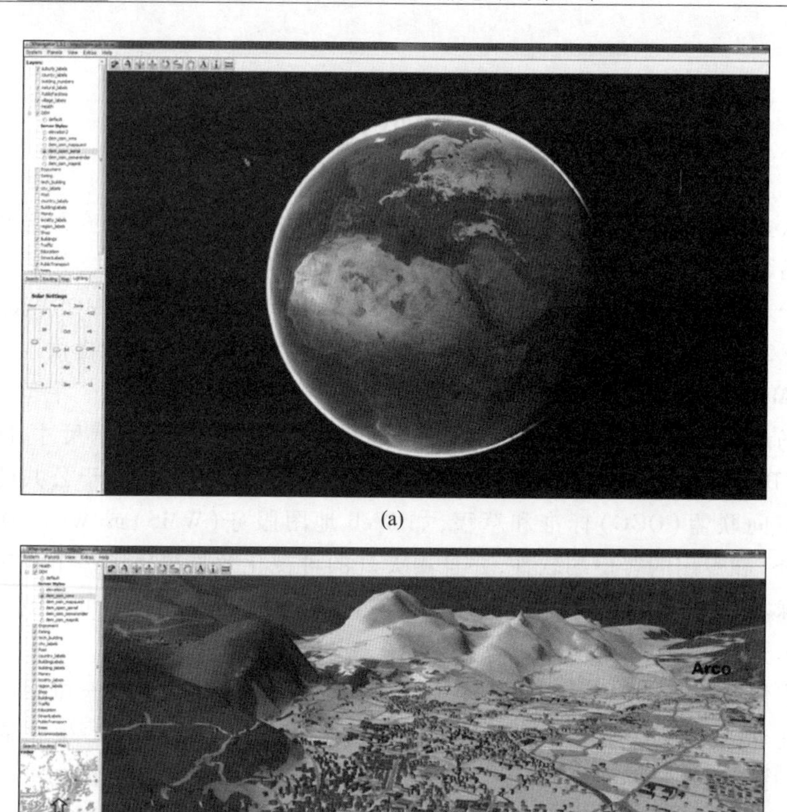

图 9.2　一个虚拟地球与大气效应(a)和一个视觉开阔的有 3D 建筑物和地图要素的里瓦·德尔·加尔达湖(b)。两者都在 OSM-3D.org 项目客户端 XNavigator 可视化

映射一个建筑,“人造”表征任何一切人造的事物,“塔”描述了塔的类型,“土地利用”描述了各种利用类型(正常场合下是如此,但也经常用来描述建筑利用类型),“技术”用来描述塔的建造技术,“便利设施”指所有的设施,“自然”描述了不同的自然区域,“棚区”键用于描述棚子,“屏障”键可以用于映射墙或栅栏等障碍物,“建筑:键部分”描述了一个建筑的一部分,而“桥”键则可以用于映射桥梁(街道、铁路等)。表中所有的统计数据都是基于 OSM 最新数据集[8]分析得到的,并且按照降序排列。

⑧ 数据获取日期为 2011 年 11 月 12 日。

表 9.1 OSM“高度”键的定量和定性信息（2011 年 11 月）

要素类型	值
“高度”键的绝对地图功能数	676 339
“高度”键的绝对节点数	38 945
“高度”键的绝对路数	629 611
“高度”键的绝对关系数	7 783
“高度”键的相对地图功能数	0.0492%
“高度”键的相对节点数	0.0031%
“高度”键的相对路数	0.5513%
“高度”键的相对关系数	0.6649%

表 9.2 “高度”键与其他键组合使用的调查结果(2011 年 11 月)

组合键	绝对值	相对值(同高度比较)/%	与组合键对比的相对值/%
建筑	624 122	92.2795	1.3931
人造	41 122	6.0795	5.5403
塔:类型	21 840	3.2291	59.4539
土地利用	18 497	2.7348	0.3491
技术	18 150	2.6836	99.9233
市容	8 994	1.3298	0.2247
自然	5 871	0.8681	0.0923
庇护	4 899	0.7243	3.2327
屏障	3 116	0.4607	0.2734
建筑:部分	1 292	0.1910	27.7479
桥	164	0.0242	0.0142

如表 9.2 所示,高度信息可获得的大多数地图要素都是建筑物。有趣的是,几乎每一个包含“技术”键的元素同时也富含高度信息,究其原因,可能是因为表 9.2 中提到的一些键也是“建筑”键的组合键。表 9.3 显示了校正后的值,即利用非建筑的地图特征所做的分析。

表9.3 非建筑但有高度信息的地图特性调查表(2011年11月)

组合键	绝对值	高度对比的相对值/%
人造	23 984	3.5462
塔:类型	21 695	3.2077
土地利用	127	0.0188
技术	18 149	2.6834
市容	7 600	1.1237
自然	5 866	0.8673
庇护	4 895	0.7237
屏障	3 109	0.4597
桥	157	0.0232

很显然几乎所有有高度信息的地图要素都是建筑或很接近建筑(如建筑部件或屋顶)。在某种程度上,这并不令人惊讶,因为建筑实际上都是3D的,而在地面上的街道却可以认为是近似2D的。超过5000个自然区域具有高度信息,高度信息是怎样在2D自然区域起作用的?这的确是一个值得考虑的问题。

由于OSM中开放的“键-值对”方法的应用,一个表征建筑高度信息的不同的键,即“建筑:高度”,被用于早期的制图工作中。虽然这个键已经声明过时了,大体被“高度”键取代了,但还是有用这个键检索地图要素的,甚至一些用户仍然使用“建筑:高度”来代替“高度”进行新建筑的制图。表9.4不仅包含了这些键的使用信息,而且比较了它们所提供的值。从表中可以看出,有些建筑物是两个键都使用但是具有不同的值。在大多数情况下,这些值仅相差1~2 m,但是也有相差5 m甚至更多的例子,相差最大的是21 m。

表9.4 “高度”键与“建筑”键:高度的对比一览表(2011年11月)

要素类型	绝对值	相对值/%
有“高度”键的建筑(不唯一的)	624 122	1.3931
有“建筑”键的建筑(不唯一的)	28 323	0.0632
有“高度”键的建筑(唯一的)	623 857	1.3925
有“建筑”键的建筑(唯一的)	28 058	0.0626
两键都有的建筑	265	0.0006
两键都有的建筑并且值一样	249	0.0005

除了“高度”键和“建筑:高度”外,还有其他一些有高度信息的键,如“航标:光:高度”(总共使用 23 009 次)用来描述一个探照灯的高度,“光:高度”(总共使用 1348 次)描述一个灯的高度(如一个路灯),或最小高度(总共使用 1321 次)来描述地图要素的高度(即地面和要素之间的空间,主要与“建筑”结合使用)。目前很少使用这些键,因此本章不再进行详细的研究。然而,它们仍然可能包含 3D 的相关数据,因此可能与构建 3D 模型有关。

正如上面所讨论的,“高度”键大多数情况下应用在建筑要素上。在 OSM 早期阶段,用户主要关注街道和土地利用区域,而且几乎不绘制任何建筑。随着时间的推移和对 OSM 兴趣的增加,用户开始绘制越来越多的建筑物。必应地图中航空影像的免费使用进一步增加了这一趋势。图 9.3 描述了建筑物数量从 2007 年早期(零建筑)到 2011 年年底(约 4500 万座建筑)的发展。令人印象深刻的是在 OSM 里的建筑物数量竟然和曾经是主要 OSM 地图要素的街道数差不多(约 4560 万)。

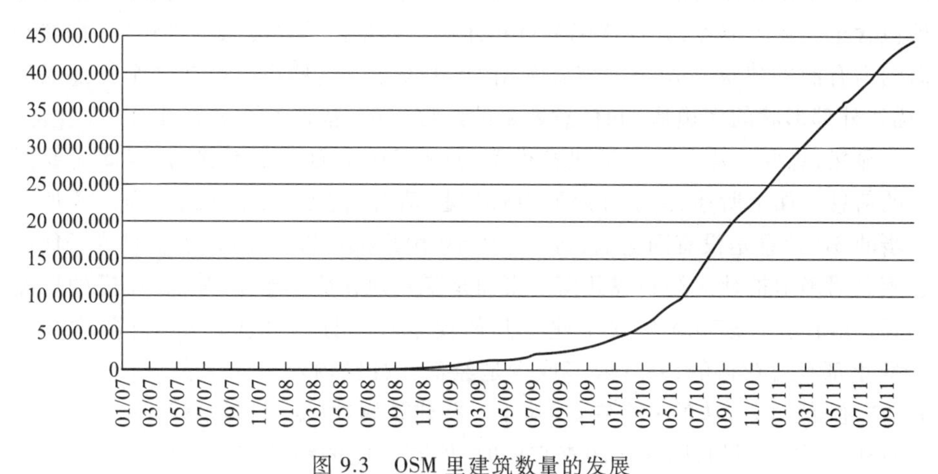

图 9.3 OSM 里建筑数量的发展

9.3.2 系统架构

系统架构的主要组成部分是 Web 3D 服务(W3DS),可以从普通 3D 文件格式,如 VRML 或 X3D 里派生 3D 场景结构的 Web 服务。W3D3 目前被看作是一个说明性草案(OGC 2005),但它很可能在不久的将来成为一个开放的地理空间联盟(OGC)标准。在 OSM-3D 内部,已经开发了一个典型的 W3DS 案例,允许基于 OSM 运行 3D 虚拟现实建模语言模型。因为普通浏览器强大和广泛的支持以及良好的数据压缩率,模型可作为 VRML 使用。为了数据的可视化,开发了客户端软件 XNavigator。该客户端软件允许输入直观、易用的源于 W3DS 的数据,因为客户端自动给 W3DS 发送独立位置的用户请求,所以用户不必亲自动手。此外,客户端允许带有不同数据类型,如建筑物、街道和自然区域等单图层的选择。而一些附加功能,如路径选择、地址搜索、POI 搜索,或 GPS 追踪可视化,使得此应用更有价值。由于所有组件都基于 OGC 标准,所以应用平台是非常灵活自由的。同时,所有图层的样式都可以通过使用 3D 样式层描述符(3D-SLD)(Over et al. 2010)结合用户的需求自己来设计。本章关于 OSM-3D 及其架构就介绍到这里,至于更详细的信息,请参阅其他出版物,如 Zipf 等(2007)、Schilling 等(2009)和 Over 等(2010)。一些关于性能以及数据处理的细节将在下一部分,尤其是 9.3.5 节讲到。

9.3.3 建筑特点的产生

除 DTM(不在本章中详细讨论)之外,OSM-3D 的主要部分是三维建筑模型。如上所述,OSM 目前的数据集包含近 4500 万座建筑,这 4500 万幅平面图可能带有丰富的几何和语义信息(如下文)。单纯的平面图几何模式,也就是说几何模式里面没有任何的洞,在 OSM 里以一个单一封闭的方式绘制,即该方法必须包含至少 4 个节点,并且首尾节点相连接。如果需绘制复杂的多边形(如在平面图内有洞的建筑),用户则需要利用 OSM 关系。这些由一个或多个外部成员(描述外部形状的多边形)和任意数量的内部成员(描述洞的玻壳外形)所组成。

显然,想要构建一个三维建筑模型,只有 2D 平面图是不够的,因此需要附加的信息。如上所述,由于开放的 OSM“键-值对”的方法,给建筑平面图添加进一步的 3D 信息是没有问题的,每一个 OSM 用户都可以这样做,也就是说,3D 信息不是明确地被社区绘制成几何要素而是隐式地作为“键-值对”在相应的地图要素顶端存在。表 9.5 包含了建筑几何要素和与建筑相关的键,目前这些在 OSM 里都是可获得的,并且或多或少是经常在社区内使用的。表 9.5 展示了开放的“键-值对”方法的一个缺点:对于一些建筑属性(如屋顶形状),有几种潜在的 OSM 键是可用的,因此在调查它们时,所有可能的键都需要考虑到并且需要对它们进行互相比较(图 9.4)。

表 9.5 有几何相关信息的 OSM 键

OSM 键	绝对值	与所有建筑相比的相对值/%	典型值
建筑:建筑物	877	0.00196	哥特式复兴
建筑:覆盖层	9 123	0.02036	砖、板
建筑:覆盖层:颜色	3	0.00001	黑色
建筑:颜色	915	0.00204	白色、棕色
建筑:外观:颜色	125	0.00028	白色、棕色
建筑:外观:材料	1 083	0.00242	玻璃、木材、砖
建筑:楼层	30	0.00007	7

续表

OSM 键	绝对值	与所有建筑相比的相对值/%	典型值
建筑:水平	435 879	0.97294	12、56
建筑:最低高度	5	0.00001	5、18
建筑:最小水平	3 305	0.00738	1、5
建筑:屋顶	61 211	0.13663	人字形、斜脊的
建筑:屋顶:角	1 979	0.00442	30、20
建筑:屋顶:颜色	2 067	0.00461	红色、#05ff78
建筑:屋顶:范围	19	0.00004	1(m)
建筑:屋顶:高度	1 167	0.00260	2、1.5
建筑:屋顶:材料	175	0.00039	屋面板瓦,金属
建筑:屋顶:定向	4 954	0.01106	沿着,横穿
建筑:屋顶:形状	26 870	0.05998	人字形,斜脊的
建筑:屋顶:类型	358	0.00080	人字形,斜脊的

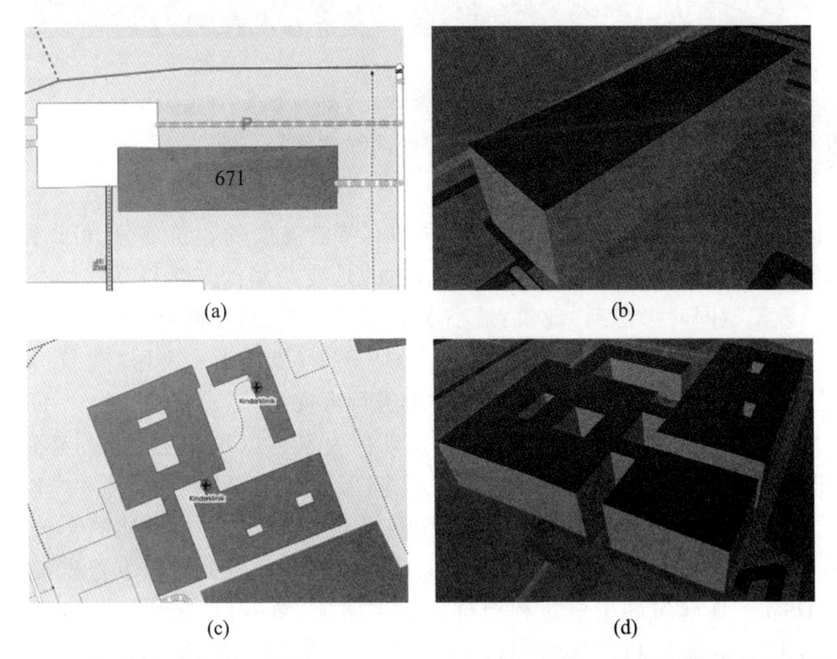

图 9.4 一个简单的建筑平面图(a)(OSM 2011a)与相应的三维建筑模型(b)(OSM-3D 2011);一个复杂的多边形内包含内岛的建筑平面图(c)(OSM 2011a)与相应的三维建筑模型(d)(OSM-3D 2011)

这些信息是如何被用来生成三维建筑模型的呢？建筑的最重要的一个属性就是它的高度,因为它允许只需在建筑平面图(在 OSM 可获得)上增加高度信息就能生成一个 3D 立体形状。图 9.4 描述了一个非常简单的矩形建筑平面图,图 9.5(b)显示了通过“挤压”建筑高度的平面图而制作的相应三维建筑模型。同时,更复杂的建筑平面图,如外立面有洞可以通过平面图“挤压”转化为三维建筑模型。

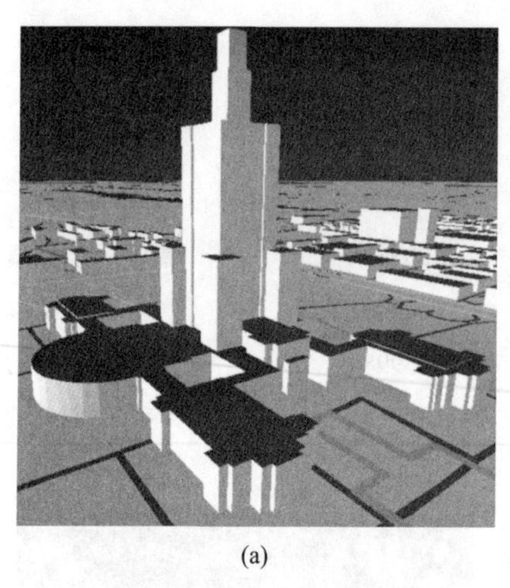

(a)

(b)

图 9.5 一个逼真的三维建筑模型。(a)波兰华沙的文化科学宫(OSM-3D 2011);(b)用“建筑:最小水平”(OSM-3D 2011)建模的一个悬壁结构的建筑

通过利用几个封闭方式来描述不同的有特定高度的建筑部分,可以绘制令人印象深刻的复杂建筑结构。图 9.5 描述的是波兰华沙文化科学宫的一个 3D 模型。该模型同时考虑到“建筑:最小水平”或“建筑:最小高度”的值,用相应的高度“挤压”进特定建筑部分而产生的。图 9.5(b)描绘了一个用“建筑:最小水平”绘制的建筑,因此悬壁也可以在 3D 里进行可视化。

为了生成更加逼真的建筑模型,屋顶几何要素可以添加在被挤压建筑的顶端。即用包含屋顶信息的 OSM 键(“建筑:屋顶”“建筑:屋顶:形状”和“建筑:屋顶:类型”)来进行估计。因为“建筑:屋顶:形状”被看作一个最佳的实践(OSM 2011c)(表 9.5)并且经常被使用,所以该键在没有其他键的情况下首先被评估。目前,OSM-3D 建筑的生成过程允许创建平屋顶、斜屋顶、交叉斜屋顶、斜脊屋顶、金字塔形的屋顶和复斜屋顶(OSM 2011c)。其他的屋顶类型(如单斜面屋顶)也将在未来的项目中实现。

屋顶生成过程和所需的算法完全依靠建筑平面图的几何形状。对于非常简单的只由 5 个节点(起始节点连接结束节点)组成的封闭图形的平面图,顶的生成很简单:每个节点代表屋顶几何图形的一个节点,因此屋顶基础就有了。根据屋顶的类型,其他点可以利用线性代数计算得出,然后将这些点与其他点(根据不同的屋顶类型)连接,最后屋顶几何图形就可以绘制出来了。例如,一个金字塔形的屋顶可以通过计算建筑平面图中心和创建的三角形几何图形生成,而三角形几何图形由每一对相邻的屋顶基点以及质心(凸在空中)创建。由此产生的四个三角形几何图形是最后的屋顶几何图形的基础。屋顶在空中凸出多高要么明确地用“建筑:屋顶:高度”键,要么隐式地用“建筑:屋顶:角”键(在这种情况下,真正的高度需要计算三角方程)添加在 OSM 里。对于一个斜屋顶,有更多的计算要求,但这些也相当简单。

这个过程在图 9.6 中用伪代码来描述。算法的输入参数包含在建筑的 2D 平面几何图和所有可用的 OSM“键-值对”中。如果建筑有一个倾斜屋顶(所有潜在 OSM 键都需进行分析),该算法将会计算一个适当的屋顶几何图形(也根据“建筑:屋顶:方向”来考虑屋顶方向)。同样,如果 OSM 提供“建筑:屋顶:范围”键,屋顶几何图形也将相应地扩展。其他屋顶类型也可以用类似的算法来计算。

上面的算法和程序对于由 5 个点组成的简单几何图形是有效的,该图形不一定是矩形。对于移动和旋转的几何图形,此方法也同样有效。

```
Algorithm createSimplePitchedRoof(G, A)

Input: G = 2D Geometry (Polygon) from OSM
Input: A = Attributes as OSM key/value pairs
 1: RG ← empty
 2: fpp[] ← extractEdgePoints(G)          // fpp[0]-fpp[1] and fpp[2]-fpp[3] are the long sides of the footprint geometry
 3: if exists A[height] then
 4:   height ← A[height]
 5: else if exists A[building:height] then
 6:   height ← A[building:height]
 7: else
 8:   height ← RandomNumer
 9: repeat
10:   increaseHeight(fpp, A[height])
11: for each fpp
12:   if exists A[building:roof:shape] then
13:     rt ← A[building:roof:shape]
14:   else if exists A[building:roof:style] then
15:     rt ← A[building:roof:style]
16:   else if exists A[building:roof:type] then
17:     rt ← A[building:roof:type]
18:   if rt == 'pitched' then
19:     if building:roof:orientation == 'across' then
20:       rp1 ← computeCenter(fpp[0], fpp[1])
21:       rp2 ← computeCenter(fpp[2], fpp[3])
22:       rpl1 ← computePlane(fpp[0], rp1, rp2, fpp[3], fpp[0])   // first plane of the roof
23:       rpl2 ← computePlane(rp1, fpp[1], fpp[2], rp2, rp1)      // second plane of the roof
24:       rt1 ← computeTriangle(fpp[0], rp1, fpp[1], fpp[0])      // first side-triangle
25:       rt2 ← computeTriangle(fpp[2], rp2, fpp[3], fpp[2])      // second side-triangle
26:     else
27:       rp1 ← computeCenter(fpp[1], fpp[2])
28:       rp2 ← computeCenter(fpp[3], fpp[0])
29:       rpl1 ← computePlane(fpp[0], rp1, rp2, fpp[1], fpp[0])
30:       rpl2 ← computePlane(rp1, fpp[2], fpp[3], rp2, rp1)
31:       rt1 ← computeTriangle(fpp[0], rp2, fpp[3], fpp[0])
32:       rt2 ← computeTriangle(fpp[1], rp1, fpp[2], fpp[1])
33:     RG ← computeGeometry(rpl1, rpl2, rt1, rt2)
34:     if exists A[building:roof:extent] then
35:       extendRoofGeometry(RG, A[building:roof:extent])
Output: RG
```

图 9.6 创建倾斜屋顶算法的伪代码

OSM 里的一些建筑几何图形是有轻微凹陷的,或者从定义上是凹陷的,但是当与导向边界的盒状层次树作比较时,所有的点都非常接近层次树。这个结果可能不精确,可能发生在有非常小凹口的图形中。对于创建几何图形的屋顶等建筑足迹(构建步骤——译者注),OSM-3D 应用建筑足迹的简化方法,因此不精准的制图将被忽视。此外,它假设每个点更接近于一个截然不同的层次树阈值的几何图形,也有一个简单的屋顶多边形。一般地说,这个阈值被定义为 1 m,所以如果一个多边形有一个 0.8 m 的凹口,可以用一个简单的屋顶多边形来计算这个建筑。在这种情况下,屋顶算法的基础不是几何图形本身,而是多边形的层次树(可以用线性代数计算),如在图 9.7 中描述的那样。一个有凹口的建筑足迹是这个建筑模型的基础,其中屋顶多边形(交叉倾斜屋顶)用建筑足迹的层次树计算。这些屋顶并不是真实的屋顶,作为一个基础的 VGI 三维模型,它们可以被认为是无限逼近现实的。目前,有大量的研究旨在提高屋顶多边形的质量。一些最初结果是通过使用程序提取的 straight-skeleton 算法(Laycock and Day 2003;Kelly and Wonka 2011)获得的,但对于将这些算法广泛应用于 OSM 的数据仍有大量的工作要做。

图 9.7 交叉倾斜形屋顶建筑,平面图的方向包围盒(OBB)是屋顶计算的基础

最后,为了使建筑模型更具现实性和吸引力,屋顶可以根据标签建筑来着色,比如键“屋顶:颜色”或“建筑:屋顶:颜色”;建筑体可以根据建筑来着色,比如键“外观:颜色”“建筑:外观:颜色”和“建筑:色彩”或“建筑:颜色”。

9.3.4 增加附加数据源

在前面的部分中可以看到有许多与建筑模型相关的 OSM 键,但实际上它们大多数不能在 OSM 中使用,因此,通过其他数据源来扩展 OSM 的数据源是非常有必要的。

其中的一个来源就是必应地图的航拍影像,该数据源可以免费且合法地用于 OSM 制图。一个在 OSM 中很少被使用,却可以非常容易地从必应地图的航空影像获得的建筑属性数据,是关于屋顶颜色的信息[目前有 1546 个 OSM 特征有“建筑:屋顶:颜色(colour)”,521 个 OSM 特征有“建筑:屋顶:颜色(color)”]。也就是说,利用这些影像,可以收集构建三维建筑模型时需用的附加信息。为了自动生成建筑屋顶的颜色,研究者开发了一个小程序,它可以提取每个建筑形状(对于那些没有给定屋顶颜色的建筑)的中心并且向必应地图(Bing Maps)发出获得准确坐标的请求。在建筑中心(前提是中心位于多边形内)周围 100 像素(10 像素×10 像素)内,每个像素都能推导出其 RGB 颜色代码。通过计算得到的平均 RGB 颜色代码值可以逼近真实的屋顶颜色。由于 Bing Maps API 每天只接受50 000个请求,所以该应用在这方面受到了限制。直到现在,集中的屋顶颜色仅仅储存在内部数据库,而没有自动添加到官方的 OSM 数据库。由于分析和调查结果的缺失,还不能知道计算的屋顶颜色的可靠性。不过,这种方法可能会在构建的城市模型中返回较好的结果并显示更多的现实多样性,见图 9.8。除了航空影像,还有其他的数据源可以被利用,比如激光雷达数据或地面图像,这些在本章中不再进行详细讨论。

图 9.8 几个不同颜色屋顶的建筑模型

9.3.5 性能和统计

上面提到的 OSM-3D 项目已经运行了两三年,在此期间,所需数据量以及预处理时间已大幅增加。该系统目前覆盖了欧洲地区的三维地图,对世界其他地区而言,还是二维功能(如街道或土地利用区域),而且非欧洲地区的建筑也没有参与上述统计。之所以将统计区域限制在欧洲,一方面是由于数据简化的原因,另一方面则是由于多数 OSM 制图活动都发生在欧洲。

从建筑方面来统计,系统目前需要 12 GB 的数据库去完成二维建筑足迹(从原始 OSM 数据预生成的),还需要有一个 68 GB 的数据库完成 3D 虚拟现实地标建筑模型。这两个数据库(足迹和模型)分布于两个独立的服务器上。每台服务器都是 2.5 GHz 的中央处理器(CPU)、2GB 的存储器,并且每周大约需要运算 75 小时。

9.4 增加语义信息

显然,上文描述的 3D 可视化流程仅着眼于几何地图方面 3D 模型的创建(作为 VRML 或 X3D)和可视化。但是语义模型又如何呢?越来越多的不同领域提出了更高的需求,比如城市规划或应急响应,不仅需要单纯的几何模型,还需要不同模型功能的语义信息。提供综合的语义信息可以支持更复杂精细的应用和分析,但这就要求提供语义信息的来源。

正是由于 OSM 的“键-值对”方法的开放,所以有了很多不同的、不仅包含几何信息也包含语义信息的潜在键。甚至可以说,大多数 OSM 键是语义型而非几何型。语义信息来自各个领域,比如描述清晰地图特征可以合法地访问“获取”键,描述土地使用地区的“土地利用”键,提供轨道分类的“轨道形态”键,描述地图特征名称的“名称”键,描述街道分段的单行线特征的“单向道”键,以及对轮式车辆提供物理可用性分类模式的“平滑方式”键等,还有许多不同的(语义)键在本章中未被列举。然而,所给的案例应该足以说明和展示语义信息在 OSM 中的多样性——从街道属性、建筑属性到访问约束。

因为本章讨论 3D 对象,尤其是对建筑进行了特别讨论,所以表 9.6 提供了可以在 OSM 中找到的建筑语义信息的概述。它描述了多种包含语义信息的关于建筑的键,还额外提供了统计信息以及一些案例。通常,在 OSM 中,要求每个属性都不重复,美式英语和英式英语最为关键。要求用户使用英式英语拼写,但美式英语拼写也被广泛使用,表 9.6 是关于它们拼写的统计,拼写不同但描述信息相同的被合并到一行[如“建筑:外观:颜色(colour)”和“建筑:外观:颜色(color)”]。在 OSM 中确实有键的多样性,但同样有一些键很少使用(如“建筑:建筑师”);此外,表 9.5 中提到的一些键(如“建筑:屋顶:形状”)同样可以被认为是语义信息而不仅仅是几何信息。

表 9.6 OSM 里有语义建筑信息的例子

OSM 键	绝对值	相对于所有建筑的相对值/%	典型值
建筑:建筑师	2	0.00001	沙里宁
建筑:建筑	285	0.00073	哥特式复兴
建筑:建筑年份	16	0.00004	1999,2001
建筑:条件	60	0.00015	翻修保存
建筑:防火	119	0.00031	是,否
建筑:楼层	11	0.00003	7
建筑:水平	348 013	0.89489	12、56
建筑:屋顶	31 288	0.08046	平、斜、斜脊
建筑:屋顶:材料	144	0.00037	屋面板瓦、金属
建筑:屋顶:形状	19 321	0.04968	斜、斜脊
建筑:屋顶:类型	354	0.00091	斜、斜脊
建筑:类型	58 559	0.15058	房子、移动的家
建筑:使用	240 354	0.61805	住宅、商业
名字	575 435	1.47969	BST48
地址:国家	1 251 101	3.21712	德国
添加:城市	1 602 691	4.12122	海德堡
地址:街道	2 483 069	6.38505	柏林 Straβe
地址:家庭号码	2 649 836	6.81388	48
建筑:建筑师	2	0.00001	沙里宁
建筑:建筑	285	0.00073	哥特式复兴

9.5 总结和展望

本章首先讨论了 VGI 的潜在应用,特别是用于生成 3D 模型的 OSM,重点讨论了三维城市模型和建筑模型的生成。在不同的应用和分析中,三维数据和三维模型都很重要。通过简单介绍 OSM,指出了 3D 兼容 OSM 属性分析的复杂性,还有当前 OSM 数据集的多样化定量、定性分析。接着介绍了 OSM-3D 建筑学,详细讨论了三维建筑模型的创建。不仅注重几何方面,还提出了语义属性的概述和讨论,即包含语义信息的 OSM 键。通过开展这项研究,可以证明 VGI(尤其是 OSM 中)是一个丰富强大的三维信息数据源,它可被用于三维城市模型的生成中。本章指明了什么信息是可用的,并且用丰富的示例展示了三维建筑模型的计算。

如前所述(并与在 OSM-3D 中演示的一样),在 OSM 中基于 VGI 建立三维模型是可行的,其主要问题在于数据的缺失。德国(和法国)的很多城市,有高精度的附带建筑的制图,而这在其他国家却很难做到。目前,OSM 社区的用户应用主要集中在街道和自然区域几何方面(可以通过节点制图),但相关建筑和语义信息尚未被特别添加。还有,目前 3D 兼容信息还不普遍,这可能是因为高度值测量方法的不足造成的,但也许未来的手机会有这样的测量传感器。图 9.9 是西班牙马德里市的截图,它显示了一些在城市地区缺失的数据,马德里仅包含几个建筑形状甚至建筑物的信息。但我们相信,用户将有动力添加关于建筑物的(语义)信息,因为 OSM-3D 平台以及其他应用展示了 3D VGI 的效力与潜力。另一个示例见图 9.10,它显示了德国法兰克福的一部分,该城市与欧洲其他许多城市一样,几乎所有建筑的轮廓都被绘制了。

聚焦语义丰富的城市模型的生成,如果能从 OSM 生成城市地理标记语言(CityGML)——一种用于在 SDIs 中描述和交换语义构建模型的 OGC 标准(Gröger et al. 2008),那么将会更有吸引力。一些早期的研究结果已经证明生成有语义属性(Goetz and Zipf 2012)的低级别的 CityGML 几何图形(就像 OSM-3D 中的那些图形)是可行的。

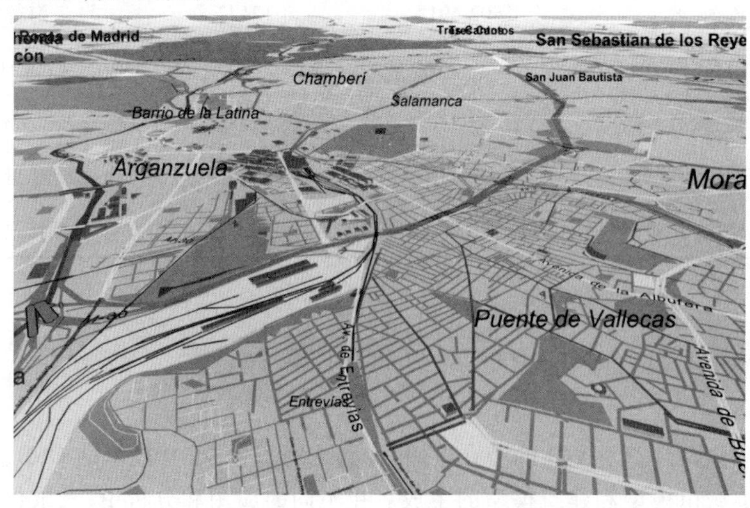

图 9.9 西班牙城市马德里的 OSM-3D 显示(2011 年 11 月)

图 9.10　德国城市法兰克福的 OSM-3D 显示(2011 年 11 月)

致谢:感谢 GIScience 的所有成员所做的校对工作和有用的提示,以及OSM-3D.org 项目的贡献。此外,要感谢实习生 Daniel Söder 为这一章创建的 OSM-3D 场景截图。本研究的部分资金由 Klaus-Tschira 基金会(KTS)海德堡赞助。

参考文献

Brejc,I.(2011).Kosmos WorldFlier.http://igorbrejc.net/category/3d.Accessed November 7,2011.

Goetz,M.,& Zipf, A.(2012).Towards defining a framework for the automatic derivation of 3D CityGML models from volunteered geographic information.*International Journal of 3-D Information Modeling*(*IJ3DIM*),1(2),1-16.

Goodchild,M.F.(2007a).Citizens as sensors:The world of volunteered geography.*GeoJournal*,69(4),211-221.

Goodchild,M.F.(2007b).Citizens as voluntary sensors:Spatial data infrastructure in the world of Web 2.0.*International Journal of Spatial Data Infrastructures Research*,2,24-32.

Gröger,G.,Kolbe,T.H.,Czerwinski,A.,& Nagel,C.(2008).OpenGIS city geography markup language(CityGML) encoding standard-version 1.0.0.OGC Doc.No.08-007r1.

Kelly,T.,& Wonka,P.(2011).Interactive architectural modeling with procedural extrusions.*ACM Transactions on Graphics*,30(2),14-28.

Kolbe,T.H.,Gröger,G.,& Plümer,L.(2008).CityGML-3D city models and their potential for emergency response.In S.Zlatanova & J.Li(Eds.),*Geospatial information technology for emergency response*(pp.257-274).London:Taylor & Francis.

Laycock, R.G., & Day, A.M. (2003). *Automatically generating roof models from building footprints*. Paper presented at the 11th International Conference in Central Europe on Computer Graphics, Visualization and Computer Vision (WSCG' 03), Plzen-Bory, Czech Republic.

Lee, J. (2001). *3D data model for representing topological relations of urban features*. Paper presented at the 21st Annual ESRI International User Conference, San Diego, CA, United States.

Lee, J. (2007). A three-dimensional navigable data model to support emergency response in micro-spatial built-environments. *Annals of the Association of American Geographers*, 97(3), 512-529.

Lee, J., & Zlatanova, S. (2008). A 3D data model and topological analyses for emergency response in urban areas. In S. Zlatanova & J. Li (Eds.), *Geospatial information technology for emergency response* (pp.143-168). London: Taylor & Francis.

OGC. (2005). Web 3D service. Discussion paper. Ref No. OGC 05-019.

OSM. (2011a). OpenStreetMap. http://www.openstreetmap.org/. Accessed November 7, 2011.

OSM. (2011b). OpenStreetMapWiki. http://wiki.openstreetmap.org/. Accessed November 7, 2011.

OSM. (2011c). Proposed features/Building attributes. http://wiki.openstreetmap.org/wiki/

Proposed_features/Building_attributes. Accessed November 7, 2011.

OSM-3D. (2011). OSM-3D in XNavigator. http://www.OSM-3D.org. Accessed November 7, 2011.

Over, M., Schilling, A., Neubauer, S., & Zipf, A. (2010). Generating web-based 3D city models from OpenStreetMap: The current situation in Germany. Computers, *Environment and Urban Systems*, 34 (6), 496-507.

Sarjakoski, T. (1998). Networked GIS for public participation - Emphasis on utilizing image data. *Computers, Environment and Urban Systems*, 22(4), 381-392.

Schilling, A., & Goetz, M. (2010). *Decision support systems using 3D OGC services and indoor routing-Example scenario from the OWS-6 testbed*. Paper presented at the 5th 3D GeoInfo conference, Berlin, Germany.

Schilling, A., Over, M., Neubauer, S., Neis, P., Walenciak, G., & Zipf, A. (2009). *Interoperable location based services for 3D cities on the web using user generated content from OpenStreetMap*. Paper presented at the 27th urban data management symposium, Ljubljana, Slovenia.

Song, W., & Sun, G. (2010). *The role of mobile volunteered geographic information in urban management*. Paper presented at the 18th international conference on geoinformatics, Beijing, China.

Tagwatch. (2011). Tagwatch planet-latest. http://tagwatch.stoecker.eu/Planet-latest/En/tags.html. Accessed November 7, 2011.

Yang, P.P.-J., Putra, S.Y., & Li, W. (2007). Viewsphere: A GIS-based 3D visibility analysis for urban design evaluation. *Environment and Planning B: Planning and Design*, 34(6), 971-992.

Ziegler, S. (2011). osm3d Viewer. http://www.osm3d.org. Accessed November 7, 2011.

Zipf, A., Basanow, J., Neis, P., Neubauer, S., & Schilling, A. (2007). *Towards 3D spatial data infrastructures (3D-SDI) based on open standards-Experiences, results and future issues*.

Paper presented at the 3D GeoInfo07, ISPRS WG IV/8 International Workshop on 3D Geoinformation: Requirements, acquisition, modelling, analysis, visualisation, Delft, Netherlands.

第10章

从志愿式地理信息到志愿式地理服务*

Jim Thatcher

摘要:志愿式地理信息是指在一系列地理协作项目中,由个人进行收集、维护和可视化的信息。本章不仅介绍了志愿式地理信息的相关内容,而且包含了志愿式地理服务(VGS)的相关内容。VGS是通过智能手机等移动设备对不连续的行为进行组织和交换的一种服务,它试图突破VGI的限制,直接在时间和空间上将用户连接起来。在最近的危机应对中VGS展现出了光明的应用前景。本章将详细讨论PSUmobile创建VGS的具体实施步骤。

10.1 引　　言

就像本书所阐述的那样,自志愿式地理信息(VGI)于2007年出现以来,目前已经成为热门话题(Goodchild 2007)。作为一种特殊的、更普遍的Web 2.0用户生成内容的现象的地理案例,VGI领域的研究依然围绕大型集团、协同映射和可视化项目,如OpenStreetMap和Ushahidi。虽然许多研究已经聚焦于提高地理信息的使用水平、理解或准确度,但VGI的使用仍然专注于地理信息而不是行为。Ushahidi服务在危机制图中被用来进行信息的整合、关联和显示,从而为救援服务(Morrow et al. 2011)。Zook等(2010)及Goodchild和Glennon(2010)调查

* 志愿式地理信息设备是由Krzysztof Janowicz提供的;他同时也是PSUmobile.org团队(http://psumobile.org/)的负责人。

Jim Thatcher(✉)
美国克拉克大学地理系(Department of Geography, Clark University),美国,马萨诸塞州
E-mail: jethatcher@gmail.com

了在危机情况下志愿式地理信息的准确性和效率，发现存在未明确说明的分离的信息和行动。VGI 应用程序从支离破碎的数据中收集和展示地理信息，但并不包含决策和行动协调等（Savelyev et al. 2011；Thatcher et al. 2011）。

本章提出了将 VGI 整合到一个有坐标的、行动有序的系统中的框架。志愿式地理服务消除了信息表达到行动之间的距离。现在 VGI 的实现，是基于某些条款或数据分析的平台，如 Ushahidi。适当行动的选择可能取决于某个信息，而不是通过 VGI 系统。VGS 中，众包极大地允许用户在不同地点协调发起请求和提供援助。本章将提出一个由 PSUmobile.org 团队的设计师和开发者开源实现的方法，该方法通过空间直接连接了服务的提供者和接受者。例如，在 PSUmobile.org 实施中 VGS 侧重于在危机期间非货币性的交换援助，一个 VGS 系统可以作为一个地理空间上交换物品的合法市场。在本章，VGS 指的是与志愿式地理信息不同的志愿式地理服务的概念，同时以 PSUmobile.org 的实现作为 VGS 应用的例子。

在提出志愿式地理服务的情况下，本章首先对近几年有关志愿式地理信息的文献进行了综述。在危机应对方面为应急响应开发和部署提供一种可靠的、功能强大的工具，它是行动的基础系统。然后是 VGS 两个潜在的应用与 PSUMobile.org 实现 VGS 的详细描述。最后，VGS 在现有的 VGI 应用程序中被简单考虑。为了方便以后的研究，本章讨论了 VGS 中潜在的问题和危险。在一个知识日益增长的社会中，为解决信息与行动之间的关系，移动信息技术在定位自己和与他人沟通的能力中变得越来越具有（重要的）中间媒介作用。知道什么是已知的关系并指导我们能做些什么是越来越重要的。本章在总结中重申 VGS 不是为了取代传统的危机应对策略，也不是为了取代 VGI，而是作为两者的补充。

10.2 VGI 和 Web 2.0：生产、显示及解释的转变

志愿式地理信息不断增加的可用性、应用和研究可以被视为集合两个截然不同趋势的不可缺少的一部分。一方面，新地理空间技术允许个人用户将他们的所处位置定位为一个抽象的系统位置。允许通过新型地理空间基础设施获取、应用和共享知识，这些知识在学术（Yang et al. 2010）、公共（Kingston 2007；Ruiz and Remmert 2004）和私人（Francica 2012）领域有广泛的应用。虽然漫长的过程和支持技术导致了现代地理空间基础设施和技术（如 GPS）的创建，但并不能寻址。重要的是，它们的创建允许将个人的位置置于一个全球化的尚未完成的系统中（Schuurman 2009）。另一方面，如果在 Web 2.0 中没有不断增加的用户创建信息和用户共享信息，VGI 绝不可能获得重要的提升。

虽然 Web 2.0 的确切定义仍有分歧,但在本章中 Web 2.0 是指共享方面,再加上 O'Reilly(2005)的 Web 2.0 环境中的"网络技术影响各种各样用户的潜在贡献"(Flanagin and Metzger 2008)。在线用户创建和共享信息快速增加,根据 Lenhart(2006)所述,有高达 35%的用户,现在可能更多的用户,通过创建工具来简化这一过程。Web 2.0 的项目像维基百科一样不能离开用户的创建和共享信息而获得成功。但与此同时,他们也完全依赖于允许创建和共享的网络技术。

VGI 是作为地理空间技术出现的,而且 Web 2.0 的设计和实现也被纳入其中。出于这个原因,VGI 可以被看作是 Web 2.0 本身的一个特殊情况(Goodchild 2007)。虽然为获取位置信息技术是必要的,但对于解释、可视化和共享也是必要的。用户被赠予简化易用的工具来创建、显示和解释地理空间数据(Crampton 2009;Tsou 2011)。当 Web 2.0 应用研制出大量的这类工具(AJAX,XML,Ruby on Rails 等)时,对易用性和可扩展结构的重视将使 Web 应用程序受益。这导致数字信息的各种形式聚合(mash-up),与作为基础图层的地理信息相结合(Darlin 2005)。应用程序编程接口(API),如谷歌地图和必应地图,允许用户随时进入一个大型的存储卫星图像、道路、地址,以及其他不可用的或者只提供给专业人士的地图等数据或资料的数据库。

而企业提供最常见的 API 已经提高了相关问题可见性的控制度,现实世界的"上帝的视角"的创建,和其他关键问题,它们现在的可用性给网络用户提供了将几乎任何类型的数字内容与地理时间信息联系起来的能力(Zook and Graham 2007;Schuurman 2009;Kingsbury and Jones 2009)。作为地理空间技术的普及(包括在智能手机上的应用),新维度的交互、移动、创建知识使其在设计、技术和日常生活中以新的方式结合(Dave 2007;Roche et al. 2011)。地理空间信息,尤其是移动地理空间设备的使用,允许个人知道他本身并没有存在的地方(Sutko and de Souza e Silva 2011)。随着用户成为地理信息的使用者和地理信息的应用者,志愿式地理信息的定义、翻译和解释正因强调共享和志愿信息的 Web 2.0 的变化而变化。志愿式地理信息,作为一个研究领域,解决了潜在的科学现象及社会变化的生产者与消费者之间的新关系,或者成为 Budhathoki 等(2008)所谓的"发生器"(Sui 2008;Elwood 2010)。

10.3 VGS 的灵感:VGI 和危机应对

当被看作是"个人或者集体,主动收集、组织和(或)传播地理信息"的一个应用程序时,VGI 有广泛的实用性(Tulloch 2008)。同样,VGS 基于占有或提供任何广泛的服务并将个人用户空间链接起来的能力,存在着广阔的潜在应用空间。与VGI不同,VGS是显式的集中行动。志愿式地理信息通过时间和空间包含在任何不同的应用程序中。个人交换服务需要通过额外步骤与VGS连接。VGS的灵感体现在VGI在危机应对和管理等使用方面。本节探索在危机应对中VGS的背景如何关系到VGI的使用和限制。首先讨论了尽管VGI可能永远不会取代传统的、有限的、真实的数据源,但它可以有效地增强危机管理。然后,VGI可以为传统的危机反应者和管理者提供一种资源,PSUmobile.org为VGS的应用提供了一个框架。这缩小了信息表示与行为之间的距离,同时解除了许多一对多、多对一的传统危机应对中的瓶颈问题。

VGI被用于管理和响应许多不同类型的危机:森林火灾(Goodchild and Glennon 2010)、飓风(Miller 2006)、地震(Zook et al. 2010;Morrow et al. 2011)、洪水(Miller 2006)、暴乱(Presley 2011)和其他自然及人为灾害(Palen et al. 2009;Parry 2011)。在许多这样的情况下,早期的危机管理VGI需要提供可以访问的最新的急救员信息(De Longueville et al. 2010;Roche et al. 2011)。虽然取得了成功,但研究发现危机反应者阻止VGI数据融合到他们的决定中(Zerger and Smith 2003)。一个潜在的原因是VGI真实性验证的问题。那些对危机反应承担法律责任的官方反应者,不愿意完全依靠用户生成的内容,因为错误的数据可能会导致人员的伤亡(Ostermann and Spinsanti 2011;Burgener 2004)。而事实上,已经发现非政府组织比政府反应者更喜欢利用VGI数据(Roche et al. 2011)。

VGS是一个试图从与危机相关的两个方法方面超越VGI界限的尝试。首先,目前危机管理响应是采用VGI中自下而上的视角:信息的采集来源于个人用户,然后,向上过滤并提交给关键决策者。在许多方面,这是与信息技术作为加强控制和信息报道的一种工具的视角相一致的(Zook et al. 2010)。例如,Ushahidi(目击者社区)聚集和验证了遥远的海地地震响应中心的信息。东京大地震后,塔夫茨大学运行了一个类似的平台(Naone 2011)。虽然这个信息主要是由志愿者的工作来证实的,但是平台在距离行动很远的地点,即使地点是集中的和可证实的(Morrow et al. 2011)。一方面,这展示了VGI允许远程用户通过数字手段提供帮助的能力(Sui and Delyser 2012)。OSM在海地地震期间,编辑和更新的数字信息快速增长,就是对这一能力的证明(Zook et al. 2010)。另一方面,嵌入式个体行为主体在经历这个危机的时候,会在VGI的数字化信息集中与表示的时候被遗漏。

虽然,Ushahidi允许地面上的个体上传需要的服务信息,但是它没有提供个体可以给其他人服务的途径:一个用户也许需要急救设备,而他或者她的邻居可能会有这样的设备,但是Ushahidi平台在当前状况下通过一个集中呈现的方式连接这些本地需求。目前,VGI的实施缺乏在时间和空间维度上直接连接用户的能力。虽然这个能力可以很容易地被添加到任何给定的实现中,但是它代表着一个与目前 VGI 的定义不同的概念。作为一个概念,VGI 关心的是数据和信息的收集和展示(Goodchild 2007;Tulloch 2008;Agrios and Mann 2010;Zook et al. 2010)。信息和行为之间会因这个焦点呈现距离。VGI 有助于积累和传播作决策所必需的数据,但是这个决策是在目前 VGI 的实施之外组织的。例如,在一个传统的 VGI Ushahidi 系统中,如果多个请求急救或疏散发生在一个给定的区域,一个非政府组织或政府机构可以决定分配资源到哪个地区。资源分配和行动仍旧发生在 VGI 系统以外。这种距离将地面上的行为主体从决策过程中移除,即使他们提供的信息可用于这些决策。

VGS 试图弥补目前 VGI 实现中信息与行为之间的距离和自上而下的性质差距。这一概念指的是一个公众和协调微处理相结合的系统。在一个危机中,它允许地面上的公众直接组织和分配可用资源。有研究表明,地面上的个体通常更多贡献于及时响应,因此这些必须包括在危机处理中。这是为了通过新的移动技术提高传统的危机管理响应的能力。VGS 将"用本地专业技术代替集中化的崛起"理论付诸行动,让 VGI 突破了它的局限性(Goodchild 2008)。在接下来的内容中,展示 VGS 的两个潜在应用的实例。

10.4 志愿式地理服务:使用的一般情况和两个实例

VGS 作为一个概念并不局限于危机应对。它有广义的定义,即志愿式地理信息是直接耦合到一个交换服务的系统中的。特定的 PSUMobile.org 的实现意味着微处理在危机事件中的应用可以发挥更显著的积极效果。以下两个实例表明,地面上直接分配的个体的可利用资源是充分的。第一个实例是 PSUmobile.org 实现 VGS 的一个日常应用,而第二个实例是一个在突发情况下更直接的应用。

10.4.1 暴风雨时车道清雪

在美国东北部,一天中遇到 12~14 英寸厚积雪的猛烈暴风雪是很寻常的。任何生活在这个地区的人都知道,清理车道上的雪是必要而又费时的工作。以往居民通常靠自己、邻居或者利用当地的扫雪机来清雪。PSUmobile.org 实现的 VGS 可以帮助居民组织省时、高效的除雪工作。

第一种情况,匆忙之间没有扫雪机的居民,可以发送一个时空上特定的援助请求(第 10.2 节)。第二种情况,有扫雪机的居民可以为没有扫雪机的居民提供援助,需要的居民可以进行回复。在各种情况下,VGS 应用程序能够使用适当的(并且可调整的)时空过滤器为其他用户显示所有的供求情况。

虽然在许多方面这仅仅是一小部分工作，但这一情况表明，这一功能可以使日常援助的微处理变得更加容易。这是即时的、不需要任何专业核实后的信息或者援助的分配，可进行时空定位和匹配用户。

10.4.2 协调防洪疏散

根据美国国家科学研究委员会所述，地理空间数据和工具应该用在应急管理的所有方面，但真实情况却往往达不到(NRC 2007)。正如VGI继续在危机应对方面寻求解决方法，它仍然止步于动态获取和呈现地面上的及时数据(Goodchild and Glennon 2010；Zook et al. 2010；Parry 2011)。虽然这个数据对于协调和响应是至关重要的，但它的支持瓶颈依然存在：操作是通过自上而下的官方渠道协调的。VGS系统，比如PSUmobile.org的实现，展现了一个潜在的解决方法，即允许临时协调地面上个体微服务。下面介绍VGS在洪水来临时的一个潜在应用。

不管洪水有多严重，洪水所经之地的人都需要请求被安排运输到安全的地方。在这种情况下，运输路线及其可用性随时都会变化，致使任何形式的官方决定相对于地面的变化都存在潜在的不足。更进一步，大面积疏散有时可能是必要的，而且个体也可能需要重新安置。

PSUmobile.org实现的VGS允许个人请求以及提供直接的运输解决方案。例如，如果拥有一辆卡车的居民要离开他的社区，并且有多余的座位可让人乘坐，他们会发布一个让紧邻的用户可见的提供运输的消息。同样，一个需要转移的用户可以发布让一定范围内的用户可见的运输请求(第10.2节)。PSUmobile.org实现的VGS包含的空间和时间的过滤可以让那些援助请求能合理地与那些提供援助的消息对接。PSUmobile.org实现的关联数据模型让个体可以响应援助请求，并自动链接到拥有类似情况的多个用户(第10.1节)。

在暴发洪水或者其他个体需要迅速协调转移的事件中，消除自上而下协调的弊端，让响应可以与地面上迅速变化的情况相适应。外部检验的去除和组织开放VGS将会遇到的几个潜在问题在第10.6节进行了讨论。很明显，VGS通过在适当的空间和时间尺度上连接用户的能力，为增强危机应对提供了重要的渠道。

10.5 PSUmobile.org的VGS的实现

本节描述PSUmobile.org团队对VGS的具体实施。首先描述服务器，它代表一个能够轻松集成现有程序和数据来源的开源平台。然后是客户端，代表一个客户端可能的实现,更广泛地讲,是 VGS 本身。此处提供的描述是为了让读者可以熟悉 VGS 是如何工作的;实现的技术规程详见 Savelyev 等(2011)的论文。

10.5.1 服务器

作为实现的主体,服务器为不同 VGS 的实现概念提供了框架,用来解决各种用户的社区的问题。一个基于关联数据模型的通用供求消息总线以开放的态度处理所有的请求、供应、用户以及相关方面,允许它们能与其他资源相结合(Bizer et al. 2009)。客户端只是一个服务器基础设施的实现部件。在实现中,提供的帮助也许会被一个请求回复,反之亦然;然而,除了一对一的匹配,一个请求也许会被附加到另一请求中,或者一个供应会被附加到另一个相关的供应中。

如果一个用户在洪水期间需要运输工具(见第 10.2 节),另一个也有相同交通需求的用户也许会"添加"他或她自己到现有的请求上,而不是创建一个新的请求(第 10.4.2 节解释了这一过程)。这些请求(或者供应)加强了现有的请求(或者供应),因此不能被认为是拥有自己权限的新请求。术语"操作"一般是用于指代所有的请求、供应和它们的链接。

在服务器使用的关联数据模型中,操作包括所有请求、用户以及各种可能的元数据之间的交互运作。操作可能包含用户的身份标识、用户的位置,这里位置和操作指的是操作创建时间、终止时间和文本内容的信息。VGS 框架本体不是用元数据做模型,因为不同的 VGS 运作也许需要一些或者更多的元数据类型。元数据避免使用一个形式化的框架,让每个实现都可以为预期用途创建必要的本体。每个 VGS 的实现也许需要自己的应用程序级本体来解析这个元数据,而实现的框架则是管理请求、供应以及从服务器端关联相关信息。

在服务器端,每个操作都会收到一个唯一的标识符。然后这个被分配的唯一标识符根据关联数据范式与所有有关的供应、请求和附加操作相关联(Bizer et al. 2009)。服务器提供了一个通用的、可适应的、有效的方法来处理服务器的所有请求和供应以及这些操作之间的联系。有关服务器实现的完整描述,包括服务器端本体、服务总线的实现和 Web 服务模型,详见 Savelyev 等(2011)的论文。

10.5.2 安卓客户端

虽然这里讨论的服务器实现及其相关的 Web 服务是所有 VGS 实现的通用架构,但是客户端是一个在安卓平台开发并用来与 VGS 服务器系统接口的特定应用程序。移动客户端允许用户浏览现有的操作、提交新的操作以及通过其图形化的界面对现有操作进行响应。这里的"操作"指的是用户发起的帮助请求或帮助供应。正如上面所讨论的,虽然框架一般处理所有的操作元数据,但是具体实现只针对部分的用户名、操作标题、操作描述、地理位置和创造时间。

目前,客户端的实现中有四个屏幕视窗——浏览现有操作的默认图形用户界面(GUI)[图 10.1(a)]、一个用来提交请求和供应的屏幕[图 10.1(b)]、一个允许用户对公开的请求确认帮助请求和帮助供应的详细操作视窗[图 10.1(c)]和一个用来确认满足现有请求和供应提议的视窗[图 10.1(d)][1]。

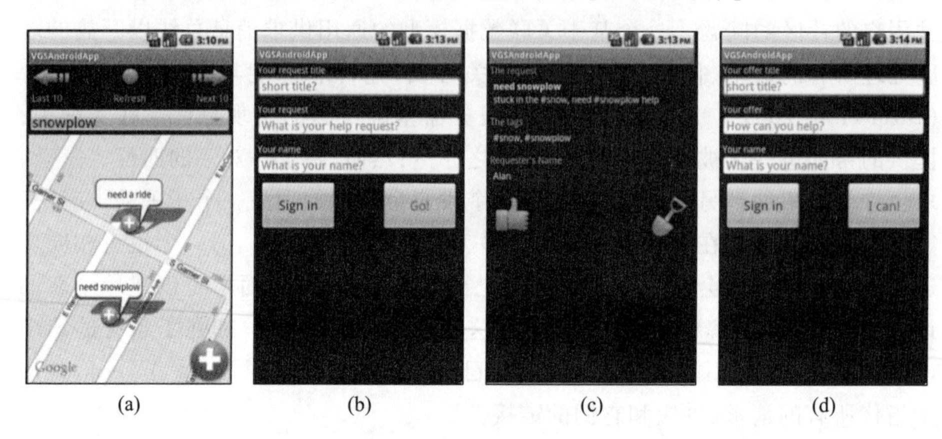

图 10.1 PSUmobile VGS 应用的活动屏幕

在初始化时,客户端通过 GPS 获得设备的位置,并为用户提供"主"界面[图 10.1(a)]。从这个界面可以进入使用 VGS 应用的三个潜在功能,即提供帮助、请求帮助以及确认请求。

如果要发送请求,用户按下屏幕右下角的"创建请求"按钮[图 10.1(a)中带"+"号的圆圈]。如果要供应帮助,用户从地图上选择一个请求的泡状话框并将其拖至"详细操作"屏幕[图 10.1(c)]。在当前建立的客户端中,提供一个未响应现有请求的服务能力没有被初始化。

主界面还允许用户根据时间和空间过滤请求和供应。空间过滤可通过平移和缩放地图来完成,而时间过滤器在顶部可见,允许用户用 10 个请求查看时间。关于这个设计的批判性讨论和它的分支,详见 Thatcher 等(2011)的论文。

用户创建一个请求之后进入到图 10.1(b)。这一屏幕有三个区域:请求标题、请求描述和用户姓名。按下"Go!"按钮,通过一个 HTTP 的传输发送请求到服务器。用户也可以从这个屏幕"签到"到他或者她的用户账户。刻意将请求帮助的过程设计得简单是考虑到可以在紧急时刻快速发布请求。

从图 10.1(c)可以看到满足用户要求的援助。这个界面包括收集提交的所

① 页面由 Thatcher 等(2011)创建。

有请求信息,并提供给用户两个选择:一个“竖起大拇指”符号确认请求,连接客户到该请求并表示他或者她也需要相同的服务。这个服务不仅让请求合法化,也让提供帮助的人迅速确定在给定区域内有多少人需要这一服务。按下“铲子”按钮,将用户送往派发界面[图 10.1(d)],在这里用户可以确认他或者她可以提供的服务。当完成时,这对供求在服务器数据库中被链接(第 10.1 节)。

通过谷歌地图 API 和图 10.1 中的四个屏幕,用户可使用时间和空间过滤器查看请求和供应。供应和请求被快速地在服务器上很简单地交互连接在一起。虽然目前客户端的实现还很简单,缺乏强大的功能,但它展示了 VGS 概念和服务器实现的优势以及多功能性。

10.6 总结与结论

本章介绍了志愿式地理服务(VGS)的概念,并将它用于 VGI 的大框架中。虽然 VGS 的灵感和应用起源于危机应对,但给出的框架可以有效地适用于大量的潜在应用,因为它为人类服务的存储、检索和连接提供了一个通用的基础。利用关联数据范式和语义网络技术,VGS 的概念可以由一个有效的服务器来实现(Savelyev et al. 2011)。该软件是开源的并且鼓励外部贡献;最新版本请访问 http://vgs.svn.sourceforge.net/viewvc/vgs/。

VGS 和目前对 VGI 的认识不同,因为它打破了收集和展示地理空间信息与虚拟地理环境概念上的距离。PSUmobile.org 的实现支持一个在各种语境下最终用户可以协调微服务事务的框架。客户端是 VGS 的一个应用程序,表征它是一个概念验证,而不是一个决定性的工具。目前,VGI 展示的各种应用证明了它们整合各种新用途(如 VGS)的能力;然而,从信息的聚合和呈现上将注意力转移到操作的临时现场是必要的。目前,服务端保留了信息显示与危机应对之间的内在瓶颈,如 Ushahidi 的 SwiftRiver 平台。这个分离允许远程用户在危机响应的时候提供帮助并提供机会来验证信息。未来,再利用现有的可靠工具可能是必要的,因为 VGS 在扩张 VGI 的时候证明了它的价值。

在任何大规模的应用之前,必须要考虑 VGS 系统使用中产生的一些潜在问题。首先,就像 VGI 一样,VGS 面临垃圾邮件和假帖子的潜在威胁。简单的位置特殊性不足以解决数字信息的“背景缺失”,因为位置的作假有多种手段(Eysenbach 2008)。这成为危机应对中的一个严重问题,尽管文献已经凸显了 VGI 在危机中的成功使用,但 VGS 还没有被检验(Flanagin and Metzger 2008;Goodchild and Glennon 2010;Zook et al. 2010;Roche et al. 2011)。最近的调查表明,基于自动定位的信任和声望模型在一定程度上是成功的,但是与 VGS 应用程序一起进行测试还是必需的(Bishr and Mantelas 2008; Bishr and Janowicz 2010)。

除了欺诈和垃圾邮件,VGS系统还面临违法,但却是真诚使用的窘境。像许多允许信息创建和交换的框架一样,PSUmobile.org框架可以轻易地用于非法的或危害性的目的。不同于很多信息仅用于交换的情况,VGS的概念本身还包含进一步探寻的一系列逻辑和伦理问题。

最后,要重申的是,VGS系统并不是为了替代传统的危机应对系统,而是对其进行补充。在危机情况中,官方管理者常常使用纸质地图,而不使用最新的但可能精确性稍差的数字产品(Roche et al. 2011)。官方的救援人员为他们的行为负法律责任,因此需要的是验证后的信息,这是VGI和VGS不可能提供的(Tulloch 2008)。VGS系统不能完全代替官方对灾害的响应;它们不是自上而下的体系结构。在自上而下的体系结构中,通常出于法律责任而考虑控制的类型和响应的必要性。此外,它们一般运行在个体层面;虽然非个体层面也有用(第10.4节),但这种功能模式不能用来大规模地分配和调动救灾需要的资源。

VGI和VGS也没有完全解决灾难中对数字信息的不平等访问权限或者访问权利的不平等缺陷。VGS消除了立即决策和实地"微交易"的瓶颈。这并不意味着在解决一个断裂的堤坝问题时可以调度成千上万个沙袋,而是,让那些最被危机影响的人可以在小范围内用一种有效的方式来自行组织自己的行动。VGS不是另一个用来整合新信息进入官方认证、提供已知有限数据集的工具,它允许当地主体,即那些最受突发情况影响的人,成为决策者(Elwood 2008)。这个由PSUmobile.org实施的VGS"微服务"在自下而上的危机响应组织方面前进了一小步。

致谢:感谢整个PSUMobile.org团队,尤其是Krzysztof Janowicz, Alexander Savelyev, Wei Luo, Sen Xu, Christoph Mulligann和Elaine Guidero,如果没有他们,这个项目可能不会存在。感谢Madelynn von Baeyer和Courtney Thatcher的早期编辑和鼓励。

参考文献

Agrios, B., & Mann, K. (2010). Getting in touch with volunteered geographic information: Use a Javascript API live samples to build a web editing application. http://www.esri.com/news/arcuser/0610/vgi-tutorial.html. Accessed February 2, 2012.

Bishr, M., & Janowicz, K. (2010). Can we trust information? The case of volunteered geographic information (Vol.640). In *Towards a digital earth search discover and share geospatial data workshop at future internet symposium*, CEUR-WS.

Bishr, M., & Mantelas, L. (2008). A trust and reputation model for filtering and classifying knowledge about urban growth. *GeoJournal*, 72(3-4), 229-237.

Bizer, C., Heath, T., & Berners-Lee, T. (2009). Linked data-The story so far. *International Journal on Semantic Web and Information Systems*, 5(3), 1-22.

Budhathoki, N.R., Bruce, B., & Nedovic-Budic, Z. (2008). Reconceptualizing the role of the user of spatial data infrastructure. *GeoJournal*, 72, 149-160.

Burgener, E. (2004). Assessing the foundation of long distance disaster recovery. *Computer Technology Review*, 24(5), 24-25.

Crampton. J. (2009). Cartography: Maps 2.0. *Progress in Human Georgaphy*, 33(1), 91-100.

Darlin. D. (2005). A journey to a thousand maps begins with an open code. *New York Times Online*. http://www.nytimes.com/2005/10/20/technology/circuits/20maps.html. Accessed February 1, 2012.

Dave, B. (2007). Space, sociality and pervasive computing. *Environment and Planning B*, 34(3), 381-382.

De Longueville, B., Annoni, A., Schade, S., Ostlaender, N., & Whitmore, C. (2010). Digital earth's nervous system for crisis events: Real-time sensor web enablement of volunteered geographic information. *International Journal of Digital Earth*, 3(3), 242-259.

Elwood, S. (2008). Volunteered geographic information: Future research directions motivated by critical, participatory, and feminist GIS. *GeoJournal*, 72, 173-183.

Elwood, S. (2010). Geographic information science: Emerging research on the societal implications of the geospatial web. *Progress in Human Geography*, 34, 349-357.

Eysenbach, G. (2008). Credibility of health information and digital media: New perspectives and implications for youth. In M.J. Metzger & A.J. Flanagin (Eds.), *Digitla media, youth, and credibility*. Cambridge: MIT Press.

Flanagin, A.J., & Metzger, M.J. (2008). The credibility of volunteered geographic information. *GeoJournal*, 72, 137-148.

Francica, J. (2012). Geospatial data content licensing and marketing in the era of data as a service-An interview with James Cutler, CEO, emapsite.com. *Directions Magazine*. http://www.direc-tionsmag.com/articles/geospatial-data-content-licensing-and-marketing-in-the-ear-of-data-as-/227410. Accessed February 1, 2012.

Goodchild, M. (2007). Citizens as sensors: The world of volunteered geography. *GeoJournal*, 69(4), 211-221.

Goodchild, M. (2008). Commentary: Whither VGI? *GeoJournal*, 72, 239-244.

Goodchild, M., & Glennon, J.A. (2010). Crowdsourcing geographic information for disaster response: A research frontier. *International Journal of Digital Earth*, 3(3), 231.

Kingsbury, P., & Jones, J.P., Ⅲ. (2009). Walter Benjamin's Dionysian adventures on Google Earth. *Geoforum*, 40, 502-513.

Kingston, R. (2007), Public participation in local policy decision-making: The role of web-based mapping.*The Cartographic Journal*,44(2),138-144.

Lenhart, A. (2006). User-generated content. Pew Internet & American Life Project. http://pewinternet.org/Presentations/2006/UserGenerated-Content.aspx.Accessed February 5,2012.

Miller,C.(2006).A beast in the field:The Google maps mashup as GIS.*Cartographica*,41,1878-1899.

Morrow, N., Mock, N., Papendieck, A., & Kocmich, N. (2011). Independent evaluation of the Ushahidi Haiti project. https://sites. google. com/site/haitiushahidieval/news/finalreportindependentevaluationoftheushahidihaitiproject.Accessed February 1,2012.

Naone,E,(2011).Internet activists mobilize for Japan.*Technology Review Published by MIT*.http://www.technologyreview.com/communications/35097/.Accessed February 2,2012.

National Research Council, (2007). *Successful response starts with a map: Improving geospatial support for disaster management.* Washington,DC:The National Academies Press.

O'Reilly,T.(2005).What is web 2.0 design patterns and business models for the next generation of software O'Reilly.com.http://oreilly.com/web2/archive/what-is-web-20.html.Acccsscd February 1,2012.

Ostermann,F.O., & Spinsanti, L. (2011). A conceptual workflow for automatically asscssing the quality of volunteered geographic information for crisis management.In *Proceedings of Agile* 2011, Utrecht.

Palen,L.,Vieweg,S.,Liu,S.B., & Hughes, A.L.(2009).Crisis in a networked world: Features of computer-mediated communication in the April 16,2007,Virginia Tech event.*Social Science Computer Review*,27(4),467-480.

Parry,M.(2011),Academics join relief efforts around the world as crisis mappers.*The Chronicle of Higher Education*,March 27,2011.

Presley,S.(2011).Mapping out #LondonRiots.NFPvoice.http://www.nfpvoice.com/2011/08/mapping-out-londonriots/.Accessed February 1,2012.

Roche,S., Propeck-Zimmermann, E., & Mericskay, B. (2011). GeoWeb and crisis management: Issues and perspectives of volunteered geographic information.*GeoJournal*. doi:10.1007/s10708-011-9423-9.

Ruiz,M.O.,& Remmert,D.(2004).A local department of public health and the geospatial data infrastructure.*Journal of Medical Systems*,28(4),385-395.

Savelyev,A.,Janowicz,K.,Thatcher,J.,Xu,S.,Mulligann,C.,& Luo,W.(2011).Volunteered geographic services:Developing a linked data driven location-based service.In *Proceedings of SigSpatial:International Workshop on Spatial Semantics 2011*.

Schuurman,N.(2009).An interview with Michael Goodchild.*Environment and Planning D: Society and Space*,27(4),573-580.

Sui,D.(2008).The wikification of GIS and its consequences:Or Angelina Jolie's new tattoo and the future of GIS.*Computers,Environment and Urban Systems*,32,1-5.

Sui,D.,& DeLyser,D.(2012).Crossing the qualitative-quantitative chasm I:Hybrid geographies,the spatial turn, and volunteered geographic information (VGI). *Progress in Human Geography*, 36(1),111-124.

Sutko, D.M., & de Souza e Silva, A. (2011). Location-aware mobile media and urban sustainability. *New Media Society*, 13, 807–823.

Thatcher, J., Mulligann, C., Luo, W., Xu, S., Guidero, E., & Janowicz, K. (2011). Hidden ontologies–How mobile computing affects the conceptualization of geographic space. *Proceedings of Workshop on Cognitive Engineering for Mobile GIS 2011*.

Tsou, M. H. (2011). Revisiting web cartography in the United States: The rise of user-centered design. *Cartography and Geographic Information Science*, 38(3), 249–256.

Tulloch, D.1. (2008). Is VGI participation? From vernal pools to video games. *GeoJournal*, 72, 161–171.

Yang, C., Raskin, R., Goodchild, M., & Gahegan, M. (2010). Geospatial cyberinfrastructure: Past, present and future. *Computers, Environment and Urban Systems*, 34(4), 264–277.

Zerger, A., & Smith, D.I. (2003). Impediments to using GIS for real-time disaster decision sup-port. *Computers, Environment and Urban Systems*, 27, 123–141.

Zook, M., & Graham, M. (2007). Mapping DigiPlace: Geocoded internet data and the representation of place. *Environment and Planning B*, 34, 466–482.

Zook, M., Graham, M., Shelton, T., & Gorman, S. (2010). Volunteered geographic information and crowdsourcing disaster relief: A case study of Haitian Earthquake. *World Medical & Health Policy*, 2(2), 231–341.

第 11 章

维基百科作者的地理特性

Darren Hardy

摘要：志愿式地理信息（VGI）的功能和应用是一个活跃的研究领域，但VGI作者的地理特性在很大程度上是未知的。维基百科是一个在线的百科全书，任何人都可以编辑里面的文章，包括与空间位置有关的文章。此外，维基百科的编辑透明度有助于原位观察集体作者。本章记述的实验研究收集了7年中维基百科地理的3200万份投稿，结果发现，在维基百科的创作过程的空间模式呈指数衰减，这与其他的社会空间现象是一样的，如创新扩散。随着全球信息基础设施持续降低通信和协调成本，本研究可以探究地理距离最终是否影响信息的大众参与生产。本章首先探讨集体作者背后的核心概念，然后提供维基百科关于其贡献者、生产流程的概述，接着通过空间建模来讨论具有地理标记的维基百科文稿的结果和影响，并总结了未来的研究问题。

11.1 引　　言

维基百科是一个带有志愿式地理信息（VGI）功能同时又广受欢迎的系统，是一部在线百科全书。维基技术为基于网络的集体作者提供了任何人都可以贡

Darren Hardy（✉）
加利福尼亚大学布伦环境科学与管理学院（Bren School of Environmental Science and Management，University of California），美国，加利福尼亚州，圣巴巴拉
E-mail：dhardy@bren.ucsb.edu

献的简单方法。使用这种技术,维基百科提供了一个大规模的参与者刻意在其中共同创造广博信息的社会计算系统。

自2001年以来,维基百科已有263种语言的1750万篇文章。自2007年3月,Alexa排名将维基百科列入互联网十大网站。截至2010年2月23日,维基百科有272种语言的1500万篇文章,来自2200万个贡献者的8.6亿次编辑(Wikimedia Foundation 2010)。仅在2009年,维基百科有3.65亿个独立访客生成1336亿页面的浏览量(Zachte 2010a)。这对网络内容的影响是巨大的。51%的网站访问量来自基于链接的搜索引擎推荐(Alexa Internet,Inc. 2009)。这些由外部网站指向维基百科带来的页面浏览量中,42%是由谷歌的搜索、地图和其他服务带来的,8%来自谷歌的“爬虫遍历”软件GoogleBot(Zachte 2009)。截至2011年4月,超过120万篇文章都是基于空间位置的文章(即“地理标记”)。这些地理标记文章涵盖数十种语言,可通过浏览器和在线地图服务访问。

随着互联网的发展,许多人把这称作没有位置的网络空间。然而社会学研究学者发现模拟真实环境的虚拟社区中存在文化差异,以及对于虚拟空间的共识是这些研究的中心决定因素。在今天,任何互联网用户都可以通过丰富的交互式可视化技术得到一些位置感知。“光滑的地图”使用简单的点击拖动导航和信息工具,甚至3D图像描绘道路、建筑物和其他地理特征。在这些在线地图界面,用户可以访问不同类型的VGI,包括有地理位置标记的维基百科文章和照片。

然而,尽管互联网为协作工作带来优势,但基本上作者们从事的知识生产过程仍是基于社会结构和规范,以及物理上的位置。地理上的距离,在网络知识生产中本应该是特别重要的一个因素,但在全球化世界中互联网的特质引起了关于地理距离事项的辩论(Cairncross 1997;Friedman 2005;Goodchild 2004;Marston et al. 2005)。也就是说,由于减少了沟通成本,增加了普遍性,互联网重新定义了在我们生活中物理位置的角色。随着互联网逐渐成为“一个对政治、文化、经济互动的重组空间”,Zook(2005)将这场辩论归结为一种新型“电子空间的地理学”。

本章着重介绍地理学的维基百科文章背后的信息、生产方法和流程,并讨论了这些生产过程的特性。例如,贡献模式是类似于VGI还是非VGI?作者是如何添加文章的?什么是维基百科作者的地理?文章和贡献者的空间分布是什么?以及物理距离是通过文章主题还是语言来影响贡献的?

11.2 共同创作过程

共同创作是一种信息生产过程的类型——信息产品的生产由很多独立的人在数字仓储中共同努力完成。术语“信息生产”本身在不同的学科有不同的语义。在人文学科中,它可能代表一个书面工作或一本书的编写;在经济学中,它代表市场资源,或商品,或感知,甚至一个社会的基本力量(Browne 1997, p. 266);在图书馆学中,代表我们如何用协同工作向公众传递科学知识(Cronin 2001);在社会计算、协同过滤或推荐系统中(Beenen et al. 2004),代表作为社区论坛的博客(Nardi et al. 2004)和用户标记云(Golder and Huberman 2006)。对于维基百科,术语维基经济学(Tapscott and Williams 2006)、集体智慧(O'reilly 2005)、公众(Brabham 2008)都反映了这种以用户为中心的推动产生信息的过程。

维基百科的确以用户为中心。每个月,超过1000万个作者为维基百科的文章贡献力量,贡献者大致分为两类:一小部分高产的贡献者和其他人。网络本身在它的链接结构中具有无尺度、连接结构(Broder et al. 2000)和上网行为服从幂律分布的特点(Huberman et al. 1998)。维基百科的读者(Priedhorsky et al. 2007)和编辑者(Almeida et al. 2007;Kittur et al. 2007;Voss 2005)都遵从这些特点。例如,作者的贡献程度表明少数的维基百科文章获得了多数的编辑,而大多数的文章只有少量的编辑(即长尾理论)[①]。

尽管大众媒体通常把维基百科描述成一个松散、混乱的系统,但是它的生产过程却非同寻常。维基百科有许多政策和机制来管理参与者们的贡献,包括规则制定、监控、冲突解决和规范(Forte and Bruckman 2008;Lih 2009;Viégas et al. 2007a,b)。其中最知名的政策是,贡献者必须使用中立的观点(作者们的讨论要点)写文章(例如,Bryant et al. 2005;Viégas et al. 2004)。正如维基百科所描述的,中立的态度(NPOV)是“维基百科的一个基本原则,也是维基百科的基石”,要求“所有内容是从中立的角度来写,代表公平、恰当,尽可能没有偏见,所有重要观点都已被可靠消息来源发表”(http://en.wikipedia.org/wiki/NPOV)。

① 在科学写作中,Lotska定律预测作者数量 n 与他们的贡献大小 w 之间是一种逆幂律关系(如 $w \sim n^{-\beta}$),其中有一个不变的常数 β。Zipf定律是这个原理的一个重述,将其推广到团体中个人的贡献,例如,个体的排位 r 和其贡献 n 的倒数(如 $n \sim r^{-\beta}$)是成比例的(Almeida et al. 2007)。

“Wikipedian”这个词并没有一个严格的定义，一般解释为维基百科文章的贡献者[②]。已注册用户、匿名用户、维基管理员和机器人是四种基本类型的贡献者。已注册的维基人在维基上创建一个账户，他们的贡献按照各自的账号被明确地标记在文章编辑记录中。匿名的维基人不提供任何的注册信息，他们的计算机 IP 地址用来代替账户。“机器人”和维基管理员都是特殊的注册账户，有额外的通道或权限来编辑文章。绝大多数的维基人并没有传统意义上的相互协作。他们并不经常与他人讨论他们的贡献（Viégas et al. 2007a），因此形成一个松散的合作群体，即网上协同创作者。每月至少提供 5 个贡献的维基人，共 91 817 人，每月至少有 10 个贡献的，共 1 076 908 人（Zachte 2010b）。“长尾”，即每个人总共都不到 10 个贡献的，有 2110 万人。

虽然作者的创作过程很大程度上对于读者是隐形的，但是作者本身尽力控制文章内容围绕信息类型、责任、视角、组织或出处和创作（Miller 2005；Sundin and Haider 2007）。对于那些想知道作者详细信息的读者，维基百科提供完整的文章编辑历史。维基扫描器，打个比方，是一个数据挖掘的工具，可以通过这篇文章的编辑历史，推算出匿名作者位置或归属（Griffith 2007）。但是将作者信息显式表示的功能是有争议的。Viégas（2005，p.61）总结，一方面明确作者信息可能是“社会协作的重要组成部分，在这个意义上来说，它增加了上下文之间的交互”；另一方面它可能是“无关紧要的，有时甚至不利于创造真正的公共知识存储库”。

事实上，维基百科的成功和其他“用户生成内容”的 Web 服务（O'Reilly 2005）挑战了学术理论的生产。Benkler（2002）认为，依照生产的经济模型，当“大众参与”的效率增长超过了组织人力资源进入公司或市场的成本时，会出现一个公共的大众参与生产系统。它的优点是不仅降低了人力资源和通信的成本，同时其基于 Web 的信息产品有非排他性和非竞争性，也就是说，许多人可以同时阅读（消费）某个网页并且不会降低它的价值。这有效地消除了对消费者分配成本，增加了大量潜在的贡献者，缓和了“搭便车”效应的影响。

当这些因素应用到地理信息生产中时，可能会挑战空间数据基础设施的“知识的政治”（Elwood 2010）。例如，随着空间数据的集体化、社会化生产的增加，信息的权威来源这一传统理念可能会日趋削弱（Budhathoki et al. 2008；Coleman et al. 2009；Sieber and Rahemtulla 2010）。Sui（2008，p.4）认为，“GIS 的维基化过程也许是最令人兴奋的，同时这也是自 20 世纪 60 年代 GIS 技术发明以来真正的革命性的发展。”此外，维基百科对于 VGI 产品内容的编辑模式与非地理内容类似。即当涉及地理信息类的文章时，四种类型的贡献者都是公开编辑的模式，但跨语言时是特殊的（Hardy 2008）。

② 一些学者对主动贡献的活跃度或连续性有一个更狭义的定义（Zachte 2010b），但是本章中，“Wikipedian”指任何一个对维基百科文章有贡献的人，而不管其活跃程度如何。

11.3 维基百科中的志愿式地理信息

现在,我们转向维基百科中特定类型的地理信息,即通过集体作者方式生产得出的地理信息。一般来说,地理信息是告诉我们关于事物的位置。它是空间信息,是关于某个现象在我们地理世界中的分布(Goodchild 2000)。影像配准(地理坐标参考)是一组在全球确定一个地理位置的方法(Hill 2006),然后将地理标记分配给地理位置(Amitay et al. 2004),是指将地理坐标参考的元数据作为“标签”给某个文档或其他内容。一个地理位置标签可包含地理坐标系、范围(即 X、Y 或经纬度的范围)、形态或要素类型信息。包络矩形是一个对于记录地理坐标参考内容有用的几何形状,是与坐标轴对齐同时也能包含规定目标范围所有坐标的最小矩形。

维基百科在其地理标记过程中主要使用单点和边界矩形而不是高分辨率多边形。在这种情况下,一个地理位置标签包含简单的大地坐标——经度和纬度,将这种有地理坐标参考的信息嵌入文章中,要使用维基文本中许多微格式和扩展格式中的一种——维基标记语言。例如,维基文本模板:坐标和信息框接受点坐标(Wikipedia.org 2008)。事实上,让一篇文章包含地理坐标有数十种途径。没有一个单一的“添加地理坐标”标准或格式提供给维基百科或者网络(表 11.1)。

表 11.1 美国加利福尼亚大学圣巴巴拉分校(34.41°N,119.85°W)的地理标签格式案例

(a) *Template:Coord* and *Template:Infobox* in Wikipedia

```
UC Santa Barbara {{coord|34|24|35|N|119|50|59|W}}
UC Santa Barbara {{coord|34.41254|-119.84813|display=title|type:edu}}
{{Infobox_University |name=UC Santa Barbara
                     |latd=34  |latm=24  |lats=35  |latNS=N
                     |longd=119  |longm=50  |longs=59  |longEW=W
...}}
```

(b) Geo microformat for HTML (Çelik 2005)

```
<DIV CLASS="geo">UC Santa Barbara
    <SPAN CLASS="latitude">34.41</SPAN>,
    <SPAN CLASS="longitude">-119.85</SPAN>
</DIV>
```

(c) Dublin Core metadata for HTML (Kunze 1999)

```
<META NAME="DC.title"      CONTENT="UC Santa Barbara" />
<META NAME="DC.coverage.x" CONTENT="-119.85"/>
<META NAME="DC.coverage.y" CONTENT="34.41"/>
```

(d) Geo metadata for HTML (Daviel and Kaegi 2007)

```
<META NAME="geo.position"  CONTENT="34.41;-119.85"/>
<META NAME="geo.placename" CONTENT="UC Santa Barbara" />
<META NAME="geo.region"    CONTENT="US-CA" />
```

维基百科的地理标记过程本身是偶然的。维基百科正式开始使用结构化的地理标记是在2005年2月,当时地理标签由Egil Kvaleberg的GIS扩展被引入维基媒体。一些作者手动创建地理标记,通过使用数字参考或纸质地图估计坐标,而其他人基于现有的在线地名辞典解决命名问题。另外,机器人基于GEOnet Names Server(一个在线地名辞典)执行大部分的自动化地理标记,并且定期运行。这个过程还增加了可以从地名辞典中获得的地理特征类型(如城市、河流、山脉等)。

绝大多数的地理标记是由各种各样的机器人完成的(Kühn and Alder 2008),这些机器人的临时性质使得从文章中提取地理标签更为困难。例如,一个半自动的机器人Anomebot2定期运行来给文章添加地理标签,或给那些可能需要添加地理标签的文章做个标记。它和在线地理名称服务共同在超过100 000篇文章标题中交叉引用命名实体③。这些机器人提供一个结构机制将现有地理数据源整合到文章中。但它们本身没有语义,它们也不生成标准的集中标记(表11.1)。事实上,因为它们混乱、临时的特性和维基文本的标记以及模板本身,所以增加了从文章中提取结构化地理信息的复杂性(Sauer et al. 2007)。最终的结果是,地理标签的提取需要专门的数据挖掘的方法来处理文章模板的不确定性、半结构化和地理标签中的内容。有人声称大部分的地理标签的创建是通过手动实现的,而非自动化过程(T.Alder,2008-4-22,personal communication)。这更是掩盖了这些地理坐标数据的"血统"。

为了索引这些基于位置的文章,维基百科世界项目创建了一个地理标记文章的目录(Kühn and Alder 2008)。由于地理标记在维基百科上是混乱的,这个过程就依赖于数据挖掘方法,并以探索式为主(图11.1)。2008年5月,这个过程发现了涵盖230种语言的1 163 797篇地理标记的文章和234 474个唯一的位置(在1 km范围内)。维基百科世界项目利用这些数据提供各种在线地图服务并且以数据库表格形式输出底层地理数据。同时这些基于位置的文章的索引也在迅速发展。2011年5月,同样的过程发现170万个地理标记文章跨越273种语言和110万个唯一的位置(1 km分辨率,图11.2)。

③ 这些服务包括GNS和GNIS(http://en.wikipedia.org/wiki/User:The_Anomebot2)。在这些自动化处理工程中,使用地名词典作为数据源是很普遍的,但在使用中却有另外一些数据源。例如,Rambot使用它自己的数据库来创建地理文章,该数据库包含3141个线和33 832个城市(http://en.wikipedia.org/wiki/User_talk:Rambot)。

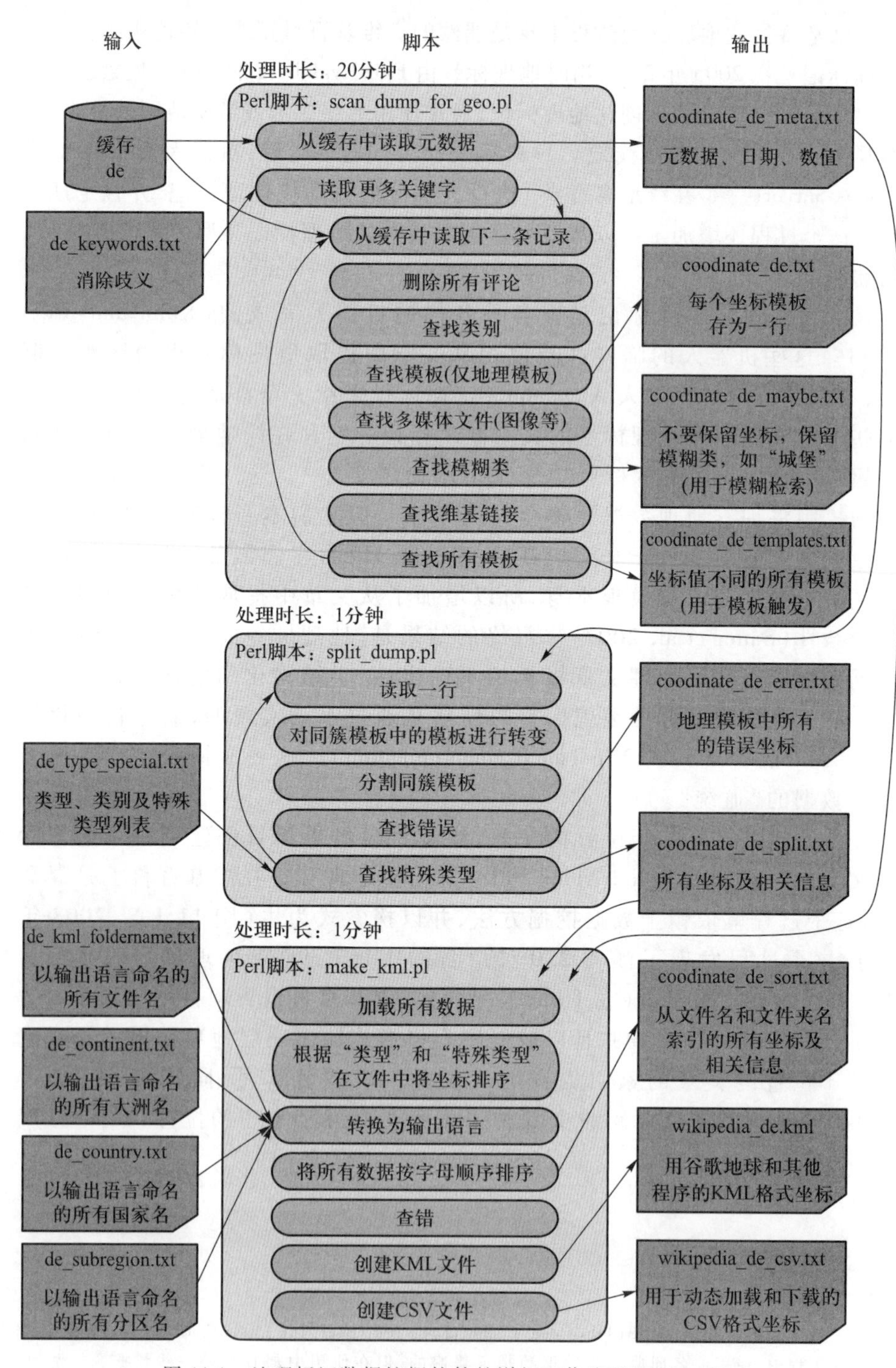

图 11.1 地理标记数据挖掘软件的详细工作流程(Kühn 2008)

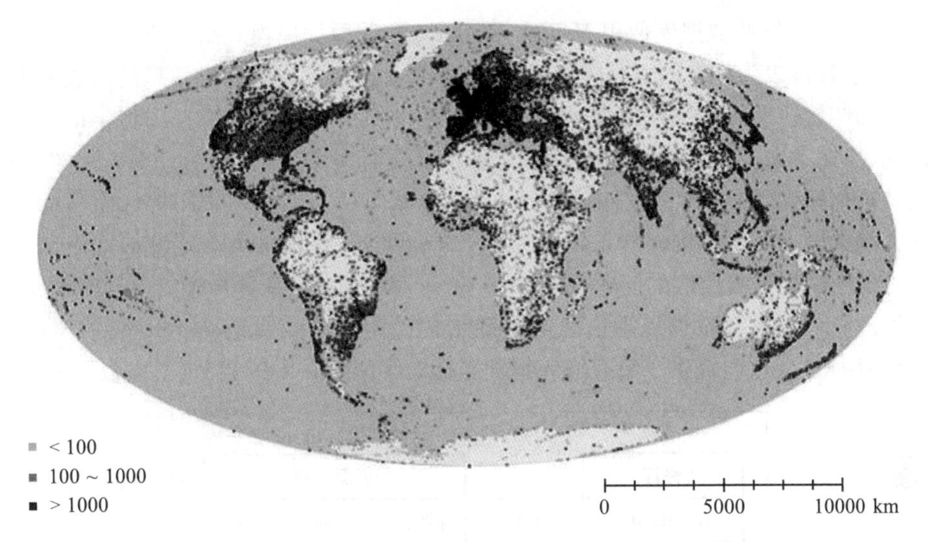

图 11.2 维基百科文章的地理标记的空间分布,用 10 km 分辨率可视化文章贡献数量的对数密度(参见书末彩插)

11.4 有关作者的地理

在像网络相册和维基百科这样的系统中,VGI 内容本身是在空间上聚集的(Hecht and Gergle 2010),维基百科文章也更有可能链接到文章的署名地(Hecht and Moxley 2009)。但是文献并不直接解决 VGI 生产过程本身是否展示常规空间模式。这一部分将讨论一个关于贡献者的空间模型,结果是匿名投稿人展示了符合随距离指数衰减的地理效应。

11.4.1 数据收集

维基百科通过在美国、荷兰和韩国的三个数据中心管理上百种个人特定语言的数据库。它们的服务使用开源的 MediaWiki 软件和数据模型(MediaWiki 2006)。维基百科通过定期转储它们的数据库并作为静态 HTML 文件提供文章和元数据(http://meta.wikimedia.org/wiki/Data_dumps),但从历史上来看,因为它们的体积和有限的操作资源,这些数据并不总是包括完整的文章贡献记录(例如,2008 年英文维基百科的转储有 250 万篇文章和 2.5 亿条贡献——http://en.wikipedia.org/wiki/Special:Statistics)。

这种开放的数据有助于研究人员进行实证研究(如 Almeida et al. 2007;Priedhorsky et al. 2007;Voss 2005)。本研究通过 SQL 从接近实时的维基百科数据库镜像直接收集数据,该数据库由维基百科德国 Toolserver 提供(http://toolserver.org)。这些数据库使用 MySQL 和 MediaWiki 数据库模式组织修订文章。简要来说,修订表为作者的贡献提供元数据,以及有关文章内容详细信息的页表和文本表的链接。对于每一篇文章,页表包含文章的一个独特的标识符和特定语言的标题,而文本表存储了文章的内容。维基百科人写文章用的 Wikitext 是一个宽松的结构化标记语言(http://en.wikipedia.org/wiki/Wikipedia:MARKUP),而且他们在文章中嵌入了半结构化的元数据(图 11.3)。Wikitext 语法不确定性的本质和约束引发结构化数据提取的问题(cf. Sauer et al. 2007)。维基百科中的 WP:GEO 项目管理一个为文章添加地理信息的基础结构(http://en.wikipedia.org/wiki/Wikipedia:GEO)。它们提供一组有嵌入地理坐标的半结构式语法的“维基模板”。

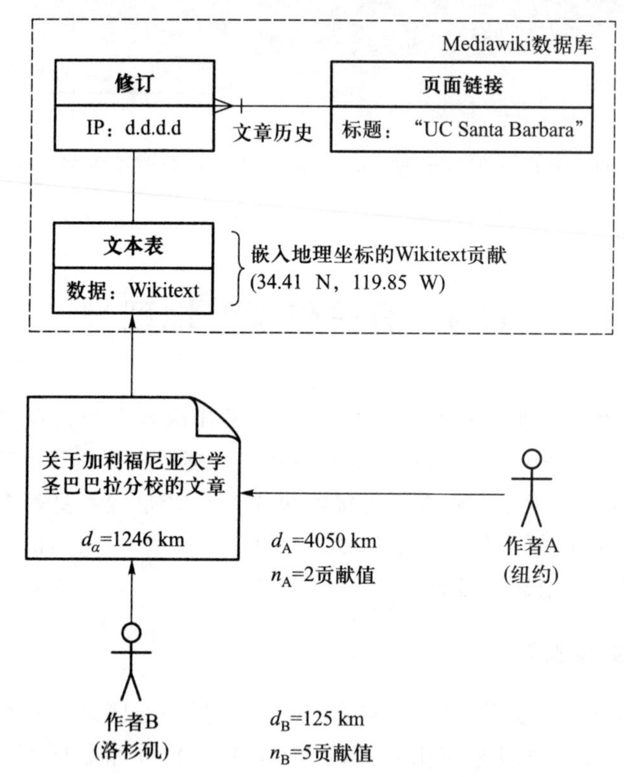

图 11.3 维基百科中 VGI 的生产过程。作者用 Wikitext 和存储在包含全修改记录的数据库表中的地理标签来创作基于位置的文章,包括一个完整的修订历史。对于匿名的作者,每个修订都包含他们的 IP 地址。在这个例子中,两个作者贡献一篇关于加利福尼亚大学圣巴巴拉分校的文章,署名距离 d_α 是 1246 km,定义为平均距离加权的贡献,如 $(2 \cdot 4050+5 \cdot 125)/(2+5)=1246$

从 2008 年 5 月 10 日起,维基百科世界(Wikipedia-World)的数据库(Kühn and Alder 2008)使用一个广泛的数据挖掘过程来提取嵌入在 Wikitext 文章中的地理标签(图 11.1)[④]。在每篇有地理标记的文章里,我们从副本数据库提取所有的创作历史和最新版本。

为了简化特定语言数据库的计算,我们将创作历史迁移到单一的共享数据库,这里我们可以通过修改 MediaWiki 表来为每条记录关联源语言(例如,“page_id”和一个新的“page_lang”栏组成了主键而不是仅有“page_id”)并删除数据杂项来分析。这个数据模型为维基百科文章、作者和他们的贡献提供了一个多语言的抽象层。它有用来记录文章、作者和地理标签数据的表格,并有作者-文章和地理标签-文章的关联元组。它还提供了每篇文章和作者的快速统计。从 MediaWiki 表中的数据提取结果显示:共有 990 315 篇文章的页面和文本;由 2001 年到 2008 年之间有 32 141 334 条作者修订,以及 578 448 个有注册作者账号的用户。因为用户表格只包含注册作者的记录,所以分析从“revision.rev_user_text”栏中提取和解析的数据来识别匿名用户的 IP 地址,并将其集成到数据模型中。

11.4.2 有关作者的空间模型

维基百科上的每个作者都有一个“空间足迹”,包含了他们做出贡献的所有文章。对于匿名的作者,我们可以用 IP 定位估计他们的位置(图 11.4)。对于注

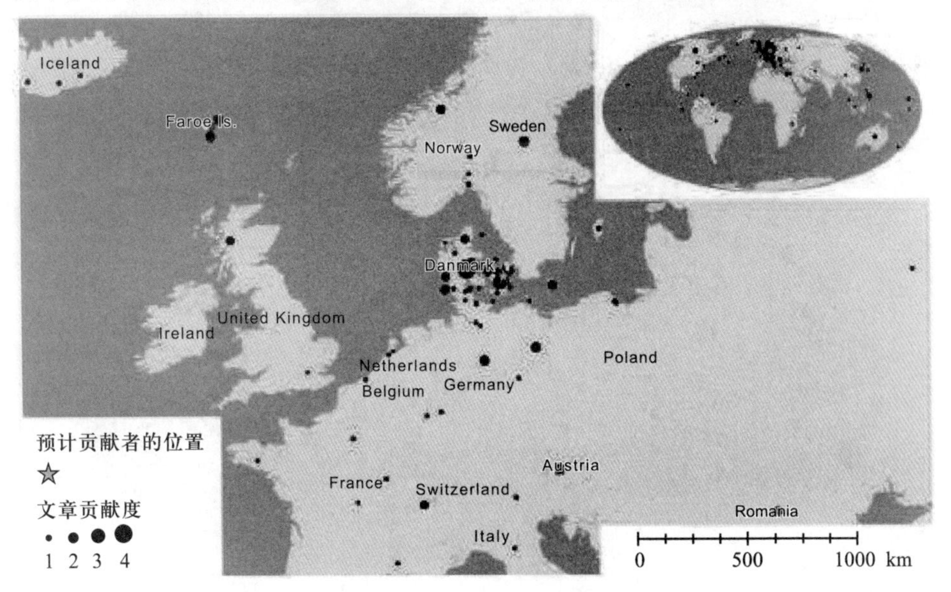

图 11.4 丹麦维基中匿名作者对 143 篇文章的 172 次贡献的空间足迹。星型图标是根据 IP 地址判断的作者位置(参见书末彩插)

④ 软件把一个预先决定的 21 种语言集作为目标:加泰罗尼亚语(ca)、中文(zh)、捷克语(cs)、丹麦语(da)、荷兰语(nl)、英语(en)、世界语(eo)、芬兰语(fi)、法语(fr)、德语(de)、冰岛语(is)、意大利语(it)、日语(ja)、挪威语(no)、波兰语(pl)、葡萄牙语(pt)、俄语(ru)、斯洛伐克语(sk)、西班牙语(es)、瑞典语(sv)和土耳其语(tr)。

册作者和机器人(图 11.5 和图 11.6),虽然可以基于他们的空间足迹来间接估计,但我们并没有这样去做(Lieberman and Lin 2009)。但是作者和他们描述的地点之间的互动存在某种空间模式吗?

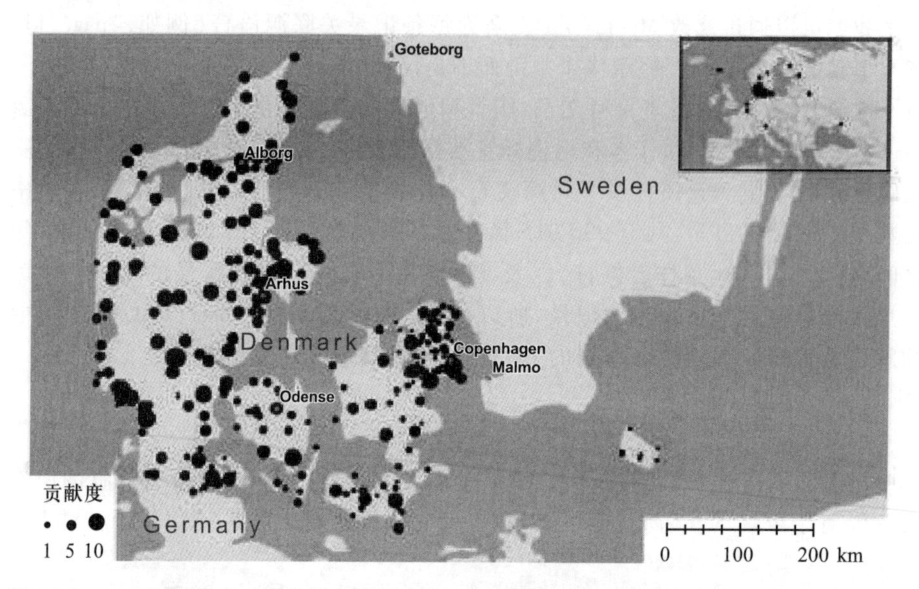

图 11.5 一个注册作者对 296 篇文章的 1099 次贡献的空间足迹。图形标记代表了作者编辑的每篇文章的地理标记,大多聚集在丹麦(参见书末彩插)

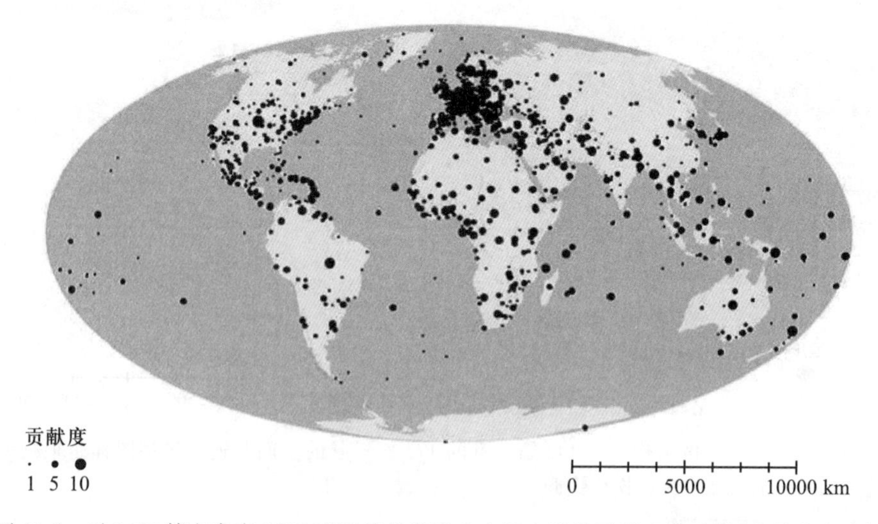

图 11.6 对 1601 篇文章有 3006 项贡献的机器人在丹麦维基百科中的贡献(参见书末彩插)

11.4.2.1 重力模型

在区域地理和相关学科中,空间交互模型构成社会理论的基础(Haynes and Fotheringham 1984)。这些模型适合两个或者更多地理区域之间的流动和交互。它们在地理方面有数十年的历史,可以追溯到20世纪初的“社会物理学”(Fotheringham 1981;Wilson 1969,1971)。距离衰减或者“重力”模型是空间交互模型的一种类型。他们用“质量”函数来处理规模和距离的影响。重力模型的一般表示形式(Sen and Smith 1995,p.3)如下:

$$T_{ij} = A_i \cdot B_j \cdot F(d_{ij}) \tag{11.1}$$

式中,T_{ij}为人口中心 i 和 j 之间的交互;A_i和 B_j为未指明出发地和目的地的权重(质量)函数;d_{ij}为空间因素,或是地区 i 和地区 j 之间的距离;$F(d_{ij})$为一个未指明的距离衰减函数,通常是一个幂函数、指数函数或伽马(联合)函数(Sen and Smith 1995,P.93—99)。

在空间信息理论中,个体的“信息场”是“个体对世界的认识”的空间分布(Morrill and Pitts 1967,p.406),并且是在对社会空间行为如创新扩散或迁移建模时的一个因素(Hägerstrand 1967)。个体的信息场会随着个体距离的增加而衰减。在定量的地理学中,重力模型通过使用这种类型的距离衰变函数进行形式化的空间互动分析(Fotheringham and O'Kelly 1989;Sen and Smith 1995)。当维基百科用户选择写一个地方,他们的平均信息场应该展现出那些因为距离衰减的社会空间的现象,如创新的扩散。当维基百科使用者作为一个群体来写更多的文章,那么他们将扩大维基百科文章的整体空间覆盖。但是,当一个独立的维基百科用户写一篇讲述某个地方的文章时,那么该地方很可能就在其附近。因此,本研究假设:① 维基百科用户所写的关于附近地方的文章要比那些关于遥远地方的文章更经常出现;② 这符合距离指数衰减函数。

11.4.2.2 VGI 生产的重力模型

为了将 VGI 生产作为一个空间过程来构建模型,我们定义了一个概率模型,其中因变量是基于空间因素交互的可能性。具体来说,我们使用一个概率不变的指数重力模型(Sen and Smith 1995,p.102)。根据式(11.1),T_{ij}被转换为基于空间因素交互的可能性。权重因素 A_i和 B_j被组合到一个常量 K 中,来表示地球表面不均匀分布的作者和文章。最后,$F(d_{ij}) = \exp(-\beta d_{ij})$,即为一个随距离指数衰减函数。

$$\Pr(d = d_\alpha) = K \cdot \exp(-\beta d_\alpha), d = d' \pm \varepsilon \tag{11.2}$$

式(11.2)中,对于一篇既有的文章,$\Pr(d=d_\alpha)$为此文章具有特征距离 d_α 的概率,d_α 指其距离为 d,变化范围为 $d' \pm \varepsilon$(K 和 β 是经验常数)。对于这个空间模型,我们使用一个"特征距离"d_α 来衡量对于一篇给定文章的邻近效应(Hardy et al. 2012)。该度量是一篇文章与它的 n 个作者的平均距离,加权量为每个作者的贡献(图 11.3 和图 11.7)。也就是说,每个匿名作者都有一个空间轨迹,是该作者对地理标记文章做出的贡献。每个作者都有一个单独的轨迹,每一篇文章也都有属于它的作者的轨迹。这个模型需要一个对于文章和作者已知的位置,所以我们使用 MaxMind 的 GeoLite City 的数据库,它使用专有方法将 IP 地址加上地理坐标,来估计匿名地嵌入了他们贡献的维基百科用户的位置[5]。基于位置的服务推动了将 IP 地址转换成地理坐标方法(Muir and Oorschot 2009; Stanger 2008)和评估位置精度方法(Gueye et al. 2006,2007)的发展。

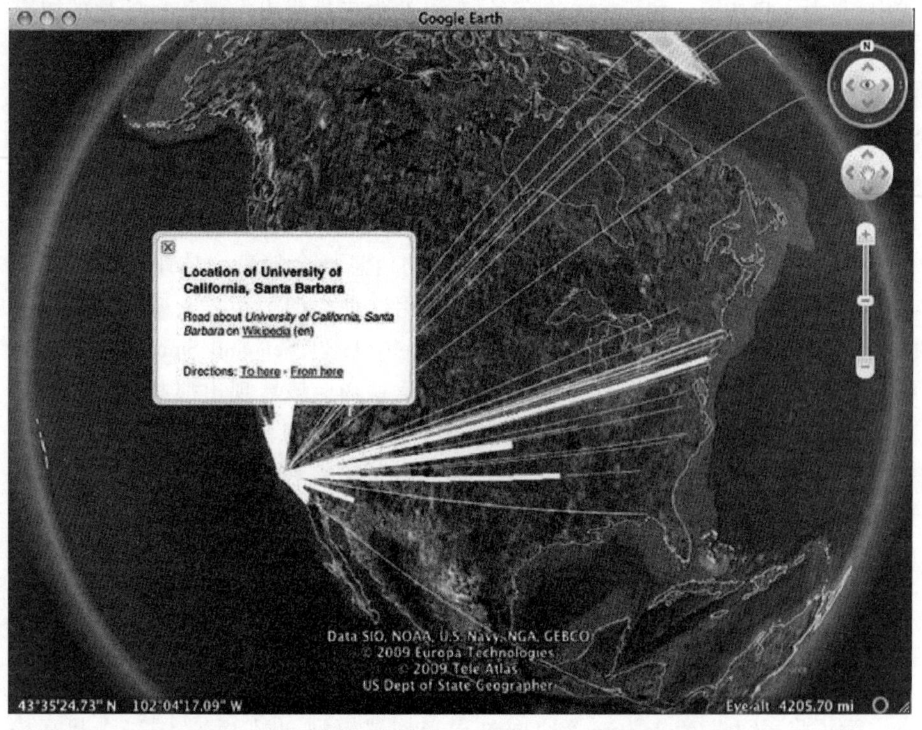

图 11.7 UCSB 的一篇英文文章具有署名距离 533 km、135 个匿名作者做过 719 次修订。每一个贡献显示为一条白线,较粗的线表示更多的贡献(参见书末彩插)

11.4.2.3 文章的模型结果

为了适应在式(11.2)中的研究数据,我们使用一个普通的最小二乘回归分

[5] 维基百科开放提供匿名用户的 IP 地址,但注册用户不在此列。据报道,维基百科在日志中记录了所有匿名用户和已注册维基人的贡献的 IP 地址,但只有被授权的管理员才有权限访问。

析方法将对数转换到线性模型：

$$\ln[\Pr(d = d_\alpha)] = \ln K - \beta d_\alpha \qquad (11.3)$$

所有的地理计算都是使用 10 km 分辨率并使用大圆距离（其中 $1' = 1.852$ km）。我们挑选样本数据来满足方法的需求，文章至少有一个匿名的贡献者（用来估计作者位置），文章有且只有一个地理位置标签（用于度量特征距离）。我们把 d_α 的单位从公里转换成千公里，并使用观察到的相对频率当作 $\Pr(d=d_\alpha)$。该模型最终在 $K=0.0022$ 和 $\beta=0.2842$ 时成功拟合（$n=438\ 077$；$R^2=0.9005$，$p<0.01$；$f=17\ 480$；DF = 1930）。当最终特征距离相对较小（$d_\alpha<2$）时，不存在相关的跨语言数据库，意味着跨语言的空间行为是很特殊的。

11.4.2.4 文章类别的模型结果

为了测试特征距离是否会因为类别的不同而改变，我们收集了英文文章的分类数据。维基百科的作者们可能会把文章归为一个或更多的类别。这些类别并不是严格意义上的标签，而是登记的类别，任何人都可以创建一个新的类别。这些类别通常都是对一个主题的描述，比如“14 世纪的建筑”或“巴黎的艺术博物馆和画廊”。它们可能是认真被编辑过的，也可能只是流水账，如“东京火车站小条目”或是“所有需要风格编辑的文章”或是“从 2009 年 12 月开始缺乏资料来源的文章”等。类别空间是扁平化的，没有一致的术语。每一篇文章的类别都显示在文章的结尾处，每个类别都有一篇自己的“文章”，列出了所有属于这一类的文章。从我们的研究来看，我们收集了 8474 个类别，每类至少 10 篇英文文章，共计 372 793 篇文章⑥。然后我们从类别标题中提取了 4512 个关键字（去掉常见的词）生成了类别关键词的反向索引。每个索引条目都有一个独特的类别关键字、属于这一类的文章数量和文章之间的平均特征距离。

对于至少有 50 篇文章的主题关键字，表 11.2 显示了不同平均特征距离 d_α（$n=372\ 793$；mean = 3049 km）下的英文文章流行主题词。虽然不是决定性的，但是有证据表明特征距离确实随主题发生变化。较低平均距离的主题关键字是那些看起来比较“本地性”的条目，比如城市（“纽约”）、国家名称、行政边界（“县”或“首府”）和建筑（“博物馆”）。那些有高的平均距离的是看起来比较“区域性”的条目，如非英语的（“巴黎”）、国家名称（“澳大利亚”）和区域边界（“岛”或“省”或“地区”）。

---

⑥ 其他语种也有类别，但是此内容仅局限于分析英语。

表 11.2 按距离分类的英文文章中热门话题的关键字

1000 km	2000 km	3000 km	4000 km	5000 km	6000 km
卡罗来纳州	区域	机场	区域	巴黎	岛
频道	加利福尼亚州	布局	文章		
县	人口普查规定	建筑物	澳大利亚		
伊利诺伊州	社区	建筑物	公社		
		城市			
印第安纳州	英格兰	清理	政策		
首府	设立的	行政区	行政区		
密歇根州	设施	不足	以前的		
居住区					
密苏里州					
俄亥俄州	伦敦	市级的	地理		
宾夕法尼亚州	博物馆	国家级的	语言		
电视	新的	需求	山脉		
得克萨斯州	北部的	位置	任期		
TV	开放的	殖民的	省		
华盛顿					
纽约	铁路	参照	区域		
	州	州	景点		
	车站	结构	南部的		
		结构			
	联合的	镇	声明		
	集合地点				
	村庄	西部的	存根		
			文本		
			维基百科		

11.5 讨　　论

本节从如何使地理标记和地理定位都能更好地支持 VGI 生产流程开始，展示了一些在架构、社会和方法论因素方面进一步要研究的问题。

11.5.1 架构因素

缺乏组织良好的地理标签是很麻烦的。特别是需要进一步研究将地理标记指定为一级元数据的方法，而不是仅标记经纬度坐标的最平常的标准。如果出现了大规模全球覆盖的协作式在线地名录,则它们可以作为一个地名索引地理标签,从而减轻用户做低级地理标记的负担。与此同时,协同合作的方法是可能改善地理标签元数据的一种方法,特别是在科学团体中。目前,地理标记方案是不透明而且不一致的,是由自动机器人或通过用户指定来自通用地理服务的地理坐标来完成的。这两种方案保留了语义或上下文的信息,而不是仅仅留下了精确的数值坐标。

几十年来,元数据是时时存在的,在多种数据的集成和使用中扮演着广泛的角色。尽管地理空间数据基础设施被设计用作实现交互式操作并以元数据为中心,但高质量的元数据在实践中却是很少见的(de By et al. 2009; van Loenen et al. 2009)。目前的 VGI 系统可以给用户提供关于其生产和更好地管理元数据的地理标签。元数据是“关于数据的数据”,旨在促进数据的发现、整合和使用(或重用)。从业者经常将元数据的语法和语义规范化,但是坚持元数据的标准在分布式系统中是罕见的,特别是大的或是全球的分布式系统,这被称为“元数据问题”。GIS 通常假定强有力类型的空间数据的表示,GIS 科学家们开发了为不遵守这些结构的空间数据消除歧义的方法(如地名决议或模糊边界)。这些复杂性使元数据对于地理空间的集成和使用非常重要。然而,VGI 系统在全球范围内成功整合异构来源的数据并没有直接解决元数据的问题。VGI 系统使用“尽最大努力”的地理标记和交涉方法来避免复杂的 GIS 科学中复杂的校准方法。此外,VGI 元数据的概念及其生产和管理与地理空间数据基础设施不同。

科学界一直在协调元数据的标准和约定,如气候与林业元数据约定(CF)(Hankin et al. 2009)和它的前身(COARDS 1995),但对一个经 OPeNDAP 协议发布的地学数据集的研究(Hardy et al. 2006)结果显示,他们却没有准确地遵循这些约定。事实上,只有少数团体(根据需要)声明了他们的约定,甚至只有更小的一部分会准确地遵守事先的约定。在实践中,科学数据的共享方式随学科而变化。例如,生态学家采取特殊的数据共享和重用方法,这取决于学科知识和社会因素(Zimmerman 2007)。这个元数据问题使科学家们使用专业知识以及通过手工工作来完成数据的重用。

维基百科可以为地理空间数据基础设施中的元数据生产和管理提供一些经验教训(表 11.3)。GIS 科学家们可以考虑通过维基百科的方法进行元数据的生产和使用,考虑如何将越来越大量的 VGI 数据整合到基于元数据的空间数据基础架构中。特别是,当科学界在元数据较差的环境中面临不断增长的尺度问题、异构数据集成问题时,VGI 生产的新颖性和实用性可能会使科学界受益,而那些问题已经在研究中常见(Hardy 2010; Hardy et al. 2006; Lanter 1991; Rodriguez et al. 2009)。

表 11.3 应用维基百科地理标记的方法

方法	优势
使用简单的地理标签	避免了地理科学中投影转换的复杂性。通常使用十进制的椭球体(WGS84)地理坐标,不强调数据精度。例如,在维基百科中,UCSB 的地理标签是(-119.84813°,34.41254°),0.000 01°≈1 m*。Flickr 使用了一种类似的方法,但保存了环境背景,便于用户选择位置(如交互地图的放大、缩小)(Jankowski et al. 2010)
使用简单的元数据结构	维基百科的文章内容和元数据使用了 Wiki 文本(Sauer et al. 2007),一种轻量级的标记语言。Flickr 使用了也许是所有元数据结构中最简单的一种:由任意字和句子组成的标签
使用机器人扩展	维基百科有成千上万个半自动化的程序运行,包含剔除无效数据、提取元数据、提出建议等在内的各种编辑功能
提炼和标记存疑内容	社区搭建模板或一定的质量标准,并对内容进行改进。会标记出任何需要改进的内容,建议继续完善。同时也会标记出有争议或陷入"编辑大战"的内容(Viégas et al. 2007a)
低效但快速的整合(最流行的方法)	使用服务层而非数据层的快速整合。关注点不是正式的规范,而是应用程序接口或实际案例。由于这种整合方法针对具体的应用程序接口,因此快速但效率低
完整的修改历史	出现问题或使用工具时,总能找到完整的上下文变更历史
数据挖掘	提供可通过内容查找服务的工具,并为通过程序进行内容挖掘的人提供应用程序接口

* 常见的 GPS 设备在 WGS84 坐标系统下的分辨率约为 1 m。

在理想情况下进行分析,所有的贡献对于作者的位置都将会有明确的地理信息。但是这些数据是无法在大多数 VGI 应用程序包括维基百科中使用的。所以,由于数据有效性和隐私方面的限制,VGI 的地理定位方法是存在疑问的。这项研究开拓了 IP 地址为匿名志愿者提供定位的方法。然而,IP 定位方法具有空间和时间上的动态性,在较细的尺度上(如街道尺度)并不精确,而且精明的用户或者匿名软件能相对容易地躲过这点(Duckham and Kulik 2005;Muir and Oorschot 2009)。

备选方案也受到类似的限制。目前一套以调查为基础的方法(即使用电子邮件调查的方法询问了约 150 名作者)(Nov,2007)也由于维基百科上的匿名而受限制。基于行为模式的空间分析方法,如条目的作者的位置,这样的研究还相对新颖(Lieberman and Lin 2009)。组合的方法,也就是用调查点来校正空间分析的定量模型,被证明可能是有用的。此外,VGI 逐渐转向移动领域,在那里用户留下了更多(通常是无意地留下)数字痕迹,这对地理定位更加有用,如智能手机的 GPS 定位系统、手机的所属基站记录,甚至是地理参考照片(Girardin et al. 2008;González et al. 2008)。这些痕迹数据能够使跟踪个人或团体的空间数据挖掘成为可能(Kisilevich et al. 2010)。

自从地理定位方法被运用到其他领域,跨学科的方法也证明这种方法有用。举个例子来说,地理剖析,可通过罪犯的一系列活动推测出罪犯最可能的区域(Rossmo 2000,p.1)。地理剖析系统运用空间分布和概率距离策略,如圆心、质点、中值、几何平均、调和平均数和最小距离算法等(Snook et al. 2005)。

11.5.2 社会因素

社会因素(如交流、文化、语言、居住模式、社会经济状况等)怎样影响 VGI 的贡献呢? VGI 的生产和使用可能会将空间数据基础设施转移到为社会因素做准备上(Budhathoki et al. 2008;Coleman et al. 2009;Elwood 2010;Elwood et al. 2012;Sieber and Rahemtulla 2010);协作式写作过程的进一步建模可能会包括维基社交网络和未来社交网络技术爆发下的 VGI 系统的时空约束。

举个例子,VGI 生产模型以简单的术语定义度量特征距离的工作为“编辑量”。但是从文学描述的角度来说这个“工作”有不同的定义,包括编辑的数量(Kittur et al. 2007)、编辑三角(Zeng et al. 2006)、编辑一致性(即信息距离)(Voss 2005)、编辑寿命(即年龄、幸存时间或者持续性)(Adler and de Alfaro 2007;Wöhner and Peters 2009)以及编辑能见度(Priedhorsky et al. 2007)。这些度量可能更好地将社会过程建模化以及阐明在协同写作中的社会空间因素。特别需要指出的是,编辑寿命和编辑可见性更直接地反映在“编辑大战”⑦和“羊群效应”等社会现象中。同样地,我们对条目类别的地理效应的比较研究相对较少,但是以内容为中心的维度分析也许能帮助研究这些社会过程。

另外一个问题是语言和人口资料在 VGI 上是否能够影响空间模式。理想的情况下,集体写作的空间模型将会包含有多少潜在的网络用户在特地位置用特定语言贡献条目的概率。这项研究由于缺失特定分辨率的数据,因而没有按照人数和可能的语种数将写作标准化。Balk 和 Yetman(2004)提供相对大规模的人口估算数据,但是不包括不同语种人数的估计。此外,互联网的使用在空间上是变化的(Billón et al. 2008;Zook 2005),不容易获得互联网上大量的人口估计。

此外,在互联网的全球尺度,“近”的概念不同于社会科学研究的小尺度(Graham 1998)。例如,在我们的研究中,相对于可获得的维基百科贡献者的所有范围来说,小于 2000 km 在维基百科上来说是近的。尽管存在是全球的或者

⑦ 为了应对这些行为,维基百科有一个政策,指出“维基百科人应该遵守礼节,用相互尊重的方式进行交互”(http://en.wikipedia.org/wiki/wikipedia:Five_pillars)。

说是虚拟的行程(Urry 2002),典型的距离尺度是小于2000 m的,如在城市中心行走(Turner and Penn 2002)或者通过交通网的上下班距离(Weber 2003)。

最后,通过新媒体共同行动的概念是VGI的核心。VGI和相关的“新生代地理学”现象将“公众”的概念从以前公众参与GIS扩展到了更大范围、更加分布式的民众参与(Elwood 2008;Hall et al. 2010;Sieber 2006;Sui 2008)。

11.5.3 方法论因素

最后,什么样的方法论突破是今后的研究必需的?VGI具有的大容量、高度分散的、实时的以及社会化的本质是用简单的计算方法进行分析的内在困难。更进一步说,就像我们在研究中描述的那样,大量的计算资源和数据挖掘方法更适合VGI的经验研究。在子条目级别的数据挖掘,如章节和段落能够提高取样的尺度。同时,地理和网络的可视化方法也许可以使VGI研究中的可视化分析方法成为可能。

在未来几年里,基于维基百科的VGI系统(其信息来源是透明的),可能不再适用,因为VGI的短暂性和社会性的特性将逐渐增强。特别需要说明的是,在方法论上的一个重要的挑战将会是有效地应对社交网络过滤数据的环境下的数据洪流(Watts et al. 2002)。如果信息的原语通过波动的社交网络逐渐以距离或者连通性为基础,那么传统的信息科学方法论将不再适用于大规模尺度。基于图标理论的社交网络方法,现在用来研究在线的协作性环境,如大规模的多人游戏(Szell and Thurner 2010)和博客(Liben-Nowell et al. 2005)。

11.6 结 论

即使基础的在线地理服务科技已经发展了多年,VGI生产的行为影响在很大程度上还是不确定的。这些服务需要大规模的数据互操作性和协作,例如,有可能两者都没有纯粹的技术方法。VGI将会创造出新的知识政治,许多麻烦的新问题在本质上都是制度性的或是社会行为的,而不是技术的(Elwood 2008,2010;Goodchild 2008)。例如,无所不在的互联网大幅减少交流开支就引发一个问题,地理上的距离对于信息和经济的生产还是否重要(Cairncross 1997;Castells 2010)。

本章在VGI的生产上强调两个基本问题,也就是:① 个人怎样向数字公共地提供基于位置的信息;② 这种集体活动的写作动态。我们的方法在VGI生产的空间行为中采取了以用户为中心的视角。VGI的生产研究在架构、社会以及方法等方面都是一个尚不成熟的领域,这就引出了新的研究领域,即:① 怎样提升必不可少的地理元数据的结构和质量;② 人口和语言怎样影响 VGI;③ 社交网络怎样改变 VGI 的性质。

致谢:本研究部分由美国国家科学基金(编号:BCS-0849625,“协作研究:用 GIS 科学方法评估 VGI 的数据质量、应用潜力和影响”;编号:IIS-0431166,“协作研究:数字图书馆和地球科学数据系统整合”)与美国陆军研究办公室(编号:W911NF0910302)支持。感谢德国柏林的维基媒体协会提供的 Toolserver 服务(http://toolserver.org)。他们为本研究提供了数据库接口、网络主机和计算资源。感谢 Tim Alder 与 Stefan Kühn 对维基百科地理标记方法提出的意见,分享数据挖掘软件和结果。同时感谢审稿人的建议,以及加利福尼亚大学圣巴巴拉分校社会与信息技术中心和空间研究中心的师生的积极参与。

参考文献

Adler, B.T., & de Alfaro, L. (2007). A content-driven reputation system for the Wikipedia. WWW'07. doi:10.1145/1242572.1242608.

Alexa Internet, Inc. (2009). Alexa traffic rank. http://www.alexa.com/siteinfo/wikipedia.org. Accessed Dec 2009.

Almeida, R., Mozafari, B., & Cho, J. (2007, March 26–28). *On the evolution of Wikipedia*. Paper presented at the 1st international conference on weblogs and social media, Boulder, CO.

Amitay, E., Har'El, N., Sivan, R., & Soffer, A. (2004). Web-a-where: Geotagging web content. SIGIR'04. doi:10.1145/1008992.1009040.

Balk, D., & Yetman, G. (2004). Gridded population of the world (GPWv3). http://sedac.ciesin.columbia.edu/gpw/. Accessed Feb 2010.

Beenen, G., Ling, K., Wang, X., Chang, K., Frankowski, D., Resnick, P. et al. (2004). Using social psychology to motivate contributions to online communities. CSCW'04. doi: 10.1145/1031607.1031642.

Benkler, Y. (2002). Coase's penguin, or, Linux and the nature of the firm. *The Yale Law Journal*, 112(3), 369–446.

Billón, M., Ezcurra, R., & Lera-López, F. (2008). The spatial distribution of the internet in the European Union: Does geographical proximity matter? *European Planning Studies*, 16(1), 119–142.

Brabham, D.C. (2008). Crowdsourcing as a model for problem solving: An introduction and cases. *Convergence: The International Journal of Research into New Media Technologies*, 14(1), 75–90.

Broder, A., Kumar, R., Maghoul, F., Raghavan, P., Rajagopalan, S., Stata, R., et al. (2000). Graph structure in the web. *Computer Networks*, 33(1–6), 309–320.

Browne, M. (1997). The field of information policy: Fundamental concepts. *Journal of Information Sci-*

ence,23(4),261-275.

Bryant, S. L., Forte, A., & Bruckman, A. (2005). Becoming Wikipedian: Transformation of participation in a collaborative online encyclopedia.*GROUP*' 05.doi:10.1145/1099203.1099205.

Budhathoki,N.R.,Bruce,B.,& Nedovic-Budic,Z.(2008).Reconceptualizing the role of the user of spatial data infrastructure.*GeoJournal*,72(3),149-160.

Cairncross,F.(1997).*The death of distance:How the communications revolution will change our lives.* Cambridge,MA:Harvard Business School Press.

Castells,M.(2010).*The rise of the network society*(2nd ed.).West Sussex:Wiley-Blackwell.

Çelik,T.(2005).Geo microformat specification [draft].http://microformats.org/wiki/geo.Accessed Dec 2009.

COARDS(1995).Conventions for the standardization of NetCDF files.http://ferret.wrc.noaa.gov/noaa_coop/coop_cdf_profile.html.Accessed July 2009.

Coleman,D.J.,Georgiadou,Y.,& Labonte,J.(2009).Volunteered geographic information:The nature and motivation of produsers.*International Journal of Spatial Data Infrastructures Research*, 4, 332-358.

Cronin,B.(2001).Hyperauthorship: A postmodern perversion or evidence of a structural shift in scholarly communication practices? *Journal of the American Society for Information Science and Technology*,52(7),558-569.

Daviel,A.,& Kaegi,F.(2007).Geographic registration of HTML documents [draft].http://tools.ietf.org/pdf/draft-daviel-html-geo-tag-08.pdf.Accessed Dec 2009.

de By, R., Lemmens, R., & Morales, J. (2009). A skeleton design theory for spatial data infrastructure.*Earth Science Informatics*,2(4),299-313.

Duckham,M.,& Kulik, L. (2005). A formal model of obfuscation and negotiation for location privacy.In H.W.Gellersen et al.(Eds.),Pervasive 2005(pp.152-170,LNCS,Vol.3468).Berlin: Springer.

Elwood,S.(2008).Volunteered geographic information:Future research directions motivated by critical,participatory,and feminist GIS.*GeoJournal*,72(3),173-183.

Elwood,S.(2010).Geographic information science:Emerging research on the societal implications of the geospatial web.*Progress in Human Geography*,34(3),349-357.

Elwood,S.,Goodchild,M.F.,& Sui,D.Z.(2012).Researching volunteered geographic information: Spatial data,geographic research,and new social practice.*Annals of the Association of American Geographers*,102(3),571-590.doi:10.1080/00045608.2011.595657.

Forte,A.,& Bruckman,A.(2008).Scaling consensus:Increasing decentralization in Wikipedia governance.*HICSS*' 08.doi:10.1109/HICSS.2008.383.

Fotheringham,A.S.(1981).Spatial structure and distance-decay parameters.*Annals of the Association of American Geographers*,71(3),425-436.

Fotheringham,A.S.,& O'Kelly,M.E.(1989).*Spatial interaction models:Formulations and applications.*Dordrecht:Kluwer Academic.

Friedman, T.L. (2005). *The world is flat: A brief history of the twenty-first century*. New York: Farrar, Straus, and Giroux.

Girardin, F., Calabrese, F., Fiore, F., Ratti, C., & Blat, J. (2008). Digital footprinting: Uncovering tourists with user-generated content. *IEEE Pervasive Computing*, 7(4), 36-43.

Golder, S.A., & Huberman, B.A. (2006). Usage patterns of collaborative tagging systems. *Journal of Information Science*, 32(2), 198-208.

González, M.C., Hidalgo, C.A., & Barabási, A.-L. (2008). Understanding individual human mobility patterns. *Nature*, 453, 779-782.

Goodchild, M.F. (2000). Communicating geographic information in a digital age. *Annals of the Association of American Geographers*, 90(2), 344-355.

Goodchild, M.F. (2004). Scales of cybergeography. In E. Sheppard & R.B. McMaster (Eds.), *Scale and geographic inquiry: Nature, society, and method* (pp.154-169). Malden: Blackwell.

Goodchild, M.F. (2008). Geographic information science: The grand challenges. In J.P. Wilson & A.S. Fotheringham (Eds.), *The handbook of geographic information science* (pp.596-608). Malden: Blackwell.

Graham, S. (1998). The end of geography or the explosion of place? Conceptualizing space, place and information technology. *Progress in Human Geography*, 22(2), 165-185.

Grif fith, V. (2007). WikiScanner. http://wikiscanner.virgil.gr/. Accessed February 2009.

Gueye, B., Ziviani, A., Crovella, M., & Fdida, S. (2006). Constraint-based geolocation of internet hosts. *IEEE/ACM Transactions on Networking*, 14(6), 1219-1232.

Gueye, B., Uhlig, S., & Fdida, S. (2007). Investigating the imprecision of IP block-based geolocation. In S. Uhlig, K. Papagiannaki, & O. Bonaventure (Eds.), *Passive and active network measurement* (pp.237-240, LNCS, Vol.4427). Berlin: Springer.

Hägerstrand, T. (1967). *Innovation diffusion as a spatial process*. Chicago: University of Chicago Press.

Hall, G.B., Chipeniuk, R., Feick, R.D., Leahy, M.G., & Deparday, V. (2010). Community-based production of geographic information using open source software and Web 2.0. *International Journal of Geographical Information Science*, 24(5), 761-781.

Hankin, S.C., & 14 co-authors (2009). NetCDF-CF-OPeNDAP: Standards for ocean data interoperability and object lessons for community data standards processes. *OceanObs'09: Sustained ocean observations and information for society*. doi: 10.5270/OceanObs09.cwp.41.

Hardy, D. (2008, October 15-19). *Discovering behavioral patterns in collective authorship of place-based information*. Paper presented at the 9th international conference of the association of internet researchers, Copenhagen, Denmark.

Hardy, D. (2010, September 14). "*Title not required*": *The wikification of geospatial metadata*. Paper presented at the GIScience workshop on the role of volunteer geographic information in advancing science, Zurich, Switzerland.

Hardy, D., Janée, G., Gallagher, J., Frew, J., & Cornillon, P. (2006). Metadata in the wild: An empirical survey of OPeNDAP-accessible metadata and its implications for discovery. *Eos Trans.* AGU, 87(52), Fall Meet. Suppl., Abstract IN54A-04.

Hardy, D., Frew, J., & Goodchild, M. F. (2012). Volunteered geographic information production as a spatial process. *International Journal of Geographical Information Science*. doi: 10.1080/13658816.2011.629618.

Haynes, K. E., & Fotheringham, A. S. (1984). *Gravity and spatial interaction models.* Beverly Hills: Sage.

Hecht, B. J., & Gergle, D. (2010). On the "localness" of user-generated content. *CSCW' 10.* doi: 10.1145/1718918.1718962.

Hecht, B., & Moxley, E. (2009). Terabytes of Tobler: Evaluating the first law in a massive, domain-neutral representation of world knowledge. In K. S. Hornsby (Ed.), *Spatial information theory* (pp. 88-105, LNCS, Vol.5756). Berlin: Springer.

Hill, L. L. (2006). *Georeferencing: The geographic associations of information.* Cambridge, *MA: MIT Press.*

Huberman, B. A., Pirolli, P. L., Pitkow, J. E., & Lukose, R. M. (1998). Strong regularities in World Wide Web surfing. *Science*, 280, 95-97.

Jankowski, P., Andrienko, G., Andrienko, N., & Kisilevich, S. (2010). Discovering landmark preferences and movement patterns from photo postings. *Transactions in GIS*, 14(6), 833-852.

Kisilevich, S., Mansmann, F., Nanni, M., & Rinzivillo, S. (2010). Spatio-temporal clustering. In O. Maimon & L. Rokach (Eds.), *Data mining and knowledge discovery handbook* (2nd ed., pp. 855-874). New York: Springer.

Kittur, A., Suh, B., Pendleton, B. A., & Chi, E. H. (2007). He says, she says: Conflict and coordination in Wikipedia. *CHI' 07.* doi: 10.1145/1240624.1240698.

Kühn, S. (2008). Work flow from Wikipedia-Dump to geodata. http://de.wikipedia.org/wiki/ Datei: Wikipedia_Geodata_Workflow.svg. Accessed Oct 2008. Creative Commons license (CCBY-SA 3.0).

Kühn, S., & Alder, T. (2008). Wikipedia-World [in German]. http://de.wikipedia.org/wiki/Wikipedia: WikiProjekt_Georeferenzierung/Wikipedia-World. Accessed Oct 2008.

Kunze, J. (1999). Encoding Dublin core metadata in HTML. http://www.ietf.org/rfc/rfc2731.txt. Accessed Mar 2008.

Lanter, D. P. (1991). Design of a lineage-based meta-data base for GIS. *Cartography and Geographic Information Science*, 18(4), 255-261.

Liben-Nowell, D., Novak, J., Kumar, R., Raghavan, P., & Tomkins, A. (2005). Geographic routing in social networks. *Proceedings of the National Academy of Sciences*, 102(33), 11623-11628.

Lieberman, M., & Lin, J. (2009, May 17-20). *You are where you edit: Locating Wikipedia contributors through edit histories.* Paper presented at the 3rd International AAAI Conference on Weblogs and Social Media, San Jose, CA.

Lih, A. (2009). *The Wikipedia revolution: How a bunch of nobodies created the world' s greatest ency-*

clopedia.New York:Hyperion.

Marston,S.A.,Jones,J.P.,& Woodward,K.(2005).Human geography without scale.*Transactions of the Institute of British Geographers*,30(4),416–432.

MediaWiki(2006).The technical manual for the MediaWiki software:Database layout.http://www.mediawiki.org/wiki/Manual:Database_layout.Accessed Mar 2008.

Miller,N.(2005).Wikipedia and the disappearing "Author".*ETC:A Review of General Semantics*,62(1),37–41.

Morrill,R.L.,& Pitts,F.R.(1967).Marriage,migration,and the mean information field:A study in uniqueness and generality.*Annals of the Association of American Geographers*,57(2),401–422.

Muir,J.A.,& Oorschot,P.C.V.(2009).Internet geolocation:Evasion and counterevasion.*ACM Computing Surveys*,42(1),1–23.

Nardi,B.A.,Schiano,D.J.,Gumbrecht,M.,& Swartz,L.(2004).Why we blog.*Communications of the ACM*,47(12),41–46.

Nov,O.(2007).What motivates Wikipedians? *Communications of the ACM*,50(11),60–64.

O'Reilly,T.(2005).What is Web 2.0:Design patterns and business models for the next generation of software.http://oreilly.com/web2/archive/what-is-web-20.html.Accessed Mar 2008.

Priedhorsky,R.,Chen,J.,Lam,S.T.K.,Panciera,K.,Terveen,L.,& Riedl,J.(2007).Creating,destroying,and restoring value in Wikipedia.*GROUP'07*.doi:10.1145/1316624.1316663.

Rodriguez,M.A.,Bollen,J.,& Sompel,H.V.D.(2009).Automatic metadata generation using associative networks.*Transactions on Information Systems*,27(2),1–20.

Rossmo,D.K.(2000).*Geographic profiling*.Boca Raton:CRC Press.

Sauer,C.,Smith,C.,& Benz,T.(2007).WikiCreole:A common wiki markup.*International Symposium on Wikis*.doi:10.1145/1296951.1296966.

Sen,A.,& Smith,T.E.(1995).*Gravity models of spatial interaction behavior*.Berlin:Springer.

Sieber,R.(2006).Public participation geographic information systems:A literature review and framework.*Annals of the Association of American Geographers*,96(3),491–507.

Sieber,R.E.,& Rahemtulla,H.(2010).*Model of public participation on the geoweb*.Paper presented at the 6th international conference on GIScience,Zurich,Switzerland,September 14–17,2010.

Snook,B.,Zito,M.,Bennell,C.,& Taylor,P.J.(2005).On the complexity and accuracy of geographic profiling strategies.*Journal of Quantitative Criminology*,21(1),1–26.

Stanger,N.(2008).Scalability of techniques for online geographic visualization of web site hits.In A.Moore & I.Drecki(Eds.),*Geospatial vision:New dimensions in cartography*(pp.193–217).Berlin:Springer.

Sui,D.Z.(2008).The wikification of GIS and its consequences:Or Angelina Jolie's new tattoo and the future of GIS [editorial].*Computers,Environment and Urban Systems*,32(1),1–5.

Sundin,O.,& Haider,J.(2007).Debating information control in Web 2.0:The case of Wikipedia vs. citizendium.*Proceedings of the American Society for Information Science and Technology*,44(1),1–7.

Szell, M., & Thurner, S. (2010). Measuring social dynamics in a massive multiplayer online game. *Social Networks*, 32(4), 313-329.

Tapscott, D., & Williams, A.D. (2006). *Wikinomics: How mass collaboration changes everything*. New York: Portfolio.

Turner, A., & Penn, A. (2002). Encoding natural movement as an agent-based system: An investigation into human pedestrian behaviour in the built environment. *Environment and Planning B*, 29(4), 473-490.

Urry, J. (2002). Mobility and proximity. *Sociology*, 36(2), 255-274.

van Loenen, B., Besemer, J.W.J., & Zevenbergen, J.A. (Eds.). (2009). *SDI convergence: Research, emerging trends, and critical assessment*. Delft: Netherlands GeodeticCommission.

Viégas, F.B. (2005). *Revealing individual and collective pasts: Visualizations of online social archives*. Ph.D.dissertation, Massachusetts Institute of Technology, Cambridge, MA.

Viégas, F.B., Wattenberg, M., & Dave, K. (2004). Studying cooperation and con flict between authors with history flow visualizations. CHI' 04. doi: 10.1145/985692.985765.

Viégas, F.B., Wattenberg, M., Kriss, J., & van Ham, F. (2007a). Talk before you type: Coordination in Wikipedia. *HICSS' 07*. doi: 10.1109/HICSS.2007.511.

Viégas, F.B., Wattenberg, M., & McKeon, M.M. (2007b). The hidden order of Wikipedia. In D. Schuler (Ed.), *Online communities and social computing* (pp.445-454, LNCS, Vol.4564). Berlin: Springer.

Voss, J. (2005). *Measuring Wikipedia*. Paper presented at the 10th international conference of the International Society for Scientometrics and Informetrics, Stockholm, Sweden, July 24-28, 2005.

Watts, D.J., Dodds, P.S., & Newman, M.E.J. (2002). Identity and search in social networks. *Science*, 296, 1302-1305.

Weber, J. (2003). Individual accessibility and distance from major employment centers: An examination using space-time measures. *Journal of Geographical Systems*, 5(1), 51-70.

Wikimedia Foundation (2010). List of Wikipedias. http://meta.wikimedia.org/wiki/List_of_ Wikipedias. Accessed Sept 2010.

Wikipedia (2008). WikiProject geographical coordinates. http://en.wikipedia.org/wiki/Wikipedia: GEO. Accessed Mar 2008.

Wilson, A. (1969). Notes on some concepts in social physics. *Papers in Regional Science*, 22(1), 159-193.

Wilson, A. (1971). A family of spatial interaction models, and associated developments. *Environment and Planning*, 3(1), 1-32.

Wöhner, T., & Peters, R. (2009). *Assessing the quality of Wikipedia articles with lifecycle based metrics*. 5th international symposium on wikis and open collaboration. doi: 10.1145/1641309.1641333.

Zachte, E. (2009). Wikimedia visitor log analysis report: Google requests as daily averages, based on sample period [November 2009]. http://stats.wikimedia.org/wikimedia/squids/Squid Report-Google.htm. Accessed Feb 2010.

Zachte, E. (2010a). Wikimedia report card [January 2010]. http://stats.wikimedia.org/reportcard/. Accessed Feb 2010.

Zachte, E. (2010b). Wikipedia statistics: Overview of recent months. http://stats.wikimedia.org/EN/Sitemap.htm. Accessed Feb 2010.

Zeng, H., Alhossaini, M.A., Ding, L., Fikes, R., & McGuinness, D.L. (2006). Computing trust from revision history. *International Conference on Privacy, Security and Trust*. doi: 10.1145/1501434.1501445.

Zimmerman, A. (2007). Not by metadata alone: The use of diverse forms of knowledge to locate data for reuse. *International Journal on Digital Libraries*, 7(1), 5-16.

Zook, M. (2005). The geographies of the internet. *Annual Review of Information Science and Technology*, 40(1), 53-78.

第12章

从有空间参考的自然语言描述中判断话题地点

Benjamin Adams　Grant McKenzie

摘要：地点不仅指位置和空间足迹，从某种意义上来说，对地点的感知是一个人到过某个地点或者与关于某个地点的信息交互所产生的主观经验结果。尽管很难直接用一个计算公式来模拟人们位置感知的概念，但是在网络上存在很多描述人们在某个地点的经历的自然语言数据，我们可以利用这些数据来学习计算表达。本章中，我们通过对一组旅行博客进行主题建模来分析出世界上最受人关注的地点，并对此模型进行评估。使用这些表示方法，可以计算出这些地点的相似之处。另外，通过关注单个或者成组的主题，我们识别出主题最突出的新地区。最后，讨论了如何通过这些方法评估位置感知随时间变化的情况。

12.1　引　　言

J.Nicholas Entrikin(1991)指出对某个地方的叙述是我们了解这个世界的重要资源，因为它们提供了"一种独特的认知形式，来自对异质现象综合体验"的重新描述。这些叙述的一个关键方面在于它们来自一个独立的视角，因此这些

Benjamin Adams(✉)
加利福尼亚大学圣巴巴拉分校计算机科学系，美国，圣巴巴拉市
E-mail：badams@cs.uscb.edu

Grant McKenzie
加利福尼亚大学圣巴巴拉分校地理系，美国，圣巴巴拉市

叙述来自大量的主观经验。网络上大多数 VGI 都是来自对地球上地点非结构化的自然语言描述,如维基百科中的条目、旅行博客或是像 Twitter 这样的微博。VGI 用于地理分析的地点描述来源于丰富的数据集。然而数量巨大的可利用信息需要用自动化的方法去辅助分析。本章我们对一种用广泛应用的自然语言处理技术——运用话题模型的结果进行讨论,用该技术在一个记录着描述世界各地旅行博客的大型语料库中识别潜在的话题。我们探究这些话题的时空分布、探究在地图上绘制单个或综合的话题,从而得出话题的位置分布图。

地理学有同时从专题和区域两个方面分析的传统。专题地理通过一个特定话题来检验其地理结构间的异同,如经济或政策。区域地理针对地球上一个特定地区,研究这个地区的独特空间组织。空间异质性是指"地理现象在不同的区域具有其局部的特点,而非在整体上围绕一个平均值波动"(Goodchild 2009)。这是地理信息科学中一个重要的概念,它意味着统计学方法把世界看成平的(flat)将无法对许多地理现象进行准确建模。在一个大型的自然语言文档语料库中,文档与一个或多个位置相关联,话题的分布具有空间异质性。从那些均匀地跨越不同地理区域的文档中可以发现一些常见的主题模式,而且会发现与特定时间和位置高度相关的其他主题。因此,这些类型的文档既有利于专题地理研究,又有利于区域地理研究。

在本章中,我们描述了一种对带地理参考的自然语言文本进行主题建模,从而构建主题显著性区域的方法。主题建模是一种广为认可的自动数据挖掘技术,它能够在一个大型文档语料库中有效地挖掘隐含的主题(Blei and Lafferty 2009)。通俗地讲,主题是一个语义上连贯的词语集合,在文档中经常一起出现。例如,一个主题可以通过如下几个词描述:酒、葡萄园、品尝、奶酪。本章中用旅行博客记录的语料库来作为范例,但是这项技术同样适用于以这种方式排序的其他文本。每个博客记录的文本被建模为随机过程产生的主题混合,我们概括了处于同一位置的所有条目。结果是我们可以用高度非结构化的志愿数据开发地点的动态统计形式模型。结果表明,一些产生的主题与具体的地理位置相对应,这些主题就适合分析类似于"这篇文章是在什么时候,在哪里写的?"这种问题;反之,其他话题为专题化及比较探索提供了一种方法。

大型语料库主题建模应用的成果之一就是可以有效地降低主题空间的维度,使研究人员能够基于固定数量的主题识别并比较地理背景。语料库的主题维度减少到一个可以解释的数量,为不同种类的分析创造了可能性。例如,正如稍后展示的那样,在旅行纪录影片中发现的主题可以用于识别一个地点是被普遍看作自然景观还是人文景观。另外,通过看一个给定地点最突出的主题,研究人员可以识别在游客的眼中某个地方最突出的地标、特征和相关活动,这可以与这个地方的特征分布数据或当地人的描述等其他数据进行比较。它们也可能被用于发现那些在某些方面不相似但在特定话题维度上类似的地方。最后,当观看具有时间跨度的游记文集时,研究人员可以用这种方法去更好地理解某个地方的旅游形象是如何随着时间而变化的。

我们创造主题区域方法的基本前提是,一个描述某个地点的自然语言文档是在某个特定位置(**x**)对现象的观察,以及构成各种各样观察的主题的混合物将是空间自相关的。这可以看作是一种对 Tobler 第一定律[距离越近的地点越具有相似性(Tobler 1970)]的重述。注意当主题混合物将显示空间自相关,其中的单个主题全局空间自相关的程度会有所不同。换句话说,一些话题会比其他话题更具有局部性。

本章的其余部分组织如下,在第 12.2 节中介绍主题建模的背景、研究地点以及运用主题建模发现地区主题的相关工作。第 12.3 节中介绍数据收集和预处理过程。第 12.4 节中介绍对数据运行隐含狄利克雷分布(LDA)的结果并详述了从这些结果中描述和分析地点的方法。第 12.5 节中介绍怎样使产生的主题可视化以及怎样在地图上展示话题的区域范围。第 12.6 节中,我们研究话题的时域分析法。最后我们展望了未来的研究。

12.2 背　景

在这一部分,介绍主题建模的背景、研究地点以及运用话题模型发现地区话题的相关工作。

12.2.1 地点

Tuan 认为,地点是灌注了意义的空间,是认知世界的一种方式(Tuan 1977)。另一种常被引用的关于地点的定义是由 Agnew 提出的,他说地点是位置、场所和对一个地方的感知所组合成的(Agnew 1987)。根据这个定义,对一个地方的感知是主观的,它不仅包括物理结构,还包括个体在一个地点或观看这个地点的介绍时产生的体验(Cresswell 2004)。本章介绍的这种方法的优点在于,人们选择写这个地方的哪些东西反映了他们对这个地方的感知,通过对多数人的记录进行归纳,我们可以推断出对这个地点的观点聚合。通过进行这种研究,我们仍然不能确定是该通过一种相对客观的视角还是相对主观的视角去研究地点(Entrikin 1991)。因为主题建模用于单个文档水平,分析可以在描述的聚合水平上执行,或者可以从反映地点更个性化概念的个体描述的水平上进行研究。

尽管在地理学及相关学科上有重要的地位,但在地理信息系统中对地点感知的建模还不是非常成功。然而对地点的操作已经是一个重要的研究课题。期

刊 *Spatial cognition and Computation* 有一期就关注了这个问题(Winter et al. 2009)。对地点感知的多维测量在人文地理中早有发展,但是他们倾向于通过对特定的地理设置进行心理测试的方法来研究(Jorgensen and Stedman 2006)。本章的目标是探索用一群不同人建立的更大的、众包式的数据集对地点进行非监督分析。

12.2.2 主题建模

生产性的主题建模是一套非监督的数据挖掘方法,它揭示一个大型语料库中文本文件的语义结构(Steyvers and Griffiths 2007)。生产性主题模型是一个统计模型,它解释了在文档中找到的词汇是如何通过一个随机过程产生的。对于最著名的话题生成模型 LDA,文档中的每一个词都是从一组在语料库中多个文档所共享的主题中选出的(Blei et al. 2003)。每个文档都被建模成一个独特的主题混合物(即主题的多项分布),相应地,每个主题都是词汇的多项分布。所以为了产生每个词,你可以想象扔两个加权的骰子。第一个骰子有很多面,表示很多的话题,每一面对每个文档都有不同的权重,它用来概然地抽取出一个话题。然后,针对给定的话题,另一个骰子有很多带主题相关权重的面,对应语料库中的诸多词汇,我们投掷这个骰子选出单词。这个生成过程很容易扩展,并考虑其他信息,如作者,已经有很多类似这样对 LDA 的改进(Steyvers et al. 2004)。主题模型是一种"词袋"模型,意味着文本中单词的顺序和语法情境对结果没有影响。

主题建模的目标在于推断出现有文档的语料库中最可能产生被观察单词的隐含参数(也就是骰子的权重)。这个推断是一个关于大型概率地理模型的贝叶斯推理问题。在过去的几十年里,主题建模的主要创新在于发展出高效的算法以逼近这个推理,但是给出这个问题确切的解决方法还是很棘手的。使用马尔可夫链蒙特卡罗方法(MCMC)的吉布斯抽样算法来逼近参数已经被证实是有效的(参考 Griffiths and Steyvers 2004;Bishop 2006)。

运行 LDA 推理的时候,输入的参数是 α 和 β 超参数、主题的数量以及观测数据。超参数 α 决定了有多少话题被分配到给定文档(一个非常小的 α 将给每个文档分配一个主题),超参数 β 决定了词汇是否或多或少地平均分布在各个主题间。大量的基于 MCMC 的 LDA 应用都是免费的。在本章介绍的工作中,我们使用了语言机器学习工具包(MALLET)中的主题建模工具(McCallum 2002)。

LDA 非常模块化,并且它的多数扩展包也已经研制出来,包括那些可以学习指定数量的主题、监督标记以及主题间相关性的扩展包(参见 Blei and Lafferty 2006;Teh et al. 2006;Li and McCallum 2006;Blei and Mcauliffe 2008) 。然而,扩展包增加了近似推理的计算复杂度,在本章介绍的分析中,我们利用原始的 LDA

模型，尽管这里得出的主题建模结果的后验空间分析与许多主题建模变体是完全兼容的。

12.2.2.1 文档的相似性

KL(Kullback-Leibler)散度 D_{KL}，也被称为相对熵。两个文档的主题分布的相对熵也可以被用作相似性度量。P 和 Q 是一个随机离散变量的概率分布：

$$D_{KL}(P \mid Q) = \sum_i P(i) \lg \frac{P(i)}{Q(i)}$$

Kullback-Leibler 是一种非对称测量；也就是说 P 到 Q 的距离与 Q 到 P 的距离不同。如果需要一个对称测量，那么可以用 JS(Jensen-Shannon)散度 D_{JS}来代替 KL 散度：

$$D_{JS}(P \mid Q) = \frac{1}{2} D_{KL}(P \mid M) + \frac{1}{2} D_{KL}(Q \mid M)$$

其中

$$M = \frac{1}{2}(P + Q)$$

12.2.3 相关研究

一个旅行见闻稿的位置主题模型被开发出来，它明确地将文件分解成本地的和全球的主题(Hao et al. 2010)。LDA 模型的一些拓展工作，使模型包含文档标签或链接的信息，可以用来为预测参数的主题训练(如一个本地标签)(Wang et al. 2007；Blei and Mcauliffe 2008；Chang and Blei 2009)。另外，模型已经发展到对时空主题的专门训练(Mei et al. 2006)。然而，通过专门对预测位置或时间的主题进行训练，我们将无法检验单独主题彼此间空间和时间分布的差异。这里介绍的工作其目标是表征不同地点是否共享同样的主题的程度。通过关注对主题建模结果的事后分析，我们提出适合各种数据源的技术，并且不过于依赖特定领域。然而，以上所有方法和这里提出的工作是兼容的。另外，尽管这里介绍的方法用于文本分析，但是这种方法也可以尝试用于其他类型的数据，如图像(Serdyukov et al. 2009)。

12.3 数据处理

网络上有很多博客网站，人们可以把他们的旅行经历以博客的形式发布出来。因为我们要研究这些来自世界各地不同的作者写的丰富多样的旅游博客数据集，所以浏览了一些大型网站，包括 travelpod. com，travelblog. org 和 travellerspoint.com，作为数据源。选择 travelblog.org[①] 是因为它有相对简单的用户界面，我们写了一个网络爬虫，抓取了截至 2010 年 9 月的所有公共条目的文本，除了文本，还以地理层次结构的形式保存了条目的日期和时间。Travelblog. org 中通常还有图像和视频，但是因为我们只做文本分析，所以这些图像和视频都没有下载。不过未来这些视频和图像可以用于对这些记录进行更加复杂的语义分析。我们总共从网站上下载了 309 683 条博客条目。

为了适应 LDA，这些记录要经过以下步骤进行预处理。首先排除那些几乎全是视频和图像，词汇少于 100 字的记录。接下来的探索分析中，我们发现博客中非英语的词语，容易被 LDA 组织成单独的主题。为了解决这个问题，对每条博客记录运行一个语言检测脚本，除去那些被标记为非英语的条目。不过有一些博客中既有英语又有其他的语言，这种博客并没有被除去，依然存在一定影响。最后，这些条目中包含在英语标准停用词中的词汇、所有的标点符号以及 HTML 标记都被过滤掉。经过预处理后，输入数据集有 275 468 条博客记录文档。

Travelblog.org 会让用户用地理层次的方式详细说明一个博客条目中相关的位置（如北美洲，美国，加利福尼亚州，洛杉矶）。用户通常从一个预定的分类中选择位置，不过在经过管理员的批准后用户建议的新位置也可以添加到数据库中。这里并没有关于如何将国家细分成地区的标准。一些国家比如美国和法国在分区上依据一级行政单位，但是其他一些国家会按非行政的地理区域进行划分或者直接跳到当地的城镇或者市级地区。用户在指定位置的时候有很大的灵活性，可以指定任意深度的地理层次，这就意味着一些条目以粗粒度的形式进行标记（如只写加利福尼亚州）。另外，因为用户提到的区域在尺度上差距很大，所以很难在相同的水平上比较地区。例如，安道尔共和国（最小的国家之一）和俄罗斯是在同一个级别上。

我们将用户定义的位置几何表示在地图上，从而实现可视化和空间分析。一种作图方式是用谷歌地图网络编码服务对每一个位置地理编码为具有经纬度的点，除了 500 个点手工编码以外，其他点都用以上方法完成编码。最后我们一共得到 10 496 个位置点。一些位置的粗粒度虽然很棘手，但是不可避免地，因为一个人的旅游经历的记录其地点本质上就是模糊的，甚至其实就是多个地点而不是地图上的一个点。

这 10 496 个位置并不是均匀地分布在全世界，在一些区域（如在伦敦地区），位置点之间非常靠近。为了分析，我们创建了一个 1/4 度的全球网格，将每

① http://www.travelblog.org

一个位置点分配到其所属的正方形网格内。这个新点的位置规定为网格的质心。尽管一个这样大小的网格在全球有超过100万个单元格,但是与条目相关的只有7227个。还有一个替代方法,我们将这些位置绘制在联合国全球行政单元图层(GAUL)上,这是联合国粮农组织(FAO)的一个产品。这种表示方法有三个地理图层,分别是Shapefile格式表示的区县、州和国家图层。我们可以根据行政边界对记录进行聚合。

12.4 从LDA结果进行地点建模

给定一个有空间参考的文档集合,用D表示。第一步是用LDA在语料库中生成一组主题,表示为T。在LDA的训练过程中,每一篇文档表示为d,其位置$\mathbf{x}^d = <x,y>$,T维的矢量θ^d表示该文档主题的多项分布。因为具有空间参考的文章,其经纬度是一个模糊定义区域的近似值,有可能不止一篇文章涉及同一个位置,我们需要放宽这个位置。通过在地球上建立一个固定大小的网格,对于每个单元格g_i中的文档,求它们的主题分布的平均值,得到矢量θ^{g_i}。得到了一系列网格单元的主题分布后,下一步就是进行空间插值。

12.4.1 主题建模结果

在我们的经验测试中,分别对含有20、50、100、200、300、400个主题的数据集运行了吉布斯抽样模拟。参照Griffiths和Steyvers(2004)的建议,对α、β以及主题数等进行了参数设置,设定β值固定为0.1,α值为主题数的五十分之一。

用LDA得到的主题通常表示为该主题最常生成的单词的有序列表。这些列表通常对一个主题的词汇从最常生成的单词开始自上而下排序,而不管这些词汇之间的相对重要性。例如,在一个主题中,排在首位的单词概率为0.08,而下一个最常用的词汇是0.01,这意味着第一个单词的通常生成次数是第二个单词的8倍。在其他主题中,第一和第二的词汇可能概率值非常接近。我们发现用文字云可视化,并通过相对大小来显示单词更直观,因此用这种方法代替了列表。

在观察了这个结果之后我们发现,这些主题大概分四大类:活动主题、特色主题、位置主题和混合主题。活动和特色主题的词汇分布分别与做的事情和看到的事物相关。位置主题由那些与特定地理位置相关联的词组成。混合主题与旅行本身似乎没有任何特殊关系,但反映了语言中的语义结构。许多主题属于上面所说的不止一个分类,它们的分类是模糊的。图12.1表示了200个主题运行出来的主题样例。

图 12.1 对 200 个主题进行 LDA 分析后得到的隐含主题样本

12.4.2 添加位置信息

一个经过训练的 LDA 模型对每个博客条目产生一个主题混合。LDA 模型并不包括任何时空信息作为参数,所以我们做了一个与特定位置相关的条目的主题强度的事后分析。我们计划结合所有在一个位置的主题混合,那么这个位置的地点感知的总体图画就能够被描绘出来。然而聚合主题混合的最佳技术并不明显。博客记录在位置上并不是均匀的,结果就是,一些位置的博客记录要比其他位置的记录多很多。在本文中,我们用 1/4 度方形网格来识别某一地方的位置,就像前文所述一样。M 是一个位置的记录数目,θ_{ij}是指第 j 个记录的第 i 个主题的值,L_θ 为位置主题分布:

$$L_{\theta_i} = \frac{\sum_{j=1}^{M} \theta_{ij}}{M}$$

位置主题分布可以用于计算两个地方的相似性,利用第 12.2 节中描述的相对熵方法度量。为了得到一个相似值[0.1],我们把位置间的相似度定义为随这种距离指数衰减的函数 $e^{-D_{KL}}$(在本例中使用非对称相对熵)。可以使用线性或者高斯衰减函数代替(Shepard 1987)。图 12.2 显示出了与美国加利福尼亚州圣巴巴拉市相似的地方,结果证实了地理学的 Tobler 第一定律,简单地说就是距离越近的地方越具有相似性(Tobler 1970),但是这幅图也同样指出圣巴巴拉市和距离它较远的一些地方也拥有同样的话题(如纽约的城市地区)。

这个方法对有一两条条目的地点和具有成百条条目的地点同样对待。取决于分析的目的,所以这可能是有问题的,也可能没有问题,因为条目多的位置(如伦敦)经过平均将会有更为平滑的主题分布。直观地说,这是合理的,因为这是像伦敦这样全球城市的特点,非常异质,并且应该反映出许多不同的视角和主题。不管怎样,用 L_θ 的熵作为参数将分布标准化是有可能的。

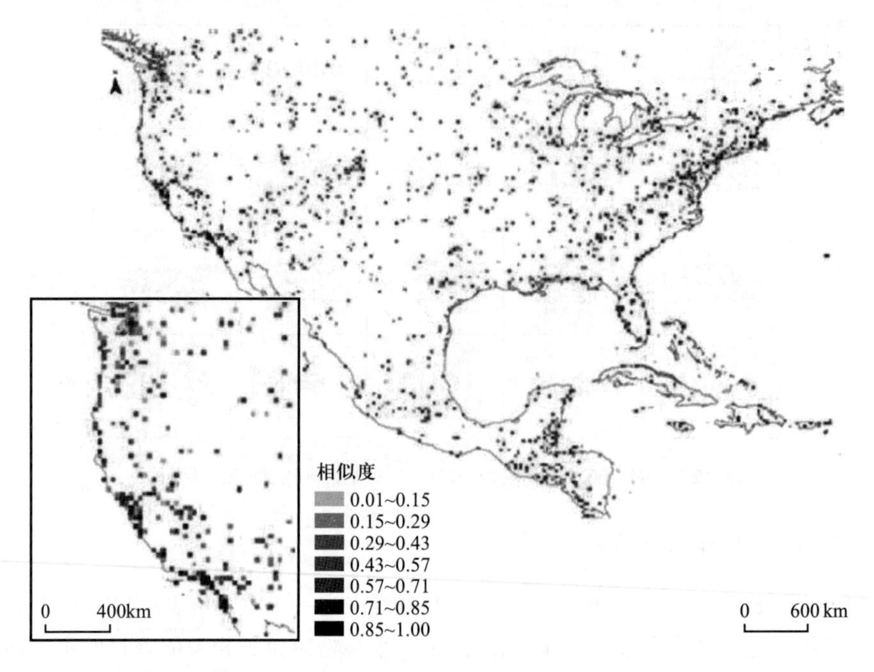

图 12.2 相对熵测量得到的美国加利福尼亚州圣巴巴拉市相似度图(参见书末彩插)

一个熵度量 L_e,可以用来表征一个位置的主题分布是关于较少的主题还是很多主题:

$$L_e = -\sum_{i=1}^{n} p(L_{\theta_i}) \lg p(L_{\theta_i})$$

熵越小,关于该位置的主题数量就越少。图 12.3 展示了澳大利亚有五条以上博客记录的所有地点的熵。图 12.3 说明了城市地区被讨论的主题比农村地区更具多样性。想必是因为我们看的是旅行博客记录,而拜访特定农村地区的人们活动类型比较特定。同样,在这些地区的人文地理特征具有更少的异质性。

我们提出,如果一个单独主题的概率比较突出,而这个地方的主题分布整体熵很高,它应该被认为比话题概率相等但熵非常低的地点更重要。L_e 是位置的熵,N 是话题数目,γ 是标量,主题 i 的强度 S_i 定义为

$$S_i = \begin{cases} \gamma L_e \theta_i, \theta_i > \dfrac{1}{N} \\ \theta_i, \theta_i \leqslant \dfrac{1}{N} \end{cases}$$

这里加入条件判断是由于我们仅希望增加概率大于或等于 1/N 的主题的显著性。

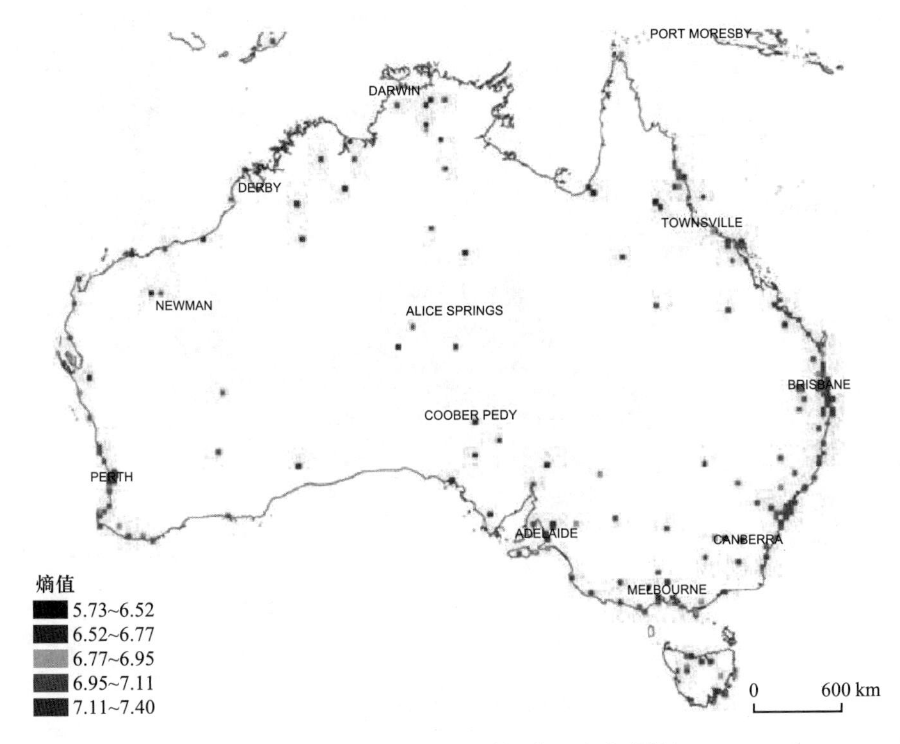

图 12.3 澳大利亚地区的熵(参见书末彩插)

12.5 构建主题差异的区域

把 S_i 作为在明确位置点的主题 i 的显著性的指标,我们可以用空间统计方法生成一个场来表示这个主题和世界各地的相关性。多边形区域表示了主题和哪些区域是最相关的,多边形地区可以通过基于某个阈值计算场的等高线来构建。如第 12.3 节,在我们的例子中,为 1/4 度方形网格的质心赋予主题强度。一个点的主题强度被视为一个点数据输入 Epanechnikov 核密度估计函数中(de Smith et al. 2007)。

图 12.4 和图 12.5 展示了用这种方法生成的两个主题强度等于 0.01 的等高线图[②]。描绘了欧洲的葡萄酒主题。寺庙这个主题说明了一些主题的地域性,寺庙特征通常在东南亚地区出现较多,这反映了人们在这些地方写下的东西。用这种方法作出的主题地图是双向的,它不仅提供了一种探索分析的机制,发现主题在哪里被提及,而且某些情况下,可视化可以帮助解释主题的意义。例如,在 400 个主题的模拟中,产生的两个不同的主题(序号分别为 275 和 384)中,战

② 必须强调的是,本章所采用的例子中的主题区域和实际有较大偏差,因为它们来自旅游博客条目。

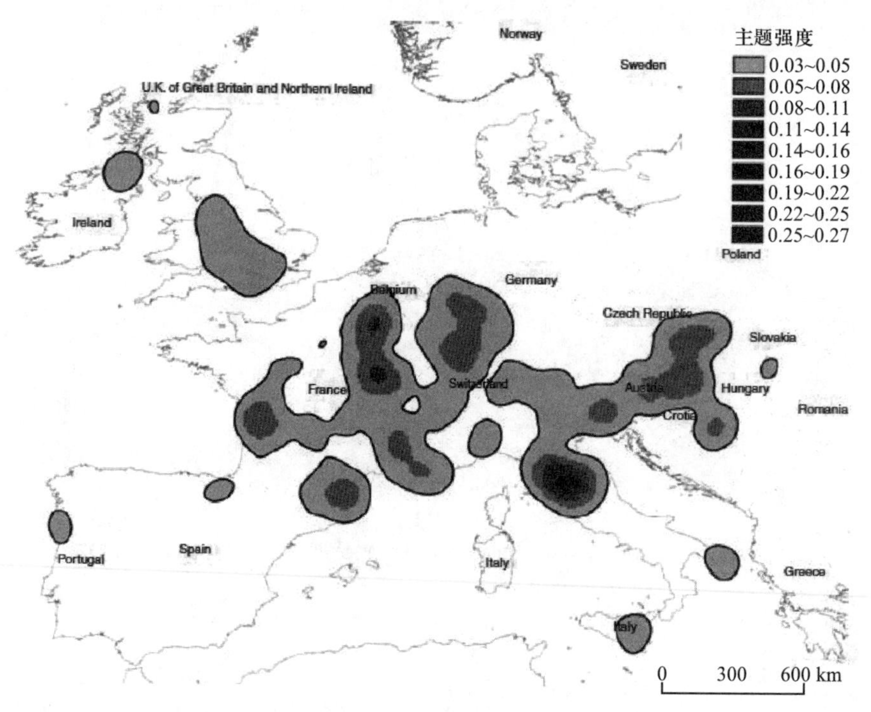

图 12.4 酒主题强度

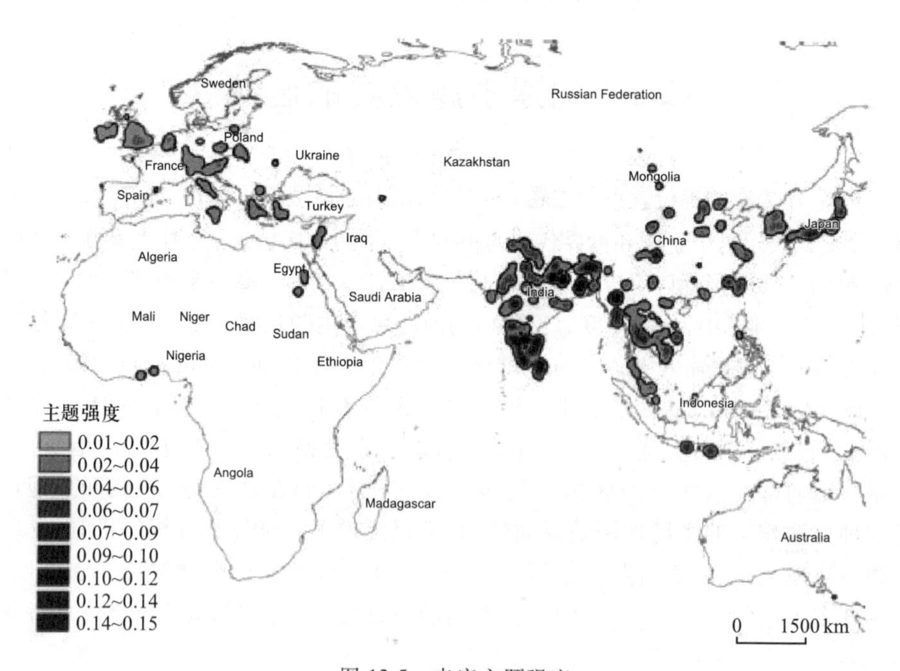

图 12.5 寺庙主题强度

争都是排名第一的主题词汇(图 12.6)。275 号主题似乎指战争历史,而 384 号主题似乎是更多关于当前的战争事件。通过作出权重图,我们可以证实这些假设。384 号主题在当前或最近的热点地区中表现强烈(如伊拉克、阿富汗、斯里兰卡),但是 275 号主题并不是。

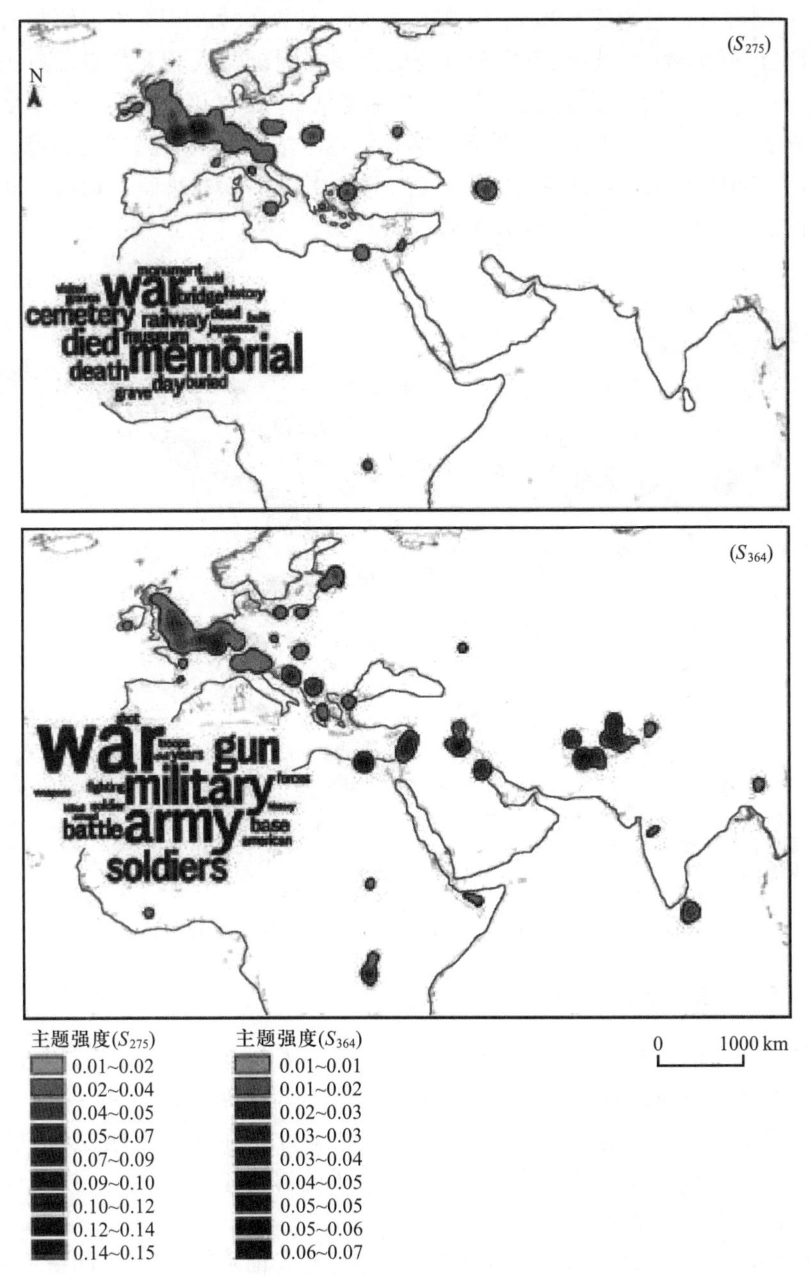

图 12.6 主题 275 和主题 384

12.5.1　复合主题可视化

图12.7展示一张将主题分为两大类的地图,关于地方的人文特点的主题和那些与物质特性相关的主题形成明显对照。通过对这200个主题的检查,大约12个主题的特征与自然环境相关(如山、河流、沙滩),另外13个主题与人工建筑特征有关(如教堂、城市、市场),其他的许多主题既与人类又与自然有关。我们将“自然”和“人类”的主题使用两种核密度估计聚合,该核密度由1.5度半径的四分之一度格点构建而成。地图中多边形区域表示其内核密度主题值高于其平均值。例如,原始的自然特征主题值范围是0.203~2.723,而平均值是0.457。图中仅显示了值大于0.457的多边形。

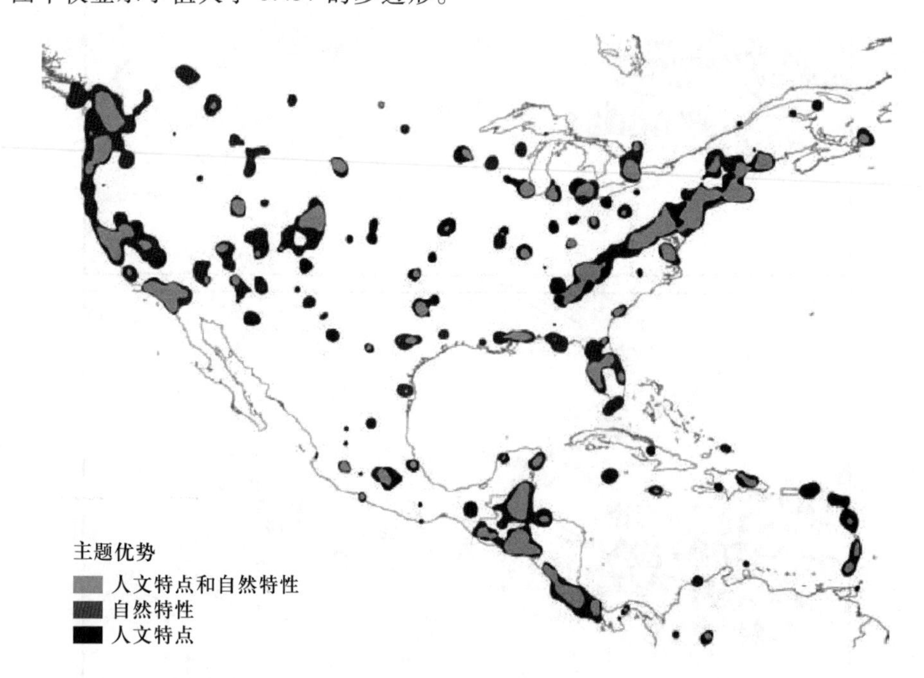

图12.7　地区人文地理和自然地理主题强度比较

12.5.2　主题定位的测量

如我们之前提到的,一些通过LDA产生的主题以地区名称作为最热门词汇并且很显然地对应地球上一个特定区域。如之前部分展示的地图一样,一些主题在世界上不止一个地方有,不过并不是均匀地分布在每一个地方(这里的每个地方指所有有博客记录的位置)。我们希望能够度量一个主题在一个地区、很多地区或者所有地区出现的程度。

$S_i=\{S_{i_1},S_{i_2},\cdots,S_{i_n}\}$表示在$n$个位置(如有博客记录的7277个网格单元)的主题$i$的强度,可以看成是一种分类(categorical)概率分布。主题i的定位可以从该分布的熵度量反函数估算。然而,在用这种方式估算定位之前,必须要对主题强度进行标准化,使它们的和为 1。k 是一个位置,主题 i 在 k 地的"概率"是

$$p_k = \frac{S_{i_k}}{\sum_{j=1}^{n} S_{i_j}}$$

主题 i 的定位被定义如下:

$$A_i = \gamma e^{\sum_{k=1}^{n} p_k \log p_k}$$

其中,γ 是一个常数标量值。

12.6 时域分析法

Griffiths 和 Steyvers(2004)在其科学主题的分析中讨论了如何将 LDA 主题的平均 θ 值的线性趋势线进行事后分析,从而运用到推断其"热度"或"冷度"上。一个相似的技术可以用于识别旅行博客记录中所写的主题动态变化。为了说明此观点,我们介绍了一些对 400 个主题进行 1000 次迭代模拟的结果。从写于 2006 年 1 月 1 日到 2010 年 8 月 31 日之间至少含有 100 词汇的所有博客条目中计算每天每个主题的 θ 值。

图 12.8 和图 12.9 展示了位置主题"中国"在这段时间内上扬,而"日本"主题在这段时间内下降。在 2010 年点值的方差增加可以解释为在旅行博客写博文的人比以前几年有所减少。线性拟合对于表明一个主题流行度的整体形势很

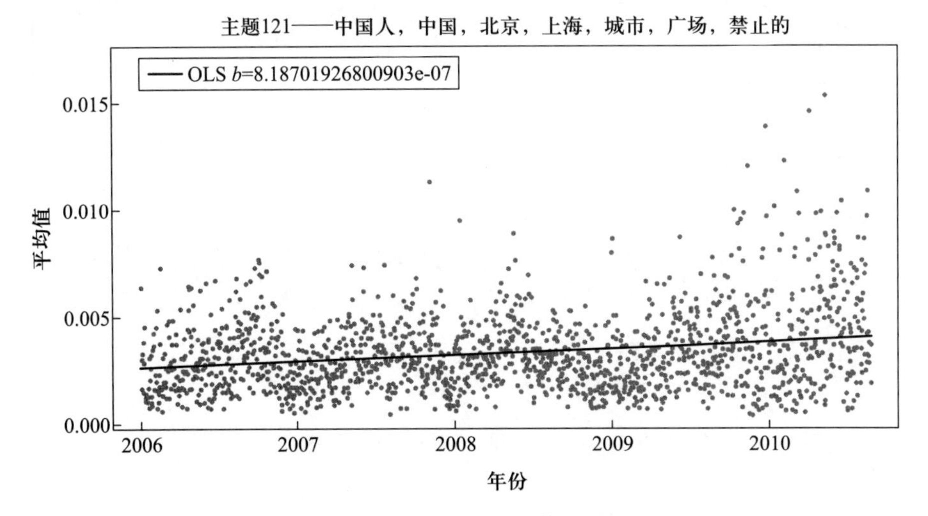

图 12.8 中国主题趋势上升

有用,而非线性拟合可以揭示主题流行的周期模式。例如,许多LDA主题表现出季节性变化的特征。“节日”主题在2—3月最多,因为世界各地在这期间有很多节日(如嘉年华和狂欢节,参考图12.10)。其他主题的强度与特定类型的事件相符合,如一些自然灾害。例如,在图12.11中387号主题在2008年5月汶川地震后达到顶峰。虽然这还需要进一步深入的分析去验证,但可以想象,对于某些事件类型某些主题是主要的指示因子,尤其是社会结构事件。

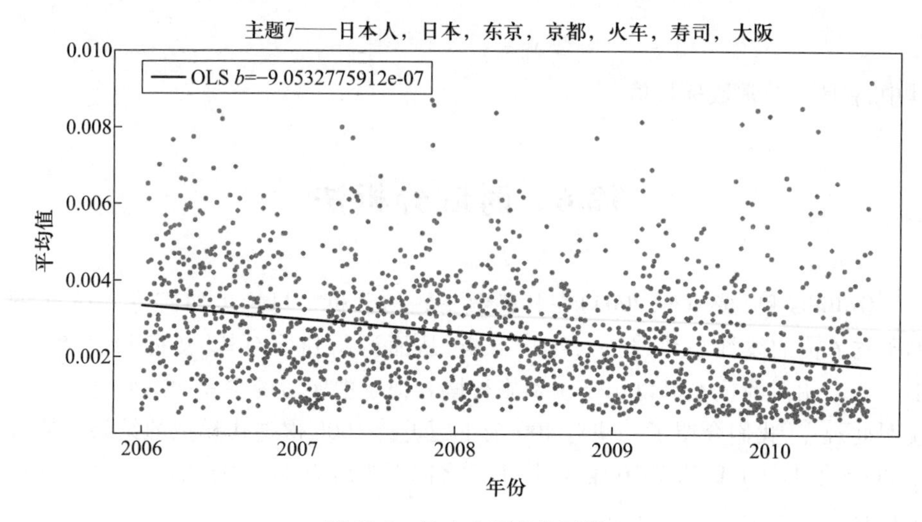

图12.9 日本主题趋势下降

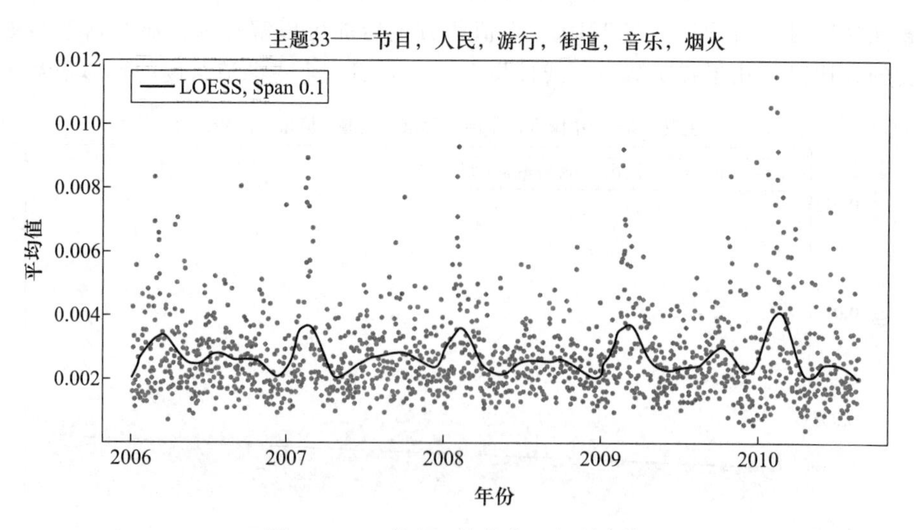

图12.10 2月和3月的节日主题峰值

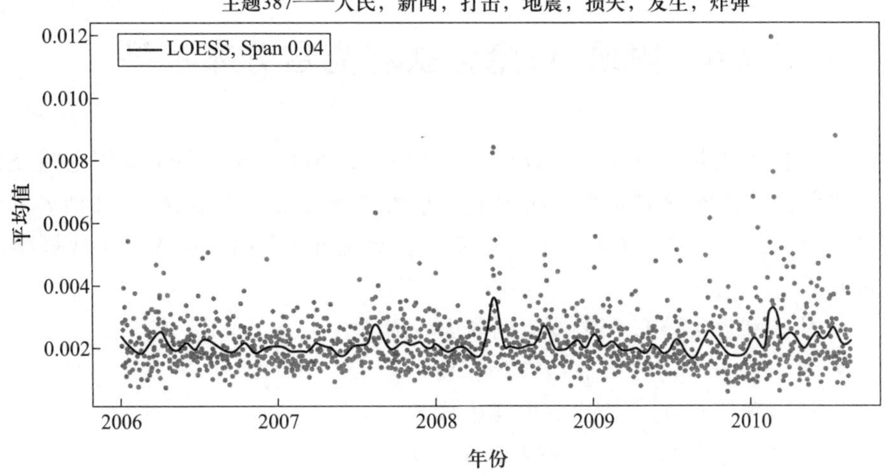

图 12.11　主题 387 强度与特殊事件相符

结合地理信息,这种分析展示了一些主题如何在不同的位置有不同的分布趋势。细究 387 号主题发现,实际上 2008 年的两次不同的峰值与博客文章的位置有关。在中国,可以预见在 2008 年 5 月汶川地震后出现峰值。然而,在美国和印度,峰值出现在 2008 年 10 月孟买连环恐怖袭击的时候。回顾有关这些地方和时间写的博客文章后,证实这些事件引用了 387 号主题分布中的词汇。

12.7　总结与结论

大部分网上可以用的 VGI 都是文本描述的形式。在本章中,我们介绍了几种使用主题建模从自然语言描述中直接识别一个地方独特的综合特点的方法。这些方法可以计算地点之间的相似性,并在地图上标出主题有差异的地方,衡量主题发生是当地的还是全球的程度,以及评估主题随时间的变化。这些结果展示了从个人经历的描述中理解地点形象和动态的机遇。未来的任务是检查如何将这些地方的运行结果融入更加强健的框架,从而带来对地点更深入的认知,包括上下文相关的相似度测量。空间粒度仍然是文档空间定位的一个问题,未来工作需要向上述方法生成的表达中加入粒度指标。

致谢:作者感谢 Mike Goodchild 和两位匿名审稿人的宝贵意见。

12.8 附录A:隐含狄利克雷分布模型

这个附录描述了LDA的生成模型(Blei et al. 2003),α是每个文档主题分布的狄利克雷超参数,β是每个主题词汇分布的狄利克雷超参数,θ_i是文档i的多项主题分布,z_{ij}是文档i中的第j个词的主题,w_{ij}是第j个词。LDA的生成模型定义如下:

- 从狄利克雷分布α中按比例取样生成$\theta_i, i \in \{1, \cdots, M\}$
- 对于每个单词的$w_{ij}, j \in \{1, \cdots, N\}$:
  从多项分布θ_i中按比例取样生成z_{ij};
  从多项分布βz_{ij}中按比例取样生成w_{ij}。

图12.12显示了隐含狄利克雷分布模型的盘子记号法示意图。盘子记号法是一种图形概率模型的速记表示法,有很多重复的变量。每个圆表示模型中的一个变量,右下方的数字表示变量重复次数。如图12.12所示,θ重复了M次。阴影部分的变量w是唯一的观测变量(也就是文档中的词汇)。

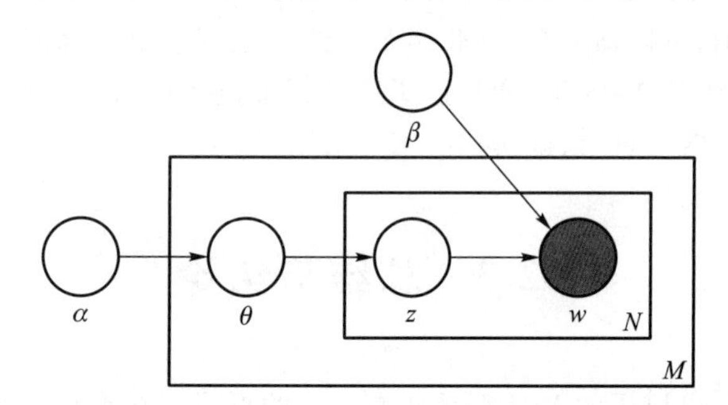

图12.12 潜在的狄利克雷分布模型板记号法

参考文献

Agnew, J. (1987). *The United States in the world economy*. Cambridge, MA: Cambridge University Press.

Bishop, C. (2006). *Pattern recognition and machine learning* (Vol.4). New York: Springer.

Blei, D. M., & Lafferty, J. D. (2006). Correlated topic models. In Y. Weiss, B. Schölkopf, & J. Platt (Eds.), *Advances in neural information processing systems (NIPS)* 18 (pp.147-154). Cambridge, MA: MIT Press.

Blei, D.M., & Lafferty, J.D. (2009). Topic models. In A.N.Srivastava & M.Sahami (Eds.), *Text min-*

ing: Classification, clustering, and applications (pp.71–94). Boca Raton: CRC Press.

Blei, D., & McAuliffe, J. (2008). Supervised topic models. In J.C.Platt, D.Koller, Y.Singer, & S. Roweis (Eds.), *Advances in neural information processing systems (NIPS) 20* (pp.121–128). Cambridge, MA: MIT Press.

Blei, D.M., Ng, A.Y., & Jordan, M.I. (2003). Latent Dirichlet allocation. *Journal of Machine Learning Research*, 3, 993–1022.

Chang, J., & Blei, D. (2009). Relational topic models for document networks. In D.van Dyk & M.

Welling (Eds.), *Proceedings of the 12th international conference on artificial intelligence and statistics (AISTATS)* (pp.81–88). Clearwater Beach: Journal of Machine Learning Research.

Cresswell, T. (2004). *Place: A short introduction*. Malden: Blackwell Publishing Ltd.

de Smith, M., Goodchild, M., & Longley, P. (2007). *Geospatial analysis: A comprehensive guide to principles, techniques and software tools* (2nd ed.). Leicester: Winchelsea Press.

Entrikin, N. (1991). *The betweenness of place: Toward a geography of modernity*. Baltimore: Johns Hopkins University Press.

Goodchild, M.F. (2009). What problem? Spatial autocorrelation and geographic information science. *Geographical Analysis*, 41(4), 411–417.

Griffiths, T.L., & Steyvers, M. (2004). Finding scientific topics. *Proceedings of the National Academy of Sciences*, 101(Suppl.1), 5228–5235.

Hao, Q., Cai, R., Wang, C., Xiao, R., Yang, J.M., Pang, Y., & Zhang, L. (2010). Equip tourists with knowledge mined from travelogues. In M.Rappa, P.Jones, J.Freire, & S.Chakrabarti (Eds.), *Proceedings of the 19th international conference on world wide web (WWW'10)* (pp.401–410). New York: ACM Press.

Jorgensen, B.S., & Stedman, R.C. (2006). A comparative analysis of predictors of sense of place dimensions: Attachment to, dependence on, and identification with lakeshore properties. *Journal of Environmental Management*, 79, 316–327.

Li, W., & McCallum, A. (2006). Pachinko allocation: DAG-structured mixture models of topic correlations. *In ICML'06: Proceedings of the 23rd international conference on machine learning* (pp.577–584). New York: ACM Press.

McCallum, A. (2002). *MALLET: A machine learning for language toolkit*. http://mallet.cs.umass.edu. Accessed October 8, 2011.

Mei, Q., Liu, C., Su, H., & Zhai, C. (2006). A probabilistic approach to spatiotemporal theme pattern mining on weblogs. In L.Carr, D.D.Roure, A.Iyengar, C.A.Goble, & M.Dahlin (Eds.), *Proceedings of the 15th international conference on world wide web* (pp.533–542). New York: ACM Press.

Serdyukov, P., Murdock, V., & van Zwol, R. (2009). Placing flickr photos on a map. In J.Allan, J.A. Aslam, M.Sanderson, C.Zhai, & J.Zobel (Eds.), *Proceedings of the 32nd international ACM SIGIR conference on research and development in information retrieval* (pp.484–491). New York: ACM Press.

Shepard, R.N. (1987). Toward a universal law of generalization for psychological science. *Science*, 237(4820), 1317–1323.

Steyvers, M., & Griffiths, T. (2007). Probabilistic topic models. In T. Landauer, D. Mcnamara, S. Dennis, & W. Kintsch (Eds.), *Handbook of latent semantic analysis* (pp.424-440). Hillsdale: Lawrence Erlbaum Associates.

Steyvers, M., Smyth, P., Rosen-Zvi, M., & Griffiths, T. (2004). Probabilistic author-topic models for information discovery. *In KDD' 04: Proceedings of the tenth ACM SIGKDD international conference on knowledge discovery and data mining* (pp.306-315). New York: ACM Press.

Teh, Y.W., Jordan, M.I., Beal, M.J., & Blei, D.M. (2006). Hierarchical Dirichlet processes. *Journal of the American Statistical Association*, 101, 1-30.

Tobler, W. (1970). A computer movie simulating urban growth in the Detroit region. Economic *Geography*, 46(2), 234-240.

Tuan, Y.F. (1977). Space and place: The perspective of experience. Minneapolis: The Regents of the University of Minnesota.

Wang, C., Wang, J., Xie, X., & Ma, W.Y. (2007). Mining geographic knowledge using location aware topic model. In R. Purves & C. Jones (Eds.), *Proceedings of the 4th ACM workshop on geographic information retrieval* (pp.65-70). New York: ACM Press.

Winter, S., Kuhn, W., & Krüger, A. (2009). Guest editorial: Does place have a place in geographic information science? *Spatial Cognition and Computation*, 9, 171-173.

第13章

“我不来自任何地方”：探索地理网站和志愿式地理信息在重新解读一个分散的原住民社区观念时所发挥的作用

Jon Corbett

摘要：本章以温哥华岛北部的 Tlowitsis 族为例，探索了参与式制图、地理网站(Geoweb)、志愿式地理信息在重新解读分散的原住民社区观念时所发挥的作用。聚焦基于社区的研究项目，本章研究了 Tlowitsis 族成员如何使用参与式地理网站来更好地理解与他们的土地相关的知识，并研究了将这些技术用于再次提出基于位置的记忆和促进不同地理区域内的社区成员之间对话的方法。

13.1 背　　景

Tlowitsis 族的领土横跨北温哥华岛的不列颠哥伦比亚省沿海地区。季节性旅游路线、食品加工点、墓葬和文化遗址以及其他著名景点是该省的特色。Karlukwees 坐落于遥远的 Turnour 岛，从 19 世纪末 20 世纪初开始成为 Tlowitsis 的殖民地。在 20 世纪 60 年代初，不列颠哥伦比亚省政府停止了岛上的基本服务设施。由于缺乏学校教育和卫生保健，Tlowitsis 社区开始搬离。当成为侨民之后，社区成员开始在身体方面和文化方面都远离他们的故乡。许多 Tlowitsis

Jon Corbett(✉)
不列颠哥伦比亚大学奥卡纳根分校社区、文化和全球化研究中心，加拿大，基隆拿
E-mail：jon.corbett@ubc.ca

成员对他们的身份缺乏深入的理解。通常,对他们的亲属和民族的其他成员也不熟悉。一个成员在2006年Tlowitsis民族会议的小组讨论上表达了这些情感,其实质如本章的标题所说:

> 很难说我从哪里来,因为我不来自任何地方。要说的话,第一民族是重要的,但是要说我是Tlowitsis,对我的家庭实际没有什么意义……我搬离的时候还是个孩子,但是向我的孩子们解释我们的大家庭从何而来真的很困难,因为那里什么都没有了,没有土地,也没有地方可以参观。

与这些土地的联系很少的城市人口不断增长,减少了Tlowitsis成员在他们的社区中扮演一个积极的、消息灵通的角色的机会和能力。国家的管理机构已经很难在Tlowitsis活动中维持他们成员之间的沟通与参与性。尽管存在这些问题,Tlowitsis族成员参加土地所有权谈判,迫使他们聚到一起进行相关条约决策的制定。但是在社区中仍然有一些年长的成员了解他们的土地、资源使用以及语言,还有大量的社区领袖和青年渴望参与到规划和决策活动中来。

本章详细介绍了一个社区大学的研究项目,它调查了基于地理网站的参与式制图活动在社区成员分享地理知识中的作用。研究探讨了在线地图工具和流程在何种程度上让Tlowitsis理解和重新认识他们的土地,以及研究这些技术如何再次提出基于位置的记忆,并且促进分散在不同地理环境的社区成员之间的对话。

13.1.1 家乡

在原住民和家乡之间有一个基本的联系(Cajete 1994,2000;Deloria and Wildcat 2001)。从原住民的角度来看,家乡是个复杂的实体,不仅仅由地理位置或物理结构所定义。家乡对个体行为和社会规范具有象征意义(Deloria 2001)。一个传统的原住民对家乡的观念,经过几代人的互动和在土地上的实践经验,随着时间推移发展,强调与家乡的关系,支持知识的产生与传播,维护文化认同(Cajete 2000)。换句话说,原住民对家乡的认识通过实际的和象征的关系联系在一起。

个体或社会组织对一个地方的解释和了解是不一致的,家乡是需要不断争夺和保卫的地方(Cresswell 2004;Till 2003)。然而对地方的不同理解是可以共存的,它们可能成为冲突的源头,因为个人和组织都极力想要控制和改变地方以及这里的人际关系(Gieryn 2000),这反映在对地方的理解上及地方上人们的关系都充斥着紧张和不稳定。地方并不仅仅由居住在这里的人来定义,同样也由其他人的力量决定。这让Escobar(2001,p.140)推断出我们应该通过地方去了解一个特定地点的经历,它在某种程度上具有有根性(但不稳定)、有边界观念(但可渗透),与日常生活有联系,通过权力来建造和传递。

Basso 认为,家乡和社会群体之间有着解不开的联系,并通过他对西部阿帕切族的研究工作证实该观点。他说,“人们的地点意识,他们对过去部落的意识与他们对家乡的意识和自我认同意识是密不可分的”(Basso 1996 ,p.35)。其他一些作者也认同这个观点,他们断言有意义的地点能令人感到稳定和安全(Brown and Perkins 1992),具有“锚”的功能(Marcus 1992),并成为“生命线的象征”(Hummon 1992)及个人和社区的“关注区域”(Relph 1976)。这些人在地点上的寄托将“促进安全感和幸福感,随着时间的流逝仍能保持族的概念和回忆”(Gieryn 2000,p.481)。

虽然很多原住民群体与他们的祖居地保持着一种连续的物理接触,但对其他人来说对于家乡的描述是个人、家庭以及整个社区因社会原因、环境原因被迫从祖居地迁出的那个地方。正是在取代和驱散的背景下,家乡成为“社会运动策略中竞争的重要对象和本土交流的聚焦点”(Escobar 2001,p.139)。

13.1.2 家乡的失去

鉴于家乡对人们生活的意义,它的失去会对社会群体中的个人以及社会结构产生深远的影响(Gieryn 2000) 。Relph(1976)说流离失所的经历、家园被破坏以及其他的人与环境关系的破坏都会导致无地方性。换句话说,就是没有家乡意识。他进一步指出,流动性会削弱家乡意识,这反过来又会削弱心理和情绪上对群体的归属感(Relph 1976,p.66)。因为家乡反映并塑造人们的自我认识以及他们在社会群体中的定位(Brown and Perkins 1992,p.280)。正如地点和在这里产生的社会关系是有内在联系的,那些经历过失去家乡的人们表达出的失落感,并不仅仅是对于物理位置本身(Low 1992,p.180)。此外,领土迁移可能会引起“关于自然、起源以及破坏补救的分歧”。Brown 和 Perkins(1992,p.299)说分歧型危机“阻碍了社区行动……并且……很有可能发生在地理上分散的社区”。

此外,领土迁移削弱了亲属关系、政治和社区生活的精神方面,也破坏了文化知识的代际转移(Canada 1996,vol.1,p.469;White et al. 2003,p.26)。在某些情况下,迁移造成社会文化的不连续性会持续好几代人(Canada 1996,vol.1,p.469)。尽管迁移的历史、影响以及特征是多样化的,但有一个共同点就是领土迁移破坏了人们与住所之间的连通性,导致原住民群居文化的衰落。Tlowitsis 族就是一个例子,他们搬离了世代居住的土地,并抛弃了传统文化。这种损失已经发生,并将继续对社区功能和社区成员之间的凝聚力产生深远的影响。

记忆的概念与迁移和无地方性是不可分割的,尤其是当从群体中分散出来的个体成员对家乡的归属感仅限于记忆和想象时。Fentress 和 Wickham(1992, p.24)强调记忆“并不是被动的,而是一个主动重建的过程……这表示过去和现在是互相联系的。”记忆也可以是“一种社会活动,是对群体身份的一种积极的约束力”(Hoelscher 2003,p.658)。与之相似,Said(2000,p.179)指出社会群体依靠记忆,“尤其是集体形式上……要给他们自己一致的身份、一个民族故事以及世界上的一个住所……并赋予政治意义。”集体记忆在恢复、重建、领土遣返以及重新联系到故土的一个人上展开,这揭示了家乡的象征意义,并且集体记忆的价值还在于它是一种策略和政治工具。Said(2000,pp.182-184)进一步指出,记忆越来越需要一小部分人去努力恢复身份、文化以及语言,最重要的是,重新调整历史上征用的领土以及当下有争议的地方。

当前面临的挑战就是用何种方法让原住民群体有效地用文件证明、分享并反映他们基于家乡的记忆和知识,通过这些来恢复身份、文化以及语言,反过来也将有利于重新获得这些有争议的地点。参与式制图对支持这些目标有很大影响,参与式地理网站应用的出现对完成这些目标展现出很大的潜力。

13.1.3 地图与参与式

历史上和当代背景下,地图都被用于正常化和加强殖民意图(Harley 1988),同时延续着有意和无意的谎言(Monmonier 1991)。然而在该学科的范围内,越来越多的人认识到制图需要探索地图“是否应该作为一个多数人价值观的内在反映,或者它们是否能够在追求社会进步中发挥更大的作用”(Harley 1988)。地理信息科学最新的发展具备民主化、非殖民化的趋势(Dunn 2007)。越来越多的人意识到地图制作过程可以不需要专业领域的制图者,这一趋势正开始到达这样一点——“地图不再仅由训练有素的专家提供给我们,而是像其他信息一样,根据我们自己的需要去创建它”(Crampton and Krygier 2006,p.15)。在原住民的环境中,这一部分是利用GIS和制图通过对殖民性、有毒性和潜在性的彻底批判而产生的(Eades 2006;Rundstrom 1995;Wainwright and Bryan 2009),但是它被新的地图和地理信息软件在访问和实用性上的彻底改变(尤其是地理网站越来越大的重要性)所促进。

过去的25年中世界范围内无论是发达国家还是发展中国家都经历了参与式地图活动的激增(Alcorn 2001;Di Gessa 2008;Poole 1995)。参与式制图广义上是指由当地社会群体制作的地图,这些群体通常有各种组织支持,包括各级政府、非政府组织、大学和其他从事开发的部门以及土地相关规划者(IFAD 2009)。参与式制图提供了群体位置及其表达群体特征的平台。其中包括自然物理特征和资源的描述,以及社会群体知晓的社会文化特征。这使得它与传统制图不同的是地图制作的过程(也就是由外行所制作,如前面Crampton和Krygier提出的)以及他们随后提出的地图用途。理想情况下,参与式制图致力于为社区成员提供他们制图所需要的技能和专业知识,表达社区成员的空间知识以及确保地图制作者对地图的所有权和解释权。

参与式制图过程可以影响社区的内部动力(Aberley 1993;Chapin et al. 2005);它有助于构建社区凝聚力(Corbett and Keller 2005),帮助促进社区成员参与土地相关决策的制定,提升人们对紧迫的土地相关问题的重视(Peluso 1995),并最终使当地社区以及居民受益(Craig et al. 2002)。参与式制图项目同样担任一个倡导的角色,通过识别传统的土地、资源,划定祖先领界(Brody 1981)以积极寻求社区空间认可,在某些情况下,还可以用作保护土地使用权的机制(Flavelle 1996;Tobias 2009)。参与式地图在帮助土著社区朝着土地使用权得到合法认可的过程中发挥重要的作用。尽管非政府组织从小组织发展到大的国际组织通常在社区制图方案中扮演一个重要的角色,但作为对话者、训练员、拥护者以及促进者(IFAD 2009),应该指出的是地图越来越多地由土著社区受自身的需要而不是外界的推动力来制作(Tobias 2009)。一个显著的例子就是加拿大西部的原住民社区,发现采用参与式制图描绘他们生活的土地的历史与文化的潜力可以影响土地权利声明以及激发社区内年轻人对本地地理知识的兴趣。

参与式制图通常使用一系列与参与式学习行动(PLA)方案相关的工具(Corbett et al. 2006)。这些工具包括认知制图、地面制图、参与式概略制图、横断面制图及参与式三维建模。最近,参与式制图方案已经开始使用更多先进的地理信息技术,包括全球定位系统、航空像片以及遥感影像、地理信息系统和地理空间网站。

地理空间网站是 Web 2.0 的数字社交应用地理平台。Web 2.0 指的是许多人认为的第二代互联网,它更具有交互性,允许用户贡献自己的内容,实现无缝沟通以及及时的互相合作,并且通过各种不断发展的基于网络应用的媒体分享和展示各种定性数据。之前的互联网模型,用户主要用网络检索信息,很少贡献自己的内容 Web 2.0 与之不同。地理空间网站是对谷歌地球、谷歌地图、微软必应地图以及其他基于位置的网络技术的应用。地理空间网站开始逐渐在空间知识的组织以及交流的程度上产生深远影响(Cisler 2007;Scharl and Tochtermann 2007)。在地理空间网站模型中,每个人都是潜在的贡献者、生产者以及使用者(Haklay et al. 2008;Sui 2008)。地理空间网站应用被认为是相当民主的,因为它们能够提高公民的访问与参与量(Crampton 2009;Tulloch 2008)。地理空间网站已经被广泛接受,这得力于它在互联网上广泛传播的能力、它的平台独立性和一定程度上的免费使用[尽管仍然有一些相关费用,如一些服务声明数据收集的所有权并且保护数据的重复使用权,参见 Zook 和 Graham(2007)]。地理空间网站很受欢迎的另一个原因就是它聚合展现用户生产数字内容的能力,这也被称为众包(Howe 2006;Hudson-Smith et al. 2009)。在地理领域内,这种公民贡献位置信息的过程逐渐被称为志愿式地理信息(VGI)(Goodchild 2007)。这种交互式的功能允许更多的社区声音、观点被分享,潜在地反映了社区内在的异质性以及支持“多对多通信”(Ruesch and Bateson 1987)的特点。

在地理空间网站和VGI的应急领域,似乎有一种紧张气氛,围绕着VGI是否展现了充分挖掘地理空间网站的潜力以充分利用“市民作为传感器”的功能(Goodchild 2007)或者地理空间网站是否继续支持参与式制图之前的案例,换句话说,利用地图去支持并带来社会和政治改变(IFAD 2009)。当然这两种途径并不矛盾。事实上,收集和使用VGI会带来一系列的使用。然而,这个术语很容易被误用;因此我们需要探索如何更详细地使用它。例如,大部分关于VGI的早期文献以及当前的实践都关注于数据的收集,而不是数据的传播以及信息到知识(并且通常只是简单的数据)的减少,这些信息的焦点都被提供给专家(或者公司实体)而不是支持交流的数据汇编工作,并且,最后像Harley在本节开始提到的“社会进步”那样,VGI的应用也会不断进步。

最初的制图目的几乎都是支持社会改革及社区营造,帮助设计一些与使用地理空间网站作为媒介管理和交流本地知识相关的重要问题,尽管会有一些移植、强赋值和互相矛盾的问题。即使一些本地学者意识到它可以被用于支持原住民的观念模式(Wemigwans 2008),但是到目前为止,大部分的互联网以及地理空间网站应用反映的是非原住民的文化与价值观。对于VGI的讨论需要考虑科学家以及原住民的思维方式和表达方式(如运用地理空间网站的能力去包含多图层和多媒体),这样做考虑到隐私问题、知识产权和知识转化,以确保VGI可以被正确移植,社区成员成为传感器,他们的知识仅作为重新定位的数据。

13.2 研究项目

下面介绍一个研究项目,它开始于2010年10月并仍在继续进行中(译者注:指2013年原文出版时)。项目研究了两个感兴趣的研究领域:第一,是地理空间网站如何展示、调整、转化与这些传统土地相关的知识流;第二,如何将权威知识的概念用在地理空间网站的本地VGI文档上。这个项目仍然处于初级阶段,它最终的报告结果是不成熟的。然而许多有趣的结果已经开始呈现。

这个项目与大多数非本地学者在土著居民文章中所做的研究一样,受经费挪用和边缘化所限。在过去,本地土著居民并没有被征询过应该收集哪些信息,应该由谁收集这些信息、由谁维护这些信息、由谁使用这些信息。收集到的信息也可能与所研究的问题、事情的优先级和人们的兴趣点不相关(Canada, vol.5,

1996 in Schnarch 2004,82)。目前比较危险的做法是,研究项目过度关注地理空间网站及 VGI 记录和存储社区知识的能力。所以,在创立本项目时,为了确保研究收益在某种程度上是互相尊重的、切题的、互惠的且可靠的,我们尽量确保 Tlowitsis 保持对他们的知识独有的管辖权,并将其纳入工程设计之中(包括网络组件和研究组件)(Kirkness and Barnhardt 1991)。

本项目所采用的方法对策是基于社区的研究(CBR)。CBR 并不完全是一组方法,因为它是一个哲学研究,强调客观和中立,并认为科学是与政治无关的(Hall 1992;Strand et al. 2003)。社区成员作为协作调查者参与其中,有助于确保研究结果更加可理解、可解释,并与人们生活息息相关(Israel et al. 1998;Wallerstein and Duran 2008)。

13.2.1 研究合作者

这个项目的初始阶段由谈判咨询团队开展,团队中包括 Tlowitsis 政府部门的成员以及来自不列颠哥伦比亚省欧肯纳根大学的研究员。这个团队分为两个小组:Tlowitsis 市民咨询小组(TCAG)以及 Tlowitsis 长老咨询小组(TEAG)。两个社区小组包括 20 个左右 Tlowitsis 成员,他们担任决策代表以及咨询主体。TCAG 在 2008 年 6 月建立,提供与土地和资源决策制定相关的建议和观点。TEAG 为 TCAG 提供指导和指明方向。长老们具有历史文化知识并且具有基于土地的记忆。TCAG 成员在社区参与式延伸活动中也充当促进者和联络人。换句话说,TCAG 成员将他们小组以及 TEAG 小组的讨论结果传播给其他分散遍布在不列颠哥伦比亚省的社区成员。

13.2.2 制图过程

自从 TCAG 和 TEAG 形成以后,谈判咨询团队已经形成了大量的数字视频、照片、文本材料(Tlowitsis Nation 2009,2010)。这些材料已经通过谈判咨询团队和两个社区组织的协作产生、编辑并传播。视频资料覆盖一系列问题,但是可能这章中最重要的是对社区长老分享他们基于土地的地区知识的记录。这些聚会都是在社区成员家中进行的。他们由一系列的概略图制图活动开始,然后用 Tlowitsis 领土的地形图帮助长老们定位。这些点将在进行关于记忆的交谈之后直接被定位到地图上。这些故事都被用视频记录下来。地图成为一种媒介,年长者可以通过地图分享他们所经历的事情,并从中得到成就感。当长老们在讲故事的时候,他们的话常被强有力的定位与画在地图上扫过的弧段所打断,好像地图本身在讲述故事而长老们仅是解说员。

我们的方法从画概略图开始,社区成员可以画一幅地图,从记忆中呈现到纸上。他们仅需展示与特征地的相对位置,不必严格按比例绘制,这是个有效的入门方式。长老们喜欢讲他们祖先的村庄 Karlukwees,概略图为他们提供了一种方式去置身其中。他们讨论自己家以及朋友家房子的位置,分享位于特殊地点发生的特别记忆的小故事(如“记得那时候,我们只做了一个平底雪橇正好来到了村庄的中心”或“……我们应该在这里捡过蛤蚌”)。

概略制图帮助长老们回忆并开始社区重建的过程。然而这个过程的影响仅限于小组参与地图制作的过程中。开发一个概略图也由于在这个地方有某种形式的生活经验可以被用于制图。因此这个工具对大多数成员来说不那么相关,他们大部分没有探访过 Tlowitsis 领土。

市民咨询小组和长老们一样都使用比例尺地图,以海平面基点和地形图的形式,去定位指定的特色景观和重要资源点,同样识别领土上家庭夏季定居点、吸烟屋、舞台以及整个区域的旅游路线。这些比例尺地图用透明塑料覆盖并且将长老们的知识用彩色记号笔添加其上。添加到这些比例尺地图上的资料为 Tlowitsis 中心城区地图的重建提供了重要的资料。他们提供了精确的空间信息,这是为了号召和激发城市居民的兴趣。然而结果是它们成为一个高度敏感的文档集,因为这些文档太过敏感,不宜发布给公众,这些信息可能会威胁到政府的领土索赔过程,所以谈判咨询团队决定应该有选择和有策略地使用它们。

概略图和比例尺地图上的大部分信息都被纳入 Tlowitsis 地理信息系统中。社区的 GIS 技术已经被很好地用于更好地理解土地使用的对抗性竞争。该系统还包含了通过与省委、省政府和资源采掘业斡旋的支撑数据共享协议代理而来的数据。使用该系统,选择地图创建 Tlowitsis 政府和社区居民的分布图谱。然而数据库依然在专家们的手中并且数据库的内容仅用于内部精心构建支持谈判的消息。

近期大部分的测绘项目仍然处于初级阶段,谈判咨询小组和 TCAG 小组的成员开始探索使用地理空间网站作为唯一的信息流传播方式,将长老们的记忆传播给其他社区成员。同样,在与土地相关的问题上,作为社区成员之间以地图为媒介进行对话的一种工具。我们使用地理空间网站的功能去聚合或者混合记录了长老们的食品、社区成员拍摄的照片以及其他相关的文本文档的定性信息,并直接通过谷歌地图类的接口展示这些内容。

谈判咨询团队已经考虑到隐私和 Tlowitsis 知识保护的需求。不列颠哥伦比亚大学已经开发出一种地理空间网站工具,叫作 Geolive,专门用来解决这个问题。Geolive 是一个结合了谷歌地图和逐浪(一个开源的文本管理系统)的参与式地图制作工具。这个应用允许管理员去设置用户的不同权限。注册用户可以使用一个动态的基于地图的接口来创建和分享他们自己的空间信息。他们可以将信息标记到地图上,而标记又将链接到视频、照片、文本上。将不同数据层打开或关闭,同样可以参与到即时通信类型的讨论中。所有添加到地图上的信息都将被存储在大学的服务器上。这些信息不会驻留在云端(换句话说就是基于网络的数字存储服务)。这使得 Tlowitsis 族的管理员有权决定和控制谁可以使用哪些特定的信息。

Tlowitsis 地理空间网站已经建立起来。我们正在将早期 TCAG 和 TEAG 参与制图活动中收集的信息以及其他社区居民贡献的多媒体信息添加到在线地图上。

13.3 讨 论

本节下面的部分将要针对以上研究项目提出的两个问题进行讨论:第一,地理空间网站如何展示、调整、转化与这些传统土地相关的知识流;第二,如何使权威知识的概念用在地理空间网站的本地 VGI 文档上。这些讨论是根据 Tlowitsis 地理空间网站项目的实现以及影响的初步调查结果进行的。在写本章的时候这个研究项目仍在继续,所以本章中介绍的仅仅是初步结果。

13.3.1 探索地理空间网站的知识流

广泛地说,VGI 的应用可以分为两个领域。第一个是使用 VGI 更新、增加或者补充现存的空间数据库。Goodchild(2007)提出这些扩充数据库就像是补丁和注释,在政府自己收集这些瞬息万变的空间数据变得昂贵之后,相关的数据已经越来越多地被用于填补政府数据库的空白。关于补丁的学术兴趣涉及“市民作为传感器”、数据的准确性和有效性以及通过官方数据和公开提供数据结合的互操作问题的争论。第二个是关于 VGI 的领域涉及新形式的知识生产过程,可以用来培养新的社会和政治实践(Elwood 2008)。正是这两种应用集引起了学者们的推测,他们觉得 VGI 正在改变社会观点和空间数据的相互作用、政治地理信息知识以及与这些数据相关的东西(Elwood 2010)。VGI 的这两方面也紧密联系着 Tlowitsis 地理空间网站项目。

13.3.2 志愿信息与本地知识

仍然存在一种基本的不安,与 VGI 的焦点、更广泛的 Web 2.0 和地理空间网站、本地知识的本质紧密关联。这种不安在于,许多应用是为了支持不受拘束地分享志愿信息,然而异想天开的是(Keen 2007),是否这是关于用户位置、他们的照片和视频,或者仅是传播他们的情感和感觉的信息。大部分应用的焦点在于它的易用性以及可以无拘束地访问其他用户的信息。本地知识不是异想天开的,也不是不加选择地分享的日用品。本地知识是穷人社会资本的关键因素,是他们努力控制自己生活的主要资本(World 2002,p.1),知识获取过程本身就具有内在价值,反过来也塑造了长期生存的可能性。

信息和知识这两个词,尽管经常可交换地使用,但它们是有区别的。信息是结构化和故事化的数据集的形式,在由于知识的需求对这些信息进行解释处理之前它们都是被动的(David and Foray 2002,p.12)。从这个意义上来说,信息与市民作为传感器志愿提供位置信息的概念(Goodchild 2007;Coleman and Georgiadou 2009)相似。知识被理解为源自信息。它既不是客观的也不是固定的,但它是永远变化的并且加入了拥有这些知识的人的规则和日常生活。本章中使用的知识并不仅仅是理性的,也包括价值、信念、态度和实践(UNDP 1999)。此外,本地知识在本地社区被承认和共享(Greaves 1996)。这些知识经过了历代人们的积累。这些社区都用这些知识去维护他们自己和保持他们的文化身份(Johnson 1992)。换句话讲,在自然和习俗两方面,与增加政府数据库收集的VGI类型的信息,以及通常利用知晓位置的社交网络应用分享的定性的且高度个人化的信息类型是完全不同的。对于许多Tlowitsis居民而言,社交网络应用是年轻人用来娱乐交流的工具,并不被认为是严格意义上的工具,因此需要有一个用户感知上的提升。对地理空间网站来说,要成为分散的社区成员有效学习Tlowitsis领地上相关知识的一个工具,用户需要认识到这个工具及其所包含的知识,并用一种严肃的方式与之进行交互。

13.3.3 本地知识和公共领域

知识通常被赋予文化背景及其解读的意义和价值(Brodnig and Mayer-Schönberger 2000)。Stevenson(1997)指出,正是精神层面决定了本地知识是如何被收集、管理和传输的。正是这种层面使本地知识除了基本信息之外,每个人都可以通过观察和经历他们所处环境而获取。结果就是有时这种知识“提供了一种外人很少知道或至多也是不完全掌握的世界观”(Greaves 1996)。这使得这种知识的编纂、记录和交流复杂化。通过地理空间网站介绍的基于敏感土地的知识,特别是它仅被理解为简单的志愿信息,这可能致使它成为不相关、不恰当甚至是有害的[尤其给出信息重要、敏感,并且它用于和(或)滥用于不列颠哥伦比亚省条约的上下文中]。在Tlowitsis土地和自然资源遗留的外部控制问题之后,社区担心没有在社区的起源上进行适当的承认(Brush 1996)。谈判咨询小组还一直有个担心——网站上的任何信息尤其是与土地相关的敏感知识不受控制。这些信息可能被改变、选择性地使用以及以此刻想象不到的方式被重用。尽管已经开始在公共领域关注限制信息的使用性和用Geolive设置不同级别的使用权限来保护隐私,但这种担心依然在整个项目期间持续。

信任是影响人们参与社交网络意愿的主要因素。大体来说,越是被用户信任的应用,用户就越愿意参与其中并进行分享(Boyd and Ellison 2008)。虽然仍然有非常明确的希望Tlowitsis实施地理空间网站的工具(特别是青年),虽然人们认识到社会广泛的合作和集合社区知识的地理维基化过程是迫切需要的,但总体来说人们对互联网和地理信息空间网站存在不信任。这种不信任直接导致人们担心失去对他们土地相关知识的控制。Elwood(2008)说并不是所有的用户都充分认识到他们的志愿地理数据的潜在使用程度。然而加拿大许多本地社区居民已经对他们的数据的潜在挪用以及误用风险高度敏感。因为过去这种情况在他们的殖民地中已经发生过无数遍。因此Tlowitsis社区许多居民对促进知识分享的工具的潜在应用愤愤不平,尤其是当组织者涉及促进知识的获得时。这些组织通常被认为是知识的征用者,如大学。结果就是大部分参与到项目中的Tlowitsis社区居民宁愿使用防范原则,并且谨慎地对在地理空间网站上交流的空间知识的类型加以限制。

13.3.4 权威本地知识以及地理空间网站所扮演的角色

Goodchild(2007,p.29)主张"VGI的世界很少使用正式的结构,是混乱的。信息通常被创造并交叉引用,在各个方向流动,所以生产者和使用者没有明显的界限。"这引发了一个问题,就是VGI能在何种程度上被认为是权威地记录空间数据并代表定性的空间信息。当用户是无关的、匿名的或者是假设的"虚拟"人物时,这个问题是相当重要的。然而,我们的研究已经显示,权威信息的问题以及有争议的知识特性,对那些尽管在物理上分隔,但仍然保持着一种强烈的分享文化和历史的观念的Tlowitsis成员也很重要。

一般地,VGI被视为是非权威的,因此可以使用一部分信息但不能完全依赖它。Goodchild(2007,p.31)主张"在这一点上缺乏机制去确保质量、检测并删除错误。"Grira和Bédard(2009)进一步指出,每一个网络使用者有不同的需要和质量的预期;这与他们通过互联网获得的材料以及他们贡献的信息都有关系。Goodchild、Grira和Bédard以同样的方式意识到数据质量方面呈现出重要的不同,Tlowitsis成员也发现他们自己记忆的内容和细节以及当地地理知识在不同家庭和个体之间都有很大的不同,而因为移民,这种差异越来越明显。

Cresswell(2004)强调个人和社会群组对地点的解释和理解从来都不是统一的。对地方的争议和立场辩护从没有间断过。长老和TCAG的成员们都对有争议的记忆以及Tlowitsis地理空间网站项目表达了相似的担忧。一些人觉得用地理空间网站公开分享空间记忆是具备揭露争议记忆的潜力的,并以一种可能不会用非数字的、面对面的参与式制图的方式加剧冲突。这是因为网络媒介并不能完全支持一个运行的对话,解释通过网络接口分享信息背后的目的和意图,以及通过分歧和误解了解说话人的方式等所有非数字参与式制图活动的核心元素。尽管 Geolive 被开发成支持即时通信类型的交流,但它仍与面对面讨论有细微差别。考虑到记忆的敏感性,它反映了一个痛苦的过去,也考虑到在文化知识的代际转移中存在明显的断层,所以以一个开放的无中介的分享信息方式有可能会导致社区成员间的疏远甚至是愤怒。这个地理空间网站也有可能会加剧相同的裂痕,本项目正试图解决这个问题。

在 VGI 文献中,对由业余爱好者收集和提交的数据会降低空间数据精度存在很大的争议(Grira and Bédard 2009),也有“衡量可信度下降的标准”背景下有关数据质量评估的讨论(Flanagin and Metzger 2008,p.140)。Web 2.0 应用试图让更少信息质量的垂直评估成为可能,换句话说,他们允许由所有用户来仲裁数据的可信度。在许多 VGI 应用中,个体用户可信度围绕着被大部分用户认为是具有感觉上的、相对的可信度构建的。可信度通过评级系统决定,志愿数据的可靠性是公开可得的。尽管这种形式评价的内容和基调大部分时候是严肃的,但也可以是幽默的、油嘴滑舌的、对抗性的,甚至一些时候是有损人格的。在许多原住民社区,这种形式的评估远离过去,更多地尊重知识拥有者,尤其是长老们。这种开放式的评价也曾使一些 Tlowitsis 社区成员保持沉默,包括一些长老。因为他们害怕自己被认为是错的,但是因为他们意识到不同个体和家庭的记忆的差别,所以以一种可能被解释为权威的和(或)决定性的方式讲出他们的故事、历史和记忆,并因此与其他的观点对立。

另外,谈判咨询团队意识到对于这个项目来说,谨小慎微地推进,明确承认地理空间网站用作一个连接社区成员的工具可能是最好的,并开始建立一个公众积极参与的网上社区。但是尚未将地理空间网站作为传递土地相关知识的工具,尤其是那些无论如何都与正在进行的谈判过程相关的知识。

13.4 结　　论

当谈判咨询团队成员以“项目范围”的观点来检查项目时,我们感觉早期的参与式制图活动和地理空间网站项目在吸引长老们参加以及在 TCAG 成员甚至更广泛的社区中产生土地相关知识的兴趣上取得了成功。通过这样使分散的社区靠近,如 Cajete(2000)所说,对家乡的深厚感情支持知识的生产和转变以及文化识别的维护。长老们愿意去分享有限的基于地点的回忆和其他空间知识。反过来这些信息被纳入 Tlowitsis 网站的地理空间网站组件中,这样可以通过直接访问网站或者培训研讨会的方式来促进与其他社区成员进行交流。在一系列的培训研讨会中,社区成员通过地理空间网站接口评论他们如何了解更多关于他们从没拜访过的土地。所以至少表面上,这个工具已经成为"群体认同的一个社会活动和一个积极的约束力"(Hoelscher 2003,p.658)。

然而对于长期使用地理空间网站去"重新发现对一个地点的感知"的结果,对目前达到的项目进行评价还为时尚早。我们意识到现在 Tlowitsis 地理空间网站项目在社区内带来系统性的社会或政治变革的能力有限。地图上所展示的信息以及与这个信息相互作用的能力和其他社区成员通过地理空间网站媒介提供的信息永远不会取代社区成员之间及社区成员与土地交流的需要。地理空间网站的力量在于它能够提供一个中介,虽然肤浅但是这个进程朝着重建一个通过地理空间网站上的记忆、故事和多媒体展示更深层次的与土地的关联的方向发展。然而这些故事和集体回忆对他们自己在"培养团队意识、身份和归属感"上的影响是有限的(Basso 1996,p.31)。

Tlowitsis 地理空间网站项目已经证实是一个有效的方法,将现有的定性的多媒体,尤其是数字视频和照片通过谈判咨询小组和其他社区成员在过去五年内收集起来。这种多媒体信息通过一个地理空间网站接口,使分散的社区成员可以利用。然而到目前为止,不是 TCAG 和 TEAG 成员的社区其他群众基本对地图没有一点贡献。这是因为目前为止项目仍处于初级阶段;此外谈判咨询小组尚未通过社区宣传活动促进地理空间网站组件的广泛使用。我们同样认识到 Tlowitsis 地理空间网站门户在关于土地相关经验的分享之间存在脱节,尤其是那些居住分散的社区成员,对所居住的土地没有什么回忆可以分享。这些社区成员的回忆中,除了他们在论坛中描述的从家乡搬出的记忆外,几乎没有别的回忆可以分享。这样,地理空间网站成为他们直接学习元老们知识的工具。在项目发展的这个阶段,地理空间网站反映了一个单向的信息流而不是我们前面提到的参与式的"多对多交流"(Ruesch and Bateson 1987)。随着项目的发展,一个核心的研究目标将是检查网站上社区成员的评论、故事以及经历的类型。然而在这个阶段地理空间网站项目更接近于仿真知识传统的代际传播,换句话说就是从老一代传给年轻一代。

本章强调在土著环境中,知识和信息之间有本质的不同。这种不同要求谨慎处理地理空间网站在记录和交流社区成员关于家乡记忆的部署。Tlowitsis 地理空间网站项目以及类似的项目是很有必要的,不能因为对社区本地知识的疏忽而使社区成员的自信心受挫。研究人员和从业者都需要意识到,上面所说的这些疏忽会使社区成员的凝聚力降低,原因是大家对原住地的回忆存在分歧,最终变得无法控制。地理空间网站有一个关键的需求是以一种文化契合性和有意义的方式介绍这种新技术,加入反馈机制以促进多种途径的交流。

致谢：如果没有Tlowitsis谈判办公室的研究承诺和基金支出，特别是首席谈判者Ken Smith和谈判研究者Zach Romano，项目将无法完成。此外，它反映了大多数曾经且一直是Tlowitsis成员的观点，感谢他们非常热情地分享他们的时间、经历和参与的活动。本章描述的地理网站项目由加拿大社会科学学科和人文研究委员会资助。Geolive的开发使用的是来自GEOIDE第41个网络项目的基金。

参考文献

Aberley, D. (1993). *Boundaries of home: Mapping for local empowerment*. Gabriola Island: New Society Publishers.

Alcorn, J.B. (2001). *Borders, rules and governance: Mapping to catalyse changes in policy and management*. London: International Institute for Environment and Development.

Basso, K. (1996). *Wisdom sits in places: Landscape and language among the western apache*. Albuquerque: University of New Mexico Press.

Boyd, D.M., & Ellison, N.B. (2008). Social network sites: Definition, history, and scholarship. *Journal of Computer-Mediated Communication*, 13(1), 210-230.

Brodnig, G., & Mayer-Schönberger, V. (2000). Bridging the gap: The role of spatial information technologies in the integration of traditional environmental knowledge and western science. *The Electronic Journal on Information Systems in Developing Countries*, 1, 1-16.

Brody, H. (1981). *Maps and dreams: Indians and the British Columbia frontier*. New York: Pantheon Books.

Brown, B., & Perkins, D. (1992). Disruptions in place attachment. In I. Altman & S. Low (Eds.), *Place attachment* (pp.279-304). New York: Plenum Press.

Brush, S.B. (1996). Whose knowledge, whose genes, whose rights? In S.B. Brush & D. Stabinsky (Eds.), *Valuing local knowledge: Indigenous people and intellectual property rights*. Washington, DC: Island Press.

Cajete, G. (1994). *Look to the mountain: An ecology of indigenous education*. Skyland: Kivaki Press.

Cajete, G. (2000). *Native science: Natural laws of interdependence*. Skyland: Kivaki Press.

Canada (1996). *Royal commission on aboriginal peoples. Volume 1: Looking forward, looking back*. Ottawa: Canada Communication Group. http://www. collectionscanada. gc. ca/webarchives/20071115053257/http://www.ainc-inac.gc.ca/ch/rcap/sg/sgmm_e.html. Accessed July 2011.

Chapin, M., Lamb, M., & Threlkeld, B. (2005). Mapping indigenous land. *Annual Review of Anthropology*, 34, 619-638.

Cisler, S. (2007). *Open geography: New tools and new initiatives*. Santa Clara: Center for Science Technology and Society, Santa Clara University.

Coleman, D.J., Georgiadou, Y., & Labonte, J. (2009). Volunteered geographic information: The nature and motivation of producers. *International Journal of Spatial Data Infrastructures Research*, 4, 332-358.

Corbett, J.M., & Keller, C.P. (2005). An analytical framework to examine empowerment associated with participatory geographic information systems (PGIS). *Cartographica: The International Journal for Geographic Information and Geovisualization*, 40(4), 91-102.

Corbett, J.M., Rambaldi, G., Kyem, P., Weiner, D., Olsen, R., Muchemi, J., & Chambers, R. (2006). Overview- Mapping for change the emergence of a new practice. *Participatory Learning and Action*, 54, 13-20.

Craig, W.J., Harris, T.M., & Weiner, D. (2002). *Community participation and geographic information systems*. London/New York: Taylor and Francis.

Crampton, J. (2009). Cartography maps 2.0. *Progress in Human Geography*, 3(1), 91-100.

Crampton, J., & Krygier, J. (2006). An introduction to critical cartography. *ACME*, 4(1), 11-33.

Cresswell, T. (2004). *Place: A short introduction*. Malden: Blackwell.

David, P.A., & Foray, D. (2002). An introduction to the economy of the knowledge society. *International Social Science Journal*, 54(March), 9-23.

Deloria, V. (2001). American Indian metaphysics. In V. Deloria & D. Wildcat (Eds.), *Power and place: Indian education in America* (pp.1-6). Golden: Fulcrum Publishing.

Deloria, V., & Wildcat, D. (2001). *Power and place: Indian education in America*. Golden: Fulcrum Publishing.

Di Gessa, S. (2008). *Participatory mapping as a tool for empowerment: Experiences and lessons learned from the ILC network*. Rome: International Land Coalition. http://www.landcoalition.org/pdf/08_ILC_Participatory_Mapping_Low.pdf. Accessed July 2011.

Dunn, C. (2007). Participatory GIS: A people's GIS? *Progress in Human Geography*, 31(5), 617-638.

Eades, G.L. (2006). *Decolonizing geographic information systems*. MA thesis, Carleton University, Ottawa, Ontario, Canada.

Elwood, S. (2008). Volunteered geographic information: Key questions, concepts and methods to guide emerging research and practice. *GeoJournal*, 72, 133-135.

Elwood, S. (2010). Geographic information science: Emerging research on the societal implications of the geospatial web. *Progress in Human Geography*, 34(3), 349-357.

Escobar, A. (2001). Culture sits in places: Reflections on globalism and subaltern strategies of localization. *Political Geography*, 20(2), 139-174.

Fentress, J., & Wickham, C. (1992). *Social memory*. Oxford: Blackwell.

Flanagin, A.J., & Metzger, M.J. (2008). The credibility of volunteered geographic information. *GeoJournal*, 72(3), 137-148.

Flavelle, A. (1996). *Community mapping handbook*. Vancouver: Lone Pine Foundation.

Gieryn, T. (2000). A space for place in sociology. *Annual Review of Sociology*, 26(1), 463-496.

Goodchild, M.F. (2007). Citizens as voluntary censors: Spatial data infrastructure in the world of web 2.0. *International Journal of Spatial Data Infrastructures Research*, 2, 24-32.

Greaves, T. (1996). Tribal rights. In S.B. Brush & D. Stabinsky (Eds.), *Valuing local knowledge: Indigenous people and intellectual property rights*. Washington, DC: Island Press.

Grira, J., & Bédard, Y. (2009). Spatial data uncertainty in the VGI world: Going from consumer to producer. *Geomatica*, 64(1), 61–71.

Haklay, M., Singleton, A., & Parker, C. (2008). Web mapping 2.0: The neogeography of the GeoWeb. *Geography Compass*, 2(6), 2011–2039.

Hall, B. (1992). From margins to center? The development and purpose of participatory research. *The American Sociologist*, 23(4), 15–28.

Harley, J.B. (1988). Maps, knowledge and power. In D. Cosgrove (Ed.), *The iconography of landscape* (pp.277–312). Cambridge, MA: Cambridge University Press.

Hoelscher, S. (2003). Making place, making race: Performances of whiteness in the Jim Crow South. *Annals of the Association of American Geographers*, 93(3), 657–686.

Howe, J. (2006). The rise of crowdsourcing. *Wired*, 14(6), 176–183.

Hudson-Smith, A., Batty, M., Crooks, A., & Milton, R. (2009). Mapping for the masses: Accessing web 2.0 through crowdsourcing. *Social Science Computer Review*, 27(4), 1–15.

Hummon, D. (1992). Community attachment: Local sentiment and sense of place. In I. Altman & S. Low (Eds.), *Place attachment* (pp.279–304). New York: Plenum Press.

IFAD. (2009). *Good practices in participatory mapping*. Rome: The International Fund for Agricultural Development (Prepared by J.M. Corbett, 2009).

Israel, B., Schulz, A., Parker, E., & Becker, A. (1998). Review of community based research: Assessing partnership approaches to improve public health. *Annual Review of Public Health*, 19, 173–202.

Johnson, M. (1992). *Lore: Capturing traditional environmental knowledge*. Ottawa: International Development Research Centre.

Keen, A. (2007). *The cult of the amateur: How today's internet is killing our culture*. New York: Doubleday.

Kirkness, V.J., & Barnhardt, R. (1991). First nations and higher education: The 4 Rs–respect, relevance, reciprocity, responsibility. *Journal of American Indian Education*, 30(3), 1–15.

Low, S. (1992). Symbolic ties that bind: Place attachment in the plaza. In I. Altman & S. Low (Eds.), *Place attachment* (pp.279–304). New York: Plenum Press.

Marcus, C. (1992). Environmental memories. In I. Altman & S. Low (Eds.), *Place attachment* (pp. 279–304). New York: Plenum Press.

Monmonier, M. (1991). *How to lie with maps*. Chicago: The University of Chicago Press.

Peluso, N. L. (1995). Whose woods are these? Counter-mapping forest territories in Kalimantan, Indonesia. *Antipode*, 27(4), 383–406.

Poole, P. (1995). Geomatics, who needs it? *Cultural Survival Quarterly*, 18(4), 1–77.

Relph, E. (1976). *Place and placelessness*. London: Pion.

Ruesch, J., & Bateson, G. (1987). *Communication: The social matrix of psychiatry*. New York: W.W. Norton and Company.

Rundstrom, R. A. (1995). GIS, indigenous peoples, and epistemological diversity. *Cartography and Geographic Information Systems*, 22(1), 45–57.

Said, E.W. (2000). Invention, memory, and place. *Critical Inquiry*, 26(2), 175–192.

Scharl, A., & Tochtermann, K. (2007). *The geospatial web: How geobrowsers, social software and the Web 2.0 are shaping the network society*. New York: Springer.

Schnarch, B. (2004). Ownership, control, access, and possession (OCAP) or self-determination applied to research: A critical analysis of contemporary first nations research and some options for first nations communities. *Journal of Aboriginal Health*, 1(1), 80–95.

Stevenson, M.G. (1997). Ignorance and prejudice threaten environmental assessment. Policy Options, 18(2), 25–28.

Strand, K., Donohue, P., & Stoecker, R. (2003). *Community-based research and higher education: Principles and practices*. San Francisco: Jossey-Bass.

Sui, D. (2008). The wikification of GIS and its consequences: Or Angelina Jolie's new tattoo and the future of GIS. *Computers, Environment and Urban Systems*, 32, 1–5.

Till, K. (2003). Places of memory. In J. Agnew, K. Mitchell, & G. Toal (Eds.), *A companion to political geography* (pp.230–251). New York: Wiley-Blackwell.

Tlowitsis Nation. (2009). *Tlowitsis nation lands and resources: Planning for the future*. Kelowna: The Centre for Social, Spatial and Economic Justice.

Tlowitsis Nation. (2010). *Tlowitsis governance: Values from the past, vision for the future*. Kelowna: The Centre for Social, Spatial and Economic Justice.

Tobias, T. (2009). *Living proof: The essential data-collection guide for indigenous use-and-occupancy map surveys*. Vancouver: Union of BC Indian Chiefs and Ecotrust Canada.

Tulloch, D. (2008). Is volunteered geographic information participation? *GeoJournal*, 72(3/4), 161–171.

UNDP. (1999). *A guidebook for field projects: Participatory research for sustainable livelihood*. New York: United Nations Development Program.

Wainwright, J., & Bryan, J. (2009). Cartography, territory, property: postcolonial reflections on indigenous counter-mapping in Nicaragua and Belize. *Cultural Geographies*, 16, 153–178.

Wallerstein, N., & Duran, B. (2008). The theoretical, historical and practical roots of CBPR. In M. Minkler & N. Wallerstein (Eds.), *Community based participatory research for health* (pp.25–46). San Francisco: Jossey Bass.

Wemigwans, J. (2008). Indigenous worldviews: Cultural expression on the world wide web. *Canadian Woman Studies*, 26(3/4), 31.

White, J., Beavon, K., & Maxim, P. (2003). *Aboriginal conditions: Research as a foundation for public policy*. Vancouver: University of British Columbia Press.

World Bank. (2002). *The exchange of indigenous knowledge*. New York: World Bank. http://www.worldbank.org/html/afr/ik/exchange.htm. Accessed May 2005.

Zook, M., & Graham, M. (2007). The creative reconstruction of the Internet: Google and the privatization of cyberspace and DigiPlace. *Geoforum*, 38, 1322–1343.

第三部分　新兴应用和新的挑战

第 14 章

VGI 对传统地形基础测绘项目的潜在贡献和挑战

David J. Coleman

摘要:本章介绍了传统数字地形绘制项目中隐含的背景和特点,然后将它们与志愿式地理信息的重要潜在假设进行对比。文中定义了术语"权威数据"并论述了综合制图背景下"权威数据"应用所面临的挑战。检验了主流文化及其假设条件后,本研究认为它必须进行调整,必须管理风险并充分地利用 VGI,同时介绍了来自澳大利亚维多利亚州、美国地质调查局和 TomTom 的案例来描述传统制图组织的早期经验。笔者主张 VGI 不是制图组织目前所面临的所有地理空间数据更新和维护等挑战的最终解决办法。但是,它确实代表了这类需要严肃对待和负责任地实施的更新的重要潜在渠道。

14.1 引　　言

志愿式地理信息正在被公众以及私人综合制图组织考虑并使用。2011 年夏季,Google Map Maker 为 188 个地区的民众提供了填充和更新谷歌地图图形和属性数据的工具(Google 2011)。OpenStreetMap、TomTom 和 NAVTEQ 都使用志愿者的贡献信息去维护他们的数据库(Coleman et al. 2010)。在澳大利亚维多利亚州,政府现在许可(注册的)政府雇员去更新州级地图要素和属性。

David J.Coleman(✉)
纽布伦斯维克大学测地学和地理信息工程系,加拿大,弗雷德里顿
E-mail:dcoleman@unb.ca

志愿式地理信息或称 VGI 以及与它相关的术语在本书的其他章节已经详细地讨论过了。“用户生成内容”“用户创造内容”以及“众包”等更普通的概念也已经被很好地解释过了(OECD 2007)。Cook(2008)提供了消费者市场中的一种分类法,分为被动的和主动的用户贡献系统。除了 Turner(2007) 和 Goodchild (2007) 定义新生代地理学和 VGI 的被较多引用的文献,近来 Coote 和 Rackham (2008)、Grira 等(2010)以及 Heipke(2010)等所写的文章中也探讨了 VGI 贡献者及他们在哪些方面做了出色的研究。

Coote 和 Rackham(2008)描述的新的地理数据集具有以下特点:

(1) 缺乏可用数据、数据花费高、现有传统数据资源的局限性促进了数据的制作;

(2) 地理信息的获取、处理和传播由个体志愿者无偿提供;

(3) 创造和管理数据的方法既不一定是凭直觉的,也不一定非要采用某些已被接受的标准和方法;

(4) 通过一些开源的方法获取数据,允许用户不用付费给最初创造者就能使用数据,其他用户也可以对你生产的数据这样做。

基于 Web 的 VGI 在应急处理方面已经被广泛使用了超过 3 年,通过制作受影响区域范围、突出重要事件、记录灾后重建来支持紧急情况处理(Zook et al. 2010; Heinzelman and Waters 2010;Roche et al. 2011)。像谷歌、TomTom 和 NAVTEQ 这些公司已经发现(Coleman et al. 2010),政府制图机构在驾驭 Web 2.0、新媒体和志愿主义方面的潜力可以提高它们的变化监测以及地理空间数据更新的能力。

网络上有很多关于公共测绘部门和公共制图部门组织是否和如何在它们的地图生产、更新甚至丰富特定地图要素方面使用 VGI 的讨论(Casey 2009; Dobson 2010b;Ball 2010)。还有关于国家政府组织是否对探索 VGI 在制图更新和增加新属性过程中的作用和潜力感兴趣的讨论(Guélat 2009)。然而这种努力还处于初级阶段。

本章将回顾在政府和商业数据库中使用志愿式地理信息作为地图更新和属性扩充的潜在优势。检验了主流文化及其假设条件,认为它必须进行调整、必须修改工作流程去管理风险并充分地利用 VGI 后,笔者讨论了如何利用现有的发展回答传统制图组织提出的重要问题。

14.2 专业制图组织面临的挑战

国家制图组织的使命、权利、成果和已发现的缺点前文已经充分介绍过(Andrews 1970;Hardy and Johnston 1982;Cowen et al. 2003)。自从这些组织维护的产品被看作重要信息数据集,大部分组织都必须对用户关于如何更好地提升他们产品的内容和流通等问题做出回应,要更新数据结构来满足更广泛的空间分析以及修改定价政策、配置基础设施以促进网上使用和增加下载量。所有这些都是为了满足更广泛的不断发展的需求和技术。

14.2.1 什么是"权威数据"

"权威数据"这个术语已经被用于描述专业制图机构生产的产品(Goodchild 2009;Coleman et al. 2010;Ball 2010),然而在这些文章中没有关于"权威"的定义。

Van der Molen 和 Wubbe(2007)在讨论荷兰政府的政策时提供了一个可能的定义。作者描述了 6 个主要官方可靠数据库的创建和设计过程,每一个都被定义为"……一个高质量的数据库必须有明确的质量保证措施,一些与人员、机构、问题、活动或事件有关的基本数据或常用数据具有法律责任,由具有法律效力的官方认可机构来设计,只有政府机构才可使用,私人组织由于一些重要的原因,如隐私保护等,是不能使用这些数据的。"

在本文中,前 6 个可靠的注册中的两个实际上是与地理相关的——地籍登记和地图以及 1:10 000 比例尺基础地形图(Kadaster International 2007)。

航海图在一些国家被认为是"权威"文档(Fisheries and Oceans Canada 2011;LINZ 2011)。它们经常被更新,在一些国家,通过"航海公告",电子航海图的生产者或更新者可能会对图表错误或过时的信息承担一定责任(Obloy and Sharetts-Sullivan 1994)。同样,航海图定期更新,并且它们的更新长期由专家进行,专家们"……最全面和权威的个人知识"是指地区制图工作的可靠数据源(UNECA 1966)。

经常更新的地籍图、航海图、航空图甚至是地方分区图都可作为辖区范围内的权威信息来源。除了荷兰,其他国家几乎没有认可"可信的"或"权威的"地形图系列遵循相似的定义。除英国陆地测量局外,大部分国家政府制图机构既没有资金支持也没有被授权去保持它们的地图数据库在指定时间内更新。在一些司法管辖区内,数字地图的维护预算在下降甚至不再有预算。国家越大,它们的基础地图可能越旧。

随着现在网络上出现越来越多的其他来源并每天更新的地图信息,国家或地区政府所谓的权威地形图数据在某些情况下开始具有误导性。在检查和使用志愿式地理信息时,实践也成为地理空间用户群体内一个分歧和争议的起源(Ball 2010;van der Vlugt 2011)。

Coote 和 Rackham(2008)提出使用"传统的"这个术语作为"权威的"替代词,并提出传统数据集的以下特点:

（1）为特定的、清晰的数据集要求，或者是为法律、行政或是商业目的而创建。

（2）取决于具体情况，这些数据或许是免费的，或许不是，但是通常至少会有一些传播费用，并且很有可能被限制访问或使用。

（3）因组织管理的目的而建立，无论是公共或商业主题。可能存在组织间的合作，但是都是在包括商业合同在内的法律协议基础上的合作。

（4）由专业人员有偿收集。

（5）基于已经建立的方法、标准、规范和实践。

（6）数据生产和提供一些数据质量方面的基本信息在不同程度上确保了质量。

（7）受某种形式的版权保护并且有正式的协议或许可。

（8）对于特定的组织、个人，因为安全、数据保护和商业利益的原因，在某些情况下访问受限。

这些特点中有一些是英国特定的，更多的传统数据现在可能是“免费”使用的。他们的论文指出，这些特点在欧洲、北美洲、大洋洲的政府地形图产品中都可以看到。因此这个形容词“传统的”而不是“权威的”将在本章的下部分用来描述基础地形图测绘项目。

14.2.2 航空制图对传统地形制图特点的影响

1945年以来，发达国家可能更早，大部分国家地形图系列已经由摄影测量也就是航空测量的方式进行调查。所以，这种地图产品的一些重要特点必须要记住：

（1）数据整理已经由训练有素的技术人员完成，他们可能对测绘区域要素只有有限的了解。

（2）制图要素被分为相对宽的类，与它们相对应的属性范围往往受像片解译和有限的支持文档的限制。

（3）除对数据结构和逻辑一致性的考虑外，地图编绘最基本的质量保障措施体现在：① 进一步制图过程中对影像和立体模型的适当修改；② 几何上精确地表示给定要素的中心或所选的边（如屋顶线而不是建筑图）；③ 按照给定的分类正确地分类和要素编码。

（4）制图内容的现场验证与实现是需要很多劳动力的，这依赖于项目资金，视当时项目内部和项目间的财政预算而不同。

（5）地图生产和后续的更新都是依地理覆盖范围进行，一个或多个相邻图幅、文件都会在固定时间完成并发布给用户。因此，大家的关注点和预算都会转向不同的地理区域。可能需要几年甚至十几年的时间，注意力才能重新回到给定区域(英国是个例外,其修订周期很短)。当对这些文件和地图进行更新时,除非另有说明,否则在给定地区与那个特殊地图产品相关的所有要素都被典型地更新了。

对比这个列表与 Coote 和 Rackham 在第 14.1 节中所提的新地理信息的特点,Bruns(2008)进一步指出了在 Web 2.0 环境下"produsage"信息产品与传统信息产品 4 个不同的重要特点:

(1) 收集和复审是基于社区群体而不是依靠"具有狭窄知识面的精英工人";

(2) 生产者的角色是可以变化的,可在收集者、复审者、仲裁者和用户之间转换;

(3) 一个给定的产品从不会结束,它将被持续复审、在不同时间内会从不同方面或部分进行更新;

(4) 相比传统内容制作,生产者和使用者喜欢更宽容地对待知识产权。

在一个制图机构内工作,将 VGI 合并到它的过程中重新思考如下影响:① 整个生产工作流程方面;② 谁将被包括进来;③ 他们准备提供给用户的产品由什么构成。主要的文化障碍可能包括如下:

(1) 接受没有经过训练的"外行"——甚至是可信的,可能愿意并能够做出可靠的贡献;

(2) 评估一些大型社区使用者是否有意愿和能力来提供各种水平的编辑和个体贡献的质量评估;

(3) 从基于覆盖范围的模型到基于要素更新的模型;

(4) 接受这样的志愿信息"永远未完成",需要不断更新;

(5) 计算和衡量每一个贡献者、VGI 社区以及制图组织本身各自的权限;

(6) 适应以上提到的特点中隐含政治的、社会的,甚至法律的含义。

允许甚至是信任外行去收集或修改内部收集的地图可能是一种困难的文化转变。20 世纪 70 年代末,在加拿大,政府内部的制图检查员花费了至少 3 年时间,才认可了由专业私营公司制作的国家地形图系列的质量,私营公司足以实现从试点项目到标准行规的合同外包的转变。即使是不同级别的国家制图机构之间交换数字地图数据,也经过了谨慎的考虑和相当多的谈判(Pearson and Gareau 1986)。

我们不能低估文化和流程的改变,包括改变计划和生产重点从基于范围覆盖到基于要素的取向。道路网络公司如 TomTom 和 NAVTEQ 已经开始这种转变,并且意识到要在更短周期内更新并提升消费者服务(TomTom 2008),但是许多政府地形图测绘组织并没有这么做。

14.3 工作流程、质量保证和风险管理

尽管存在第14.2节中所提到的挑战,不过制图组织仍然对使用志愿式地理信息的想法非常感兴趣。更具描述性和每日更新的信息在地理领域被高频率地使用,这对基本制图机构很有吸引力,因为采用这种方式改善它们的产品更具成本效益。本章描述了一些制图组织管理者在设计和改造生产流程时应该考虑的几个重要想法。

14.3.1 吸引和留住志愿者

个人是否愿意像贡献社交网络同样的方式去贡献给政府甚至是TomTom、NAVTEQ这样的商业数据库或其他机构?在组织的决策中应该提出哪些VGI使用方面的问题?是否应该采用VGI?组织如何去评价一个新的贡献者以及如何对一个人的贡献可信度进行评级?组织如何吸引新的贡献者以及如何保持现有的贡献者或者是否可以假设他们是不断进进出出的?

有充分的证据证明,感兴趣的志愿者是存在的——至少在项目早期。Coleman等(2009)、Budhathoki等(2010)、Dobson(2010b)和Cooper等(2011)对贡献者的本质和动机以及他们所做贡献类型的早期研究结果做过深入的讨论。Coleman等(2010)进一步检查了三个不同的地理数据组织如何在地图数据库更新中使用VGI,并总结了在各种情况下项目直接或间接提供的动力。

14.3.2 关于质量保证的考虑

如果正在征集志愿者的贡献,如何将他们集成到传统的生产工作流程中呢?正如第14.2节中所讨论的挑战,如何确保数据质量呢?是否所有人都来承担来自不同源头的数据生产和使用的风险呢?

正如在第14.2节中讨论的,VGI志愿者和专业制图机构的个体的质量保证有根本的区别。传统的制图生产按照成熟的、规范的技术参数文档,并且是可以被能够解释这些规范和理解的产品本身、精通系统误差和资料整理中的错误编辑的训练有素的个体进行检查的。

志愿式地理信息的位置精度和传统项目精度的对比是有据可查的。其中Haklay(2010)、Coleman等(2010)及Girres和Touya(2010)等对所有VGI产品及OpenStreetMap这种地图系列的合格率和精度进行了严谨的调查。此外,很多志愿者通过主动或被动手段对相同位置要素重复获取的方法已被证明对位置和描述的精度有很大的提高(Haklay et al. 2010;Dobson 2010a)。最后,相关研究(如

Zandbergen 2009;Gakstatter 2010),已经突破了现有手机作为定位设备的限制,并有了技术突破,这将进一步推进基于手机定位技术的发展。

位置精度仅仅是数据质量的一方面。Coote 和 Rackham(2008)指出 VGI 背景下的数据质量本质上更主观,其数据质量取决于:

(1) 用户的需求和他们的预期;

(2) 用户想要得到的收益;

(3) 用户或贡献者所谓的"数据质量"。

就数据质量而言,对于给定用户,给定区域数据的流通和要素属性的可信度可能是比位置精度和覆盖的完整性更重要的因素。

同样,在一些 VGI 方案中可能没有关于谁负责评估给定要素位置和描述的精度或者谁具有修改这些的权利的明确的、权威的界限。

这种程度的主观性、多环境存在的可能以及缺乏权威的明确界限,可能对于一个从事传统制图工作流程和实践的从业者来说是令人困惑的和不能接受的。

最后,从用户的角度来看,缺乏更新内容、解释和结构的一致性可能会限制一个数据集的分析使用,并最终导致只能在指导下使用该产品(Coote and Rackham 2008)。

14.3.3 评估贡献者可信度

使用 VGI 将数据源输入一个权威数据库主要担心的就是如何评估贡献者和他们贡献内容的可信度。基于信誉服务的评估,像 eBay.com 为 VGI 提供了一种建立信用的方法。eBay 的用户在线登录购买物品会对卖家进行反馈,这样以后的购买者可以基于前人的反馈对物品进行评估。eBay 用一个集中的用户信誉系统使买家对卖家进行信用评级。社交网站采用 VGI 贡献的点和基于路径的数据也使用了相似的方法,在某些情况下,自动化方法的改进可以被记录并合并。

可以从不同的领先的维基中学到不同的东西,如维基百科。维基百科最初完全依靠"智慧的大众"来评估,并且如果有必要的话,由个体贡献者改善条目,这通常能成功。然而,从 2009 年 12 月开始,它依赖编辑团队去裁定某些标定的条目,然后决定是否吸纳一个志愿的修订(Beaumont 2009)。

国际研究组织正在制定理论方法描绘 VGI 产品或它们的贡献者。例如,Lenders 等(2008)对基于本地服务的不同用户的贡献建立了一种自动化的方法来评估信任度。其"安全定位和认证服务"的体系结构维护了用户的隐私,通过对志愿内容的位置和时间进行标识而不是对贡献者进行识别。信任程度与贡献时间先后和贡献者改变地区地理的接近程度成正比。另外,Maué 和 Schade(2008)、Poser 等(2009)和 Brando 等(2011)为贡献分类和自动化流程做了一些研究工作。

14.3.4 风险管理的实例

Coleman 等(2010)调查了三个不同的公共和私人组织,将志愿贡献纳入其生产工作流程之中:澳大利亚维多利亚州的山火编辑通知服务、美国地质调查局的国家地图队(National Map Corps NMC)、TomTom's MapShare™服务。这些都会在以下部分进行介绍。

14.3.4.1 澳大利亚维多利亚可持续发展和环境部门编辑服务通知

澳大利亚的全面安全防护通知的编辑服务(Thompson 2011;NES 2008)采用了志愿式地理信息的内部贡献,由正式测绘机构之外的政府内部员工对基础测绘数据库进行更新。一个注册了"无所不知的通知"(knowledgeable notifiers)的网络—— 维多利亚企业空间数据库(CSDL)的州政府和当地政府的使用者,使用基于网络系统的密码保护,从日常政府运作过程中发现的现场数据里去更正和更新选定的地图要素。通常建议对于一个指定要素的更新,应从自动路由到负责那种要素类型的指定托管机构,然后由管理人做出接受或拒绝更新的指令。一个更新追踪系统对每次更新状态提供定期报告,判断记录更新是否被接受以及是否完成(图 14.1)。

Change Request ID	Description	Notifier	Status	WF	Date Last Modified	View Details
341	Apiry Point Editing with UFI=346	Local Government Authority (Towong Shire)	SUBMITTED		8/09/2008 10:16:51 AM	View Details
340	Apiry Point Editing with UFI=346	Local Government Authority (Towong Shire)	SUBMITTED		8/09/2008 10:16:42 AM	View Details
339	Apiry Point Editing with UFI=707	Local Government Authority (Towong Shire)	SUBMITTED		8/09/2008 10:16:37 AM	View Details
338	Apiry Point Editing with UFI=707	Local Government Authority (Towong Shire)	SUBMITTED		8/09/2008 10:16:31 AM	View Details
337	Apiry Point Editing with UFI=2633	Local Government Authority (Towong Shire)	SUBMITTED		8/09/2008 10:16:22 AM	View Details
336	Apiry Point Editing with UFI=1563	Local Government Authority (Towong Shire)	SUBMITTED		8/09/2008 10:16:08 AM	View Details
334	road demo	NES General Public	CHANGE ACCEPTED		5/09/2008 3:03:00 PM	View Details
332	Sept M1	Local Government Authority (Towong Shire)	SUBMITTED		3/09/2008 3:26:59 PM	View Details
330	Road name demo 1	NES General Public	CHANGE ACCEPTED		3/09/2008 3:21:41 PM	View Details
325	test change parcel	NES General Public	CHANGE ACCEPTED		3/09/2008 12:30:45 PM	View Details
324	test change	NES General Public	CHANGE ACCEPTED		3/09/2008 11:30:24 AM	View Details
298	Deleted a property	NES Sample State Org	SUBMITTED		1/09/2008 9:05:17 AM	View Details
293	name to both	NES General Public	SENT TO ROAD & ADDRESS MAINTAINERS		29/08/2008 4:39:53 PM	View Details
292	name to 2	NES General Public	SENT TO ROAD MAINTAINER		29/08/2008 4:39:41 PM	View Details
291	name to 1	NES General Public	SENT TO ADDRESS MAINTAINER		29/08/2008 4:39:27 PM	View Details
288	road name dual -2	NES General Public	CHANGE ACCEPTED		29/08/2008 3:35:30 PM	View Details
287	road name dual -1	NES General Public	CHANGE ACCEPTED		29/08/2008 3:34:37 PM	View Details
285	Add Address (Testing Add Multi-Feature Function)	Local Government Authority (Wangaratta Rural City)	SUBMITTED		29/08/2008 12:22:27 PM	View Details
284	this is road name extent - other was road name	NES General Public	CHANGE ACCEPTED		29/08/2008 3:39:21 PM	View Details
283	road name extent	NES General Public	CHANGE ACCEPTED		29/08/2008 12:32:14 PM	View Details
280	Road 5	NES General Public	DECLINED		29/08/2008 10:49:34 AM	View Details
279	Road 4	NES General Public	CHANGE ACCEPTED		29/08/2008 3:42:30 PM	View Details
278	Road 3	NES General Public	CHANGE ACCEPTED		29/08/2008 12:34:25 PM	View Details
268	m1 for Augyst	Local Government Authority (Towong Shire)	SENT TO MAINTAINER		28/08/2008 2:11:06 PM	View Details

图 14.1 NES 跟踪更新(NES 2008)

14.3.4.2 美国地质调查局的国家地图队

国家地图队(NMC)是利用 VGI 更新和补充政府在北美的测绘成果的一个开拓性努力。NMC 的“Adopt-a-Map”项目从 2001 年起有超过 3000 个志愿者对美国地质调查局的地图(图 14.2)和全国地图数据进行识别、标记、修正和更新(Bearden 2009)。后来的计划包括更新和添加基于手持 GPS 记录的数据。再之后,一个基于网络的地图和影像查看器(图 14.3)使志愿者更容易识别和标记建筑物及其他需要标记的构造物(Bearden 2007b)。

尽管志愿者的反馈是令人印象深刻的,但是美国地质调查局根本没有必要占用这些资源去做这些通知。传统的基于覆盖范围的地图修订工作和较长的更新周期意味着由志愿者完成的基于特征的注释工作是很少被使用的。由于志愿者人数的减少使地图注释的计划在 2005 年完全停止。此外,大量的 GPS 更新过多占用了有限员工资源,使其无法评估和使用输入的志愿者信息。到 2007 年,近 16 个月的每天增加的 GPS 收集点被积压(Bearden 2007a)。因为预算减少问题,在持续的资源问题、有效志愿内容分配和内部分歧下,国家地图队在 2008 年秋因为对它的在线查看器和标记网站的异议而中止了该项目(National Map Corps 2008)。

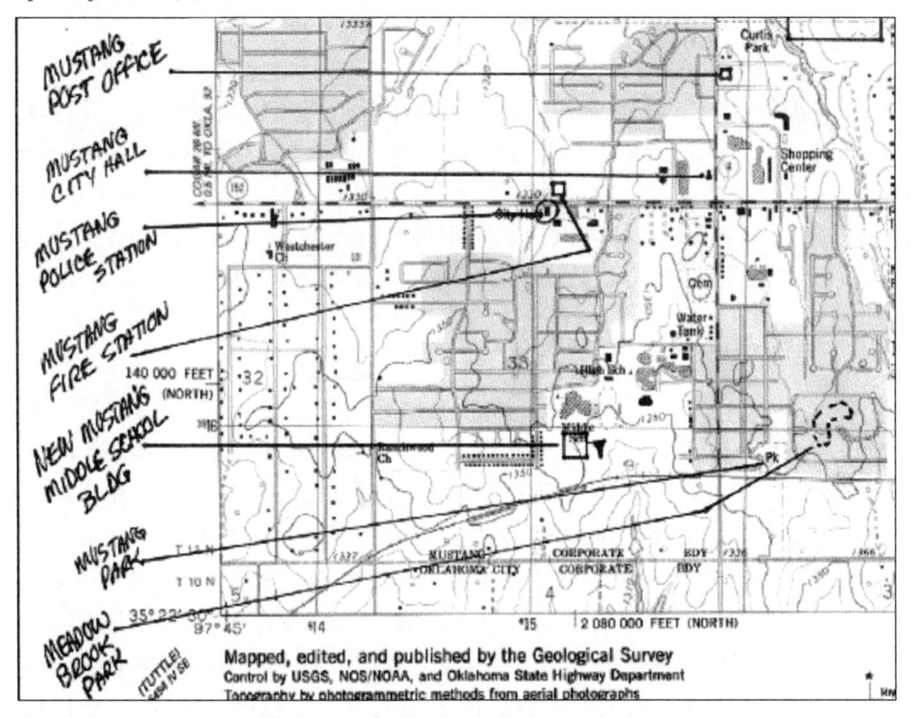

图 14.2 美国地质调查局志愿更新(Bearden 2007b)

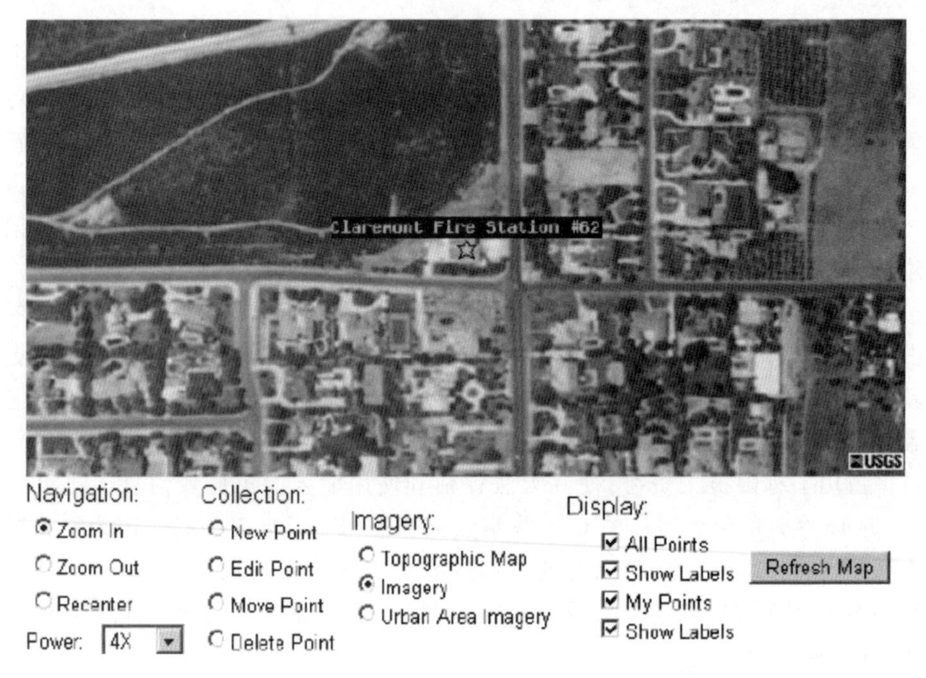

图 14.3 国家地图影像和地图查看器(Bearden 2007b)

尽管项目被停止,但是人们对这个概念本身的兴趣仍然很强烈。美国地质调查局在VGI上的一个赞助商研讨会于2010年举办(CEGIS 2011),OpenStreetMap组织的一个让志愿者对新道路进行数字化处理的试点项目在2011年开始,现在正在评估中(Wolf et al. 2011)。一个后续的收集30种不同结构类型数据的试点项目在科罗拉多州丹佛市进行(National Map Corps 2011)。

14.3.4.3 TomTom's Mapshare™服务

TomTom's Mapshare™服务是一个很受欢迎的操作实例,它作为大型商业数据供应商负责管理评估志愿者贡献和向用户传播未经认可的数据更新的风险(Club TomTom 2007)。公司采用了一种分等级的方法来分享、评估和使用志愿者提供的更新。首先,MapShare贡献者可以选择只使用他们自己在TomTom单元上的更新,在他们自己的群组内共享或者与TomTom总社区分享他们的数据。其次,TomTom对一个指定的更新通过它的独立批准设计了一种渐进的信用等级:① 超过两个独立贡献者;② 许多独立贡献者;③ 一个值得信赖的合作伙伴或企业用户;④ 在这个领域拥有自己的工作人员或承包商。最后,它允许它的顾客以交互的方式选择他们想要的信用等级选择,并将数据用于导航(图

14.4)。客户可以选择 TomTom/Tele Atlas 人员,或选择信任的商业合作伙伴,或者选择由许多用户、少数用户甚至他们自己更新的数据。

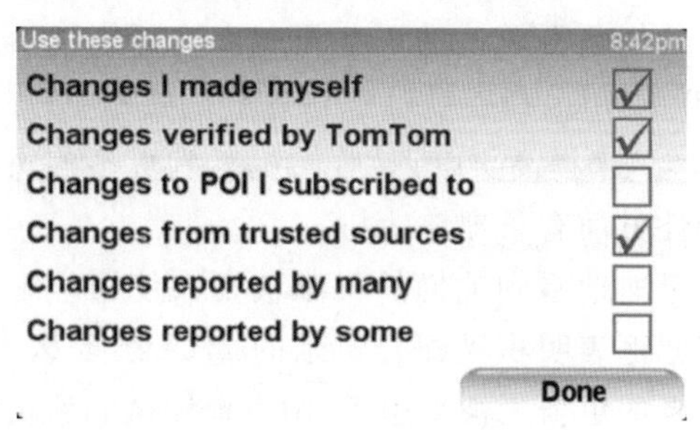

图 14.4 地图分享更新中的用户选择(Club TomTom 2007)

Dobson 在第 17 章对 TomTom's MapShare 服务和地图收集生产工作流程进行了更详细的描述。同时,也提供了 TomTom 的竞争者 NAVTEQ 与谷歌所采用的用于数据收集和更新的混合式方法的有价值的对比。

14.4 讨 论

Coleman 等(2009)建议传统公共和私人制图机构在生产过程中引入和使用 VGI 遇到机遇和挑战时应该扪心自问:我们努力追求的问题和目标是什么? 我们应该采纳 VGI 到什么程度? 如何从那些淘气的和恶意的人中区别可靠的贡献者? 我们如何来培养一次性或者定期的志愿者? 谁做出有关指定更新的可靠性和完整性的决定?

这些都是合情合理的问题,早期已经有关于审查志愿者贡献的一些经验。

关于项目本身:

- 过去的经验表明,一旦发出要求,自愿贡献的数量和程度将会大大减少。组织在 VGI 可以接受的范围以内,并且在验证了生产工作流程之后,会发现自己无法使用所有的输入数据。只有当 VGI 首创的原理和目标——可能是一个试点型的项目或主流活动——是明确定义的、可以交互的和测量的,当下一轮的预算削减发生时,主动的风险将减少。项目经理需要清楚他们的理由、目标和用来评估这些目标进展的指标。特定的特性的“缩短更新周期”“验证选择属性”和“添加新属性”都是合法的和重要的目标的实例。

关于参与者:

- “贡献者池”的规模和范围可能会被控制。最初,它可能会限制组织的员工和有渊博知识、长期存在的用户的数据。随着在贡献收集上的信心增长以及组织提供收到额外的资源来接受和处理越来越多的贡献,访问可能会逐渐开放。

- 志愿者重视他们获得承认的一些贡献。这可能包括从通过回复的电子邮件消息(Tele Atlas和谷歌都承认这样的贡献,在它们的MapInsight和MyMap网站上)来提高贡献识别的效率,到更多的贡献者在元数据或标签相关的特性方面有条理地参与。
- 贡献者希望迅速地看到他们的贡献被别人使用。维基百科和开源软件社区的研究案例表明积极配合贡献的重要性,要么不合并,要么就快速拒绝。志愿者的更新未被采用后,国家地图队志愿者数量迅速减少就是一个很好的例子。这可能需要一段时间来验证贡献,但早期确认接收和后续沟通,都是贡献者价值的良好的服务迹象。
- 作为一个成熟的项目,未能保留所有志愿者不一定是失败的标志。经验表明,这些数据库中的大多数贡献者的新信息可能只有一个或两个——在他们的社区中,一条新的道路的一次更新或一次修正等。志愿者社区中长期致力于数据提供与更新的志愿者,会评价其贡献,使它完全满足现有规范。
- 反过来,这意味着成熟的项目必须有分离的和集成的接口。一个简单的、易于使用的、功能简单的接口——但也许需要大量的后处理——用于满足偶尔或只参与一次的贡献者。通过合适的访问特权及其层次关系,内部生产人员和外部"超级用户"可使用更复杂的、功能更多的网络接口,以进行更多编辑。

参照他们的贡献:

- 大多数的贡献——特别是道路网络——是在处理一个图形属性的修改或增加,而不是它的位置或描述。
- 主要的私营部门的项目,像TomTom,已经积极地认识到,他们必须开发混合系统,适应不同渠道的志愿输入。在本章后面部分所讨论的例子中,传统的制图组织可能开始只接受修改属性数据和使用GPS收集的位置数据等这些积极贡献。随后他们可能添加这样的功能,将来自在线卫星或航空图像这些积极贡献的特征包含在内。随着技术和态度的发展,他们的系统可能会包括,当他或她在旅行、在汽车中或在ATV、骑着自行车、甚至步行的这些时间里,这些个人位置的消极贡献。
- 存在已经被建立和测试过的方法,可以评估VGI贡献的可靠性和他们的贡献者的可信度。在一定的空间和时间范围内,VGI贡献独特,并且这些可能被用来支持或反驳一个特定的贡献者的可信度。早期建立的技术[如WikiScanner(Borland 2007)]工具,通过贡献起源于哪里,可能有助于确定大概的地理位置。标记的手机图像的地理位置可能被用来提供支持证据的更新。

一些 VGI 活动,例如,从一个区域的卫星图像的矢量数字化,到哪些区域发生了自然灾害等,可能不适于这种类型的验证。然而,这正是其他志愿者的参与帮助验证或反驳一个贡献,或评估竞争、矛盾贡献的可靠性的一种方法。

14.5 传统的公众制图部分的未来

私营部门地图服务的显著增长及其恶名和 VGI 迅速地被采用,将使得未来公共部门制图程序的问题增多。当然政府预算处于缩水状态,在某些司法辖区,内部资金以及转包生产的资金都已经减少。一些在国家级或者州级项目下的新的或更新的生产项目中,基金更有可能指向图像制图产品的创新和高精度的数字高程模型,而不是矢量制图的发展。

此外,许多政府都选择提供一个其他人可以用来开发和提供增值应用的平台,而不是竞争的。即使在某些情况下,基本道路中心线和文化信息可能来自政府基本地图,这些信息现在被认为起源于 Web 服务提供者本身。这将使得项目主管必须解释其公共服务;政治家必须解释他们为什么应该继续资助。

的确,为什么呢?当他们可能形成绝大多数操作时,我们可以假设所有用户将会对像谷歌(Google)和必应(Bing)一样,对其地图显示、地址发现、路径分析、地区的基本查询以及点制图功能的服务满意吗?

多目标政府制图的最大、最广泛的用户群,往往在其他政府部门。很显然,这个问题更深层的全面调查已经超出了本章的内容。然而,下面这些关注的问题可以帮助推动这项调查的进行:

(1) 根据各自的事务需求,政府或者个人组织对特定区域空间地理数据集的标准、覆盖面积、数据集的一致性和流动性有何需求?这些需求是可调整的吗?

(2) 在特殊应用中使用传统地图时,什么样的假设必须要考虑?在内部应用中什么样的业务流程必须被采用来实现传统地图的转换和准备?

(3) 在什么样的情况下空间数据集可以通过商业机构来提供,如 Google、Bing(Microsoft)和用来满足机构特殊任务需求的其他提供商。由此产生的法律、财政、技术和劳动影响是什么?

(4) 什么程度的商业空间数据集的内容、覆盖范围、准确性、属性、流通和结构可以满足存在于这些组织中的特殊应用的需求?具有一定管辖权的数据的潜在异质性需要被考虑吗?是在什么样的情况下?

(5) 在什么情况下商业提供者才准备升级数据质量或数据的一致性来满足特殊用户的需求？这些升级是可以被所有用户获得的吗？是在什么样的情况下？

(6) 达到什么程度后用户才可以自己独立地去更新这些商业信息，或者更新自己的数据集，甚至作为一个项目需求通过自己的 GIS 软件来收集或应用自己的空间数据？

(7) 达到什么程度后政府组织会将自己和自己的数据与某个专门的服务提供者联系在一起？为了保护自己对数据股份的投资，政府组织需要考虑什么情况和什么供给需要？

回答这些和其他的问题应当对基础设施的性质、产品和未来公共地图部门提供的服务有真正的掌握。

14.6 结　　论

本章介绍了传统的数字测绘项目的背景和隐含的性质并且与志愿式地理信息有关的重要的潜在假想做了对比。尽管声称是不同的，但是政府测绘地图产品在很多国家经过一些实际的定义仍旧不是“权威的”。更加严峻的是，他们有些是过时的，也可能是前后矛盾的，是逐渐减少维护费的受害者。

同时，在发达国家 VGI 对自己或者私人数据提供商近期将替代传统地图组织的声称很可能是过分渲染。调查已经证实，仍旧有一些偏远地区虽然发生了改变，但可能不是被志愿者带来的。同样地，应更进一步的调查来确定什么样的情况下这些供应商会有兴趣并满足传统项目的多样需求。

VGI 不是解决地图组织所面临的所有地理空间数据更新和维护挑战的最终方案。然而，却达成了一个一致意见：VGI 代表了一个重要的升级渠道，应当在一个合理的、消息灵通的方式下被调查、被标准化和被介绍。

致谢：感谢过去 3 年间加拿大自然资源科学部、加拿大自然科学和工程研究委员会(NSERC)及卓越 GEOIDE 网络中心对该研究的经济资助。同时，感谢 UNB 的研究生 Krist Amolins、Andriy Rak 和 Titus Tienaah 对本章的建设性意见。

参考文献

Andrews, G. (1970). *Administration of surveys and mapping in Canada*, 1968. Report of the National Advisory Committee on Control Surveys and Mapping to the Surveys and Mapping Branch, Dept. of

Energy, Mines and Resources Canada, Ottawa, Canada.

Ball, M. (2010). What's the distinction between crowdsourcing, volunteered geographic information, and authoritative data? Editorial in *v1 Magazine*. http://www.vector1media.com/dialog/perspectives/16068-whats-the-distinction-between-crowdsourcing-volunteered-geographicinformation-and-authoritative-data.html. Accessed 1 Aug 2011.

Bearden, M.J. (2007a, Dec 13-14). *The national map corps*. Paper presented at workshop on volunteered geographic information, University of California at Santa Barbara, Santa Barbara, CA. http://www.NCGIA.ucsb.edu/projects/VGI/docs/position/Bearden_paper.pdf. Accessed 10 Feb 2009.

Bearden, M.J. (2007b, Dec 13-14). *The national map corps*. Presentation from workshop on volunteered geographic information, University of California at Santa Barbara, Santa Barbara, CA. http://www.NCGIA.ucsb.edu/projects/VGI/docs/present/Bearden_USGS_MapCorps19.pdf. Accessed 10 Feb 2009.

Bearden, M.J. (2009). Personal communication with national map corps program coordinator, U.S. Geological Survey National Geospatial Technical Operations Center, Rolla, Missouri, USA, 21 April.

Beaumont, C. (2009, Aug 26). Wikipedia ends unrestricted editing of articles. *The Telegraph*. http://www.telegraph.co.uk/technology/wikipedia/6088833/Wikipedia-endsunrestrictedediting-of-articles.html. Accessed 11 Aug 2011.

Borland, J. (2007). See who's editing Wikipedia—Diebold, the CIA, a Campaign. Politics/Online Rights Blog. *Wired*. http://www.wired.com/politics/onlinerights/news/2007/08/wiki_tracker. Accessed 14 Jan 2012.

Brando, C., Bucher, B., & Abadie, N. (2011). Specifications for user generated spatial content. In S. Geertman, W. Reinhardt, & F. Toppen (Eds.), *Advancing geoinformation science for a changing world* (pp.479-495). New York: Springer.

Bruns, A. (2008). *Blogs, Wikipedia, second life, and beyond: From production to Produsage*. New York: Peter Lang.

Budhathoki, N., Nedovic-Budic, Z., & Bruce, B. (2010). An interdisciplinary frame for understanding volunteered geographic information. Geomatica, 64(1), 11-26.

Casey, M. (2009, May). *Citizen mapping and charting: How crowdsourcing is helping to revolutionize mapping & charting*. Proceedings of the 2009 U.S. Hydrographic Conference, Norfolk, VA. http://www.thsoa.org/hy09/0512A_02.pdf. Accessed 15 Aug 2011.

CEGIS. (2011). *U. S. Geological Survey volunteered geographic information workshop*. http://cegis.usgs.gov/VGI/index.html. Accessed 30 June 2011.

Club TomTom. (2007). *Get to know MapShare™. The official blog for TomTom in North America*. http://www.clubTomTom.com/general/get-to-know-TomTom-mapshare™/. Accessed 15 Apr 2009.

Coleman, D.J., Georgiadou, Y., & Labonte, J. (2009). Volunteered geographic information: The nature and motivation of producers. *International Journal of Spatial Data Infrastructures Research*, 4, 332-358. http://ijsdir.jrc.ec.europa.eu/index.php/ijsdir/article/view/140/198. Accessed 14

Jan 2012.

Coleman, D.J., Sabone, B., & Nkhwanana, N. (2010). Volunteering geographic information to authoritative databases: Linking contributor motivations to program effectiveness. *Geomatica*, 64 (1), 383-396.

Cook, S. (2008, Oct). Why contributors contribute. Harvard Business Review. http://usercontribution.intuit.com/The+Contribution+Revolution+linked+version. Accessed 3 Aug 2011.

Cooper, A., Coetzee, S., Kaczmarek, I., Kourie, D., Iwaniak, A., & Kubik, T. (2011, May 31-June 2). *Challenges for quality in volunteered geographical information.* Proceedings of the AfricaGEO 2011 Conference, Cape Town, South Africa. http://researchspace.csir.co.za/dspace/handle/10204/5057. Accessed 20 Aug 2010.

Coote, A., & Rackham, L. (2008, Sept). *Neogeographic data quality—Is it an issue?* Paper delivered at the 2008 AGI Geocommunity Conference 2008, Consulting Where Ltd., Stratford-upon-Avon, UK.

Cowen, D. et al. (2003). *Weaving a national map: Review of the U.S. Geological Survey concept of the national map.* Report of the National Research Council (U.S.). Committee to Review the U.S. Geological Survey Concept of the National Map. Washington, DC: National Academies Press.

Dobson, M. (2010a, Aug 29). TomTom, TeleAtlas and MapShare. *Telemapics Blog.* http://blog.telemapics.com/? p=323. Accessed 2 Aug 2010.

Dobson, M. (2010b, Sept 22). Crowdsourcing—How much is too much? *Telemapics Blog.* http://blog.telemapics.com/? p=328. Accessed 2 Aug 2010.

Fisheries and Oceans Canada. (2011). About CHS: What we do. http://www.charts.gc.ca/aboutapropos/wwd-qfn-eng.asp. Accessed 30 Aug 2011.

Gakstatter, E. (2010, June 1). The dawn of a new era in GPS accuracy. *GPS World Column.* http://www.gpsworld.com/gis/gss-weekly/the-dawn-a-new-era-gps-accuracy-10016. Accessed 3 June 2010.

Girres, J.-F., & Touya, G. (2010). Quality assessment of the French OpenStreetMap dataset. *Transactions in GIS*, 14(4), 435-459.

Goodchild, M.F. (2007). Citizens as voluntary sensors: Spatial data infrastructure in the world of Web 2.0. *International Journal of Spatial Data Infrastructures Research*, 2, 24-32. http://ijsdir.jrc.ec.europa.eu/index.php/ijsdir/article/view/28/22. Accessed 25 Aug 2011.

Goodchild, M.F. (2009). NeoGeography and the nature of geographic expertise. *Journal of Location Based Services*, 3(2), 82-96.

Google. (2011). Countries editable in Google map maker. http://www.google.com/mapmaker/mapfiles/s/launched.html. Accessed 10 Aug 2011.

Grira, J., Bédard, Y., & Roche, S. (2010). Spatial data uncertainty in the VGI world: Going from consumer to producer. *Geomatica*, 64(1), 61-71.

Guélat, J-C. (2009, Aug). Integration of user generated content into national databases-Revision workflow at Swisstopo. 1st EuroSDR Workshop on Crowdsourcing, Federal Office of Topography swisstopo, Wabern, Switzerland. http://www.eurosdr.net/workshops/crowdsourcing_2009/presentations/c-4.pdf. Accessed 8 Dec 2011.

Haklay, M. (2010). How good is volunteered geographical information? A comparative study of OpenStreetMap and ordnance survey datasets. *Environment and Planning B: Planning and Design*, 37(4), 682-703.

Haklay, M., Basiouka, S., Antoniou, V., & Ather, A. (2010). How many volunteers does it take to map an area well? The validity of Linus' law to volunteered geographic information. *The Cartographic Journal*, 47(4), 315-322.

Hardy, G. A., & Johnston, W. F. (1982). The future of the ordnance survey? *The Geographical Journal*, 148(2), 155-172.

Heinzelman, J., & Waters, C. (2010). *Crowdsourcing crisis information in disaster-affected Haiti (Special Report* 252). Washington, DC: United States Institute of Peace. http://www.usip.org/ fi les/resources/SR252% 20-% 20Crowdsourcing% 20Crisis% 20Information% 20in% 20Disaster-Affected%20Haiti.pdf. Accessed 15 Aug 2011.

Heipke, C. (2010). Crowdsourcing geospatial data. *ISPRS Journal of Photogrammetry and Remote Sensing*, 65(6), 550-557.

Kadaster International. (2007, Sept). Abroad. Special issue on how e-government and land information align. *Periodical newsletter of Kadaster International*. http://www.kadaster.nl/pdf/abroad_092007.pdf. Accessed 25 July 2011.

Lenders, V., Koukoumidis, E., Zhang, P., & Martonosi, M. (2008). Location-based trust for mobile user-generated content: Applications, challenges and implementations. In *Proceedings of the 9th workshop on mobile computing systems and applications* (pp. 60 - 64). New York: ACM. LINZ. (2011). About notices to mariners. Land information New Zealand. http://www. linz. govt. nz/hydro/ntms/about-ntms. Accessed 20 Aug 2011.

Maué, P., & Schade, S. (2008, May). *Quality of geographic information patchworks*. Proceedings of the 11th AGILE International Conference on Geographic Information Science, Girona, Spain. http://plone. itc. nl/agile _ old/Conference/2008-Girona/PDF/111 _ DOC. pdf. Accessed 30 May 2009.

National Map Corps. (2008). Important notice concerning national map corps. http://nationalmap.gov/tnm_corps.html. Accessed 29 May 2009.

National Map Corps. (2011). The national map corps pilot projects. http://nationalmap. gov/TheNationalMapCorps/pilot.html. Accessed 20 Aug 2011.

NES. (2008). NES help module 3 change request/easy editor, p. 31. http://www. land. vic. gov. au/CA256F310024B628/0/DA7C602F526419D8CA25750D00053B7B/$ File/NES + Quick + Module3.pdf. Accessed 29 July 2011.

Obloy, E.J., & Sharetts-Sullivan, B.H. (1994, Oct). *Exploitation of intellectual property by electronic chartmakers: Liability, retrenchment and a proposal for change*. Proceedings of the conference on law and information policy for spatial databases, Tempe, AZ. http://www.spatial.maine.edu/~onsrud/tempe/obloy.html. Accessed 20 Aug 2011.

OECD. (2007). *Participative web: User-created content: Web 2.0, wikis and social networking*. Report of the Working Party on the Information Economy, Committee for Information, Computer and Communications Policy, Directorate for Science, Technology and Industry, Organization for Economic Co-Operation And Development. 12 April. Paris: OECD Publishing. ISBN 9264037462, 9789264037465.

Pearson, M., & Gareau, R. (1986). Exchanging digital base mapping data. In *Proceedings of the second international symposium on spatial data handling* (pp. 611 - 615). Williamsville: International Geographical Union.

Poser, K., Kreibich, H., & Dransch, D. (2009). *Assessing volunteered geographic information for rapid flood damage estimation*. Proceedings of the 12th AGILE International Conference on Geographic Information Science, Leibniz Universität, Hannover, Germany, pp. 1-9.

Roche, S., Propeck-Zimmermann, E., & Mericskay, B. (2011). GeoWeb and crisis management: Issues and perspectives of volunteered geographic information. *GeoJournal*. doi: 10.1007/s10708-011-9423-9.

Thompson, Y. (2011, July 20). Notification for edit service (NES). *Mygeoplace Blog*. http://mygeoplace.com/2011/07/30/noti fi cation-for-edit-service-nes/. Accessed 10 Aug 2011.

TomTom. (2008, Dec 16). TomTom announces five millionth map share™ improvement. *TomTom News*. http://www.TomTom.com/news/category.php? ID = 4&NID = 660&Lid = 4. Accessed 1 May 2009.

Turner, A. (2007, Dec 6). *Neogeography—Towards a definition*. A weblog posted on High Earth Orbit. http://highearthorbit.com/neogeography-towards-a-definition/. Accessed 15 Aug 2011.

UNECA. (1966, Sept 12-24). *Maintaining current base information for aeronautical charts*. Paper submitted by the United States Government to the 2nd United Nationals Cartographic Conference for Africa, Tunis, Tunisia. United Nations Economic and Social Council. http://repository.uneca.org/bitstream/handle/123456789/15884/Bib-64431.pdf? sequence=1. Accessed 25 Aug 2011.

Van der Molen, P., & Wubbe, M. (2007). *E-government and E-land administration. As an example: The Netherlands*. Proceedings of the 6th Regional FIG Conference 'Coastal Areas and Land Administration—Building the Capacity', San Jose, Costa Rica. http://www.fig.net/pub/costarica_1/papers/ts10/ts10_02_wubbe_vandermolen_2480.pdf. Accessed 15 Aug 2011.

van der Vlugt, M. (2011, Jan 4). PSMA, sensis or OpenStreetMap: What makes spatial data "authoritative"? *Spatial Information in the 21st Century Blog*. http://spatial21.blogspot.com/2011/01/psma-sensis-or-openstreetmap-what-makes.html. Accessed 1 Aug 2011.

Wolf, E. B., Matthews, K. M., & Poore, B. S. (2011, June). *OpenStreetMap collaborative prototype, phase one*. Open- file report 2011-1136. http://pubs.usgs.gov/of/2011/1136/pdf/OF11-1136.pdf. Accessed 31 Aug 2011.

Zandbergen, P. A. (2009). Accuracy of iPhone locations: A comparison of assisted GPS, WiFi and cellular positioning. *Transactions in GIS*, 13(1), 5-26.

Zook, M., Graham, M., Shelton, T., & Gorman, S. (2010). Volunteered geographic information and crowdsourcing disaster relief: A case study of the Haitian earthquake. *World Medical & Health Policy*, 2(2), 7-33.

第 15 章

“我们知道你是谁并知道你住哪儿”：网络人口数据统计研究

T. Edwin Chow

摘要：在数字时代，包括姓名、地址、年龄、电话号码和家庭成员等在内的个人信息，可能分散于各式各样的政府记录、私人公司的数据库、社交网络和 VGI 贡献的信息中。寻人网站搜集了上述信息，并且为用户提供在线查询人口资料的接口。混搭式应用、在线制图和网络数据抓取等网络技术的出现，为网络人口统计提供了机会，开启了研究的新领域。本章的主要内容包括：① 将网络人口统计作为 VGI 的一个例子进行介绍；② 探索网络人口统计的研究程序。同时，还需要更多的研究来加强提取规则，识别和消除不正确的数据（如重复的、伪造的和不完整的记录），确定网络人口统计的覆盖范围和精度，探索其潜在的应用价值。鉴于网络人口统计的不确定性（如数字鸿沟）、隐私问题和其他社会影响，在使用时必须谨慎。

本章标题部分改编自 Goss（1995）早期对“数据商人”的构想，在此构想中需要获取大量人口统计数据与方法以及能够抵制地理人口统计营销系统的可能性。

T. Edwin Chow（✉）
得克萨斯州立大学地理系，得克萨斯地理信息科学中心（Texas Center for Geographic Information Science，Department of Geography），美国，圣马科斯
E-mail：chow@txstate.edu

15.1 引　　言

人口普查的任务是在特定的时间调查人们的住所和人口统计特征。从国家层面实现这一目标是一项不小的任务。常见的抽查策略包括邮件、电话和个人访谈。这些传统方式不仅耗费大量劳动和时间,并且价格不菲。美国政府问责办公室估计2010年的人口普查费用为137亿~145亿美元,是2000年人口普查费用(65亿美元)的两倍多,1990年第四次人口普查费用的4倍(US GAO 2001,2008)。

除此以外,响应速度低及其他一些复杂的因素(如流动人口和非法移民)导致了一些人口数量的误差(Anderson and Fienberg 1999)。美国人口普查局对2000年人口数量的准确率进行了评估,估计误差为-0.48%~0.12%(低估130万人或高估34万人)(Anderson and Fienberg 2002;Robinson and Adlakha 2002)。这些结果表明,要准确调查每个人的信息,特别是少数民族、女性以及小于18岁的未成年群体,还是十分困难的(Robinson and Adlakha 2002)。

在数字时代,除官方的人口普查外,个人信息如姓名、地址、年龄、电话号码等,也广泛分布在各种政府记录、私人公司的数据库、社交网络以及VGI贡献的信息中。将如此有价值的信息融入人口统计数据库不仅对市场营销十分有用,也可用于城市规划、资源配置、灾害应急和各类社会研究。

传统的网络结构是客户端和服务器的多种单向传输,Web 2.0则允许动态内容的双向传输。Web 2.0通过加强互联网的互连性和交互性,允许智能应用程序对分布式数据库进行访问,从而将互联网用户从网络内容消费者变为网络信息生产者。例如,寻人网站(等同于电话本)从多个数据源收集人口数据,然后向用户提供在线查询人口信息的接口。随着互联网将远程的人口数据库连接到一个整体平台,重新审视了Goss(1995)之前所讨论的社会影响:电子监视盛行、隐私侵犯及地理人口统计分析等的言论。混搭式应用、在线制图和网络数据抓取等网络技术的出现,为网络人口统计提供了机遇,开启了研究的新领域(Chow 2008,2011)。本章的主要内容包括:

(1) 将网络人口统计作为VGI的一个例子进行介绍(第15.2节);

(2) 探索网络人口统计在人口动态模拟和建模方面的研究程序(第15.3节)。

接下来将按上述列出的顺序组织本章,并在章末进行总结。

15.2 网络人口统计也是 VGI?

很多政府和私人机构都存储了人口统计数据,并且他们在进行不断的维护和更新。一般而言,这些人口数据分布在不同的地理空间,彼此相互独立。寻人网站如 Zabasearch(www.zabasearch.com)将不同来源的统计数据集中存储,并允许用户利用互联网进行搜索。网络人口统计数据除了存在于这些传统的数据库中,还存在于 Facebook(www.facebook.com)、Myspace(www.myspace.com)等社交网络中。此外,一些人口数据提供者允许用户更新自己,甚至是别人的信息。

网络人口统计在起源上可能看起来与“典型”的 VGI 有所不同,在 VGI 中,每个志愿者通过主动参与 OpenStreetMap(www.openstreetmap.org)、Wikimapia(www.wikimapia.org)等具体项目贡献他们的空间位置。不过两者的相似之处在于,网络人口统计的数据来源也十分广泛,且都是随着 Web 2.0 的发展而兴起的。为了将网络人口统计与 VGI 或单纯的大型人口数据库区分开来,可能首先需要将 VGI 与传统制图区分开(Goodchild 2007):

> VGI 暂时还是混乱的,没有太多的正式结构。由于信息的生产者和消费者不再有明显区别,因此信息不断地出现、相互引用并四处发散。这样会节省很多时间……很多公众愿意花大量的时间提供信息,不期望任何经济回报,也不期望有任何人使用他们提供的信息。(p.29)

根据 Goodchild(2007)的观点,网络人口统计和 VGI 的异同表现在以下几个方面。

(1) 结构混乱:一条有效的网络人口统计记录必须包含名字和其他一些并没有标准结构或明确定义的人口统计数据(如地址、电话号码)。名字由姓和名构成,可全拼或简写。地址可以是城市名,也可以具体到街道。有些寻人网站还包含亲戚或其他相关成员(如室友)。网络人口统计信息的生产者、生产时间、准确性和覆盖度等都没有元数据。

(2) 实时并交叉引用的信息:网络人口数据统计是典型的多源信息的集成。即使不是所有,大部分的数据都有多名贡献者,并被实时交叉引用。例如,网络人口统计中的一条记录与信用报告、家族关系等服务有超链接连接是十分常见的。有趣的是,有些寻人网站与其他网站共享数据库。WhitePages(www.whitepages.com)数据库授权 Switchboard(www.switchboard.com)、MSNWhitePages(msn.whitepages.com)、411(www.411.com)和 Addresses(www.address.com)等使用它们的数据库。同样地,Addresses也与AnyWho(www.anywho.com)和PeopleFinder(www.peoplefinder.com)使用同一个信息数据库。

(3)贡献者角色模糊:网络人口统计数据的提供者主要为能获得个人基本信息的行政部门或私营企业。寻人网站从多种渠道获取信息,往往将整合的信息作为增值产品,卖给有营销需求的组织。这样一来,信息的消费者很少是信息的提供者。一些寻人网站允许互联网用户——网络人口统计所统计的那些人——来更新或删除数据信息(即选择退出)。因此无法清楚地界定谁是信息的唯一贡献者或者谁“拥有”这些记录。

(4)数据收集时间短:现在还无法确定从传统的数据源获取、编译和整理网络人口数据到底有多快。从理论上讲,网络人口统计可以近实时地同步生成和更新。早期的研究和合理的推测都认为,收集时间从几个星期、几个月到几年不等(Chow et al. 2010)。即使如此,网络人口统计与工作量巨大的邮件、电话或者面对面访谈等传统人口普查时采用的策略相比,收集和更新所需的时间更短,也更为灵活。

(5)志愿者的动机:在网络人口统计中,贡献VGI的主要方法是寻人网站编辑或提交个人信息。网络人口统计面临的问题是,人们可能考虑到信息隐私、权利泄露或其他相关问题而不主动透露他们的个人信息。不过,VGI生产过程中的积极刺激和消极刺激都会对网络人口统计信息的质量带来影响(Coleman et al. 2009)。举例来说,积极的刺激(专业或个人兴趣,身处的优越感)会驱使用户正确更新个人职业;然而,消极的刺激(如隐私问题)可能会使用户选择“退出”或对网络人口统计信息中的错误视而不见。除了志愿提供的信息外,寻人网站会从社交网站中搜集愿意提供其朋友和亲戚信息的人的个人信息。这样一来,网络人口统计的提供者就形成了一个公众传感器的网络,同时也形成了一个由数个主要的公共或个人的贡献者与大量无意识的“志愿”的公众形成的多级网络。

不论网络人口统计是否是VGI的一个实例,一个重要但迟迟未解决的问题是如何定义和解释志愿这一概念。问题的关键在于“志愿者是在真正明白他们提供信息的用途和目的后才贡献信息的?还是只是无意为之?”(Tulloch 2008)。前者是典型的VGI贡献,他们理解VGI应用的具体要求,并主动贡献信息以实现目标。事实上,VGI参与者对既定目标的了解程度各异,也没有多少共识,即使有也仅仅局限于审查和使用VGI的程序。另外,后者提供的VGI信息可以视为一种被动的信息提供,其实质与军方通过带有GPS功能的移动设备搜集信息的情况相似,这一现象被称为“地理奴役”(Dobson and Fisher 2003; Tulloch 2008)。因此,网络人口统计可以被认为是用一种混合模式获取的VGI,这种混合模式由主动贡献和被动获得相结合。不管怎样,研究从不同渠道获取的VGI信息对网络人口统计数据质量的影响将十分有趣。

从这个角度来看,网络人口统计与"传统的"VGI 有一些共同点,但又与之不同。用 OpenStreetMap(OSM)作为一个对比例证,任何自愿在网络人口统计中提供自己个人信息的都是积极的 VGI 贡献,它与自愿在 OSM 中编辑地理特征信息相类似。然而,网络人口统计数据库是由一些人在无意识的情况下被动地不断对其编译和修改,这与 OSM"基线"数据库采用 TIGER 文件、禁止被动采集数据不同。因此,将网络人口统计描述为志愿者在没有完全意识的情况下直接或间接地通过第三方数据供应者贡献的 VGI 似乎更为准确。

VGI 的多面性和分类方法还有待进一步研究和确定。VGI 一词是 Goodchild 经过一系列的研究探讨之后,最早在 2007 年出现。与 VGI 类似,网络人口统计也在地理空间方面有巨大的应用潜力,但同时也面临着数字鸿沟和隐私问题的挑战(Elwood and Leszczynski 2011)。因此,将网络人口统计作为一种特殊的 VGI,并在 VGI 这一大范畴下对它进行研究是可行的。

15.3 网络人口统计研究

网络人口统计研究仍处于起步阶段,将网络人口数据作为一种替代数据源、探索其潜在应用、找出可能存在的缺陷并解决都需要很长的一段路。近年的研究侧重于网络人口数据的提取工具,并且提供了网络人口统计与得克萨斯州的越南裔人口普查的初步比较(Chow et al. 2010,2011)。本节将探索如何利用网络人口数据进行人口监测,包括数据的获取、加工、应用、数据检验、隐私等其他一系列相关问题。

15.3.1 数据获取

网络人口数据的获取主要是利用网络信息提取工具,在固定时间间隔从已有的网站提取(抓取)人口统计内容。网络信息提取程序包含一个可以自动识别目标内容的网络爬虫和以特定格式提取感兴趣数据的数据抽取包装器。其基本思想是解析超文本标记语言(HTML)文件,然后分析内容结构中嵌套的多层标签。Chow 等(2011)概述了一项基于姓氏分析的自动提取网络人口数据的框架,共包含五个步骤。它将 HTML 预处理分为聚类统计、机器学习算法、数据挖掘技术、基于本体关系的提取优化算法和导航规则(Chang et al. 2006)。

为了促进人口监测,研究者同样需要对网络语义进行分析,即从一系列搜集到的网络结构固定但杂乱的文档转换为有意义的网络数据,这是一个不间断的尝试(Berners-Lee et al. 2001)。在网络人口统计中,网络语义允许"敏捷的"代理，这种代理不论各种数据源的数据格式和更新频率是否相同，都能从中发现、定位和提取相关的人口数据。

另一种方式是选用深度搜索方法，这种方法侧重于开发新颖的网络爬虫算法来寻找那些一般运行在网页后台、动态生成内容的“隐藏的文件”（如数据库）。对网络人口数据的深度搜索将得到与关键字相关的任何信息，不论它是餐馆名、人名，还是一个物体的名称。随后还需要从中筛选出大量无关和冗余的信息（如多媒体文件）。最理想的是将两种方法混合使用，即使用深度搜索爬取网络信息的同时理解语义，但这还需进一步研究。

比起传统的人口普查，网络人口普查更为灵活，但对于为了持续监测人口而进行的网络人口普查所需的时间间隔，我们缺乏足够的认识。网络人口数据的获取频次在很大程度上取决于具体应用所要求的数据的实时性（即实际事件发生与数据库更新之间的时间差）。例如，研究卡特里娜飓风对人口再分布的影响可能分为长期影响和短期影响，这就需要在不同的时间尺度下进行。美国邮局的地址变更程序需要 7~10 个工作日，因此从这种渠道获取网络人口统计数据的更新频率也无法确定（Landsbergen 2004）。

前面已经讲到，网络人口普查的数据来源很多。因此，网络人口普查可将寻人网站作为辅助的数据源，将公众“贡献”了个人信息的诸多公共或私人企业的数据库作为主要数据源，对两者进行整合。但在追踪数据来源时会遇到限制——辅助数据源的供应商不愿意公开他们的人口数据的分布式数据源。在这个信息爆炸的时代，数据供应商也很少对增值信息进行转卖或协议共享（Phillip 2005）。因此，要想准确识别人口数据的来源和分辨哪些是主要数据源十分困难。如果对大量的人口统计数据用信息定律（如 Zipf 定律）进行分析，应该非常有意思（Egghe 2005）。另外，寻人网站作为获取人口统计信息的入口，访问更为容易。未来对这一领域的研究应该从数据库覆盖范围、独特性、精确度、准确性、实效性、查询要求和人口资料可获取性（某些特征将在第 15.3.3 节进行讨论）方面对辅助数据源的绩效进行评估。例如，其他数据源只能精确到城市，而辅助数据可以具体到街道，同时还能提供一些其他的人口统计属性信息（表 15.1）。

表 15.1 对普通寻人网站数据库的独立性、空间地址的准确性和最低搜索标准的初步评估

	数据库的独立性[a]	地址的准确性[b]	最低搜索标准
Address.com	和 WhitePages.com 相同	完整性	姓氏和邮编
Addresses.com	独立性	完整性	姓氏和邮编
AnyWho.com	与 Addresses.com 相同	完整性	姓氏和邮编
Classmates.com	独立性	—	姓氏和毕业信息
Intelius.com	独立性	只有城市	姓氏和所在州

续表

	数据库的独立性[a]	地址的准确性[b]	最低搜索标准
Facebook.com	独立性	只有城市	所有信息
Myspace.com	独立性	只有城市	所有信息
PeopleFinder.com	和 Addresses.com 相同	完整性	姓氏和邮编
PeopleFinders.com	独立性	只有城市	姓氏和所在城市
Pipl.com	集成性	完整性	姓氏和邮编
PublicRecordsNow.com	独立性	只有城市	姓氏和所在城市
MyLife.com	独立性	完整性	全名
Spock.com	与 Intelius.com 相同	只有城市	姓氏和所在州
Switchboard.com	与 Addresses.com 相同	完整性	姓氏和邮编
USA-peoplesearch.com	独立性	只有城市	姓氏和邮编
Ussearch.com	独立性	只有城市	全名和所在城市
People.yahoo.com	集成性	—	姓氏和邮编、所在城市
WhitePages.com	独立性	完整性	姓氏和邮编
Wink.com	集成性	只有城市	姓氏和邮编、所在城市
Zabasearch.com	独立性	完整性	姓氏和所在城市

a“集成性”表示整合了其他多源辅助数据的“深度”搜索；

b“完整性”表示位置信息具体到街道。

15.3.2 数据处理

一旦网络人口普查从不同的分布式数据源获得数据，很有可能会得到不完整、不相关、虚假的或冗余的记录。接下来的处理程序的目的就是将这些数据解译、整合为数据库中可用的数据记录。为了使解译结果可靠，使用合适的数据质量检测和数据质量控制手段来剔除无效的记录是至关重要的第一步。

使用寻人网站在内的任何数据搜索引擎都会得到一些不相关的信息。一条有效的网络人口普查记录，必须具备普通人口普查记录的字段，如姓氏、名字和“可编码”的地址（Word et al. n.d.；Chow et al. 2011）。一些常见的不完整的记录可能有：姓名不全、姓名完整但无地址或地址完整但无姓名。因此，剔除无效记录的第一步就是检查公司名称（如某某公司）和邮寄地址。除了数据库的基本功能可以检验数据是否空值之外，语言科学中的自然语言处理（NLP）技术也可对人口普查数据各字段的有效性进行解析和验证（Métais 2002）。

处理程序中很重要的一个环节是冗余检测和剔除。冗余记录是在不同程度上有一定相似性的重复记录。现有许多研究集中于剔除数据库（Low et al. 2011）、图像处理（Cheng et al. 2011）和冗余信息（Li et al. 2005）中的重复记录。

在大多数应用中,剔除重复意味着在精度(达到人口统计数据记录唯一的精度)和完整性(人口信息记录中数量的完整性)之间进行平衡。在网络人口统计中,一条唯一的记录可以被定义为“一个有唯一姓氏、名字和其他人口统计特征(街道地址、年龄、其他家庭成员信息)的组合”(Chow et al. 2011)。表 15.2 说明了从可选的人口统计属性,如中间名、生日和电话等来区分两个人是十分困难的。难道因为拥有同样的住址,第二条记录和第五条记录就是同一个人吗?难道因为有着同样的出生日期,第四条记录和第六条记录就是同一个人吗,或是有着同样的电话号码,第一条和第四条记录的就是同一个人?因此重点是如何识别重复的信息,了解人口统计特征如何随着民族、姓名和文化的不同而变化。例如,Nagata(1999)报道了在日本家庭中,名字的改变与家庭职务继承及遗产之间的紧密关系。因此,理解民族间的文化差异,并在处理网络人口普查数据时采用合适的假设是十分重要的。语法的定量评估和语义的相似度也对剔除重复数据有所帮助(Oliva et al. 2011)。

表 15.2 包括假设数据的网络人口普查数据库的一个子集

序号	姓名	地址	数据来源	电话	出生日期(年、月)
1	Enoch Y. Le	760 Mccallum Blvd	Addresses.com	123-4567	—
2	Enoch Y. Le	709 West Way	Whitepages.com	—	—
3	Enoch Y. Le	4060 Midrose Trl	Zabasearch.com	765-4321	—
4	Enoch Y. Le	7575 Frankford Rd	Zabasearch.com	123-4567	1968.3
5	Enoch Le	709 West Way	Addresses.com	—	—
6	Enoch Le	760 Mccallum Blvd	Zabasearch.com	716-2534	1968.3

数据供应商会故意嵌入一些虚假数据作为安全措施,这使网络人口统计数据的处理过程更为复杂。然而,这样的记录可以通过与行政机构的记录对比而检测出来(例如,美国社会安全管理局的 NUMIDENT 文件或 2000 年美国人口普查中“百分之百未编辑的文件”)。由于数据的精度不同,有时可能会出现网络人口统计数据与参考信息间暂时不匹配的情况。然而,一条与参考信息不匹配的网络人口统计记录就可能被认为是一条虚假信息,亦可被认为是一条有效信息。除非记录经字段验证(或经数据提供商证实),否则无法确信其有效性。此外,由于隐私问题,从政府部门获取私人信息会受到一定约束和限制。再者,替换、重排、加密等(地理)数据屏蔽技术都在不改变数据基本结构的情况下有效地保护了隐私(Armstrong et al. 1999)。Gujjary 和 Saxena(2011)提出了一种神经网络数据屏蔽技术来保留原始数据的语义信息。对这些数据库技术影响的理解及其在人口监控中的适用性还需进行更多的研究。

15.3.3 数据检验

为了证明网络人口统计具有成为人口动态监测数据源的潜力,对网络人口统计数据覆盖率和精度进行检验是十分重要的。

尽管网络人口统计数据的数据源广泛,但它与其他统计方式都面临着同一个问题:即它可能代表大部分人而忽略小部分人。与普查数据中的实际数据或参考文献相比,网络人口统计数据在普通人中的覆盖率尚不可知。下面用越南裔美国人的人口统计为例来说明不确定性程度。Chow 等(2010)在 2009 年使用最为常见的 91 个越南姓氏统计在得克萨斯州的越南裔美国人。美国社区调查(ACS)数据(2009)显示总数为 202 003 人,但 WhitePages 得到的数据为这一数据的 40.3%,Intelius(www.intelius.com)为这一数据的 10.4%(表 15.3)。Addresses(www.addresses.com)得到的数据为 81 440 人(40.3%),Zabasearch 的数据为101 061 人(50%)。对上述数据进行剔除无效和重复等处理后(与多个寻人网站的记录交叉检验),WhitePages、Addresses 和 Zabasearch 的人口数量和比例分别为 53 425(26.4%)、58 245(28.8%)和 74 865(37.1%)。由于 Intelius 只存储城市名称而没有具体到街道地址(表 15.1),因此 Intelius 的网络人口统计没有整合到集中的数据库中。所以,从 WhitePages、Addresses 和 Zabasearch 中依靠地址信息统计出的越南裔美国人人数 186 535(92.3%)与得克萨斯州的实际情况基本一致。

表 15.3 得克萨斯州越南裔美国人的网络人口统计数据覆盖率

	Intelius	WhitePages	Addresses	Zabasearch	总计*
原始数据	20 957(10.4%)	81 354(40.3%)	81 440(40.3%)	101 061(50.0%)	263 855(130.6%)
有效数据	18 737(9.3%)	78 460(38.8%)	79 673(39.4%)	94 632(46.8%)	252 765(125.1%)
独立性数据	—	53 681(26.6%)	58 232(28.8%)	76 712(38.0%)	188 625(93.4%)
加工处理数据	—	53 425(26.4%)	58 245(28.8%)	74 865(37.1%)	186 535(92.3%)

* 总计中独立数据之和指 WhitePages、Addresses 和 Zabasearch 之和。

越南裔美国人的姓氏相较其他种族、民族的姓氏易于辨识(Lauderdale and Kestenbaum 2000),因此对越南裔美国人进行网络人口统计是可行的。虽然越南裔美国人的网络人口统计数据的高覆盖率并不能保证在其他种族或民族中也有相似的覆盖率,但相关文献提出了与其他种族进行有效区分的姓氏分析方法,如西班牙裔(Perkins 1993)、南亚裔(Shah et al. 2010)、华裔(Quan et al. 2006)、中东裔(Nasseri 2007)和其他一些亚洲民族(如韩国裔、日本裔、印度裔和菲律宾裔)(Lauderdale and Kestenbaum 2000)。使用常用的姓氏对寻人网站获取的网络人口数据进行检验是可行的。然而,近亲结婚、改名字、收养和同名等现象都会带来不确定性(Perkins 1993)。例如，许多研究用西班牙裔的姓氏来区分西班牙男性和女性时有很高的准确度(Perez-Stable et al. 1995；Morgan et al. 2004)，但在区分西班牙裔已婚妇女、菲律宾裔和印第安人时却出现了明显的错误(Barreto et al. 2008)。在检验网络人口统计在其他种族、特别是有已婚妇女种族中的覆盖率方面还需要进行更多研究(Wei et al. 2006)。

值得注意的是，有时使用姓氏分析来辨别种族、民族也有一定的局限性。例如，姓氏“Lee”在非西班牙裔白人、非裔美国人、韩裔、说粤语的华裔中都很常见。因此，使用多民族共用的姓氏进行搜索返回的信息可能是混杂的。不过，如果不考虑民族和种族的差异，这些信息还是可以用于对一般人口的动态监测的。为了评估网络人口数据的典型性，可以使用美国人口普查局(US Census Bureau 2010)公布的最常用的姓氏列表来计算其覆盖率。无论网络人口统计的目标是特定群体还是普通大众，“设计一个有代表性、能平衡I类错误和II类错误的姓氏样本”是十分关键的(Chow et al. 2011)。

除了信息的覆盖率，网络人口数据的精度也是至关重要的。一个理想的网络人口数据精度评估体系应该由一系列在一定区域内、时间间距小的入户调查样本构成。然而，受邀完成调查的候选人的意愿和他们提供的个人信息的可信任度都给精度评估带来了不确定性。为了评估网络人口数据的质量，可以将其划分为人口统计属性正确性、位置精度和时间精度等。不过迄今为止关于网络人口数据精度的研究还未见报道。

由于网络人口数据来源于公共数据和私人数据，书写和编排的错误都可能带来误差。每个人口统计的属性信息，如名字(姓氏、中间名、名字)、年龄、家庭成员等，都可以通过简单的精度评估得出。对于定性的属性信息(如名字)，任何印刷的错误都可以认为是不正确的记录。于是，定性属性信息的精度可以根据正确信息在总信息中的出现频率得出。同样地，对于定量的属性信息，如年龄，可以利用描述统计学来找出调查数据与网络人口统计数据间的分布误差。

网络人口数据的位置精度可以将住宅的最佳测量位置与实际位置间的距离差，与网络人口数据中登记的最后一个地址进行匹配得出。位置精度会同时受到源误差和过程误差的影响(Goodchild 1989)。对网络人口数据而言，数据源的失真意味着使用了过时的或不正确的地址，源误差即相当于在相同地理编码下，更新地址(如果已知)与过时地址间的距离。当然，源误差与网络人口数据的时间精度密切相关。通过将已知地址配准到预先定义的坐标系统中，过程误差说明了地址匹配程序的优劣，而这很大程度上取决于匹配算法的有效性和参考数据的质量。

Swift等(2008)对包括桌面地图和网络地图(如谷歌地图应用程序接口)在内的8个地理编码系统进行了研究。他认为，地址匹配算法越简单，源误差越高,反之亦然。网络人口数据中的位置精度,不论是源误差还是过程误差,都能给使用网络人口数据进行空间分析的可靠性提供帮助。

时间精度指的是“数据库完成或更新的程度”(Goodchild 2008),它可能会同时影响人口数据属性的正确性和位置精度。时间精度在网络人口统计中具有时间标记和时效性的双面特性。最新的时间标记是人口统计信息最近一次证实或更新的日期/时间,其评估相对简单。时间标记取决于日常生活中发生的事件,如搬迁等,但是旧的时间标记并不等同于错误或过时的记录。另外,实际事件发生的时间和网络人口数据统计时的时间差反映了一条记录的时效性。在实际应用中,网络人口数据可能无法记录事件的准确时间,数据来源的不确定可能导致相对时效性不高。在以后的研究中可以探索网络人口统计中属性的正确性、位置精度和时间精度(例如,在可以获取的情况下,最新时间标记和相对时效性)之间的关系,并对特定群体的时空特性进行研究。

15.3.4 数据应用

搜集网络人口数据的主要动机是为了营销时能够更好地了解客户概况(Linberger and White 1998)。Intelius 和 PeopleFinders(www.PeopleFinders.com)之类的寻人网站会通过提供各种付费方式将更多的个人信息如婚姻状态、金融史等进行销售。企业老板和法律公司经常使用这样的信息来了解应聘者的犯罪记录和信用记录。传统的区域人口统计也从社交网络中获取相关信息(Singleton and Longley 2009)。

鉴于网络人口统计通常都是搜索个人信息,自动化操作可使它更容易取得人口样本(Chow et al. 2011)。最近有学者将 2009 年在得克萨斯州的越南裔美国人的网络人口数据与 2000 年美国人口普查数据进行比较,探索网络人口数据用于人口动态监测的可能性(Chow et al. 2010)。通过分析,发现两者在不同区域的差异较大,人口显著变化了的区域可以被网络人口数据识别。同时还发现,人口显著变化的空间特征与得克萨斯州主要城市的城市-郊区迁移的空间特征相一致,也与沿海渔业地区的郊区-城市迁移特征相一致(Chow et al. 2010)。因此,该试验性研究揭示了网络人口数据用于绘制人口分布地图和人口动态监测的可能性。

如果姓氏清单设计合理,可使网络人口数据在区分多民族姓氏时更为系统。虽然网络人口数据的覆盖率和精度还未经大范围的抽样调查研究证实,但它的确可作为传统人口普查的有力补充。少数民族人口数量在人口统计中经常被低估(Anderson and Fienberg 1999),将网络人口数据与传统的人口普查数据相匹配可得出被低估/高估的人口数量。双系统估计法采用一种捕捉-再捕捉的方法来调整估算的人口数量(Wright 2000)。不过,目前尚不清楚网络人口数据的关联误差和失踪人口问题(在传统普查中也存在),以及它们对最终结果的影响。

除了为少数民族特别定义的搜索方法,未来的研究可考虑使用常用名清单的方法将它扩展到普通大众,如2000年人口普查的1 000个最常见姓氏(US Census Bureau 2010)。理论上讲,一个全面的网络姓氏调查与人口普查2.0技术——一种使用Web 2.0技术在互联网上调查个人信息的技术——在范围上是相似的。在2000年的人口普查中,89.8%的美国人使用了151 671个姓氏,占所有姓氏的2.4%(Word et al. n.d.)。由于人际网络的数据获取与传统的人口调查相比更为廉价、相对灵活并具有可重复性,所以可对自然灾害或经济衰退等特殊事件引起的人口转移问题进行跟踪研究。对网络人口统计数据进行检验后,再与其他人口分布数据集如LandScan进行对比研究,可为全球的数据库验证提供宝贵经验,同时促进宏观人口统计和微观人口统计的多尺度集成(Bhaduri 2011)。

网络人口统计数据还有助于解决社区问题。社区可以创建小型人口统计数据库来体现居民邻里之间或社区的价值。如Seeger(2008)所言,VGI项目的一个关键挑战就是提升公众意识和鼓励公众参与。网络人口统计可以借助基础计算机支持系统来确定VGI项目的利益相关者,提高响应率(如www.citsci.org)(Newman et al. 2011)。微观尺度的个人数据可在社区尺度进行空间分析,解决社区内的问题。这对那些需要向目标群体分配有限资源、需要使用VGI进行决策——如景观规划(Seeger 2008)——的文化社区(如少数民族)是十分重要的。

网络人口统计数据与其他VGI,如CommonCensus(Http://www.commoncensus.org)的整合,可以协助调查社区的文化氛围,如原因、影响力、提高社区建设和解决问题的能力等。这种基于社区的网络人口统计数据库可以为地理门户研究(De Longueville 2010)、流行病监测(Firestone et al. 2011)等基于位置的社交网络应用提供地理尺度和人口尺度。其实,WhitePages最近已推出了一个VGI平台(neighbors.whitepages.com),允许个人提供私人信息,并与邻里的数据关联,共同建设社区。这样的社区数据可以提高地理人口统计分析,并促进那些基于位置和个人行为,如历史使用记录和搜索偏好(Goss 1995)的本地交易、广告投放和营销策略制定。因此,VGI式的本地搜索将在移动应用中发挥越来越重要的作用。以社区为基础的人口统计数据库还可以促进"生态瞬时评估"的相关研究,该研究通过追踪志愿者的活动范围发掘他们的社会联系、心理健康状态和行为结果(Browning 2011)。

除了语言或民族/种族之外,姓氏也可揭示在地域、起源的特点,为研究人口结构提供参考(Lasker 1985;Lasker and Mascie-Taylor 1990)。地名的姓氏(即以地点或乡村命名)在一些文化中(如英国的巴思地区)十分普遍,在此周围出现的频率也很高(Kaplan and Lasker 1983)。Isonymy研究了姓氏的空间分布规律,毫无疑问,姓氏的空间分布符合地理学第一定律:距离越近,姓氏越相似;距离越远,姓氏差异越大(Tobler 1970)。Longley等(2011)使用选举注册中的高频姓氏来研究人口动态迁移。研究结果表明，通过聚类分析和多维分析，相似的姓氏可以用于区别不同的区域，且姓氏相似的人住所也较近(Longley et al. 2011)。网络人口数据可以作为用于政权分析的一种当代姓氏数据来源。

15.3.5 隐私

获取个人信息一直受信息隐私问题的困扰，信息隐私是指一个人"对自身信息的收集或传播的掌控能力"(Elwood and Leszczynski 2011)。在网络人口统计中，隐私问题的核心是信息的所有权问题。由于个人信息是从个人传播到主要的数据源再传播给用户，在这一过程中，参与方各有什么样的"权利"和责任？Elwood 和 Leszczynski(2011)呼吁在新媒体中(如谷歌的街景照片)对隐私和保护措施进行审查，并对人们在政府、企业和国家中所扮演的角色和关系进行转变。一般来说，普通公众并未允许网络人口统计泄露他们的个人数据信息，但他们可能在社交网站或其他网络活动中间接地泄露了自己的信息(如注册一个在线的抽奖)。因此，就网络人口统计中的隐私而言，VGI 与传统的人口统计可能对其有不同的定义。

公众对隐私的担忧会给人口普查的数据质量带来影响。尽管在美国有宪法对人口普查进行了保障，但公众对人口普查数据的获取细节、调查策略和传播渠道一直存在着较大的异议，如现在已经废除的十年一次的定期普查(Robbin 2001)。对隐私问题的担忧会给那些比例虽小但极为重要的参与者的响应率带来影响(Singer et al. 1993)。网络人口数据的主要数据来源基本都没有得到"志愿者"的许可。因此，参与者是否信任负责收集和传输网络人口数据的机构还有待考证。社交网站也被认为是新的人口统计模型的重要数据来源(Singleton and Longley 2009)。关于社交网站的一个最新研究表明：年长的用户比年轻的用户对隐私可能带来的潜在威胁表示了更多的担忧(Hugl 2011)。现在还无法确定不同人群对隐私的担忧会给包括覆盖度、精度在内的网络人口数据质量带来怎样的影响。

Goss(1995)认为除了隐私问题，不完整或不准确的网络人口数据信息都可能导致对社会经济的错估，使人的身份只能通过"姓名和住所"识别。此外，机构和企业的数据库之间相互弥补，为"数据监控"——对手机和上网历史等电子数据进行跟踪、监视——奠定了良好的硬件基础。位置感知和文化实时共享等信息技术的进步为网络人口数据的更新扫清了障碍。随着网络和移动技术的不断发展，网络人口数据对社会和科学的意义还有待研究。

社会对隐私的担忧和公众对隐私的讨论促使保护隐私可行性措施的出现。一些寻人网站如 WhitePages 采用了选择性退出隐私保护条约。即任何想将自己的个人信息从公开的列表中清除的个人，在"搜索"选项中选择隐藏即可实现清除功能。然而,信息清除并不等于永久性删除,因为对主要数据源中事件的更新(如搬迁、改名)也可能导致个人信息再次公开(WhitePages 2011)。数据屏蔽技术如地理隐藏等,可在保护网络中个人数据的私密性与满足空间分析的需求间进行平衡(Kwan et al. 2004)。然而,这种做法给寻人网站的商业目的以及他们开展个人搜索应用的计划带来不利影响。

15.3.6 其他相关问题

除了了解网络人口统计的社会影响,理解它扮演的社会角色也是十分重要的。数据鸿沟就是一个很好的例证(处于不同社会经济层次的人在信息和技术获取上的差异)。由于网络人口统计也源于数字化交易和数字化追踪,因此可能无法代表某些人群(如年轻人、非法移民或弱势群体)。理论上讲,这些人群也可能有公共交易记录(如工具使用、信用卡申请、驾驶证申请)。但 Prieger 和 Hu(2008)认为,使用宽带互联网的数字鸿沟,主要是民族和种族的差异,而不是可支配收入、教育和人口结构等的差异。他们还发现,互联网供应商之间的竞争可能会缩小用户数量的差距,提高服务质量,这说明偏远社区在数据访问和描述方面存在着较大的物理障碍。鉴于上述发现,网络人口数据中的种族差异和地理差异可能部分源于互联网访问的数字鸿沟。但还需要更多的研究来探索导致网络人口数据覆盖率差异的因素,以及它们与数字鸿沟的关系。

元数据是 VGI 的另一个研究兴趣点。VGI 的生产者与传统的地理空间数据生产者不同,他们致力于生产有效的元数据。不过从保护隐私的角度来看,元数据可能是网络人口数据在生产和更新中格外关心的问题。以“用户为中心的方法”能否提高网络人口元数据的生产还未可知(Goodchild 2008)。采用 VGI 的维基百科方法(Sui 2008),可以在网络人口数据的一条记录被核实或更新后,自动在元数据中生成一个时间标记。一个自动的时间标记就是对象级元数据的一个例子(第 4 章)。维基百科告诉我们,完整的修订历史、数据挖掘的使用、定义或未定义的标记框架、有瑕疵的内容往往是最有价值的 VGI 元数据(Hardy 2010)。另外,网络人口数据的辅助元数据或元数据的平方,不仅是对人口属性的基本描述,还可以帮助理解其他社会文化特征(第 4 章)。因此,VGI 的元数据生产方法可为网络人口统计的元数据生产提供指导,甚至可为地理空间数据的元数据生产提供借鉴。

由于网络人口数据的搜集取决于个人意愿,因此心理和社会文化因素可能对个人是否愿意提供准确的、完整的数据带来影响。如少数民族和移民在主流文化中的认同程度可能会影响公众在人口普查数据收集过程中的配合程度(Berry et al. 2006)。文化、教育、国籍和年龄的差异都是影响公众参与的因素(Uhlaner et al. 1989)。随着移民现象的日益普遍,个人的心理调整策略可为预测数据收集过程中个人的配合程度提供参考(Berry et al. 2006)。因此,对心理调整策略的深入研究有利于说明网络人口数据的覆盖率和精度在不同种族和民族间的差异。

15.4 总结和结束语

这一章以探讨网络人口数据统计是否是 VGI 作为开篇。首先使用 VGI 框架,发现网络人口数据统计在结构杂乱、信息的交叉引用、生产者角色模糊、收集时间短等方面与传统 VGI 相似(Goodchild 2007)。然而,两者最大的不同点可能是“志愿者”的动机。网络人口统计可作为判别 VGI“志愿精神”本质和分类的一个例证。

在许多社会研究中,人口数据的主要数据来源——往往也是唯一数据来源,就是官方统计数据。不过,官方人口数据有固定的时间间隔(一般从 1 年到 10 年不等)和尺度问题(整合为不同的地理区域)。在网络人口统计出现前,是无法“按需”获得以个人为单位的数据的。因此,虽然网络人口统计的时间精度还未可知,但它确实通过互联网接口提供了大量“近实时的”以个人为单位的统计数据。在检验网络人口数据的覆盖度和精度、改进数据提取规则、识别和清除错误信息(重复的、伪造的和不完整的记录)、探索潜在应用前景、克服可能存在的缺陷等方面还需要进行深入的研究。但由于网络人口统计的不确定性、隐私问题和其他社会影响,在使用时必须谨慎。不管怎样,网络人口统计为未来的研究提供了一种可替代数据。

致谢:感谢 Yan Lin 从一些寻人网站搜集网络人口统计数据。感谢合作的同事和学生:Niem Huynh,David Parr,John Davis 以及 Anne Ngu,他们从事的网络人口统计研究项目为本章提供了借鉴。还要感谢 Nancy Wilson,David Parr 和 Niem Huynh 在编辑和整理方面提供的协助。他们的意见大大提高了文章的质量。文章若有任何错误,都是作者个人的责任。

参考文献

Anderson,M.J.,& Fienberg,S.E.(1999).*Who counts? The politics of census-taking in contemporary America*.New York:Russell Sage.

Anderson,M.J.,& Fienberg,S.E.(2002).Why is there still a controversy about adjusting the census for undercount.*PSOnline*,March,83-85.

Armstrong, M.P., Rushton, G., Zimmerman, D.L., et al. (1999). Geographically masking health data to preserve confidentiality. *Statistics in Medicine*, 18, 497–525.

Barreto, M., DeFrancesco-Soto, V., Merolla, J., & Ramirez, R. (2008). *Latino campaign ad experimental study*. Los Angeles, CA.

Berners-Lee, T., Hendler, J., Lassila, O., et al. (2001). The semantic web (Resource document). *Scientific American Magazine*. http://www.scientifi camerican.com/article.cfm? id=thesemantic-web. Accessed 26 May 2009.

Berry, J.W., Phinney, J.S., Sam, D.L., Vedder, P., et al. (2006). Immigrant youth: Acculturation, identity, and adaptation. *Applied Psychology: An International Review*, 55(3), 303–332.

Bhaduri, D. (2011). Enhancing resolution of population distribution data in spatial, temporal, and sociocultural dimensions: Advances and challenges (Resource document). *Specialist meeting in future direction of spatial demography*. http://NCGIA.ucsb.edu/projects/spatial-demography/docs/Bhaduri-position.pdf. Accessed 2 Jan 2012.

Browning, C.R. (2011). Future directions in spatial demography (Resource document). *Specialist meeting in future direction of spatial demography*. http://NCGIA.ucsb.edu/projects/spatialdemography/docs/Browning-position.pdf. Accessed 2 Jan 2012.

Chang, C., Kayed, M., Girgis, M., Shaalan, K., et al. (2006). A survey of web information extraction systems. *IEEE Transactions on Knowledge and Data Engineering*, 18, 1411–1428.

Cheng, X., Hu, Y., Chia, L.-T., et al. (2011). Exploiting local dependencies with spatial-scale space (S-Cube) for near-duplicate retrieval. *Computer Vision and Image Understanding*, 115(6), 750–758.

Chow, T.E. (2008). The potential of maps APIs for internet GIS. *Transactions in GIS*, 12(2), 179–191.

Chow, T.E. (2011). Geography 2.0: A mashup perspective. In S. Li, S. Dragicevic, & B. Veenendaal (Eds.), *Advances in web-based GIS, mapping services and applications* (pp. 15–36). Boca Raton: CRC Press.

Chow, T.E., Lin, Y., Huynh, N.T., Davis, J., et al. (2010). Using web demographics to model population change of Vietnamese-Americans in Texas between 2000–2009. *GeoJournal*. doi: 10.1007/s10708-010-9390-6.

Chow, T.E., Lin, Y., Chan, W.D., et al. (2011). The development of a web-based demographic data extraction tool for population monitoring. *Transactions in GIS*, 15(4), 479–494.

Coleman, D.J., Georgiadou, Y., Labonte, J., et al. (2009). Volunteered geographic information: The nature and motivation of producers. *International Journal of Spatial Data Infrastructures Research*, 4, 332–358.

De Longueville, B. (2010). Community-based geoportals: The next generation? Concepts and methods for the geospatial Web 2.0. *Computers, Environment and Urban Systems*, 34(4), 299–308.

Dobson, J.E., & Fisher, P.F. (2003). Geoslavery. *IEEE Technology and Society Magazine*, 22(1), 47–52.

Egghe, L. (2005). *Power laws in the information production process: Lotkaian informetrics*. Amsterdam:

Academic.

Elwood, S., & Leszczynski, A. (2011). Privacy, reconsidered: New representations, data practices, and the geoweb. *Geoforum*, 42(1), 6–15.

Firestone, S.M., Ward, M.P., Christley, R.M., Dhand, N.K., et al. (2011). The importance of location in contact networks: Describing early epidemic spread using spatial social network analysis. *Preventive Veterinary Medicine*, 102(2), 185–195.

Goodchild, M.F. (1989). Modeling errors in objects and fields. In M.F. Goodchild & S. Gopal (Eds.), *The accuracy of spatial databases*. New York: Taylor & Francis.

Goodchild, M.F. (2007). Citizens as voluntary sensors: Spatial data infrastructure in the world of web 2.0. *International Journal of Spatial Data Infrastructure Research*, 2, 24–32.

Goodchild, M.F. (2008). Spatial accuracy 2.0. Spatial Uncertainty: *Proceedings of the Eighth International Symposium on Spatial Accuracy Assessment in Natural Resources and Environmental Sciences*, 1, 1–7.

Goss, J. (1995). We know who you are and we know where you live: The instrumental rationality of geodemographic systems. *Economic Geography*, 71, 171–198.

Gujjary, V.A., & Saxena, A. (2011). A neutral network approach for data masking. *Neurocomputing*, 74(9), 1497–1501.

Hardy, D. (2010). The wikification of geospatial metadata (Resource document). *Workshop on the "Role of Volunteered Geographic Information in Advancing Science"*. http://www.ornl.gov/sci/gist/workshops/papers/Hardy.pdf. Accessed 21 July 2011.

Hugl, U. (2011). Reviewing person's value of privacy of online social networking. *Internet Research*, 21(4), 1–17.

Kaplan, B., & Lasker, G. (1983). The present distribution of some English surnames derived from place names. *Human Biology*, 55(2), 243–250.

Kwan, M.P., Casas, I., Schmitz, B.C., et al. (2004). Protection of geoprivacy and accuracy of spatial information: How effective are geographical masks? *Cartographica*, 39, 15–28.

Landsbergen, D. (2004). Screen-level bureaucracy: Databases as public records. *Government Information Quarterly*, 21(1), 24–25.

Lasker, G. (1985). *Surnames and genetic structure*. Cambridge: Cambridge University Press.

Lasker, G., & Mascie-Taylor, C. (1990). *Atlas of British surnames*. Detroit: Wayne State University Press.

Lauderdale, D.S., & Kestenbaum, B. (2000). Asian-American ethnic identification by surname. *Population Research and Policy Review*, 19, 283–300.

Li, W., Liu, J., Wang, C., et al. (2005). Web document duplicate removal algorithm based on keyword sequences. *In Proceedings of* 2005 *IEEE International Conference on Natural Language Processing and Knowledge Engineering* (pp.511–516). Piscataway: IEEE.

Linberger, P., & White, G. (1998). Geographic information on the web: Extracting demographic and market research information. *Proceedings of the Nineteenth Annual National Online Meeting*, 19, 235–242.

Longley, P. A., Cheshire, J. A., Mateos, P., et al. (2011). Creating a regional geography of Britain through the spatial analysis of surnames. *Geoforum*, 42(4), 506-516.

Low, W.L., Lee, M.L., Ling, T.W., et al. (2001). A knowledge-based approach for duplicate, elimination in data cleaning. *Information Systems*, 26(8), 585-606.

Métais, E. (2002). Enhancing information systems management with natural language processing techniques. *Data and Knowledge Engineering*, 41(2-3), 247-272.

Morgan, R.O., Wei, I.I., Virnig, B.A., et al. (2004). Improving identification of Hispanic males in Medicare: *Use of surname matching. Medical Care*, 42, 810-816.

Nagata, M.L. (1999). Why did you change your name? Name changing patterns and the life course in early modern Japan. *The History of the Family*, 4(3), 315-338.

Nasseri, K. (2007). Construction and validation of a list of common Middle Eastern surnames for epidemiological research. *Cancer Detection and Prevention*, 31, 424-429.

Newman, G., Graham, J., Crall, A., Laituri, M., et al. (2011). The art and science of multi-scale citizen science support. *Ecological Informatics*, 6(3-4), 217-227.

Oliva, J., Serrano, J.I., del Castillo, M.D., Iglesias, A., et al. (2011). SyMSS: A syntax-based measure for short-text semantic similarity. *Data and Knowledge Engineering*, 70(4), 390-405.

Perez-Stable, E. J., Hiatt, R. A., Sabogal, F., Otero-Sabogal, R., et al. (1995). Use of Spanish surnames to identify Latinos: Comparison to self-identification. *Journal of the National Cancer Institute Monographs*, 18, 11-15.

Perkins, R. C. (1993). *Evaluating the passel-word Spanish surname list: 1990 decennial census post enumeration survey results* (Resource document, U.S. Bureau of the Census, Population Division Working Paper No.4). http://www.census.gov/population/www/documentation/twps0004.html. Accessed 15 July 2011.

Phillip, M. (2005). Why pay for value-added information? *World Patent Information*, 27(1), 7-11.

Prieger, J.E., & Hu, W. (2008). The broadband digital divide and the nexus of race, ompetition, and quality. *Information Economics and Policy*, 20(2), 150-167.

Quan, H., Wang, F., Schop fl ocher, D., Norris, C., Galbraith, P.D., Faris, P., Graham, M.M., Knudtson, M.L., Ghali, W.A., et al. (2006). Development and validation of a surname list to define Chinese ethnicity. *Medical Care*, 44, 328-333.

Robbin, A. (2001). The loss of personal privacy and its consequences for social research. *Journal of Government Information*, 28(5), 493-527.

Robinson, J.G., & Adlakha, A. (2002). *Comparison of A.C.E. revision II results with demographic analysis* (Resource document, U.S. Bureau of the Census, DSSD A.C.E. Revision II Estimates Memorandum Series #PP-41). http://www.census.gov/dmd/www/pdf/pp-41r.pdf. Accessed 12 July 2011.

Seeger, C.J. (2008). The role of facilitated volunteered geographic information in the landscape planning and site design process. *GeoJournal*, 72(3-4), 199-213.

Shah, B.R., Chiu, M., Amin, S., Ramani, M., Sadry, S., Tu, J.V., et al. (2010). Surname lists to identify South Asian and Chinese ethnicity from secondary data in Ontario, Canada: A validation study. *BMC Medical Research Methodology*, 10, 42.doi: 101186/1471-2288-10-42.

Singer, E., Mathiowetz, N.A., & Couper, M.P. (1993). The impact of privacy and confidentiality concerns on survey participation: The case of the 1990 U.S.census. *Public Opinion Quarterly*, 57(4), 465-482.

Singleton, A. D., & Longley, P. A. (2009). Geodemographics, visualization, and social networks in applied geography. *Applied Geography*, 29(3), 289-298.

Sui, D.Z. (2008). The wikification of GIS and its consequences: Or Angelina Jolie's new tattoo and the future of GIS. *Computers Environment and Urban Systems*, 32(1), 1-5.

Swift, J. N., Goldberg, D. W., & Wilson, J. P. (2008). *Geocoding best practices: Review of eight commonly used geocoding systems* (Resource document, University of Southern California GIS Research Laboratory Technical Report No 10). http://spatial.usc.edu/Users/dan/gislabtr10_Eight-Commonly-Used-Geocoding-Systems.pdf. Accessed 2 Jan 2012.

Tobler, W.R. (1970). A computer movie simulating urban growth in the Detroit region. Economic *Geography*, 46, 34-240.

Tulloch, D.L. (2008). Is VGI participation? From vernal pools to video games. *GeoJournal*, 72(3-4), 161-171.

Uhlaner, C.J., Cain, B.E., & Kiewiet, D.R. (1989). Political participation of ethnic minorities in the 1980s. *Political Behavior*, 11(3), 195-231.

U.S. Census Bureau. (2010). *Genealogy data: Frequently occurring surnames from Census 2000* (Resource document). http://www.census.gov/genealogy/www/data/2000surnames/index.html. Accessed 15 July 2011.

U.S.Government Accountability Office. (2001). *Significant increase in cost per housing unit compared to 1990* (Resource document. GAO-02-31). http://www.gao.gov/new.items/d0231.pdf. Accessed 12 July 2011.

U.S.Government Accountability Office. (2008). *Census Bureau should take action to improve the credibility and accuracy of its cost estimate for the decennial census* (Resource document. GAO-08-554). http://www.gao.gov/new.items/d08554.pdf. Accessed 23 July 2011.

Wei, I.I., Virnig, B.A., John, D.A., & Morgan, R.O. (2006). Using a Spanish surname match to improve identification of Hispanic women in Medicare administrative data. *Health Research and Educational Trust*, 41(4), 1469-1481.

WhitePages. (2011). *WhitePages privacy central* (Resource document). http://www.whitepage.com/help/privacy_central. Accessed 20 July 2011.

Word, D. L., Coleman, C. D., Nunbziata, R., Kominski, R., et al. (n. d.). *Demographic aspects of surname from Census 2000, genealogy data: Frequent occurring surnames from Census 2000* (Resource document. US Census Bureau). http://www.census.gov/genealogy/www/data/2000surnames/surnames.pdf. Accessed 14 July 2011.

Wright, T. (2000). Census 2000: Who says counting is easy as 1-2-3? *Government Information Quarterly*, 17(2), 121-136.

第 16 章

志愿式地理信息，行动者网络理论，强风暴报告

Mark H. Palmer　Scott Kraushaar

摘要：本章应用行动者网络理论（ANT）来描述美国分散且多样化的风暴观测与风暴追踪网，可以将人类传感器实测数据与计算中心气象学家、电视媒体的接收者、官方向大众公布的极端天气监测和警报数据动态地连接起来。首先，将行动者网络理论作为概念框架来描述社会和科技的共建，并逐步向科学实验室和政府机构靠拢。然后，通过风暴观测和风暴追踪网的描述性案例来演示行动者网络理论的应用，其中包含分散和集中的过程。最后，分析了美国国家气象局逐步向动态、稳固及已有技术与 VGI 风暴预告结合靠拢的过程。

16.1　引　　言

对 VGI 的研究开始于将人类设想为传感器和地理空间技术的授权者。Goodchild 提出地球上有接近 60 亿的人类可以作为潜在的传感器（Goodchild 2007a，b）。现在，假设 Goodchild 谈及的传感器是人类感知和数字技术的结合。如果假设成立的话，即使像美国、英国和西欧等发达国家的人比发展中国家有更

Mark H. Palmer（✉）
密苏里大学地理系（Department of Geography，University of Missouri），美国，密苏里州，哥伦比亚市
E-mail：palmermh@missouri.edu

Scott Kraushaar
密苏里大学地理系（Department of Geography，University of Missouri），美国，密苏里州，哥伦比亚市

多的机会了解数字技术,这样仍存在较为明显的数字鸿沟(Crampton 2010)。但是,让我们想象一下60亿人(70亿人,2011年10月)通过一系列数字设备以某种方式相互联系的场景有多么震撼! 现在考虑到世界人口的多样性是由多样的、不均衡的知识体系构成的。一大批不同语言和特色的在线地图正在逐渐涌现——现在正处于人类参与绘制地图的热潮(Crampton 2010)。但是,如果公众不会关键技术,如互联网、Web 2.0、地理标记、地理参考、GPS和制图法等,那么在实现其地理和地图绘制目标的过程中就存在一定的困难(Goodchild 2007a, b)。然而,假如我们认真考虑一下这个想法,就会发现将人类当作传感器的理念呈现出一种有机、混合和生态的特性。通常会认为人类及人类感知与微博、博客和地理标记在线添加等技术在某种程度上是相互独立分离的。人类和技术的分离可能在智力上是受限制的。若使用二分法的视角来看,如社会/技术、人类/传感器、GIS/社会,Haraway半机械人的观点(Haraway 1987)和Goodchild的VGI人类作为传感器的观点会丧失一些丰富的特性和功能。之所以这样认为是因为很难界定VGI的社会性和技术性。我们认为VGI不是一个客体,而是人类多样性、技术、地理信息和组织之间的相互连接。这就意味着VGI不单单由社会因素或是技术因素单一决定,相反地,是由两者共同决定的。

本章应用行动者网络理论(ANT)来描述美国分散且多样化的风暴观测和风暴追踪网,可以将通过人类传感器实地观察到的数据与计算中心气象学家、电视媒体的接收者、官方向大众公布的极端天气监测和警报数据动态地连接起来。首先,将行动者网络理论作为概念框架来描述社会和科技的共建,以及科学实验室和政府机构集中化处理。本章中行动者网络理论概念构成包括:行动者、媒介、网络、翻译和计算中心。然后,通过风暴观测和风暴追踪网的描述性案例来论述行动者网络理论的应用,其中包含分散和集中的过程。我们将对最重要的参与者和用来感知环境的材料进行描述,并向世界传递信息。而我们构造的仅仅是局部人类传感器网络。最后,分析了美国国家气象局集中化处理过程并使用它们的技术得到动态的、稳固的VGI风暴报告。表面上看,目标仅仅是文字信息的传递,但我们把这些VGI风暴报告集中化处理过程是将本地信息匿名化并反馈回媒体和公众。

16.2 行动者网络理论

社会和科技共建的科学技术研究的核心方法即行动者网络理论(ANT)。行动者网络理论由Bruno Latour、Michel Callon和John Law最初提出,是“探索集体社会技术流程”的概念框架,描述和诠释“人、机构和通过协议与交流连接的人工产品之间的关系”(Harvey 2001,30)。行动者网络理论也是一个描述关系、协议和交流的方法。通过关系和协议,行动可以被传播到一定距离的空间。在GIS研究中,Martin(2000)使用行动者网络理论作为理解GIS与社会交互的框架。研究展示了在厄瓜多尔GIS中实现文字、人、金钱、技术和管理之间的相互作用。论文认为“应用行动者网络理论不断发现隐藏于GIS操作的社会关系被视为GIS对其最好的应用,因此GIS从业人员、管理者、理论家和研究者对建立稳定的行动者网络理论更为敏感”(Martin 2000,735)。Harvey和Chrisman(2004)从Deleuze和Guattari(1987)对植物根茎的研究中获得了灵感和概念框架。Harvey和Chrisman意识到理解Deleuze和Guattari研究的困难,但是仍然坚信诸如根茎和层这样的生态概念对于研究GIS和社会有着积极的作用。Bruno Latour认为对于他的项目来说,命名为块茎行为体(actaut-rhizome)[①]相比于行动者网络理论更容易被人所理解(Thrift 2000)。相较于采用非行动者网络理论,VGI的研究重点在与人类、计算机硬件、软件和数据结构之间的多样性结合,行动者网络理论可以创建新的方法来分析开源数据,并更好地理解VGI对于GIScience的影响(Williams 2007;Mummidi and Krumm 2008;Bishr and Mantelas 2008;Goodchild 2007;Gartner et al. 2007)。

Nigel Thrift(2000)写到“地理学家已经对行动者网络理论变得非常感兴趣”(p.5)。作为美国国家航空航天局旗下机构的研究重点,行动者网络理论已经引起了地理学家的注意,因为研究框架有利于理解技术结构和本质,同时也是另一种概念化的空间和位置的方法(Thrift 1996,2000)。作为一种研究方法,行动者网络理论尝试着打破二元性,允许异构关联理论(Murdoch 1997a,b)。三篇综述文章涵盖了异质关联理论(Murdoch 1997b)、世界城市的行动者网络理论(Smith 2003)和最近出现的混合、原生的行动者网络理论(Panelli 2010)。期刊*Environment and Planning A*和*Environment and Planning D*是行动者网络理论研究的最前沿阵地。行动者网络理论有两个研究重点:技术和关系地理(Bingham 1996;Hinchliffe 1996)。其他地理文章提出将行动者网络理论作为理解经济转变的框架,认为网络是“后福特时代公司运转的主导”(Murdoch 1995,731),并且应用于湿地的生态经济(Burgess et al. 2000)、机构位置和行动者网络理论(Davies 2000)和植物-人的交互(Hitchings 2003)。

在地理学中行动者网络理论并不是毫无争议的。Scott Kirsch和Don Mitchell(2004)担心行动者网络理论的强假设仅呈现与网络连接的人类或非人类的独立对象。人类很少不受压迫性的或自由的社会结构的影响。然而,笔者认同行动者网络理论的弱假设促成在过去的150多年就发表的唯物主义和地理

① 该理论由Cilles Louis提出,哲学上称为块茎论。——译者注

学理论的进一步发展。同时还认为,行动者网络理论往往表现出因果关系。然而,Kirsch 和 Mitchell(2004)认为代理设置问题不应该是致命的瑕疵。他们本身的观点认为权力是个人和社会关系的中心,“在某种程度上,行动者网络研究在展示权力集中过程是如何发生的这方面很有效”(Kirsch and Mitchell 2004)。接下来的章节会列出一些行动者网络理论的概念及与行动者追踪、中介机构、网络、翻译和计算中心相关的方法。

16.2.1 行动者、媒介和网络

行动者即创造者,这就是行动者与物质材料之间的区别。行动者通过组合、混合、分解、计算和预测等方法创建下一代的文字、模拟方法、模型甚至地图(Callon 1991;Latour 1987)。行动者没有预定的特性,一个人必须跟踪和阅读连接行动者之间的材料、跟踪相关的网络才能获得对行动者更多的了解。Callon 陈述“正是因为人类行为不仅是人类本身而且能产生更深远的影响,行动者创建的文字、模拟方法、模型和地图经格式化后嵌入多种配置的网络,将行动者和行为的多样性才变为可能”(Callon 1999,194)。行动者作为调停人,把材料转换为运动。对 Latour 而言,“一个行动者是由其他许多人决定的”(Latour 2005,46)。行动者网络的起源就是行动者之间的媒介的流动。

媒介就是材料,如网络传输的文本信息(Callon 1991;Latour 2005)。举例来说,正如 Michel Callon 写到“媒介就是在行动者之间相互传递的事物,并且定义行动者之间的关系,例证包括科学文章、计算机软件、训练有素的体魄、技术构件、工具、合同和钱”(Callon 1991,134)。试图识别和研究媒介是一项压倒性的任务,可以通过限制媒介的文字描述(社交对话、报告、书籍、文章、笔记)、技术构件(机器、硬件、软件)、人类(技能)以及各种形式来源的资金和赞助来克服(Martin 2000;Callon 1991)。例如,那些与 VGI 相关的文本语言和技术工具,都有助于确定在网络中的人与非人行动者的角色(Murdoch 1995)。VGI 报告与其他对象、文本、人和地点相联系。事实上,“可以通过组织词句、想法、概念和短语来描述整个人类和非人类的实体……中介描述了上述实体间的网络……通过赋予一定的形式形成一个有机整体”(Callon 1991,135)。概念化网络需要对中介用法进行解码。媒介包含行动作者这样的含义。中介可以描述诸如地图、GIS 图层、天气预报、自然资源评估和数字数据库的意义。文档之间可以相互追溯和引用。

行动者和媒介形成了异构网络(Harvey 2011;Martin 2000;Callon 1991)。从行动者网络理论的角度来看,人类传感器获得的数据集本身形成的网络就是异构的。按照网络理论,定位和描述新增组、识别其他重要的行动者、追踪相互联系的中介是可能的(Callon 1991,142)。网络和分布式 VGI 一样作为“协调一系列或多或少成功地提供商品和服务的研制、开发、生产、经销和扩散

方法的异构行动者"(Callon 1991,133)。社会和技术必须作为整体而不是分开来解释(Burgess et al. 2000)。这是十分重要的,因为文本开创了行动者的关系,并允许他们通过互动定义彼此(Murdoch 1995)。事实上,行动者可以通过在极度活跃或短暂稳定的网络中自由结合来定义彼此(Burgess et al. 2000; Davies 2000),也可以通过互动来定义,这些互动包括从一个机构到另一个机构的创作和循环(Callon 1991,135)。因为是不断动态变化的,所以就要求必须建立足够强大的网络来维持许多工作。行动者需要登记,或者和其他行动者及中介紧密排列来维持稳定。在整个过程中,科学家通过注册成为重要的参与者,帮助他们建立持久的网络(Murdoch 2006)。行动者和转换的水平直接影响网络的稳定。

16.2.2 信息转化

信息转化是行动者与其他参与人员共同的目标和兴趣所在(Latour 1987)。扩展网络时,行动者必须接受他们的利益目标与科学家及其实验相一致(Murdoch 1997a)。为了使网络性能强大并坚固,行动者只会选择那些能够帮助实现目的人、地点和材料。例如,一个科学家试图执行一个翻译时就会说"我可以解决你的问题,但是必须正确地按照我的指示和方针执行。"技术专家、科学家、工程师和其他人组成一个联盟,他们中的一部分人可以从自身利益出发,利用额外的资源去调整人员来达到平衡(Latour 1987,259)。转化后的信息最终会被写入文本、标准、技术对象、项目指南、圆桌会议讨论、会议论文集、时事通讯、技能体现和无数的其他材料(Callon 1991)。

信息转化的过程是使两个不同的行动者趋于等效的过程(Law and Hassard 1999)。这就需要对诸如风暴报告、森林评估、GIS 数据标准或资金进行校正。转换是"一个想法,即如果科学网络在时间和空间进行扩张,那么不同的(自然和社会)行动者都必须对网络'感兴趣',也就是说行动者的目标无论如何都要与科学家保持一致"(Murdoch 2006,62)。校正需要在一定程度上进行标准化(Callon 1991;Murdoch 2006)、排序(Davies 2000),或者使用所有人可以接受的一系列标准,如对极端天气现象分类的标准化数据或标准。行动者将只选择能够帮助他们维护网络和实现目标的信息转化(Latour 1987)。标准化和可选择性使网络在促成他们的目标、提升他们的工作能力方面变得强大(Latour 1987)。

强网络需要行动者和媒介的聚合。聚合考量了通过媒介传递的信息转化的程度,并使行动者们能够达成协议(Callon 1991)。媒介最终体现为规则、法律、标准和行动者嵌入的含义。上述实体都说明了强大的协调性有利于网络的稳定。成功的信息转化有利于网络的稳定,并且使网络追踪成为可能。然而,校正并不总是信息转化的结果，并不是所有的行动者都遵循网络建设者的信息转化规则，一些行动者是会抵制的(Burgess et al. 2000)。常常会由于行动者之间对于翻译转换过程的不统一导致争议和斗争。当行动者拒绝接受他或她被分配的角色，却与其他有竞争关系的网络结盟时，这就可能导致背叛。通过绘制这些融合网络边界来确定可逆性或不可逆性的网络。而至关重要的环境条件可能出现，如孩子能够创建数据，其他人也会强调某些特定的群体或许被包含或排除在了在线空间数据之外(Zook and Graham 2007a, b; Harvey 2007; Goodchild 2007a)。计算中心也在尝试聚合行动者网络。

16.2.3 计算中心

计算中心的概念描述了科研机构延伸到周围一定区域并搜集信息。信息被传回中心并转变成科学技术；科学的目标之一就是将外围的知识传回到中心(Latour 1987)。一旦回到实验室中，收集到的信息就会被研究，并制成地图、手稿、模型和模拟记录信息。当代科学家在实验室重建事实，使得官员和管理者可以对物理环境施加一定程度的控制，模型的开发、实现和模拟是控制过程重要的组成部分。通过收集和处理现实世界的数据，科学家和技术人员创建出虚拟地图、模型和模拟，使得可以体验在实验室控制限制下的各种物理环境。参与模型和模拟使得科学家和工程师在体验真实的东西之前有机会完善技术如预测恶劣天气、控制河流的流动或者自然资源管理。科学家创建数以百计的模型，运行成千上万次的模拟，以期得到的结果与在真实世界中的情况相符(Latour 1987)。当代科学家在实验室研究的事实，使得官员和管理者可以对物理环境施加一定程度的控制。模型的开发、实现和模拟是控制过程重要的组成部分。通过科学实验可以创造知识，与政治经济系统相关联的科学知识框架，使得在中心的人、事、物胜过在外围的。这种情形下可以将偏僻的地方转换到中心，在很远处即可对外围(人、事、物)做出控制(Latour 1987)。

计算中心就是中介掌握信息的地方，将VGI、数据、地图、数字和记录组织在一起。这是一个历史条件，统治者派出诸如博物学家、地理学家、绘图员、人类学家和技术人员的使者到外面的世界搜集远处的关于人、事、物的信息并做初步的记录。出发、收集信息以及返回到中心这一过程被称为循环积累。通常是多个周期的积累。每次探险归来都会带回更多的关于自然资源和其他材料的信息。对于远处信息的不断积累使得计算中心比外围更有优势，可以由远及近地采取行动(Latour 1987)。收集过去200年的气候数据是循环积累(每小时、每天、每周、每月、每年)的一个极端的例子。

计算中心连接、巩固远处的数据，并将地图、GIS与其他材料相结合。一个地理学家写到“在地理学的行动者网络中，一个关键的问题是如何能够动员网络理论中远处的行动者"(Murdoch 1995,749)。与计算中心相关的思想已经被许多地理学家写入作品中(Palmer 2009,2012;Kirsch 2002;Harris 2004;Martin 2000)。对美国国家气象局或美国地质调查局而言应用计算中心是重要的,可以维护搜集到的数据和记录的稳定性,"因此,它们可以在中心和边缘来回移动,没有附加的讹误、失真或衰减"(Latour 1987,223)。对博物馆而言,标本如植物、动物骨头、北美印第安人的医药包、盾牌、武器、住房、衣服和地图等需要保存,使得计算中心可以生成更多关于周边人口和生态系统的记录和知识。稳定还涉及从上下文获得的本地知识,把它形成一个科学分类方案和整合标准,新材料和记录可以有机地结合。计算中心整合过去和现在的材料,构造地图、数据库层、表和图表(Latour 1987)。如果计算中心能够提供这些经过标准化处理的稳定且可以任意组合的资料,那么人类学家、地理学家、地质学家或气象学家就可以为经济机构、传教士组织、学术机构、企业或广播媒体提供远距离支持(Latour 1987)。

为了进行简要的回顾,GIS 研究者采用行动者网络理论来描述人类/非人类行动者的多重组合以及构成行动者网络的中介。促使行动者网络连接成为可能的黏合剂,称为信息转化。一些转换结果是成功的,行动者网络则聚合。剩余情形下,转换是失败的,行动者网络削弱。位于计算机中心的行动者操纵网络朝他们有利的方向发展。计算中心集合化、平稳化,将信息与标准模型、地图、模拟结果结合起来,这样他们就可以远程操作。接下来的部分,行动者网络理论用来描述由不同的行动者组成的人类传感器行动网络,其中,行动者包括风暴追逐者、美国国家气象局的气象学家、电视媒体和多个中介,在社会和技术之间达到一种平衡。

16.3 风暴观察和风暴追逐行动者

风暴观察和风暴追逐行动者网络是人类、经历、技术和文本组成的,在持续不断地变化。这个行动者网络由风暴观察员、不同背景的风暴追逐者、气象学家和电视媒体组成,所有行动者的经历、技术都由媒介记录成文本。下面是关于风暴观察和风暴追逐起源的简短历史回顾,其次是针对美国的一个分散的、异质的行动者网络的大概描述。这个行动者网络将现场的风暴观察者和追逐者、计算中心的业务气象学家和电视媒体(作为官方对恶劣天气监测和预警信息的接收者)连接了起来。

20 世纪的美国,技术创新、公共意识觉醒、训练和科学研究影响风暴观察和风暴追逐的发展。风暴观察的起源可以追溯到第二次世界大战,军方担心弹药仓库和其他设施可能受到恶劣天气的影响,遭受损害和破坏(Bates 1962;

Galaway 1985)。此外,技术创新如电视、广播、电话和天气雷达塑造了风暴观察。广播和电视技术在20世纪早期到中期流行,它提供基于持续的龙卷风事件的快速传播警告的创新。尤其是电话和无线电,是观察员网络的一个重要组成部分(Doswell et al. 1999,545,547)。在20世纪50年代演化为侧重警告与公众有关的恶劣天气,60年代,侧重于公共监测。特别是在1965年爆发棕枝主日台风,官方台风预测变成了台风监测,促使了SKYWARN台风预备和风暴识别计划的诞生[Galaway 1985,被Doswell等(1999,547)引用],包括如手册、小册子和电影等风暴观察者培训材料。

相关但又有不同,风暴追逐是“艺术和科学的真正碰撞”(Vasquez 2008,1)。风暴追逐是对恶劣天气的追踪和第一手观察,其中,龙卷风是追击者的主要目标。风暴追逐是全球性的活动,在美国,大多数位于“龙卷风走廊”的龙卷风发生在春夏季节(Robertson 1999;Cantillon and Bristow 2001)。Brooks等(2003)根据龙卷风发生的频率和季节的稳定性,将西起得克萨斯州、延伸至东北部穿越明尼苏达州的区域定义为龙卷风走廊。区域中心可能介于得克萨斯州北部、俄克拉荷马州西部和堪萨斯州西部之间。大约40%的美国龙卷风事件发生在此区域。

随着20世纪70~90年代的科学观察和地面实测,风暴追逐的思想愈发成熟。实地考察及将大气当作实验室的想法为人类研究创造了多个条件,利用科技将人类逐个作为传感器来观察恶劣的风暴和龙卷风。从1972年开始,在接下来的整个10年中,美国国家强风暴实验室(NSSL)启动了龙卷风拦截计划(TIP)和其他一些项目(Golden and Morgan 1972)。龙卷风拦截计划取得的成就包括第一期有关风暴路径的出版物*Stormtrack*的发表。到1980年,国家强风暴实验室开发出国家龙卷风观测台(TOTO),专门在龙卷风的直接路径上部署仪器。这一计划获得了1985年公共电视网纪录片《新星》的特别关注。公共宣传在追逐过程中帮助产生一些附加的利益(Vasquez 2008)。到1994年和1995年,龙卷风旋转起源的验证实验(VORTEX)开始,2009年和2010年紧接着龙卷风旋转起源的验证实验II,均是到目前为止一些最大的风暴拦截研究项目(National Severe Storms Laboratory,NSSL 2011)。

从历史上看,美国国家气象局依靠志愿者的观察报道日常天气,同时发现和报道美国的灾害性天气事件。技术多样性在遥感监测地方气象条件和跨空间志愿信息的沟通方面起到了重要的作用。然而,这不仅仅是一个技术的故事。电话、电视、雷达或经济指标等技术不能唯一决定风暴识别网络的成功与否。同样,人类社会也无法单独确定网络的成功。事实上,将社会与技术完全分开是十分困难的。行动者理论网络是用来描述通过风暴报道人类传感器网络的。

16.3.1 行动者-中介-网络

风暴网络的观察者和追逐者是一群形形色色的人。风暴观察者通常是公务员或把关心恶劣的天气当作自己责任的公众。他们提供报告给执法者、应急管理者和美国国家气象局。接下来是风暴追逐者的四种类型。第一种类型包括科研人员、研究生或本科生。一些来自世界各地的气象学专业的研究生,通过VORETEX这样的项目和其他中尺度气象学研究来获得研究领域内对他们论文有益的经验和资料,主要集中在俄克拉荷马州诺曼市的俄克拉荷马气象中心(Bluestein 1999)。美国的大学生也参与到VORTEX项目中(Palmer et al. 2000)。风暴追逐者的第二种类型包括将恶劣天气和龙卷风作为商品来追求利益的企业家和电视记者。风暴企业家和记者在线传播新闻以期获得反馈、讨论和传播的声誉。一些追逐者出售录像或运营追逐龙卷风旅游公司(Kraushaar 2011)。第三种类型的风暴追逐者是那些志愿于科学活动的非科学家,他们参与科学项目中数据的收集、分析和讨论(Haklay 2010)。第四种类型属于那些大胆的人。例如,一个风暴追逐者承认,他的目标是"使个人和龙卷风的联系越来越密切,至少可以这么说,自然母亲的巨大力量可以被证明是恭顺的"(Kraushaar 2011,57)。因为大胆的人的存在,一些政府组织和大学研究单位尽量远离有关他们的风暴追逐,即使他们的追逐与气象学中遗留的中尺度科学问题密切相关。有观点认为"科学最好留给科学家,因为它所需要的严谨、知识和技能只有专业的科学家经年累月才能获得"正是由于这样的观点,VGI风暴报告可能因为不可信而被否定(Haklay 2010,4)。

美国国家气象局的气象学家为媒体和公众维护、规范和扩展风暴报告网络。美国国家气象局是隶属于美国国家海洋和大气管理局(NOAA)庞大机构的一部分。国家气象局的行动者是相关方,因为太多的天气预报和气象预警职责由他们承担。媒体、公众和巨大的恶劣天气警告和应急管理网络行业依赖该机构发行的天气监测和警报。气象学家不仅发布短期预测,也发布长期预测。传播者或风暴报告专家、气象学家一起工作,监视任何进入他们视野的风暴报告。

电视媒体是警告公众恶劣天气的行动者,但有时也将天气作为娱乐资讯。娱乐节目兼具娱乐和报道功能。许多电视台聘请气象学家或天气预报者,记者经常充当风暴追逐者,引导从电视中心到电视台的气象学家。风暴同样出现在(电影、电视)屏幕上。风暴追逐的灵感来源于1996年臭名昭著的好莱坞影片——Twister(译名为龙卷风)。因为这种夹杂着偏激的动作包装,风暴追逐备受追捧,这部大片也成为"临时混乱"(Vasquez 2008,5)的起点(Robertson 1999)。一夜之间,订阅*Stormtrack*杂志的人从350人增长到900多人,可能影响到追逐风暴的旅游产业的崛起。20世纪90年代也见证了使用家庭录像记录极端天气爆发的流行,这是一种媒体歪曲和浪漫化的行为(Robertson 1999)。虽然许多龙卷风爱好者放弃了2000年的活动,而今天各种来源的龙卷风爱好者又有了新的高度。例如,探索频道(Discovery channel)有一个真人秀节目,2007年首播记录了那些试图开车进入龙卷风漩涡中的追逐团队的录像。由于所有这些主流媒体的关注,风暴追逐作为爱好继续流行起来。用一个风暴追逐者的话讲"也许太多的人正在寻找如何为自己正名?我认为现在大部分追逐者没有谁花数年时间阅读和学习基本的恶劣天气气象知识,而是通过探索频道激发的"(Kraushaar 2011,68)。

经历是帮助定义风暴追逐者的媒介。一些风暴观察者和追逐者是受过教育的,手里拿着一个数学或科学学位;但其他人都是自学的公众天气观察员和科学家。风暴观察者可以使用如美国国家气象局和SKYWARN的风暴观察手册和材料。风暴观察者也可以参与每年美国国家气象局办公室的培训或者县级应急管理设施的培训。SKYWARN提供非正式的教育机会,给任何感兴趣且成为风暴观察者的人(NOAA 2011b)。从另一方面讲,风暴观察者经常获得高等教育资源和NOAA提供的设施,如风暴预报中心(SPC)和国家强风暴实验室(NSSL)提供的设施。然而,很多风暴观察和追逐者都是在实际操作中学习气象知识的。在美国国家气象局预报员和大气科学家的帮助下,培训相关领域知识有助于提高风暴观察者和追逐者的可靠性。观察者和追逐者的能力可以通过预测灾害性天气的准确性和指明可能包含恶劣天气或龙卷风事件的区域的能力来判别。因此,跟踪逐日预报是他人或自我判断一个风暴追逐者可信度的方法。一个追逐者透露,"仍然想说'嘿,瞧我做的……'因为对我来说非常重要,我可以回去发现一个报告与我的所见相匹配(与事件相互连接的点),但主要的原因其实还是获得满意的图像/自我满足"(Kraushaar 2011,52)。

所有的行动者依靠科技中介来旅行、遥感和报告风暴。追逐者驾驶车辆,配备笔记本电脑、移动互联网、测绘软件、GPS(以获得准确的路径和位置数据)、数码相机和高清(HD)摄像机,这对于严重的风暴观测是基础性的。观察者通过手机、移动电话、手持无线通信定位来和媒体、应急管理者、执法人员或美国国家气象局交流。人类传感器结合数字技术在这一领域出现。例如,一些风暴追逐者,尤其是企业家和记者,使用网络摄像头不断来追逐互联网生活(Kraushaar 2011)。虽然一些公众科学家携带中介,如"……手持风速计测量风速,或有较大的装置安装在他们的车辆。更多的研究性追逐者携带移动设备旅行,利用安装在他们车辆上的更复杂的设备与仪器收集现场天气数据。移动多普勒雷达也可以使用。多普勒传感器探测或相机探测也可以应用于收集龙卷风的数据、照片和视频。通过互联网、实时雷达、实时观测和预报,户外的风暴追逐者可以非常方便地拦截一个严重的风暴和龙卷风"(Kraushaar 2011,40-41)。风暴追逐者使用自己的直觉、感觉和技术,他们是人类传感器。追逐者用笔记本电脑和手机“武装”，但在很大程度上依赖他们的“眼睛”和“直觉”在观测风暴时确定条件和获得良好的位置（Kraushaar 2011，39-40）。

气象学家、电视气象学家和天气预报者借助地面气象仪器、太空中的遥感卫星、多普勒天气雷达、数字模拟模型等模拟大气。在计算任何行动计划，如检测恶劣天气或警告之前，美国国家气象局依赖网络传感器进行实时观察并将报告及时传回预测办公室。一些传感器是静态和机械的，放置在指定的位置，所以每次观测的原始数据（包括风速、风向、气压、温度和降雨量）都是已知的；传感器的地理位置是预先确定的并保持不变。所有气象学家使用照片、视频网站、社交媒体来验证他们的预测和风暴警告。这些媒介的技术不是一次性的，而是社会技术网络的一部分——在世界上存在的一种方式。

文本（VGI）是定义行动者的重要的媒介。风暴识别者和追逐者通过各种渠道报道和分散它们。如上所述，美国国家气象局对接收野外人员关于恶劣天气的报告以辅助预警决策很感兴趣。他们尤其对雷达证实、警告和辅助决策的关于强风、大冰雹、墙云、漏斗云、龙卷风、山洪灾害和冬季灾害天气的地理参考信息感兴趣。观察者、研究追逐者、企业家、公众科学家和探险家创作龙卷风、风、雹、风暴伤害和洪水观测的报告（NOAA 2011b）。气象学家进行观测并把结果，包括恶劣的天气监测和警告，编辑成短信。这些警告通过 NOAA 气象广播警报、互联网、广播电台及电视台向公众发布。广播和电视媒体将灾害性天气警报通过口头交流、与相机（镜头）的眼神交流、图形地图和电视屏幕底部的消息流将信息向一般公众发布。

行动和中介的融合结构被描述为一个人类的传感器网络。在社会和技术存在互惠和对称关系的网络中，对称关系的存在模糊了人类社会与技术之间的界限。人类传感器对研究领域中心的观测结果是有机的，美国国家气象局和电视台的重要科学信息、气象仪器测量值、多普勒雷达反射率和速度信息也是一样的。上面提到的所有行动者都由中介相互连接，所有的行动者都依赖彼此的早期警告和野外的安全性。美国国家气象局发布风暴报告网络的目标和对象，因为该机构承担预测和发布灾害性天气监测、警报的职责。

16.3.2 风暴观察和风暴追逐行动者网络中的信息转化

美国国家气象局的气象学家将他们需要的信息转化为风暴报告网络中的目标、目的和兴趣提供给大众。其中，目标是让风暴识别者、追逐者和关心的公众来报道重要的灾害性天气事件，如龙卷风、洪水灾害、破坏性的大风和冰雹等。首选的方法是让识别者和追逐者打电话给在美国国家气象局的直接相关的预报者。这通常是提供信息最快和最容易的方式，也能很好地在追逐者、观察者之间和美国国家气象局传播者或风暴报告专家之间进行双向交流。当一些风暴追逐者看到龙卷风或其他重要事件时都会及时向美国国家气象局打电话报告。

下一步,美国国家气象局希望追逐者通过互联网提交报告信息到观察员网络上,或者通过 Twitter 或 Facebook 上传。这是一个更加分散的提交报告的方法。识别者和追逐者不仅提交报告给政府,该领域内的很多识别者和追逐者与不同媒体机构相关,传播他们的账户、照片和视频从而进行转播。其他人已经与当地应急管理机构保持联系。一些追随者保持在 Twitter 和 Facebook 上更新他们的追逐状态。最普遍的方法是使用观察员网络。观察员网络"带来风暴识别者、风暴追逐者、协调员和公众服务人员在信息服务网络中共同努力的信息。它提供了识别者和追逐者的协调/报告的准确位置数据,提供公众服务人员从事保护生命和财产工作的实际情况"(Spotter Network 2011)。2006 年由 Allison House 发起的 LLC 的免费服务项目,目前已经激增到约 1500 多用户。在计算机上使用一个图形化的界面,人们可以实时提交基于 GPS 坐标的位置信息。观察员网络还需要追逐者进行基于恶劣天气信息的考核才能加入该组织。观察员网络是一个分散的网络,是美国国家气象局的一个替代信息网络。

风暴-报告网络希望公众在面对恶劣天气时能通过公民义务和英雄主义激发公众像真正的科学观察者一样观察天气。但是这种说法存在军国主义的意味。美国国家气象局鼓励识别者和追逐者成为公众科学家并作为"国家防御恶劣天气的一线阵营"(NOAA 2011c)。凡是参加网络服务的都是英勇的,因为追逐者"帮助气象学家做出救生警告的决定"。识别者和追逐者作为公众科学家观察员是不可或缺的,因为离开他们,美国国家气象局的许多工作无法开展,他们能够"保持当地社区安全"作为"防御强风暴的第一线""给社区帮助拯救生命赢得了宝贵的时间"(NOAA 2011a,b,c,d)。

美国国家气象局提出的要求并没有完全覆盖风暴追逐者的范围。一些追逐者相信协助美国国家气象局验证地面实际的天气情况和多普勒-雷达信号是很重要的。另一个报告风暴的理由是消除物质损失或人类伤亡的潜在可能。一个风暴追逐者说"如果在风暴发生造成生命损失时我没有做一些事,我会感觉很糟。我的报告是否会改变一些事并不确定,但至少我试过了"(Kraushaar 2011,48)。另外,一些风暴追逐者对他们的观察和位置报告信息存在一定的担忧。经过培训的风暴追逐者与未经培训的风暴追逐者相比,其风暴报告很多是带有政治性的,很多追逐者担心他们的报告信息引发质疑。其他时候,虚假报道导致"谎报军情"综合征,引起美国国家气象局风暴报告可信度的优化问题(Kraushaar 2011)。另外一些风暴追逐者对美国国家气象局和信息的真实性有不同的看法,他们认为"全国灾害性天气数据库中有很多不确定性,有一些报告未经科学的筛选,其完整性也存在问题。这是一个在几篇正式论文中有记载的长期的问题,……非飓风的阵旋风,晚上在树林中'短暂地着陆/无损害'的可疑报告和所谓的"sheriffnadoes"(由于其迅速和低悬的特征,常常被缺乏训练的执法者或其他观察者误认为是龙卷风）也可能保存在系统之中，如果气象学家们能够对这些报告进行验证，即便简单地与美国国家气象局的天气警告信息对比，都能够增加报告的可信度（Kraushaar 2011，69）。

美国国家气象局提出的信息转化只包含其中的一部分。此外，美国国家气象局需要对进入计算中心的信息进行过滤检查。

16.3.3 美国国家气象局的计算中心

为使美国国家气象局的应用范围更为广泛，气象学家必须动态、稳定地将技术与文本相结合，并制作风暴报告。美国国家气象局计算中心采用维护网络集中性和VGI报告信息标准化的方法完成这一过程，这些VGI文本报告信息可以转化成GIS多边形（polygous）、广播警报以及电视媒体和公众中的天气信息公报。美国国家气象局已经累积了过去60多年的严重的气象风暴信息数据（Doswell et al. 1999）。最近，像GPS、地理标记、地理参考和Web 2.0等地理空间技术的出现，使得VGI的空间分辨率也得到了提高。

美国国家气象局不能将大气带进预报中心，所以它们依靠人体传感器向报告中心提供零碎的VGI信息。在重要地理位置上的个体公众能够提供遥感不容易得到的当地信息和实时观测的信息。在实际应用中，当需要快速、实时信息时，本地知识和专业知识可以替代中央集权管理（Goodchild 2008）。然而，美国国家气象局是美国官方的恶劣天气警告公布组织，所以必须在分散式和集中式报告与早期预警流程中建立一种互惠的关系。美国国家气象局预警办公室是指挥和控制中心，装备有多个大屏幕电视用来收看本地广播。监控广播不仅可以核实公众提供给美国国家气象局的信息，而且电视台通常使用自己的记者作为人类传感器的风暴追逐者不停地进行实时报告，重要的是作为在给定位置的大气传感器。记者可以通过乘坐汽车甚至直升飞机反馈天气信息。流媒体的直播报道能够揭示地理位置（US 66和Old School Rd.的交界路口）、估计风速（强劲的流入或流出）和方向（东南与西北）以及观测员/记者感受到的空气（温暖、湿润、黏性与凉爽、干燥的空气），在协助恶劣天气警告和多普勒-雷达地面核实中，旋转的视觉核实是极其重要的信息。虽然美国国家气象局的气象学家并不在实地，但他们可以通过听实地传回的声音和电视画面的转播来做出判断。

如前所述，风暴发生时直接打电话报告美国国家气象局是首选的方法。然而，通过使用美国国家气象局的eSpotter程序、NWSChat、观察员网络、Twitter和Facebook，数字信息可以得到采用（Kraushaar 2011）。美国国家气象局的eSpotter只是一个向公众开放的在线报告系统。然而，个体公众、公司或其他参与追逐灾害性天气的人无法使用NWSChat（http://nwschat.weather.gov）。这是一个受政府严格控制的沟通系统——办公室和计算中心之间的交流。Twitter和Facebook

是两个很重要的提供异构数据的社交网络(social networking site)。Twitter 和 Facebook 通过通信技术人员和气象技术人员协助动员 VGI 报告和监控。Twitterfall 搜索引擎在计算中心深受欢迎。然而,技术人员所面临的挑战是确定如何判断哪些信息是有用的,哪些不是。对风力、冰雹或龙卷风的关键字搜索和标签搜索(#wxreport)能搜索出数以百计的结果,但这并不总是包含相关的信息。信息通常存在于叙述形式中,情感以此得以表达,玩笑得以讲述,自我得以表达。这些通信技术服务人员变为语义分析和解构专家。不止这个,搜索内容也是耗时和不可预测的。例如,“不仅会获得正在发生的洪水和冰雹风暴的相关微博消息,同时你也会得到来自各地微博的包含‘冰雹’‘洪水’或这两个词与天气无关的信息”(Brice and Pieper 2009,2)。然而,在一个私有化增强的时代,VGI 的微博来源有不可忽视的价值,并且可以进一步帮助美国国家气象局加强其天气预报的权威地位。无论美国国家气象局的计算中心如何组织信息,它们都不能使用所有信息。

美国国家气象局试图通过标准化的报告规则和地理参考使 VGI 报告保持稳定形式。良好的报告必须提供详细的观察和在计算中心适宜空间分辨率的地理空间参考。例如,国家气象局希望 Twitter 用户报告“风灾——简要描述破坏;冰雹——包括冰雹大小;龙卷风,漏斗云和洪灾”(NOAA 2011d)。VGI 报告可以根据报告中提供信息的有效程度和具体程度进行分类,其中最优等的报告需涵盖以下内容:报道事件(冰雹、龙卷风等)、损失的报道,依赖识别者提供的美国国家气象局信息、个人意见、识别者和监视人、追逐者和媒体广告等(表 16.1)。地理参考和适宜的空间分辨率对于计算中心来说是同等重要的。关于冰雹、大风、洪灾和龙卷风的信息必须尽可能地在空间上准确定位。按信息含量等级降序排列,国家气象局计算中心倾向的排序依次为纬度和经度坐标、道路交叉口、地名、地区(县或地形学地区,如“奥克沙”)和没有地理参考的(表 16.2)。当风暴识别者、追逐者和公众符合报告标准及通过 GPS 或地理标记提供纬度/经度坐标,分散式网络提供的信息,计算中心是可以完成转化的。计算中心交流的专家就可以滤掉信息含量少的报告。

表 16.1 VGI 报告信息含量等级表

收敛	报告
优等的	经度=“-96.3691”、纬度=“34.3462”,下午 5:30 龙卷风将我停在湖边的车用树枝覆盖
中等的	经度=“-96.1724”、纬度=“34.2321”,小镇杂货店受到严重损害。汽车翻滚,发射塔倒下
中立的	经度=“0”、纬度=“0”,今天在密苏里州西南部的布兰森莫进行风暴追逐
中立的	经度=“0”、纬度=“0”,我希望我能在密苏里的斯普林菲尔德追逐到经典 N 形钩状回波的风暴
劣等的	经度=“0”、纬度=“0”,坐在即将来临的流媒体视频直播的中央,在我的主页购买视频

表 16.2 VGI 风暴报道的空间分辨率

空间分辨率	VGI	实用性
经纬度坐标	经度=-96.3691、纬度=34.3462	卓越的
交叉路口	论坛路和教堂山路的交叉口,哥伦比亚市,MO	卓越的/好的
地名	哥伦比亚市,MO	好的/清楚的
区域	布恩县,MO	清楚的
无地理参考	不适用的	不适宜的

最准确的空间分辨率适宜的地理参考报告可以将多普勒-雷达数据验证和恶劣天气警告文本产品相结合并扩散公开。美国国家气象局的气象学家有能力精确预测风暴、生产尺度的数值模式、模拟风暴移动,并计算恶劣风暴和中气旋的轨迹。风暴报告可协助地面实测并验证产品的准确性。进而,多普勒-雷达数据可以转化为基于 GIS 的警告,即基于风暴警告,所以可以将实地与美国国家气象局中心的数据相结合。当美国国家气象局验证称为 WARNGEN 多边形的预警系统时,精确的 VGI 报告是首选,WARNGEN 是最先进的多普勒-雷达,同时还能结合地理信息系统(GIS)。个人风暴报告在地图中标记显示多普勒的反射率、速度和多边形警告区。WARNGEN 的技术接口在全美国范围内实现,允许气象学家用数字化的局部多边形来表示严重雷雨或龙卷风区。选取合适的空间分辨率对区域进行预测,通常比全县警告更为准确。VGI 报道、多普勒-雷达数据和地理空间技术相结合改变了气象学家监测、表现和发布恶劣天气预警的方式。当地和特定的信息对中心计算的恶劣天气警告会变得更加重要、精确。

最后,美国国家气象局计算中心应用范围更广(Latour 1987),并能通过将转换后的报告传递给媒体来进一步扩展网络。所有相关的风暴报告和模拟都由计算中心的气象学家所掌控。通过整合报告、标准和 GIS,计算中心可以生成对外的文本公告,并向外部媒体和公众扩散。实地的人体传感器向美国国家气象局提供实地观察到的恶劣天气情况,信息通过以上提到的核心过程得到转换,观察者/追逐者/资料提供者变得不可见。美国国家气象局的计算中心拥有这种力量,因为它负责向广泛的受众,包括一般公众发布许多综合预报产品,用适度的成本提供给纳税人。这些产品包括航空、火灾、天气、水文、海洋、热带、气候以及面向公众的预报。美国国家气象局生产事件驱动的短期产品为公众提供各种类型的危险天气警报。这些产品包括观点、监测、警告、建议和特殊天气状况说明。只要网络保持稳定和到位,这些产品就可以让美国国家气象局做好工作,并对其他分散空间产生影响(Murdoch 2006)。

16.4 总结和结论

本章中,我们借用行动者网络理论的框架来描述志愿式地理信息系统中社会技术网络的内容。这里使用的关键概念包括行动者、中介、网络、信息转化和计算中心。人类和科技之间的二分法认识是错误的。相反,人类和科技通过行动者和中介形成的网络相互联系。本章向读者介绍了一个风暴识别和风暴追逐的行动者网络。所有的行动者和中介类似一个人类传感器,而不只是由孤立的人类携带外部传感器。移动电话、关心的话题、观察的人、数字视频相机、电视、互联网的扬声器等可以看作人类传感器的眼睛和耳朵。所有的人类传感器是分散的却又处于相互联系的状态。美国国家气象局通过汇总电视广播、聊天室、社交媒体等方式获取可利用的 VGI 强风暴信息。但是美国国家气象局的气象学家没有自由发挥的空间。作为官方,他们有责任提醒公众危险天气的发生。计算中心的气象学家接收、挖掘、获取原始 VGI 数据并将其转换成一个标准化的容易被媒体和公众接受的恶劣天气公报。

行动者网络理论是一个概念性框架,一个方法集,是一种理解 VGI 的生态学方法。通过行动者网络理论的视角,人类与技术之间的普遍对称性或互惠性处于生态理论的最前沿。人类和非人类行为者之间的普遍对称性可以为人类传感器概念的发展提供思路。因此,人类的传感器概念化为一个“整体”相互连接或断开的互联网络,它是一个动态的有机体。同时,采用行动者网络理论的方法跟踪文本、科技、人类和资金,可以为我们洞察人类传感器提供志愿式地理信息的动机,以及与地理数据生成的质量有关的问题。美国国家气象局优先采用一些风暴识别者和追逐者提供的信息。为什么可以有这种优先权?什么样的成功转换可以带来这样的网络?网络关系是相互的吗?最后,我们相信行动者网络可以被归类为环境因素。风暴观察/追逐的 VGI 环境是指令性的、非正式的、分散的。风暴报告网络的一次成功测量包括重要天气事件内容和准确的地理参考。但是我们该如何描述 Flickr VGI 环境?在 Flickr,地理参考信息可能需要非常精确的信息(纬度/经度坐标)。然而,我们可以从照片和内容中得到什么吗?包含异构内容的环境可能会要求我们通过中介追踪和解码来思考“解释属性”。

参考文献

Bates, F.C. (1962). Severe local storm forecasts and warnings and the general public. *Bulletin of the American Meteorological Society*, 43, 288-291.

Bingham, N.(1996). Object-ions: From technological determinisms towards geographies of relations. *Environment and Planning D: Society and Space*, 14, 635-658.

Bishr, M., & Mantelas, L.(2008). A trust and reputation model for filtering and classification of knowledge about urban growth. *GeoJournal*, 72, 229-237.

Bluestein, H.B.(1999). A history of severe-storm-intercept field programs. *Weather and Forecasting*, 14, 558-577.

Brice, T., & Pieper, C.(2009). Using Twitter to receive storm reports. Available online at: ams.confex.com/ams/pdfpapers/163543.pdf. Accessed 18 Feb2012.

Brooks, H., Doswell, C., III, & Kay, M.(2003). Climatological estimates of local daily tornado probability for the United States. *Weather and Forecasting*, 18(4), 626-640.

Burgess, J., Clark, J., & Harrison, C.M.(2000). Knowledges in action: An actor network analysis of a wetland agri-environment scheme. *Ecological Economics*, 35(1), 119-132.

Callon, M.(1991). Techno-economic networks and irreversibility. In J.Law(Ed.), *A sociology of monsters*(pp.132-161). New York: Routledge.

Callon, M.(1999). Actor-network theory: The market test. In J. Law & J. Hassard(Eds.), *Actor network and after*(pp.181-195). Oxford: Oxford University Press.

Cantillon, H., & Bristow, R.(2001). Tornado chasing: An introduction to risk tourism opportunities. *In Proceedings of the 2000 Northeastern Recreation Research Symposium* (pp. 234 - 239). NewtownSquare: U.S.Department of Agriculture, Forest Service, Northeastern Research Station.

Crampton, J.(2010). Mapping: *A critical introduction to cartography and GIS*. New York: Blackwell.

Davies, G.(2000). Narrating the natural history unit: Institutional ordering and spatial strategies. *Geoforum*, 31(4), 539-551.

Deleuze, G., & Guattari, F.(1987). *A thousand plateaus: Capitalism and schizophrenia*. Minneapolis: University of Minnesota Press.

Doswell, C.A., III, Moller, A.R., & Brooks, H.E.(1999). Storm spotting and public awareness since the first tornado forecasts of 1948. *Weather and Forecasting*, 14, 544-557.

Galaway, J.G.(1985). J.P.Finley: The first severe storms forecaster(Part 1). *Bulletin of the American Meteorological Society*, 66, 1389-1395.

Gartner, G., Bennett, D., & Morita, T.(2007). Toward ubiquitous cartography. *Cartography and Geographic Information Science*, 34, 247-257.

Golden, J.H., & Morgan, B.J.(1972). The NSSL/Notre Dame tornado intercept program, spring 1972. *Bulletin of the American Meteorological Society*, 53, 1178-1180.

Goodchild, M.F.(2007a). Citizens as sensors: The world of volunteered geography. *GeoJournal*, 69, 211-221.

Goodchild, M.F.(2007b). Citizens as voluntary sensors: Spatial data infrastructures in the world of Web 2.0. *International Journal of Spatial Data Infrastructure Research*, 2, 24-32.

Goodchild, M.F.(2008). Commentary: Whither VGI? *GeoJournal*, 72, 239-244.

Haklay, M.(2010, Sept). Geographical citizen science-Clash of cultures and new opportunities. In *Proceedings of the workshop on the role of volunteered geographic information in advancing science.*

GIScience 2010, Zurich, Switzerland.

Haraway, D. (1987). A manifesto for cyborgs: Science, technology, and socialist feminism in the 1980s. *Australian Feminist Studies*, 2(4), 1-42.

Harris, C. (2004). How did colonialism dispossess? Comments from an edge of empire. *Annals of the Association of American Geographers*, 94(1), 165-182.

Harvey, F. (2001). Constructing GIS: Actor networks of collaboration. *URISA Journal*, 13(1), 29-37.

Harvey, F. (2007, April). *Nowhere is everywhere? Towards postmodernist ubiquitous computing based geographic communication.* Paper presented at the annual meeting of the Association of American Geographers, San Francisco, CA.

Harvey, F., & Chrisman, N. (2004). The imbrication of geography and technology: The social construction of geographic information systems. In S.D. Brunn, S.L. Cutter, & J.W. Harrington (Eds.), *Geography and technology* (pp.65-80). Dordrecht: Kluwer Academic.

Hinchliffe, S. (1996). Technology, power, and space-the means and ends of geographies of technology. *Environment and Planning D: Society and Space*, 14, 659-682.

Hitchings, R. (2003). People, plants and performance: On actor network theory and the material pleasures of the private garden. *Social and Cultural Geography*, 4(1), 99-113.

Kirsch, S. (2002). John Wesley Powell and the mapping of the Colorado Plateau, 1869-1879: Survey science, geographic solutions, and the economy of environmental values. *Annals of the Association of American Geographers*, 93(4), 645-661.

Kirsch, S., & Mitchell, D. (2004). The nature of things: Dead labor, nonhuman actors, and the persistence of Marxism. *Antipode*, 36(4), 687-705.

Kraushaar, S. (2011). *Ground truth: Volunteered geographic information and storm chasing.* Unpublished master's thesis, University of Missouri, Columbia.

Latour, B. (1987). *Science in action: How to follow scientists and engineers through society.* Cambridge: Harvard University Press.

Latour, B. (2005). *Reassembling the social: An introduction to actor-network-theory.* Oxford: Oxford University Press.

Law, J., & Hassard, J. (1999). *Actor network theory and after.* New York: Blackwell.

Martin, E. (2000). Actor-networks and implementation: Examples from conservation GIS in Ecuador. *International Journal of Geographical Information Science*, 14(8), 715-738.

Mummidi, L., & Krumm, J. (2008). Discovering points of interest from users' map annotations. *GeoJournal*, 72, 215-227.

Murdoch, J. (1995). Actor-networks and the evolution of economic forms: Combining description and explanation in theories of regulation, flexible specialization, and networks. *Environment and Planning A*, 27, 731-757.

Murdoch, J. (1997a). Inhuman/non-human: Actor-network theory and the prospects for a non-dualistic and symmetrical perspective on nature and society. *Environment and Planning D: Society andSpace*, 15, 731-756.

Murdoch, J. (1997b). Towards a geography of heterogeneous associations. *Progress in Human Geogra-*

phy,21,321-337.

Murdoch,J.(2006).*Poststructuralist geography*:*A guide to relational space*. *London*:Sage. National Severe Storms Laboratory(NSSL).(2011).VORTEX2 background. http://www.nssl.noaa.gov/projects/vortex2/background.php.Accessed 12 Apr 2011.

NOAA.(2011a). What is sky warn? http://www.nws.noaa.gov/SKYWARN/. Accessed 20 Nov 2011.

NOAA.(2011b).Weather spotter's field guide.http://www.nws.noaa.gov/om/brochures/SGJune6-11.pdf.Accessed 20 Nov 2011.

NOAA.(2011c).America's weather enterprise:Protecting lives,livelihoods,and your way of life.http://www.weather.gov/om/brochures/Citizen_Scientist.pdf.Accessed 11 June 2011.

NOAA.(2011d).SKYWARN Storm Spotters.http://www.arrl.org/ files/ file/Media%20&%20PR/EmergencyRadio_org/SKYWARN.pdf.Accessed 15 June 2011.

Palmer,M.(2009).Engaging with indigital geographic information networks.Futures,41,33-40.

Palmer,M.(2012).Cartographic encounters at the BIA GIS center of calculation.American *Indian Culture and Research Journal*(forthcoming).

Palmer,M.H.,Stevenson,S.,& Zaras,D.S.(2000,Jan).*Student evaluations of the Oklahoma Weather Center REU Program*:1995,1998,*and* 1999. Ninth symposium on education,Long Beach,CA. American Meteorological Society,pp.24-27.

Panelli,R.(2010).More-than-human social geographies:Posthuman and other possibilities.*Progress in Human Geography*,34(1),79-87.

Robertson,D.(1999).Beyond twister:A geography of recreational storm chasing on the southern plains.*Geographical Review*,89(4),533-553.

Smith,R.G.(2003).World city actor-networks.*Progress in Human Geography*,27(1),25-44.

Spotter Network.(2011).http://www.spotternetwork.org.Accessed 15 Apr 2011.

Thrift,N.J.(1996).Spatial formations.London:Sage.

Thrift,N.J.(2000).Actor-network theory.In R.J.Johnson,D.Gregory,G.Pratt,& M.Watts (Eds.), *Dictionary of human geography*(pp.4-6).Oxford:Blackwell.

Vasquez,T.(2008).*Storm chasing handbook*(2nd ed.).Garland:Weather Graphics Technologies.

Williams,S.(2007).Application for GIS specialist meeting.http://www.NCGIA.ucsb.edu/projects/VGI/participants.html.Accessed 6 Sept 2010.

Zook,M.,& Graham,M.(2007a).The creative reconstruction of the internet:Google and the privatization of cyberspace and DigiPlace.*Geoforum*,38,1322-1343.

Zook,M.,& Graham,M.(2007b).Mapping DigiPlace:Geocoded internet data and the representation of place.*Environment and Planning B*:*Planning and Design*,34,466-482.

第 17 章

作为地图导航数据库编绘工具的 VGI

Michael W. Dobson

摘要：志愿式地理信息是一种采集地理信息的众包方法，在很多地图数据库的编绘系统中得到了应用。贡献系统分为主动和被动两种，但 VGI 是主动式系统，通过它，参与者可以提供他们的本地化知识，最大限度地提高了空间数据库用于导航和位置服务的质量。在 VGI 帮助下，现在已经开发了开放式和混合式地图编绘系统。我们对一系列众包编绘系统的本质、局限和优势进行了讨论，来试着评估 VGI 帮助改善各种数据质量的影响力。

17.1 引　　言

提高空间数据库中用于制图和导航的数据质量仍然具有挑战性。地图、兴趣点（POI）和业务清单数据库往往不符合用户要求的质量标准。数据库的数据质量问题可以划分为完整性问题、逻辑一致性问题、位置精度、时间精度和切题准确度（ISO 2002）。很显然，大多数空间数据库的数据质量问题来自采集和维护内容的编绘过程。尽管近年来地图编绘的工具、技术和理论有了显著提高，以往由方法导致的误差逐渐变成了与新方法相关的误差，如数据库同步、异文合并以及对经常导致逻辑混乱的复杂系统的依赖。然而，一个用于采集、分类和准备空间数据的编译系统，其严重的、反复出现的弱点在于我们无法利用本地的空间

Michael W. Dobson（✉）
TeleMapics 有限责任公司（TeleMapics LLC），美国，加利福尼亚州，那古纳尔西斯
E-mail：mwdobson@telemapics.com

知识来获得较高的数据质量。

用于测绘、导航和位置服务的编绘成果一直受困于缺乏资源分配到采集管理和组织数据中。采集的众多类别的数据,并且每种都要详细的采集方法,以生成准确的、全面的和最新的数据库(图17.1)。本书第14章中Coleman(2012)对于VGI提出了综合评价,并且应用于传统的基础制图。虽然大多数要素分类已经标准化[地理数据文件(GDF)第14825号ISO标准,ISO 2004],但客户可能会要求一些独特的数据分类,或者有时有影响力的用户群体也会这样要求。

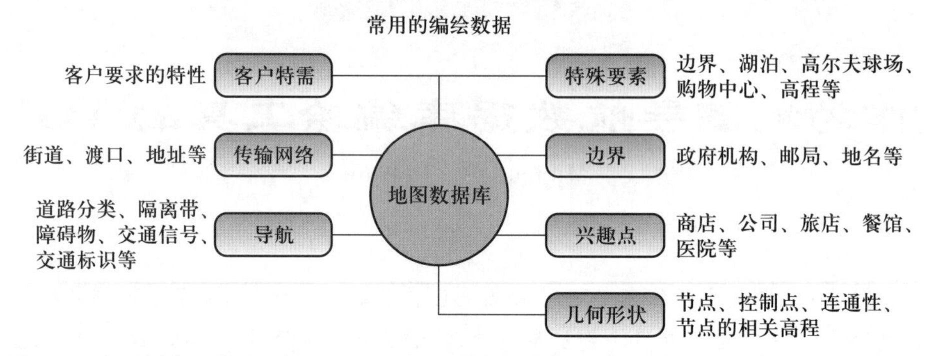

图17.1 为了创建现代的导航地图数据库需要搜集惊人的数据量。当前的覆盖要求我们用尽可能提高数据质量的方式来搜集数据(图片来源于TeleMapics LLC)

像谷歌和微软这样的网络公司,以及提供导航地图数据库的供应方,如NAVTEQ和TomTom(原Tele Atlas),都期望将其地图产品覆盖到全球,如此一来,采集数据的资源分配问题就迎刃而解了。这是可能发生的,然而,这个问题可以通过志愿式地理信息的巧妙应用得以解决,即通过团体合作的形式进行空间信息的收集,这就是众包,有时也在文献中称为维基经济学(Tapscott and Williams 2008)或VGI(Goodchild 2007)。

17.2 关于地图数据库编绘的VGI

众包是一种基于志愿者服务的架构,以志愿行为、分享行为(社交网络)、合作和集体行动为基础。它的好处是不需要协调管理、运营预算、全盘业务结构,以及不需要为特定的案例准备数据。众包试图通过软件应用程序来利用群众的智慧,这些软件可以帮助用户相互协调,或者帮助潜在的群体去完成以前无法企及的目标[①]。需要注意的是,很多人对地图感兴趣,认为自己是业余地理学家或

① 见Surowiecki(2005)令人印象深刻的书籍《群众的智慧》和Shirky(2008)关于群众及其自我同步的讨论。

制图者,想要提供数据用来提高地图数据库的数据质量。互联网的发展带来了社区软件的大规模应用,兴趣社区可以通过这些软件进行自我协调,在这之前,没有机制让这些潜在的地图编辑者以直接和令人满意的方式为地图数据库提供信息。

VGI旨在通过发现、激励、引出并使用在线信息,找到对地图和制图过程中的信息感兴趣的方式。我们的兴趣在于众包,关注点在于收集空间数据,用来扩大、更新或扩展地图数据库。这是一个让对提高地图数据质量感兴趣的用户贡献数据或根据当地环境知识编辑地图的过程。在这个过程中,重要的事情是通过应用使信息提供者有权访问数据库并同意对数据库的编辑,但对于这些系统中的贡献者来说,不需要针对地图或数据编译做什么训练(Heipke 2010)。

17.2.1 众包如何应用于地图编绘?

目前有两种类型的众包应用于地图编绘,其应用过程可分为被动输入和主动输入。

17.2.1.1 被动输入

被动输入指的是用户将自动从设备采集的数据,如从GPS接收器或类似的定位技术搜集的数据,用于记录他们(或车辆)日常行程的路径。这种"探针数据"或"浮点数据"记录了用户路径的几何形状、高程和运动速度。这些记录是非常实用的,可用于交通流量和拥堵的测量。其他数据如限速、信号灯与停车标志的位置、转向限制等,可以通过在数据指针从出发点到终点的移动中询问其路径和行为来判断。

这些被动数据通常在隐去来源名称的前提下收集,各公司要收集这些数据,通常不必要求用户同意使用他们的探测器来收集数据。此外,一些公司采取额外的措施来保密,比如删除起始和最后2分钟的路径,因为很多人担心识别出住所、工作地点或其他目的地会透露个人隐私信息。

总体而言,被动式输入提供了大量的数据,而这些数据在以前是无法用于地图编绘工作的。例如,用户参与TomTom的地图共享项目贡献了超过两万亿个GPS点,而这仅仅是最初两年内的数据。目前,TomTom每天收集超过30亿的点(TomTom 2011)。TomTom的分析结果表明,收集这样庞大数量的点数据有利于他们通过平均消除掉数据的采集误差,并使他们的导航数据库具有非常高的水平位置精度(Dobson 2010a)。被动采集数据一个更大的优势是它很少含有"数据垃圾",即那些故意降低众包系统数据库有效性的现象。任何通过被动贡献进入系统的数据垃圾可以通过算法来发现、比较,从而被识别出来,并对提供的数据进行逻辑不一致评估。

然而,被动输入实际上忽略了许多属性,这些属性是地图编绘过程的重要部分。有一些属性无法通过数据探针来被动地收集,诸如街道名称、路线编号、地址、隔离带、水域、兴趣点和各种类型的边界等。相反,这些类型的属性数据可以通过主动的方式来获取。

17.2.1.2　主动输入

主动提供的数据是众包地图编绘系统中本地知识的主要来源,这些输入潜在地提高了数据质量(Heipke 2010)。理论上,唤起主动内容输入的过程依赖于用户的善意,他们决定通过使用在线系统提交编辑或地图数据来直接贡献编绘信息,这些数据可能解决他们在使用本地区域数据过程中遇到的问题。Harvey(2012)在本章里提出了这些提供的数据中可能存在偏见的问题,这与这些数据如何贡献的约定形式有关。

在一些主动式系统中,贡献者可能缺乏与待解决问题相关的本地知识,而用该区域的卫星影像来数字化街道和道路的几何形状。假设用户稍后会对这些充实数据库所必需的数字化线条添加属性。数字化街道的人贡献了劳动,但没有提供将复杂的线条转换成功能性地图数据库的属性信息。然而,众包编绘系统依赖于成功吸引那些有能力并愿意提供数据和根据本地知识编辑地图的用户,而不是那些提供数字化劳动的贡献者。

以地图编绘为目的的主动观测至少有两种形式:直接和间接。为了将众包系统应用于地图编绘,直接观察意味着贡献本地知识的个体要么在观测时处于那个位置;要么是为了标注、拍照和收集数据去过目的地;要么是过去对这个位置很熟悉(即过去在那里工作、生活或者因为某些原因经常光顾的区域,因此可以基于记忆提供信息)。间接观察依赖于图像和传感数据的分析,从而提取道路和相关的属性数据,用以创建或更新地图编辑。这是一个"浅显"的任务,只需要很少或甚至不需要本地知识来完成,但可能由于不熟悉当地的地理情况而容易出错。

一般来说,人们实时或近期的观察所提供的地图数据可能比那些虽然熟悉某一区域却依赖记忆提供的数据更为准确。同样地,由当地人提供的数据可能比依靠个人记忆并辅以卫星或航空影像的数据更为准确。一个不在实地而仅查看街边影像(如谷歌、Earthmine、NAVTEQ 提供的影像)的人,也可以通过使用这些影像及由其中提取的属性数据,获得比处于实地的人更准确的新信息。对于基于影像的输入而言,其准确性取决于分析的技巧、质量、全面性、影像的拍摄日期以及对所查询位置的相关传感器输出信息。鉴于当前编绘系统的能力,从那些有直接和最新本地知识的用户所上传的信息中捕捉本地信息的细节,可能是在位置、现势性和主题方面具有更好准确性的优选方法。

17.3 主动贡献众包系统的类型

主动式众包常用在开放和混合的编绘系统中。用于地图编绘的开放系统并非是专有的,信任用户并接收用户提交的空间数据,并可以让用户没有限制地编辑自己或别人的作品。此外,用户可以自由使用开放系统的数据,对衍生的工作会有明确的限制条件,因为需要保护父数据库的完整性和价值。另外,混合系统一般都是专有的,除了那些受控于一些政府机构的系统,它们的众包系统只允许编辑和贡献有限的数据类型,主张数据所有权,并按照合同规定限制数据库的大多数应用权限。最后也最重要的是,混合编绘系统经常吸收众包的编辑成果,但会在提交到数据库之前进行进一步严格分析。混合编绘系统如此命名是因为它们把众包与传统编绘技术相结合,因此可能会包括其他的数据源(包括授权和无授权的)以及配备尖端技术的调查车辆,从而能够捕获十分准确的公路和街道属性数据信息。

一个开放式地图数据库编绘系统,如 OpenStreetMap(OSM),接受所有用户提供的信息,以未更改状态将其编辑结果推送到数据库的在线实例。那些向开放式系统提交数据编辑的人是受信任的,他们输入的数据很容易被接受并公布,虽然这些数据也会被其他众包成员进行后续修改。这种行为方法基于如下假设,更多当地用户能够帮助辨别那些怀疑是垃圾的、错误的、不完整的或出于某种原因令其他用户不满意的地图编辑或添加。开放的众包数据库可以认为是会随时间而自我愈合的。对于提高众包式编绘生产的数据的质量而言,发布和评估其他参与者的更正信息的速度是至关重要的。新的编辑可以被其他人评估和编辑,如果公开评价期间一项修正遭到反对,这个位置以前的实例可以得到恢复。例如,MapQuest 的某些在线导航网站会使用 OSM 数据,发布特定类型的更新数据,最初是更新 OSM 主数据库,然后在短时间更新到本地实例。更复杂的数据类型可能需要 MapQuest 的额外处理(如有关的路线属性),但通常会在不到一天的时间内公布,以便让其他人进行审查核实(Dobson 2010b)。

混合系统结合了众包和传统地图数据库技术。操作上的区别是,来自众包的贡献只能用于反应更改和指示需要进一步研究的系统管理模块。这些系统的公共贡献者可能并不受信任,仅仅被视为另一种有价值的资料来源。在接受并分发到在线数据库之前,这些数据要被进一步研究,因为在线数据库分发前要经过质量保证处理。

例如,瑞士联邦测绘局(Swiss Federal Office of Topography Swisstopo)将众包的概念集成到地形地貌模型和数字制图模型国家数据库(Guélat 2009)。

Swisstopo似乎认为众包提供了一种更新国家数据库的数据来源,并提供了更新它们与客户关系形式的可能性。它们的系统允许上传GPS轨迹记录、附件、错误说明、面图形和线图形,这些众包的输入通过内联网传输进来,中央修订层与内联网连接起来,其调度程序会将注释分配到合适的数据库。众包数据被看作是变化检测的一种数据源,可能不需要实地调查验证就可以被国家数据库接受。

在商业领域,谷歌通过其制图平台成为主动式众包混合编绘系统的领跑者。最初,谷歌想用基于NAVTEQ和TeleAtlas以及其他小型供应方的基础导航数据库授权的在线地图进行本地广告业务。在某种程度上,谷歌转变为地图编绘公司而不是仅仅寻求授权,是因为为它授权的那些商业数据库,在所有的情况下都没有满足公司对精度或覆盖性的要求,而且也没有满足时效性的需求[②]。

谷歌较早地采用了众包,并开发了谷歌地图制作器(Google Map Maker,GMM),用于为尚没有地图全覆盖的国家提供地图制作服务。GMM允许注册的用户创建并更新个人感兴趣区域的地图。谷歌与用户的协议使得公司能够使用用户自己创建的数据,然后公司用传统地图编绘技术来更新制作者使用GMM制作的地图,以此来创建自己的专有地图基底。谷歌对用户贡献的数据进行质量工程检查(通过适宜的分辨率影像进行更新),并与权威来源的地理数据合并,从而测试地图上交通网络的连通性,然后将结果发布在谷歌地图上供特许客户使用。

2009年,谷歌将美国和加拿大的地图数据从NAVTEQ和Tele Atlas替换为自己生产和编绘的数据。其中,大多数数据是谷歌使用传统编绘过程完成,而不是通过众包方式完成。谷歌很有战略眼光,在谷歌地图的底部添加了一个“报告错误”的按钮,让用户对地图的更新提供意见,并使用GMM作为贡献编辑的工具,尽管只是编辑有限的类型,但的确是公司希望获得的众包数据。

地图共享程序已经成为个人导航设备(PND)用户体验中的重要部分,TomTom在众包方面取得了相当大的成功。然而,可能由于经济问题,TomTom主要使用被动众包方式采集数据(Dobson 2010a)。

在2008年被TomTom收购之前,Tele Atlas使用传统工具编绘数据库,为此他们从超过50 000个数据资源中搜取信息,包括航拍像片、税务数据、政府合作方、公共设施、邮政司机、战略合作伙伴、专用网络爬虫程序、移动测量车队和终端用户等(Dobson 2007)。Tele Atlas使用双管齐下的方法来创建数据库,他们尽可能使用所有资源来编绘地图,并且通过驾车前往(主要是利用复杂的移动传感平台)的方式来验证无法编绘的信息。他们认为需要将野外工作与其他标准

② John Hanke,Google Earth和Google Maps的负责人在2007年Interactive Local Media(ILM)的主题演讲中,在讨论谷歌地图供应商提供的数据质量时,看着观众说:“你不知道这些数据能有多差。”

编绘技术结合起来，以保证数据库质量。当时，该公司每周只收到600位客户的纠错表（用一个在线输入的采集工具），但研究、确认和编辑这些纠错报告的时间是45天（Dobson 2007）。收购完成后，地图共享功能的使用才明显地增加了，主动输入大大减少了主动编辑所需的时间，因为这些编辑都是使用指定传输格式并附上了GPS坐标，而且在影像上显示用户通过TomTom GPS触屏输入的纠错记录。

与TomTom类似的是，NAVTEQ从交通业和导航市场的合作方那里采集探测数据并取得了成功。它可能还从诺基亚手机上的许多地图程序中额外获得了一些数据。但是NAVTEQ在主动式众包领域中没有取得TomTom那样的成功，因为它通过在线的“地图报告者”界面采集的数据少得可怜，而目前缺乏吸引主动式众包地图数据的、用户认可且友好的替代界面。

需要注意的是，谷歌、NAVTEQ、TomTom都限制了用户编辑和提供的数据类型。相对于谷歌，NAVTEQ和TomTom倾向于使用主动输入数据作为变化检测的措施。实际上，在这一阶段收到数据编辑响应及对编辑准确性的评价，可以启动对那些用于验证变化信息的权威或受信数据源进行搜寻[3]。在少数情况下无法通过数据挖掘来确定其处境，那么就会对研究区的调查者或者所调查车辆通过位置进行排序。方法上的区别很重要，像NAVTEQ和TomTom的客户将这些公司认证的数据当作权威，能够满足其特定应用的需求。虽然TomTom和NAVTEQ公司已经接受了众包，但还没有完全信任群体，宁愿通过其他方式评估数据，尽管这种做法并不会歧视主动式众包数据的潜在可靠性。

众包以及它的各种形式，已经被那些想编绘高质量地图数据库的各种人所接受。然而，在没有充分评估前众包的实施是不可能的，但是众包或VGI的应用是否就是提升地图质量的灵丹妙药呢？

17.4 众包地图编绘是否像宣传中那样好用呢？

Suroweicki（2005）指出“智慧的大众”具有观点多样性、独立性、分散化和聚合化等特点（即他们已经找到了互相协作的方法）。根据Suroweicki的观点，如果这些特点确实存在，公众的判断是准确的。举例来说，尽管每个人评价特定的地图数据都会同时包含有用的信息和错误，但对众包系统中贡献的地图编辑进行群体评价（聚合）时，目的是减少误差并创建更准确的地图数据库。想要达到这一目的，关键在于观点多样性、独立性和参与众包的人群的分散性，以及用于

③ 见David Stage（2009）关于“权威的”和“可信的”数据源的一个有趣的区别。Stage认为收集和贡献了权威数据的人是可信的。

征求用户参与方法的效果。实质上,如果众包不能满足这些条件,其判断就不太可能是准确的。众包有效性评估准则对以下实践非常有用,即众包系统是否无偏并且是否有可能满足贡献者为他们设定的目标。然而像这样的定向测量并不能真正评估众包系统在这些数据的特定用途上有多准确或多错误。

有些人建议用精细的方法来分析这些数据。例如,Van Exel等(2010)推荐用空间数据质量指标,评价用户质量、特征质量,以及两者在众包地图编绘群体质量评估方法中的相互独立性。他们最初的建议是使用本地知识、经验和认可度来评价用户质量,但这在任何有意义的场景中都非常困难。另外,他们"特征质量"的方法包括对世系、位置精度和语义准确性的测量,虽然作者承认这些元素"……对于众包数据来说是不相符的"[4]。

相反,通过评价众包系统的适用性是欠考虑的。定义现实世界中应用程序的可用性是一个复杂的和容易出错的过程,而且能够用于特定任务的合格数据也有其法律和财务的衍生问题,由于缺少对这些问题的理解,对它的定义通常会失败。

对众包地图编绘准确性的详细研究仍处于起步阶段,部分原因是VGI是新鲜事物,另外的原因是结果数据的测量方法问题。Van Oort(2005)综合描述了数据质量标准,但是在主要的众包编绘系统上还没有进行多种质量因素的综合分析。Haklay(2008,2010)、Girres和Touya(2010)、Zielstra和Zipf(2010)的工作都集中于OpenStreetMap及其位置精度和完整性的研究,让我们更加全面地分析众包编绘系统。

17.4.1 开放和混合地图编绘系统中众包地图数据是怎样符合标准的?

首先关注的是OSM。它的众包经验已经在编译地图数据库中展现出来,这些数据库很受欢迎并得到好评,而且在开放的许可下可以免费提供。然而,开放的众包地图数据库在数据质量方面符合要求这一想法可能是错误的。纯粹众包的地图编绘系统(如OSM)的贡献者,对于数据说明只是随便地强调了一下,数据说明可能缺失、模糊、会被认为太严格,或者被看得过于复杂,并且被系统中的很多贡献者忽略。Girres和Touya(2010)讨论了法国的OSM数据的异构性方面的问题,得出的结论是:数据的逻辑一致性妨碍了其应用,不能应用于简单的地图绘制(与在GIS中使用截然不同)。

有人也许认为,所有空间数据库在数据质量方面都存在异质性,这对数据质量的某些方面无疑是正确的。相反,商业地图数据库编绘使用的传统编绘规程可以生产一些数据库用于导航、位置服务、GIS和其他需要满足比OSM门槛更

④ 见Van Exel等(2010),p.3。

高的应用程序。在许多情况下,更新商业数据库的需求是合同化的。这样就把注意力用到基于系统纠正地区内的错误上,而非基于个人兴趣的纠错,如同开放式众包编绘系统的实践一样。更有趣的问题是,开放式 VGI 编绘系统中的众包式输入是否由那些具有一些特点的贡献构成,即既不受偏见影响,又不受群体思维影响,而真实地反映了分散化的本地知识输入。

从理论的角度来看,众包式地图编绘系统能否成功应用于国家或区域,取决于是否有相对大量的分布在区域内的参与者来参与。进一步地,"有更多双眼睛去看,地图错误就会更少"的基本观点需要志愿者的分布存在某种程度空间冗余。一个独自提供本地区域的地图数据的贡献者无法反复进行数据评估或编辑,而开放式众包地图编绘系统中,提供可以接受的数据质量是至关重要的,随着时间更新数据的需求反映了空间变化连续的本质,并被合并到新贡献者不断更新的需求中。最后,开放的地图数据库会随时间推移自我愈合(只有当某些人意识到时,错误才会得到纠正)的理念需要新的贡献者来不断地更新数据库覆盖,并取代那些失去兴趣或者变得不活跃的贡献者。

到 2010 年 1 月,成立只有 6 年的 OSM 吸引了超过 200 000 个贡献者(Zielstra and Zipf 2010),但似乎频繁参加众包并贡献的志愿者可能只是特殊情况而非常态。Budhathoki 等(2010)基于 2009 年的研究数据表明:绝大多数 OSM 的贡献者仅仅提交过一次数据(44%),与一次性贡献者数量最低的欧洲差不多(约 42%),而在非洲、亚洲、北美洲和美国南部比例则接近或大于 60%。也许更令人不安的是从地方性知识的角度看这个问题,Haklay(2008)提供的一张图表明:OSM 中英格兰 70%的数据来源于大约 50 个贡献者,与 Budhathoki 等(2010)在欧洲区域的研究中呈现的趋势相一致,即一小部分人(总体来看平均为 0.6%)看上去主导了整个流程,他们的平均贡献了超过 100 000 个节点的数据。

此外,Budhathoki 等(2010)描绘了 OSM 贡献者的特点。在进行研究时(2009 年的数据),男性占 96%,其中,64%是年龄在 40 岁以下的。大多数贡献者都受过高等教育(49%有大学学位),而有 21%的本科和硕士学位,8%有博士学位。虽然样本群体的规模是适中的($N=426$),结果表明:OSM 人群可能与普通人群在性别比例、教育或年龄分布上存在显著差异。伴随着互联网长大的一代会被吸引到 OSM 和众包是很自然的,同样明显的是,这个群体可能仍然无法显示 Suroweicki(2005)提出的构成"智慧群体"的独立性观点和多样性。

因其民间智慧闻名的美国著名的棒球运动员约吉·贝拉有句名言:"只通过观察你就能发现很多事情"。OSM 数据库的一项直观的检查发现,虽然数据库有惊人的覆盖度,但其覆盖既不完整也不全面。Zielstra 和 Zipf(2010)在他们对德国 OSM 的重要研究分析中指出,地图的覆盖度在城市和农村地区以及在大城市和小城市之间存在显著的差异。Haklay(2010)指出在英格兰的 OSM 数据库中也存在同样的差异,由 Girres 和 Touya(2010)做出的法国 OSM 数据库也有同样类型的差异。这种覆盖的局限性引发了对众包数据在开放系统中应用于地图编绘时的广泛适用性的问题。

目前尚不清楚那些向 OSM 贡献数据的人是否把贡献集中于本地知识。Neis 等(2012)提出,德国 OSM 数据库中有大量的缺乏街道名称或路径设计的数据,可能是由于这些交通连接是由缺乏本地知识的用户从卫星图像中数字化而来。Haklay 等(2010)的研究显示:众多的贡献者会评估和编辑相同的空间信息实例,但这样做是由于与之前的工作在位置精度上存在分歧。

可能是在 OSM 数据库中劳动分化导致了数据质量和完整性的变化,这会导致除了那些有许多贡献者来贡献本地数据的城市外,其他区域的数据使用受到了限制。如果大多数 OSM 贡献者花费大量时间为数据库进行图像数字化,而非通过贡献 GPS 轨迹和旅行过程得到属性,那么 OSM 从本地知识的获益程度与从免费数字化中的获益程度相同的可能性有多大?

Haklay(2010)在伦敦关于 OSM 的研究中指出,对 OSM 数据库的贡献是有社会偏见的,并且反映了参与度上的差距。显然,每个贡献者需要联网的计算机和大量的业余时间来数字化道路网络,这意味着一些经济上的优待,但这并不适用于所有的社会成员。这项研究表明,能够在 OSM 中对本地知识做出贡献的人,其空间分布可能无法反映数据库中数据的覆盖范围。如果这种限制存在,那么由谁来采集那些没有贡献者的区域内的属性数据? Girres 和 Touya(2010)的另一项研究表明,发布到法国 OSM 数据库中的数据可能主要是贡献者感兴趣的对象,这样的代价是牺牲了 OSM 数据库的全面性。

可能是 OSM 贡献者的自协调掩盖了一个致命的问题:缺乏指引阻碍了对 OSM 数据库的综合编辑和更新。例如,没有可靠的方法改变现有的贡献群组对空间的关注点,因为系统从根本上就是自组织的。进而,不知道要花多少时间,一个开放数据库才能在大型区域,达到与一流商业机构或政府机构生产的数据库具有相同的质量等级。也不知道要多久才能纠正数据库中的一个错误,因为这取决于贡献者是否对这个位置感兴趣。最后,缺乏数据的标准化和有效的质量控制又为分析开放式众包数据库的完整性问题增加了难度。

开放编绘模型的支持者会说,因为没有对数据库的说明,所以也没有完成工作。由于所有的空间数据库是不完整的,或者某种程度上说是在特定时间点上不准确,因此很难同意在没有详细规范的情况下试图安排贡献者来生产具有一定一致性和完整性的数据库。

OSM 不断发展的一部分原因是对商业和政府的空间数据库的高额成本和授权限制的不满。如果 OSM 的建立是为了应对这种不满,有人可能会理所当然地认为构建 OSM 数据库的目的就是捐赠其功能和数据。

公众参与数据编译系统有两个优点:没有正式的管理结构(或相关的费用)和总体的商业结构。事实上,如果同时缺少了这两点,在地图编绘时会受到限制。

商业地图公司的一个优势是客户愿意相信并使用他们的数据,相信是其满足了客户特殊层次的数据质量要求来支持一个特定的应用程序。满足这种期待需要设置数据的标准和数据编译系统的部署,这样能满足潜在用户对各种用途数据库的预期。确保数据符合客户的需要是市场和编辑团队的职责,这些团队还需确保发现客户需求,按照编绘目标建立并工程化到数据库的标准。

立法规定了政府机构的使命和服从特定指令收集数据的需求,而编绘空间数据的政府机构正是使用为满足这一需求而设计的程序来完成这一使命的。开放式众包系统似乎缺乏流程、检查和协调其他地图数据库的编绘工作。缺乏这种结构可能造成在开放式数据库中相对缺乏逻辑一致性。因此,缺乏结构的编译过程是所有使用众包进行开放式地图编绘的重要限制因素。

通过上面描述的问题得出的结论是:OSM 试图创建一个全球统一的数据库的计划可能会失败。基于 VGI 的编绘将不断努力完成除大城市区域之外的持续性数据库,不包括德国以及英格兰[⑤]。也许众包地图编绘的开放模型只在某些地方有效。如果是这样,似乎会出现一个潜在的、被开放系统中的众包忽视的区域混合编绘系统。对于商业地图数据库供应商,地图编绘系统使用 VGI 和众包是一个有吸引力的概念,这一点看上去是合乎逻辑的。

17.4.2 众包的商业化现状

商业制图公司有一些不采用开放众包而带来的优势。其中,最重要的是公司的成功依赖于产品的营销,以及用客户接受的标准为他们提供产品授权。例如,NAVTEQ 在 2007 年花了一大笔钱用于数据库的创建和发布,但同期授权客户使用其数据库得到了一共 853 287 000 美元的收入(NAVTEQ 2008)[⑥]。在某种意义上而言,客户愿意为 NAVTEQ 数据库的价值付费以满足他们对产品的需求,这是评价 NAVTEQ 数据库权威和信任度的一个替代指标。

大多数商业地图数据库公司会基于他们的意愿设置数据质量标准,收集数据反映上述标准,确立纠错的原则(核实和编辑),建立有针对性的周期更新程序,并保证由客户发现的错误将会在一个合理的时间内被研究、修正和推送到分布式网络(图 17.2)。

---

⑤ OSM 研发的美国数据库的情况显示,在这样一个具有丰富公众资源、较低成本和非专有空间数据库的国家建立公众数据库,其影响力要比世界上其他地方小。

⑥ 2007 年是 NAVTEQ 最后一次向公众公布其财政数据。由于 2008 年被诺基亚收购,NAVTEQ 不再有义务向公众公布其财政报表。

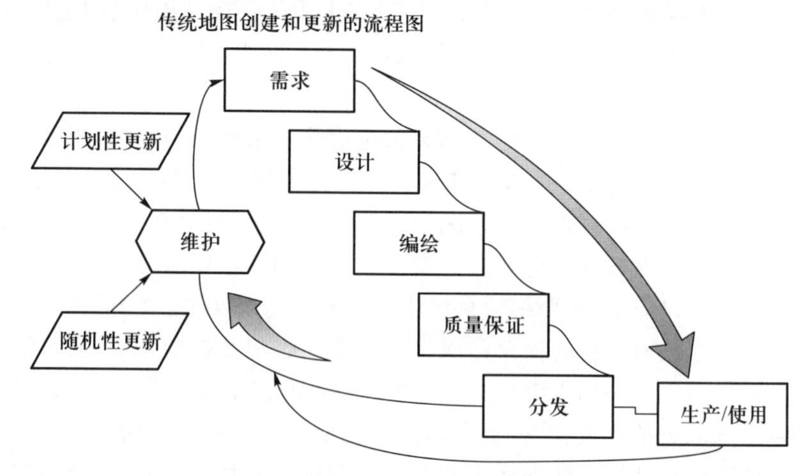

图17.2 商业公司的更新周期,许多政府机构经常能从客户或当事人使用数据库产品中获益。这些外部因素有利于提高与地图更新目标相关的研究焦点和议程(图片来源于TeleMapics LLC)

商业公司使用的编译系统中,较好的数据质量是根据规范采集数据的结果,这种规范由受过编绘和采集技巧的团队所遵守,并且由专业的数据质量编辑来检查和评估这些数据。不符合标准的数据在编绘过程中会被标记,要么立即重新收集,要么放在正式的更新队列中。大多数公司都进行数据敏感性分析,如果需要的话,涉及重大变化的空间区域会被标记为待验证和更新。数据质量的其他变化逐渐被系统的研究工作团队通过遍历覆盖区域发现,基于一个确定的生产周期或者基于对特定领域的数据变化速率进行估计。编绘活动的整体任务是将资金的时间价值最大化,同时增加数据库的完整性。正是这种积极协调数据库中信息的尝试,将商业数据库编绘工作从围绕依赖众包开放数据库的相对松散的更新中区别开来,以实现迭代数据评估、收集和发布周期。

即使商业数据库可能更可靠,而且在数据编绘中使用传统的编绘技术更加均一,甚至会产生大量的开销,但这些数据库却往往是过时的、不准确的、范围受限制的,而且质量参差不齐,还可能需要昂贵的维护费用。例如,NAVTEQ(2008)在2007年向美国证券交易委员会提交的10-K 2007年度报告中显示:当年他们建立和发布数据库的成本为395 778 000美元,相比上年度增长超过1.2亿美元(p.36)。即使有如此巨大的投入,但看起来NAVTEQ数据库并非没有弱点(Dobson 2010c,d)。

然而,在混合编辑系统中结合主动式众包的商业编绘方法可以用于改善商业导航数据库中的数据质量。对商业环境中混合模式的关注应该激励用户根据他们的个人知识、本地知识提供信息来纠错和补漏。商业公司可能对使用众包感兴趣,它可以作为一种与地图属性相关的本地知识的数据源,因为这些属性数据经常出现错误和遗漏,以及延误该地点最新数据事态发展的有关信息。虽然开放式众包系统可以适应商业编绘技术,但作者认为目前有太多的文化或运行管理的障碍。

谷歌地图是目前主要使用混合地图编绘方法的例证,将主动式众包用于其地图数据库的原始构建以及后续的调整。如图 17.3 所示,谷歌利用权威数据源和其他合资企业的地图供应,来收集合作方的输入。他们将这些数据与众包(包括主动式和被动式贡献)、影像(卫星、航空和街景)结合起来,利用数据挖掘和归并来形成融合的数据源,最终用于创建谷歌地图的数据库。

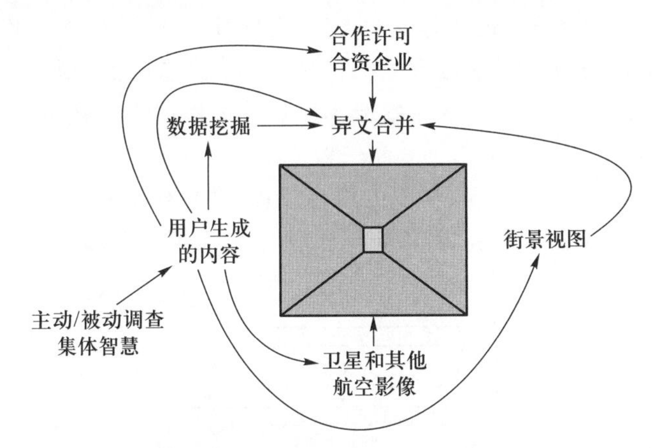

图 17.3　谷歌编绘是一个典型的混合过程的例子。通过主动和被动的群体输入,融合众包和传统的编绘技术(图片来源于 TeleMapics LLC)

谷歌原始数据库的构建过程(图 17.4)可能是通过图像驱动的,并通过数据挖掘和权威数据归并技术的众包过程来创建。然而在修订过程中(图 17.5),似乎众包的输入才是关键,用来对需要通过更新图像和权威的数据改善数据库的质量的区域排序。

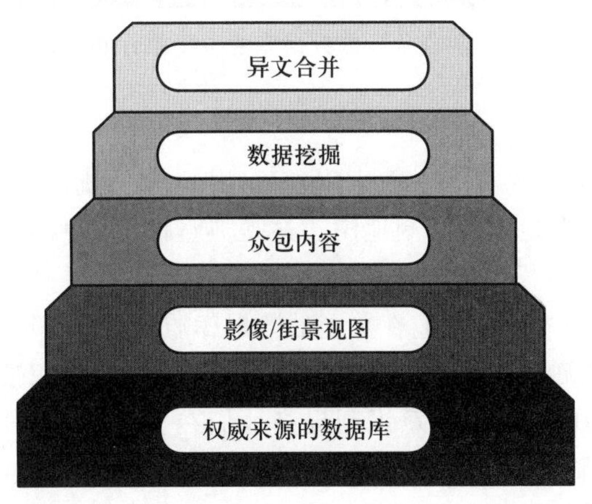

图 17.4　谷歌创建美国的地图数据库的构建过程依靠传统的编译技术多于公众参与技术(图片来源于 TeleMapics LLC)

在构建谷歌地图专有数据库的过程中,众包数据没有作为重要的数据源(图 17.4)。谷歌会获取和合并那些它认为在国家和地方尺度上(来源于覆盖全国区域的联邦机构,以及权威的和可信的州、地区和城市)比较权威的数据来源,并提供当前影像(卫星、航空、街景)作为参考进行更新的基础图底。由于美国部分数据库的谷歌模型要控制几何精度、连通性和属性数据的正确性,众包在最初的开发工作中扮演了一个有限、间接的角色。因众包数据质量差而被客户投诉是可能的,这些质量问题与之前使用的商业地图数据库有关。数据挖掘用来在网络上搜索地理方面的额外信息,包括挖掘谷歌自己的搜索流去揭示潜在的相关信息来增强数据库。归并过程被用来联系和整合搜集的各种空间数据。

这是谷歌对于美国部分数据库的修订过程,众包作为数据库主要的更新工具,主要是通过谷歌地图制作器(GMM)的使用来实现,尽管这可能不是公司的初衷(图 17.5)。

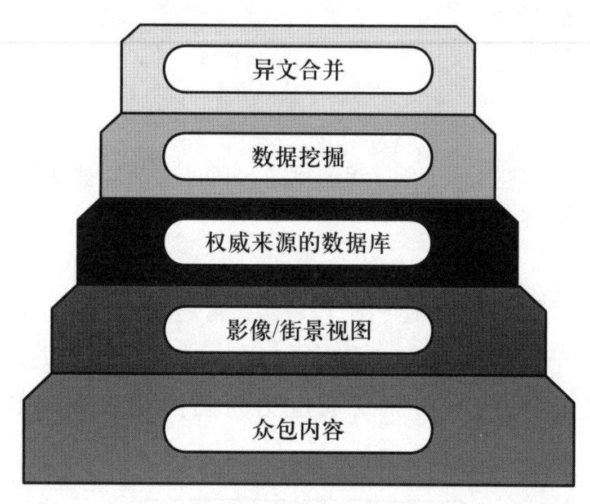

图 17.5 谷歌依赖 VGI/公众参与作为美国数据库的主要修订和变化检测的工具(图片来源于 TeleMapics LLC)

对众包而言,谷歌作为一个搜索引擎,从其巨大的成就及其声望中受益,可以吸引用户使用谷歌地图和绘制地图。这是典型的“用更多的眼睛帮助减少错误”,谷歌可以比其他任何商业地图数据库供应商吸引更多的用户。对谷歌而言这是很幸运的,因为最初他们在美国的数据库质量很低(Dobson 2009)。

原来谷歌试图通过发展新算法来解决这个问题,但他们很快就改变了他们的方式(Dobson 2010e)。谷歌意识到提高他们在美国的数据库的质量,需要改正太难懂、易混淆而不能用软件发现的错误,这需要分析那些有用的本地知识。因此,在 2011 年该公司转向众包和 VGI,通过 GMM 激励谷歌地图用户向数据库提供详细的本地信息(图 17.6,Dobson 2011c)。

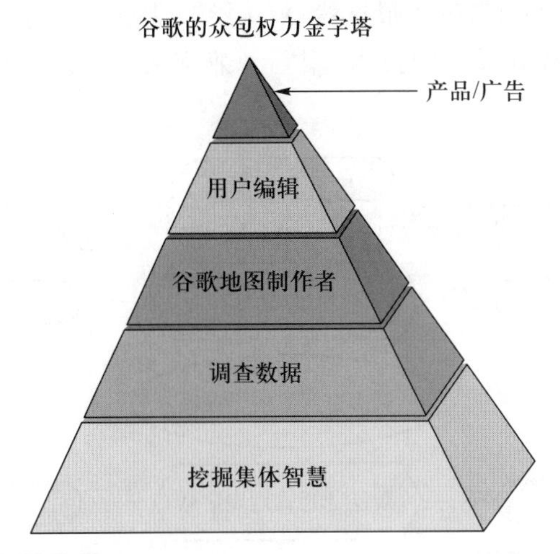

图 17.6 使用主动和被动内容更新来修改自己的地图,是谷歌在本地广告市场取得成功的一个关键因素,也是保持其地图本地内容更新的策略中的一方面(图片来源于 TeleMapics LLC)

访问 GMM 的功能给那些愿意纠正美国谷歌地图的人提供了机会。然而,在很多国家,将谷歌应用于同行评审的过程中,在美国范围内因编辑地图而被评为"可信评审者"的用户被发现是谷歌公司的雇员。谷歌的"可信评审者"似乎对本地区域只有有限的知识,而这些本地知识才是评价当地地理编辑的基础。举例来说,这些评论者根本不在美国,此外,谷歌的每个评审者不只能评估美国用户贡献的数据,还要评估世界各国的数据(Dobson 2011b)。在未来某个时刻,GMM 为美国地图所做的贡献可能通过位于美国并熟悉各地细节的贡献者群体来同行评估。而现在谷歌似乎不愿对拥有的编辑权放手,这样做可能会在某种程度上阻碍本地知识改善美国谷歌地图数据库。

不像 OpenStreetMap 中贡献者可以编辑地图数据基础的任何特征,使用 GMM 的贡献者只可以编辑那些经过挑选的要素,在某些情况下甚至只是这些要素的某一特性(Dobson 2011a)。例如,错误的边界信息已经与司法权相关了,描述要素如何定位已经不是贡献者能够决定的了,同样一些街道相关的信息也无法交给贡献者。实际上,谷歌已经规定允许编辑的类别,并保留了另外的数据类别,那些类别要根据谷歌认为比本地用户更加权威的来源进行编辑。为了确保数据库的逻辑一致性,谷歌可能已经采取了这些步骤。忽略其方法的局限性,谷歌在激励 VGI 上比它的竞争者做得好,这是采用算法来适应众包数据以生产更优越数据库的最恰当时机。

从理论上讲,目前没有商业公司能够获得本应通过应用 VGI 在编绘中获得的效益。存在这一缺陷的原因是无法找到一个管理平台,将传统编绘技术的局限性和优势与众包方式生产的优越编译系统的局限性和优势相结合,从而产生更优越的编绘系统(图17.7)。很显然,VGI能够带来巨大的利益,但是否只有政府和商业实体可以找到适当的技术,用一种兼容父系统局限性和优势的方法将VGI的效益整合进来。

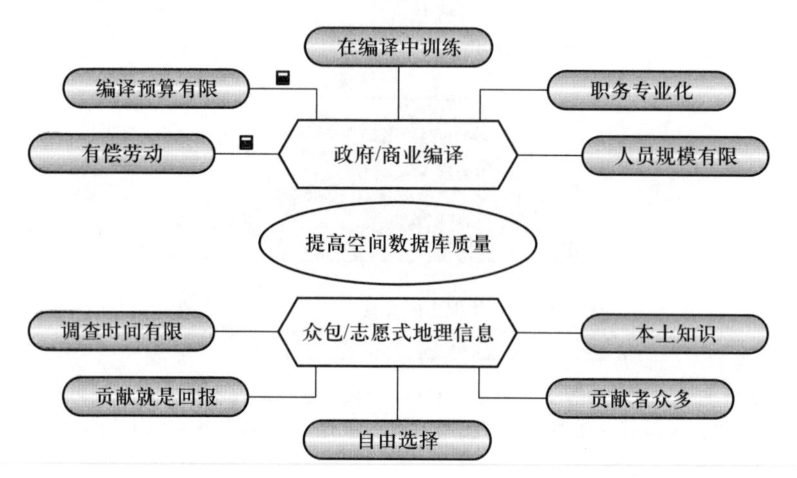

图17.7 VGI和传统的编绘系统均受到人为因素的影响。调和这些差异需要创建一个有效的混合编绘系统(图片来源于TeleMapics LLC)

17.5 总结和结论

本章探讨了志愿式地理信息作为合适的编绘工具,创建用于导航目的的地图数据库的作用。虽然专业和商业制图组织在创建导航地图数据库时有很多优势,但很显然它们在提高数据准确性方面的努力还有不足,特别是关于制图数据的覆盖率和花费方面。众包的形式分为主动输入和被动输入两种类型,可以提供一个潜在的、可持续的本地数据资源,并且比其他替代资源能提供更一致的地图数据库。然而,我们得出结论:将政府和商业实体使用的标准方法与志愿式地理信息相结合的混合地图编绘技术将可能用于创建新的地图数据库,其数据质量会超过单独使用这两种方法的结果。

最后要指出的是,在今天的混合编绘系统中使用的众包受到了太多的限制。政府和商业实体创建空间数据库时应该考虑以下建议,以不断从VGI的使用中收获更多:

(1) 向众包编辑中可用的要素和对象添加改进的结构/分类。

(2) 增加那些可以通过众包从本地知识中获得的要素和对象的类型。

(3) 提供多种方法、解决方案、软件工具来代替当前限制用户贡献当地信息灵活性的方法。

（4）去除当前编辑系统的限制，以获得更多样的众包数据。对于对象的修正，特别是不允许进行编辑和修改的复杂对象（如立交桥、隧道），需要提供一个表单或者征求作者的建议。

（5）提供航空影像、卫星影像和街景图像的元数据，以便贡献者在编辑过程中理解可用图像的潜在时间限制。

（6）在匿名的前提下跟踪用户的 IP 地址，以确定用户的一个大概位置，并以此作为建立一个初始分类的因子，来判断贡献者尤其是编辑者是否拥有与所编辑的位置有关的本地知识。

（7）建立用户个人历史档案，交叉对比编辑位置、编辑质量和用户的位置，来帮助评价用户的提交信息。

（8）调整垃圾数据过滤，关注逻辑一致性问题。

（9）要让贡献数据评估的编辑审核变得更加透明和实用。遵循最佳的操作，并且不允许忽略编辑、无原因的拒绝以及用可能是辱骂或无关的评论回复（"你没有经验来做这种类型的更正。"）。

（10）通过测量数据质量和时间考虑建立一个数据库要素权威来源的等级制度，由此所有众包的贡献可以得到评估，来帮助挑选最适合于众包的数据和属性。

Jenkins 等（2009）描述了参与式文化面临的挑战。VGI 是一个参与式文化的典范，对数据贡献者以及希望从团体开发成果中获益的人们，VGI 提供了一个独特和具有挑战性的环境。尽管尚不清楚对建立它的人们来说在线参与是长期的现象还是有时限的，但目前这些系统对地图编绘系统有着重要的影响。正如 Jenkins 所设想的，参与式文化降低了数据贡献的门槛，支持创新和共享非正式的数据，并通过社交网络形成某种程度的连接（Jenkins et al. 2009）。很显然，众包的地图编绘系统是参与式文化的一个案例，它可能会永远改变空间数据库编绘的本质。

参 考 文 献

Budhathoki, N., Haklay, M., & Nedovic-Budic, Z. (2010). Who map in OpenStreetMap and why? Presentation at State of the Map, Open Street Map. http://www.slideshare.net/nbudhat2/sotmus-2010-nama-r-budhathoki. Accessed 23 Oct 2011.

Coleman, D. (2012). Potential contributions and challenges of VGI for conventional topographic base-mapping programs. In D. Sui, S. Elwood, & M. Goodchild (Eds.), *Volunteered geographic information: New development and applications*. Berlin: Springer.

Dobson, M. (2007). TomTom, Tele Atlas and map updating, the road to UGC (Exploring Local Blog.

TeleMapics LLC).http://blog.telemapics.com/? p=40.Accessed 25 Oct 2011.

Dobson,M.(2009).*Field checking the Google base*(Exploring Local Blog.TeleMapics LLC).http://blog.telemapics.com/? p=211.Accessed 25 Oct 2011.

Dobson,M.(2010a).TomTom,Tele Atlas and map share.*Exploring Local Blog.* TeleMapics LLC. http://blog.telemapics.com/? p=323.Accessed 27 Oct 2011.

Dobson,M.(2010b).MapQuest on Botox,Tele Atlas on Detox.*Exploring Local Blog.* TeleMapics LLC.http://blog.telemapics.com/? p=334#comments.Accessed 28 Oct 2011.

Dobson,M.(2010c).Map accuracy,Google,NAVTEQ and free.*Exploring Local Blog.* TeleMapics LLC.http://blog.telemapics.com/? p=241.Accessed 23 Oct 2011.

Dobson,M.(2010d).Nokia news and NAVTEQ does it again.*Exploring Local Blog.*TeleMapics LLC. http://blog.telemapics.com/? p=279.Accessed 26 Oct 2011.

Dobson,M.(2010e).Google plays whack-a-mole.*Exploring Local Blog.*TeleMapics LLC.http://blog.telemapics.com/? p=282.Accessed 28 Oct 2011.

Dobson,M.(2011a).Google map maker's edit and authority system part 1.*Exploring Local Blog.* TeleMapics LLC.http://blog.telemapics.com/? p=371.Accessed 28 Oct 2011.

Dobson,M.(2011b).Google map maker's review and authority system part 2.*Exploring Local Blog.* TeleMapics LLC.http://blog.telemapics.com/? p=374.Accessed 24 Oct 2011.

Dobson,M.(2011c).Google map maker goes crowdsourced in the United States on "Judgment Day". *Exploring Local Blog.* TeleMapics LLC. http://blog. telemapics. com/? p = 368. Accessed 25 Oct 2011.

Girres,J.,& Touya,G.(2010).Quality assessment of the French OpenStreetMap dataset.*Transactions in GIS*,12(4),435-459.

Goodchild,M.(2007).Citizens as sensors:The world of volunteered geography.*GeoJournal*,69(4), 211-221.

Guélat,J.(2009,August).*Integration of user generated content into national databases-Revision workflow at swisstopo.* 1st EuroSDR Workshop on Crowdsourcing,Federal Office of opography,Wabern, Switzerland.http://www. eurosdr. net/workshops/crowdsourcing_2009/presentations/c-4. pdf. Accessed 20 Oct 2011.

Haklay,M.(2008).*Understanding the quality of user generated mapping.* Department of Civil,Environmental and Geomatic Engineering,University College London.PowerPoint Presentation.http://www. slideshare. net/mukih/osm-quality-assessment-2008-presentation? from = ss _ embed. Accessed 15 Sept 2011.

Haklay,M.(2010).How good is volunteered geographical information? A comparative study of OpenStreetMap and ordnance survey datasets.*Environment and Planning*,B,37,682-703.

Haklay,M.,Basiouka,S.,Antoniou,V.,& Ather,A.(2010).How many volunteers does it take to map an area well? The validity of Linus' Law to volunteered geographic information.*The Cartographic Journal*,47(4),315-322.

Harvey,F.(2012).To volunteer or to contribute locational information:Truth-in-labeling for Crowdsourced geographic information.In D.Sui,S.Elwood,& M.Goodchild(Eds.),*Volunteered geographic information*:*New development and applications*. Dordrecht:Springer.

Heipke,C.(2010). Crowdsourcing geospatial data. *ISPRS Journal of Photogrammetry and Remote Sensing*,65,550-557.

ISO(International Organization of Standardization), Technical Committee 211.(2002). ISO 9113, *Geographic information-Quality principles*. *Geneva*:ISO. http://www.isotc211.org/. Accessed 15 Oct 2011.

ISO(International Organization for Standardization).(2004). ISO 14825, *Intelligent transport systems-Geographic data files (GDF) - Overall data specification*. Geneva:International Organization of Standardization.

Jenkins,H., Purushotma, R., Weigel, M., Clinton, K., & Robison, A. (2009). *Confronting the challenges of participatory culture*:*Media education for the 21st century*. Cambridge, MA:MIT Press (Resource document).

NAVTEQ Corporation.(2008). *Form 10-K annual report filed with the securities and exchange commission of the United States*, *Washington D. C.* Financial Disclosure. NAVTEQ. http://www.sec.gov/Archives/edgar/data/834208/000110465908014358/a08 - 2455 _ 110k. htm. Accessed24 Sept 2011.

Neis,P.,Zielstra,D.,& Zipf,A.(2012). The street network evolution of crowdsourced maps:OpenStreetMap in Germany 2007-2011. *Future Internet*,4(1),1-21. doi:10.3390/ fi 4010001.

Shirky,C.(2008). *Here comes everybody*. New York:Penguin Press HC.

Stage,D.(2009,February). Authority and authoritative data:A clarification of terms and concepts. *Fair & Equitable*,13-16. http://www.iaao.org/uploads/Stage.pdf. Accessed 20 Sept 2011.

Surowiecki,J.(2005). *The wisdom of crowds*:*Why the many are smarter than the few and how collective wisdom shapes business*,*economies*,*societies and nations*. New York:Anchor Books Edition.

Tapscott, D., & Williams, A. (2008). Wikinomics:*How mass collaboration changes everything*. London:Penguin.

TomTom.(2011). *TomTom makes the largest historic*,*traffic database in the world available for governments and enterprises via its online web portal*. Press Release. TomTom B.V. http://corporate.TomTom.com/releasedetail.cfm? ReleaseID=545204. Accessed 23 Jan 2012.

Van Exel,M.,Dias,E.,& Fruijtierm,S.(2010). *The impact of crowdsourcing on spatial data quality indicators*. http://www.giscience2010.org/pdfs/paper_213.pdf. Accessed 14 Oct 2011.

Van Oort,P.(2005). *Spatial data quality*:*From description to application*. PhD thesis. Geodesy 60, NGC(Netherlands Commission for Geodesy) Delft, the Netherlands. http://www.ncg.knaw.nl/Publicaties/Geodesy/pdf/60Oort.pdf. Accessed 27 Oct 2011.

Zielstra,D.,& Zipf,A.(2010,May). *A comparative study of proprietary geodata and volunteered geographic information for Germany*. 13th AGILE International Conference on Geographic Information Science,Guimarães, Portugal. http://agile2010.dsi.uminho.pt/pen/ShortPapers_PDF%5C142_DOC.pdf. Accessed 10 Oct 2011.

第18章

VGI和公共健康:可能性和陷阱

Christopher Goranson　Sayone Thihalolipavan　Nicolás di Tada

摘要:近年来,志愿式地理信息(VGI)数据采集技术的发展为健康研究提供了新的机遇。这些技术包括数据采集的时效性,海量数据中的动态数据提取,可以通过智能手机和其他位置感知设备等简单易用的数据采集工具完成。这使得卫生研究人员采集和分析实时定位数据非常容易。不断更新的数据集,通常可以捕捉到事件或者环境因素的主要特征。这些技术也允许研究人员去构建目前尚不存在的新数据集。然而,使用此类技术采集数据,对健康研究者和研究对象都存在潜在的风险。如果工具使用不当,就会带来新的挑战和伦理问题。本章研究VGI在公共健康研究中的潜力,讨论在志愿式地理信息采集和分析中使用技术平台可能存在的挑战。

Christopher Goranson(✉)
新学院帕森斯信息制图研究所(Parsons Institute for Information Mapping,The New School),美国,纽约
E-mail:goransoc@newschool.edu

Sayone Thihalolipavan
纽约市健康与心理卫生局,慢性病预防与烟草控制处(Bureau of Chronic Disease Prevention & Tobacco Control,New York City Department of Health and Mental Hygiene),美国,纽约

Nicolás di Tada
危机疾病和灾害创新支持项目(Innovative Support to Emergencies Diseases and Disasters,InSTEDD),美国,加利福尼亚州,帕洛阿尔托

18.1 引　言

随着技术的进步,以及具有地理知识的群体的增加,公共健康数据的采集有了新的机遇,也面临新的挑战。志愿式地理信息(VGI)一般是指个人自愿提供的数据,包括可以使用各种工具传播的地理组件(Goodchild 2007)。VGI 数据本身也可以认为是个人提供的任何数据和地理内容,包括基于这些信息的数据汇总和数据传播。在本书中使用的是 Goodchild 给出的定义,他强调,所谓志愿式地理信息并不是在过去的几年里突然出现,而是我们采集手段、理论认知以及使用这些信息的能力快速提高。这一点非常重要,个体之间可以快速分享地理信息,从而实现地理知识的传播,这在几年前是很困难甚至是不可能的。

今天,新的平台工具为个人、社区、企业和政府利用志愿式地理信息提供了选择,用户不必再使用一个功能复杂、庞大的地理信息系统软件。全球定位系统、地理信息系统和位置服务,在媒体和公众中的使用越来越普遍。谷歌公司的 My Maps、Google Earth、微软公司的 Virtual Earth(现为 Bing Maps)、Foursquare、OpenStreetMap 等的普及,使得空间数据处理和数据访问更加容易。谷歌的 My Maps 提供了免费创建矢量数据的工具,用户可以在已有的底图上,通过添加属性的位置建立新的地理特征,比如添加点(地址)、线(常用的慢跑道路)或多边形(熟悉的邻近街区、街区常设的集市范围)等,用户还可以在谷歌地球等产品上叠加和校正数字图像。这些应用也可以通过 ArcGIS.com 等提供的云服务获得,甚至能够得到 GIS 桌面软件很多功能免费试用的权限。GIS 云服务正在为 GIS 用户之间的协作提供更多的机会,同时为了更便利地使用这些工具,操作环节越来越简单。GPS 设备曾经很普及,但现在已经被具有类似功能的智能手机所取代。因此,以前需要昂贵的 GIS 软件、硬件、大型数据库以及专门技术才能解决的空间数据处理问题,随着这些工具的普及,大大地扩展了 GIS 的用户范围。其中,实用性的提高和用户界面的改进设计也使 GIS 发展取得了很大进步,增加了趣味性。这些进步为扫除传统 GIS 入门难的障碍做出了很大贡献。有学者甚至认为这有助于创建两个新的学科——新生代地理学和新生代制图学。这些工具和技术能否促进全新学科的产生还有待观察,但地理数据采集、分析和传播的方法,完全不同于传统方法,这一点是确定无疑的。因此,VGI 应该与地理数据一样,通过开放地理空间协会标准(OGC 2011)建立使用标准。

像 InSTEDD 的 GeoChat 这类工具,允许团体或个人进行分享、评论、采集位置信息,然后将这些信息处理成 GIS 软件可以显示的数据集。GeoChat 的功能定位就是小组聊天,最初的设计目的是允许团体中的成员在紧急情况下进行交流和报告信息(InSTEDD 2011)。该应用提供了一种简单的方法,使那些只具有SMS短信功能的手机也可以记录基于位置的时态信息。而像OpenDataKit这样的产品,则提供了一套开源的工具,允许用户使用智能手机创建和发布数据(ODK 2011)。利用这样的系统,用户可以很容易地创建自己的数据表进行数据采集。由于这些数据表和系统的开发成本是可变的,因此,无论用户大小,该工具都适用。

对于进行公共健康的研究人员来说,这些工具第一眼看上去也许微不足道,但它们提供了以廉价和高效的方式从个人和社区收集信息的新方法。任何人都可以通过他们的手机给研究人员发送一条短信,或提供具有地理位置的数据,而有可能任何权威数据机构都无法提供这些信息。短信服务(SMS)协议允许数据瞬时扩散,不只是被个人而且可以被群组之间共享、分析并汇总形成更大的数据集,如果这些数据含有地理编码,就可以在地图上浏览查询。这种数据采集和汇总方法为进行定量和定性分析提供了必需的数据基础,采集丰富的变量参数能有助于了解身体和(或)构建环境特征。在城市地区,这些工具可以帮助研究人员了解个人的安全感,确定或记录个人所关注的环境健康问题,更好地了解社区对于个人意味着什么,收集健康事件或突发事件中的数据,或者深入了解社会经济地位不同的人如何了解食品环境问题。这些丰富的新数据源像信息挂毯一样,能直观地反映出目前阻碍各种健康服务实现的原因,明确健康的行为,更好地理解对健康产生巨大影响的环境问题,并将有助于制定在社区层面上进行宣传的策略。

18.2 志愿式地理信息在公共健康实践中的潜力

2011年,在纽约市立大学亨特学院公共健康学院学生志愿者的支持下,纽约市健康与心理卫生局在纽约市进行了一项评估酒精广告浓度的研究(NYC DOHMH 2009)。这项研究部分基于早期的抽样统计结果,在当地社区团体的支持下,由酒精使用和毒品管理相关的部门执行。在这两项研究中,利用GeoChat将酒类广告按目录分成三类:广告类型、酒精类型、品牌类型,并在2011年秋季制定了一个基于位置信息的广告策略。在这个策略中,跨三个收入类别(低、中、高)随机抽取了30个邮政区的样本,派去收集酒精广告位置数据的团队只有一部手机、一份记录备份和笔记本。在选定的30个邮政区中,创建一个代表酒精广告的点数据集。

调查为采集地理数据的属性特征提供了另外一种合理的途径,可以按调查主题直接由应用部门管理,也可以是由现场人员管理。在调查的设计中,志愿式地理信息提供了一种利用地理优势来收集数据的方法。在纽约,医疗与心理卫生局完成了将近 10 000 名纽约市民的年度调查,这就是所谓的社区健康调查(NYC DOHMH 2009)。在这个调查中,受访者要回答一系列问题,例如"你有没有被医生告知过你有糖尿病?"这些信息提供了对社区层面各种健康指标的总体估计。总的来说,给定任何一年,约 35 个指标可以在地图上显示。在所有情况下,邮政编码是除了电话前缀(在邮政编码不存在或无法正确判断的情况下才使用)外唯一的地理标识。由于调查需要保持强的统计有效性,需要将单个邮政编码数据集成到由两个或三个组成的邮政编码组,构成所谓的联合医院基金(UHF)社区。这些社区可以较好地代表次级区的位置(区在纽约市相当于县),但这种联合医院基金社区的划分也常遭到批评,因为分区的尺度不够精细,难以反映社区之间很小的结构差异。联合医院基金社区经常将不相邻的区域归成一组,使得"邻里"术语有些用词不当。不过,社区健康调查提供的详细丰富的数据,能够指导许多公共健康项目的实施。志愿式地理信息拥有一些独特的保证,能提高诸如社区健康调查项目的地理精度。志愿式地理信息允许参与者提供非邮政编码或家庭地址的位置信息。位置服务技术能通过手机获得 GPS 位置或移动电话发射塔给出的三角测量位置。或者,这些信息太敏感,参与者可以在一个预先设计的网格系统中确定位置。对于每个参与者和他的答案按照所属的网格或者所属的社区多边形确定位置,比如纽约城市规划部门创建的纽约社区制表地图。在这种方式中,参与者的确切位置只需要被分配到一个社区就可以了。另外,如果一个位置信息被记录,这个准确的位置信息可以被加载到任何行政区底图中,其中的人口数据足够大,能够确保统计的有效性。

在流行病学调查中,志愿式地理信息通过众包方式,对旅游模式和旅游行为进行准确的空间描述。例如,在肺结核或食源性疾病调查中,如果一个用户怀疑自己接触过这些疾病,那么他就可以进行追溯,能够查到在这一段时间内,他去过哪些地方、具体时间和滞留天数。如果他所在的某个群体中有人已经感染,将其与感染者进行比较,可以发现先前被忽略的关系,这些信息的反馈也可能是被动的。位置感知个体可以成为公共卫生健康中的"探子"或"哨兵",当其中一个人生病或受到公共卫生关注的影响时,地方流行病的历史可以帮助识别之前并不明显的空间关系。

利用志愿式地理信息能够进一步理解健康食品与健康之间的关系。通过征募地方组织和志愿者,可以建立一个强大的数据集,内容包括不同食物质量和类型的来源以及相关的意见和见解,能使相关组织更好地了解当地的所有信息。志愿式地理信息能进一步扩大和普及现有政府数据来源和举措。在纽约,最近有一个促进健康食品零售扩展的项目(FRESH),通过超市需求指数(SNI)能初步找出甜品(Smith et al. 2011)。超市需求指数是进行需求计算时,反映多个变量的一个指数,变量包括人口、使用的汽车、贫困、新鲜水果和蔬菜的数量、肥胖和糖尿病等。纽约城市规划部门、健康与心理卫生局以及纽约经济发展公司之间主动开展工作,并持续跟进,解决了建立一个高需求地区需要的变量数目。然而,还有一些区域指标没得到充分考虑。例如,关于一个社区的定义,纽约城市规划部门的项目区域相比于邮政编码分区,更接近社区定义。但很明显,社区的界限并不是起止于项目区域的边界。

18.3 隐私问题和健康数据

临床和公共健康工作者深知个人身份信息保密的重要性。然而,在新地理学的研究中,许多研究人员并不十分理解个人身份信息收集和公开的意义。在技术领域,隐私是首要问题,特别是侵犯个人隐私,以及在使用用户的数据中缺乏透明度等问题,最近重新引起了公众对隐私的关注。随着技术巨头们开始利用包括空间信息在内的越来越大的数据集,新的数据源将提供更多开发利用个人身份信息的机会(Forbes 2011)。类似谷歌这样的公司已经意识到,为了在大数据环境中取得竞争优势,简化数据连接过程非常重要。2012年,谷歌"撤销了60个以上的隐私政策",取而代之的是一个"非常短而且很容易阅读的政策"。此举的目的旨在创建一个更加无缝的用户体验(Google 2012)。

不知这些公司是否充分认识到,在建立这样一些先例时,是它们首先释放了潜在的个人身份信息,随后再限制数据的使用权限,或者出了问题才开始保护。CNET最近的一项调查发现,微软已经使用笔记本电脑、手机和WiFi设备收集空间数据,并且没有采取任何防范措施就将收集的信息发布到网上(CNET 2011),而其他公司(如谷歌)也有类似的数据。在公共健康研究中,有这样一种理解,那就是从一个人的地理轨迹中删除属性数据,从而仅依靠地理最近和时间临近连接事物,但这不应该被当作是一种足够保护个人隐私的模式。反向地理编码,也就是从地图上的一个点确定一个街道地址的过程,提供了大量用于识别个人信息的可能,正如从地理数据中的实时追溯或旅行线路中可以获得个人信息一样(Brownstein et al. 2005)。因此,应该由研究员确定是否有这类的个人隐私需求。1854年约翰·斯诺(John Snow)著名的布罗德街霍乱病例地图,如果出现在今天,在同行评审出版的时候就会有问题。然而,在流行病学调查中,热点地图仍然是一个描绘紧急情况的普遍方式。

解决这些问题的一个明确的方法是对公共健康研究人员进行简单的培训教育。例如,如果街道地址已经被认为是保密信息,那么无论是在电子表格还是在线地图中,都不会改变这一数据的机密性。再如,对于今天的研究人员来讲,出版含艾滋病感染者位置的地图伴随着很大风险,在公共健康领域应用 GIS 的伦理挑战依然存在。此外,随着地理信息民主化,很多没有受过正规的健康教育培训和缺乏工作经验的人,采集提供了非常多的个人信息数据,甚至还进行了分析。因此,与健康有关的应用研究,可能是由那些没有健康领域科学背景的人提出,也可能是由那些希望保护隐私的人所创建。

地理信息科学中的伦理问题仍然是一个没有发掘的主题。虽然 GIS 被大量应用在石油和天然气的勘探、环境科学和军事情报中,但在已有的文献中恰当、合乎伦理地使用调查方法仍然很缺乏(Goodchild 2011)。然而,最近在 GIS 领域,有关于伦理的举措、论文和报告出现,其中最显著的探索是由美国国家科学基金会资助的研究生讨论课来探讨这些问题(Penn State 2010)。

18.4 公共健康的伦理规范

对于公共健康领域的研究人员,除了可以使用自己已经熟悉的标准方法,使用志愿式地理信息是一种数据采集的全新方法。正如迄今为止所讨论的,用于收集志愿式地理信息的工具允许通过一个主题或一组主题来收集空间信息。在传统的公共卫生数据的收集过程中,收集美国规范的邮政服务信息很常见,这些信息包括个人所属的国家、州、邮政编码、住址和姓名。使用一个如 OpenDataKit 的调查工具,用户可以通过他们的智能手机采集所有相同的信息。空间信息也可以直接用专用设备采集。如果可以采集的地理信息在一段时间内是连续的,就可以真实地确定个体的住宅、办公地点和通勤模式。谷歌推出的 Google Latitude 产品就提供这个功能,经由用户允许来监控用户,该软件建立个人历史档案,甚至提供各种统计,包括每个人工作所占用的时间、常去旅游的地方和每周出去旅游的时间。

因为个人的地理历史轨迹可以被收集并直接保留在该系统中,在个人没有意识或没有同意的情况下,这样采集定位信息存在一定的风险。即使用户同意,他也不一定能意识到,他提供的不仅仅是源源不断的定位信息,自己有多少附加信息会被系统获得是未知的。“手机制造商在个人不知情的情况下就能利用手机监控用户行为的软件”是最近影响十分大的一个案例,且推动了《移动设备隐私法草案》(Mobile Device Privacy Act)的制定(Ars Technica 2012)。

通过保留详细的时空数据记录,研究者能够围绕研究主题,确定许多事件的地点和时间。而这个信息有助于理解人与位置之间的模式、联系和关系,但也会损害一个人的身份。正如前面提到的,除了保留经纬度、旅行路线或轨迹等空间信息,消除个人身份信息能够保护个人隐私的假设是错误的,否则旅游历史本身就足以保护患者的隐私。我们很容易发现,研究者简单地通过反向地理编码估计住宅位置,并重复检查患者访问其他地点相关设施的次数,就能精确合理地确定一个艾滋病患者的特殊习惯。研究者就可以判断正在去艾滋病诊所的是一个特殊的患者,或者一个家庭暴力受害者正去往一个庇护所或援助组织。如果这样的信息被公开(匿名戒酒会所位置、家庭暴力庇护所、性病治疗设施),可能会使那些要保护隐私的人处在风险中。在这种方式下,当VGI在公共健康中应用得越来越多,对个人隐私和安全的威胁就越来越大,结果人基本上变成了哨兵。如果消费者意识到自己地理轨迹的重大意义,他们不再会共享这些信息,反而可能像对家庭住址一样进行保密。如今,通过位置感知设备收集的地理信息总是包含了时间,这使得地理数据呈指数形式增长。关于某人住在哪里或在哪里工作的问题就变成了"上星期六晚上你在哪?"。

不过在使用最新应用的吸引下,消费者很容易快速接受这些警告,并且这些产品营销人员都乐于使这个过程更简单。一个具有法律约束力的文件或协议被一个"我接受"的快速选择按钮跳过,即消费者更愿意牺牲非常个人化的信息去获得服务。此外,某些服务还会被设计成必不可少的环节,这就使得消费者很难有机会选择不提供这类个人信息。

美国国家卫生信息技术协调办公室最新的个人健康记录(PHR)草案指出"存储在个人健康记录下的健康信息由患者自己控制"(ONCHIT 2010a,b)。该草案强调不同的供应商应该如何使用统一的方法,类似于食品包装上的营养标签,提醒客户隐私权和安全。这些方法或模式对于志愿式地理信息的使用也是适当的,从而可以将个人的地理相关信息历史控制权掌控在自己手里。同样重要的是,个人还要保留一定的责任并清楚他们应负哪些责任。在HONcode的健康网络基金会有一个这样例子,HON行为守则引用了微软的HealthVault账户隐私声明,它为健康信息的合理传播提供了指导,并依靠用户的"责任感"去举报那些违背这个标准的公共健康网站(Microsoft Health Vault 2011a,b;HON 2011)。

18.5 隐私法和机构审查委员会监管下的地理信息去身份化

1996年《健康保险便利和责任法案》(The Health Insurance Portability and Accountability Act,HIPAA)中的"隐私规定"(Federal Privacy Rule)使受保护的健康信息的使用更加严格(NIH 2007)。受保护的健康信息规则适用于"可识别个人身份的健康信息",但利用新技术获得的新数据还没有与之同步(NIH 2007)。"隐私规定"目前进一步细分了地理信息,包括要从记录中消除的个人住址数据，但它并没有对经纬度或个人旅行轨迹数据提出详细的指导意见（NIH 2007）。很显然，这种信息可能被归类为一个唯一的识别数字（NIH 2007）。由于包括智能手机在内的新技术，提供了很多获得个人位置的方法，并且许多应用程序也在提供服务时使用这些位置信息连接用户，所以要从位置信息中剥离个人信息是非常困难的。这些数据经常需要进行统计分析，因此按照更大的行政边界对个人数据进行汇总必须是安全的。而由于分析目的不同，也可能会基于更小的区域单元（一个网格单元或一系列的网格单元，单元大小由 GIS 分析师确定）。这就有可能无法提供足够的个人隐私保护，因为网格大小一方面需要体现具有足够的尺度综合，不能泄漏敏感的位置信息，但粒度又要足够小，才能比行政单元更合理地定义。

尽管如此，针对这样的隐私保护一直在进行着持续不断的努力。美国国家健康信息协调办公室已新增了首席隐私官这一职位，负责向经济与临床健康信息技术法案（HITECH）项目提供技术支持，同时为健康信息协调办公室提供隐私问题的建议（ONCHIT 2011）。HITECH 的法案则对《健康保险便利和责任法案》提供额外的保护，目的在于使健康信息向患者开放，逐步提高患者使用信息的权力，同时防止健康信息在没有患者授权的情况下被泄露给保险公司、商业合作伙伴及营销人员（ONCHIT 2011）。

另一方面，机构审查委员会（IRB）可以提供一个系统检查，旨在使研究主题免受不合理行为的影响，降低风险。美国卫生部临床研究培训机构提出的伦理规范声明，人体试验是“提升知识的必要手段”，因此很有挖掘潜力（NIH 2012）。针对不同的研究主题，利用地理可以发现很多信息，并且要对收集的这些数据和研究主题定期地检查，因为这有可能被伦理审查委员会（IRB）批准的其他研究项目所用。有效的指导能减少这种情况发生的风险。知情同意是用来帮助保护公民、保证受试者理解主题且同意主题的研究目标。公民需要明确知道，收集他们的信息以后要被如何使用，很多研究显然缺乏隐私声明。在审查和批准项目的过程中，IRB 现行隐私保护政策，必须考虑新兴技术中的隐私问题。特别是，IRB 的管理者一定要理解，在公共健康研究中，从事收集地理信息的后果并要提供指导，以确保使用 VGI 收集的数据，不能用于除了它最初目的之外的其他应用。给 VGI 数据一个使用期限或其他机制，也许是确保收集的数据不被用于其他应用的办法。

有些开发工具并没有获得 IRB 的批准，因此 VGI 的研究人员一定要考虑使用这些工具的风险。没有经过 IRB 或类似机构同意的优秀研究员，可以寻找一个已经被 IRB 审查过的工作伙伴，因为 IRB 也有能力帮助他们审阅其他机构的研究项目（FDA 2011）。但是，要求很多独立于 IRB 之外的研究员主动寻求监管是不可能的，部分是因为 IRB 审查和批准过程经常很漫长，需要大量的前期文件和研究主题的内容审核。这样严格的程序,应该由位于地理中心的机构负责才可行,而不是目前在地理中心外的研究机构IRB来执行。

围绕公共健康的隐私保护的历史意义已经很清楚了,GIS专家委员会能否提供一些使用这些技术的监督和指导?如果对VGI的制约不能使公民保护自己,那么GIS应用将会转向专家以确保公民隐私的滥用再也不会发生。如果规范标准不到位,空间和时间数据无限制地被收集下去,只有到了法院才有可能发现问题。警察使用的GPS设备正面临越来越严峻的检查,但这样的检查常常会滞后(NYT 2012)。当在公共健康领域使用VGI时,必须考虑隐私保护和未来可能的滥用,特别是因为VGI提供了一个收集越来越准确个人空间与时间数据的机制,所以保护隐私是最重要的问题。

18.6 总结和结论

作为地理学家和公共卫生健康工作者,我们的责任是告诉公众地理的价值。我们必须告诉公众与私人公司、非营利组织、政府和个人,分享地理信息的风险和好处。位置将被看成他们自己的社会安全号码,这些号码是不应失去控制,也不能与他人广泛分享。当被共享时,有信息完全公开的风险以及带来意想不到的后果。因为工具很普通,数据有可能被用于最初目的以外的其他应用,因此,最关键的是要制定一个介绍数据收集、数据分析和数据使用的适当框架。这样一个指南将会提供一些机制,它使这些系统工具的创造者能够意识到这些问题,同时也提高了那些在公共健康社区工作的人识别和使用这些应用程序的能力。

志愿式地理信息(VGI)将在一个开放的社区中茁壮成长,这很大程度上是因为从根本上它就是自愿的。然而,收集定位信息主要是在人口大数据中进行的,没有充分考虑个人信息的保护。不幸的是,直到我们看到这种技术的滥用时,我们才认为有必要进一步规范此类数据的收集。

本质上,一个人的位置信息是属于个人,而不是移动电话公司、政府和任何其他应用程序供应商。如果我们能够用适当的态度去保护个人身份信息,并确保每个人都理解提供这些定位信息的后果,那样未来信息的滥用才有可能停止。在电子时代,意外地曝光个人身份信息太容易了,并且一个人的地理足迹又提供一个获得个人信息的方法,而且很容易扩散。对个人来讲,当弊大于利时,去除被监控的个人位置信息是最简单的方法。位置应该被视为个人拥有的特权信息。为了使用某些应用程序,需要提供地理信息,但这也需要征得个人同意。但要到什么程度,个人就能够控制自己的信息?在今后的分析中还可以删除自己的数据?

机构审查委员会(IRB)很清楚地阐述了研究中修正 VGI 使用的方案,但正如在本章前面所指出的,让所有位置相关的应用程序都遵守监管,这种可能性还很遥远。显然,个人必须要有一定的权力,而且他自己愿意并能够控制自己的地理足迹数据。在不牺牲隐私的情况下,联邦、州和地方机构,以及采用电子健康记录的雇主们,正在努力集成志愿式地理信息和医疗信息技术。在发展中国家,VGI 以惊人的速度被接受、使用和发展,对高效、低成本和用户友好技术的需求已经超过隐私问题,从而促进了 VGI 的大范围地使用。在缺少必需的公共医疗信息基础设施的区域,轻量级、基于 Web 的系统正在被使用,手机网络就是一个例子。事实上,一些国家的移动手机基础设施比医疗卫生条件还好(The Telegraph 2010)。在这些情况下,为了方便,我们是否已经牺牲了个人隐私甚至数据质量?

个人地理信息一定会存在滥用,分享个人位置或位置历史会无意间损害某个个体、群体或组织。在很大程度上,公众在地理信息中保护个人隐私依然存在挑战,公共健康研究者和地理学家越清楚这一点,我们作为实践者就越有可能从这样的曝光中减轻和避免未来的损失。个人地理信息应由个人控制,类似 HIPPA 隐私法的机制可以帮助个人不仅仅理解他们的权力,还能理解使用个人信息的重要性(DHHS 2011)。

致谢:笔者想要感谢纽约市医疗与心理卫生局(NYC DOHMH)对本章的贡献与反馈。感谢 Christopher Goranson 为帕森斯信息制图研究所和纽约市医疗与心理卫生局所做的工作。感谢 Sayone Thihalolipavan 为纽约市医疗与心理卫生局工作,感谢 Nicolás di Tada 为危机疾病和灾害创新支持项目(InSTEDD)所做的贡献。

参 考 文 献

Ars Technica.(2012)."Mobile device privacy act" would prevent secret smartphone monitoring. http://arstechnica. com/tech-policy/news/2012/01/mobile-device-privacy-act-would-preventse-cretsmartphone-monitoring.ars.Accessed 31 Jan 2012.

Brownstein, J., Cassa, C., Kohane, I., & Mandl, K. (2005). Reverse geocoding: Concerns about patient confidentiality in the display of geospatial health data. *AMIA Annual Symposium Proceedings*, 2005, 905.

CNET.(2011).Declan McCullagh.Microsoft's web map exposes phone, PC locations. http://news.cnet.com/8301-31921_3-20085028-281/microsofts-web-map-exposes-phone-pc-locations/. Accessed 2 Aug 2011.

DHHS(U.S.Department of Health & Human Services).(2011).Understanding health information privacy. http://www. hhs. gov/ocr/privacy/hipaa/understanding/index. html. Accessed 13 Aug 2011.

FDA(U.S. Food and Drug Administration). (2011). Institutional review boards frequently asked questions-Information sheet. http://www.fda.gov/RegulatoryInformation/Guidances/ucm126420.htm. Accessed 13 Aug 2011.

Forbes. (2011). Facebook's privacy issues are even deeper than we knew. http://www.forbes.com/sites/chunkamui/2011/08/08/Facebooks-privacy-issues-are-even-deeper-than-we-knew/. Accessed 14 Aug 2011.

Goodchild, M. (2007). Citizens as sensors: The world of volunteered geography. *GeoJournal*, 69(4), 211-221.

Goodchild, M. (2011). Firenze: The Vespucci Institute. *9th Summer Institute on Geographic Information Science.*

Google. (2012). *One policy, one Google experience.* http://www.google.com/policies/. Accessed 30 Jan 2012.

HON(Health On the Net Foundation). (2011). The HON code of conduct for medical and health web sites(HONcode). http://www.hon.ch/HONcode/Conduct.html. Accessed 6 Aug 2011.

InSTEDD. (2011). *GeoChat*. http://instedd.org/technologies/GeoChat/. Accessed 14 Aug 2011.

Microsoft Health Vault. (2011a). Microsoft HealthVault account privacy statement. https://account.healthvault.com/help.aspx? topicid=PrivacyPolicy&culture=en-US. Accessed 6 Aug 2011.

Microsoft Health Vault. (2011b). Welcome, Google Health users. http://www.microsoft.com/en-us/healthvault/google-health.aspx. Accessed 6 Aug 2011.

NIH(National Institutes of Health). (2007) Health services research and the HIPAA privacy rule. http://privacyruleandresearch.nih.gov/healthservicesprivacy.asp. Accessed 13 Aug 2011.

NIH(National Institutes of Health). (2012). Clinical research training on-line-Based on a presentation by E.J. Emanuel, M.D, Ph.D. http://www.cc.nih.gov/training/training/crt.html. Accessed 13 Jan 2012.

NYC DOHMH (Department of Health and Mental Hygiene). (2009). Community health survey: Survey data on the health of all New Yorkers. http://www. nyc. gov/html/doh/html/survey/survey.shtml. Accessed 13 Aug 2011.

ODK(OpenDataKit). (2011). About. http://OpenDataKit.org/about/. Accessed 24 June 2011.

OGC(Open Geospatial Consortium). (2011). KML - OGC KML. http://www. opengeospatial. org/standards/KML. Accessed 1 Aug 2011.

ONCHIT(The Office of the National Coordinator for Health Information Technology). (2010a). http://healthit.hhs.gov/portal/server.pt/community/joy_pritts_-_chief_privacy_of fi cer/1798/home/17792. Accessed 13 Aug 2011.

ONCHIT(The Office of the National Coordinator for Health Information Technology). (2010b). Building trust in health information exchange: Statement on privacy and security. http://healthit. hhs. gov/portal/server. pt? CommunityID = 2994&spaceID = 11&parentname = CommunityEditor&control = SetCommunity&parentid = 9&in_hi_userid = 11673&PageID = 0&space = CommunityPage. Accessed 13

Aug 2011.

ONCHIT(The Office of the National Coordinator for Health Information Technology).(2011).Draft personal health record(PHR) model notice(2011).http://healthit.hhs.gov/portal/server.pt/community/healthit_hhs_gov__draft_phr_model_notice/1176.Accessed 5 July 2011.

Penn State(John A.Dutton e-Education Institute).(2010).Ethics education for geospatial professionals.https://www.e-education.psu.edu/research/projects/gisethics/.Accessed 24 June 2011.

Smith,L.,Goranson,C.,Bryon,B.,Kerker,B.,& Nonas,C.(2011).Developing a supermarket need index.In J. A. Mantaay & S. McClafferty (Eds.), *Geospatial analysis of environmental health* (Geotechnologies and the Environment, Vol. 4). Dordrecht/New York: Springer Science + Business Media B.V.

The Telegraph.(2010).India has more mobile phones than toilets:UN report.http://www.telegraph.co.uk/news/worldnews/asia/india/7593567/India-has-more-mobile-phones-thantoilets-UN-report. html. Accessed 18 June 2011.

NYT(New York Times)(2012).Justices say GPS tracker violated privacy rights.http://www.nytimes.com/2012/01/24/us/police-use-of-gps-is-ruled-unconstitutional.html.Accessed 30 Jan 2012.

第 19 章

教育中的 VGI：从 K-12（幼儿园到 12 年级）到研究生教育

Thomas Bartoschek　Carsten Keßler

摘要：志愿式地理信息（VGI）正在进入地理信息科学越来越多的领域。这种发展增加了不同教育水平对 VGI 的需要，由此产生了覆盖从幼儿园、小学、中学到大学本科和研究生水平的 VGI 新课程。在这一章，我们概述了这些不同教育水平中 VGI 的教育状况。我们总结了 VGI 在教育中的长期努力结果，并找出在课堂上遇到 VGI 的学生是否仍然对这个主题感兴趣并愿意从事社区活动。为此，我们对参加不同教育层次 VGI 课程的学生进行了调查。已经完成的 202 份评估问卷体现了不同 VGI 平台的动机和存在的问题。针对这些问题，我们给出了志愿式地理信息课程的未来发展建议。

19.1 引　言

GIS 和诸如位置服务的应用已经走向公众。许多国家的教育系统意识到 GIS 的相关性和应用潜力，因此逐渐采取新的策略，并将地理信息应用作为他们从中学开始的主要课程的一部分（Bartoschek et al. 2010），目的是为了利用 GIS 培养学生空间定位、空间学习和空间认知的能力（National Research Council Committee on Support for Thinking Spatially 2006）。

Thomas Bartoschek（✉），Carsten Keßler
明斯特大学地理信息科学系（Institute for Geoinformatics，University of Münster），德国，明斯特
E-mail：bartoschek@uni-muenster.de；carsten.kessler@gmail.com

最近,志愿式地理信息(VGI)(Goodchild 2007)已经在不同教育水平的课堂教学中扮演越来越重要的角色,包括从幼儿园、小学和中学(在本章统称为K-12教育)到大学本科和研究生教育。在志愿式地理信息这个词被提出前,远在1995年教育中就开始使用VGI思想。那个时候,戈尔(Al Gore)发起了以全球学习和观察(GLOBE)造福环境①的项目,以资助学生和教师调查环境问题。GLOBE项目目前仍在运行,且由美国国家航空航天局(NASA)和美国国家科学基金会支持。显然,这个思想已经存在了将近15年且逐渐被广泛应用。

本章作者在几个教育水平上取得了不同的教学经验:Thomas Bartoschek一直在协调GI@School②计划,并曾与小学生和中学生一起工作,最主要是通过地理或计算机科学课程背景下的短期项目和地理教师培训(未来)来完成。而Carsten Keßler讲授各种涵盖VGI的课程,包括介绍GIS概论,并围绕OpenStreetMap开展项目研讨会。在本章,关于讲授这些课程的个人经验报告是目前VGI教育应用的突破口。我们概述了VGI教育的应用情况,并将学生分为以下三类:① 学生和其他VGI信息收集者;② 生产VGI的学生;③ 开发有关VGI应用程序的学生。基于这种分类,我们给出了涵盖K-12和大学水平的VGI课程概述。

然而,本章的主要结论基于参与VGI相关课程的各个年龄阶段的202名学生的调查。在这个调查中,我们研究了在教育上使用VGI的长期效果。我们的调查重点是学生对哪些VGI项目感兴趣,他们如何学习VGI,是否会继续做已经积极参与的项目,以及他们参与的动力是什么。已有的调查分析表明:给定的答案与参加者的年龄、性别之间存在有趣的联系。通过了解更多参与者的参与动机,能够帮助提高将来的课程质量。

在下一部分,我们概述了VGI教育的艺术,并在第19.3节概述教育中的个人经验和VGI的分类。然后,在第19.4节我们概述了我们的调查,并提供了一个全面、详细的调查结果,并在第19.5节给出结论。

19.2 相关工作

世界各地的教育系统都意识到地理信息科学的相关性和潜力,并提出了将地理信息作为从中学开始的一个教育整体的策略(Bartoschek et al. 2010)。此外,教室中计算机和带有定位功能的移动设备的使用日益增加,比如GPS接收

① 见 http://globe.gov/about

② 见 http://www.gi-at-school.de

器、智能手机和平板电脑等。这些情况表明:志愿者地理信息在K-12教育中比较容易实现。然而,目前能用于教学的VGI出版物较少,并且在教育领域关于VGI的大部分出版物聚焦在OpenStreetMap上。本科和研究生阶段的VGI教育也存在类似的情况。

地理信息认知研讨会(自2006年以来,每年举行一次)上发表的文章显示,VGI相关主题首次出现在2009年(30篇文章中有4篇),但数量从未达到第一(表19.1),并在其他主题(GIS、RS、移动技术应用)的文章数量至今还保持稳定时,它却有所减少。

表19.1 地理信息认知研讨会各主题领域发表文章数量

年份	VGI相关主题	GIS	WebGIS	虚拟地球	遥感	地理信息	移动	空间思维	其他	总计
2006	0	6	1	2	0	2	1	1	3	16
2007	0	7	5	3	1	5	1	0	0	22
2008	0	8	2	3	4	2	1	2	1	23
2009	4	8	2	4	4	1	2	1	4	30
2010	3	8	1	2	4	2	3	1	3	27
2011	4	6	3	2	5	2	1	1	3	27

Tschirner(2009)谈到了关于从古典地图到地理教育中的OpenStreetMap的方法,但没有给出任何例子。Wolff P和Wolff V(2009)也谈及了OpenStreetMap,并认为在学校或大学较早地使用OSM可以激励学生收集地理数据和地理信息。Stark和Bähler(2009)展示了他们"为世界制图"的项目,在该项目中瑞士高中生使用PDA和GPS接收器为OpenStreetMap和OpenAddresses采集地理数据,从而在VGI平台上收集地理编码位置数据用于地理分析。Schubert和Bartoschek(2010)引进了地理教育中关于教学研讨会的概念,VGI(再以OpenStreetMap为例)是地理教育课程中的一小部分。Wolff P和Wolff V(2010)为地理系和历史系的研究生提供VGI项目,让他们在这些项目中,将诸如博物馆的历史对象集成在OSM中。Andrae等(2011)论述了在大学和高中之间建立和应用为POI兴趣点收集的基于Web门户网站合作制图的可能性。Hennig和Vogler(2011)建议了一个参与式空间计划,在这个计划中,高中和大学的学生通过Scribble Maps[③]将数据传入澳大利亚萨尔斯堡的城市发展中心进行处理。

自2006年以来,在每年一度的国际OpenStreetMap会议[④]上,谈论国家地图的主题和摘要表明,除了由Rieffel(2010,2011)的论文和Hale(2010)关于美国

---

③ 见 http://scribblemaps.com/

④ 见 YEAR.stateofthemap.org,如 http://2011.stateofthemap.org

学龄儿童为邻居制图的报告外，并没有其他地理教育或地理学习的主题报告。维基百科上关于 OpenStreetMap 有一页的篇幅[⑤]罗列了与高中教育有关的项目，这里将 OpenStreetMap 的作用定义如下：

> OpenStreetMap 广泛应用于中学、大学和专科学院的教育中。一些项目仅仅涉及已有的 OpenStreetMap 数据应用和 OpenStreetMap 数据集中的附加数据。OpenStreetMap 项目与地理、数学、生态、社区规划和其他技术有关。学生不仅仅能够观察和记录他们的制图索引，而且还能够将数据提供给项目。OpenStreetMap 的贡献在于讲授计算技术、获取 GIS 领域有价值的知识、社区规划和发展（OpenStreetMap 2012）。

除了这些，OpenStreetMap 课程[⑥]关注 OSM 地址的引入：制图、开源技术、众包和社区工作。这个课程由四个部分组成：制图、众包、OpenStreetMap 简介和 OpenStreetMap 集成，这些都可以应用到中学或大学。这还有一页是关于在家庭教育中使用 OSM[⑦]，涉及理解地图、体验 GPS 技术、了解局部环境和小学课程计划的主题。

最近，OSM 在另外一个关于地图设计和复杂度的教育项目中也发挥了作用。尽管 OSM 已经达到了一个可以接受的详细程度，但这个设计只适用于成年人，其复杂度和符号不适合于读懂和理解地图。专门为孩子设计的 OSM 有助于培养孩子的地图素养和空间理解能力，并提高他们的空间认知能力和表达能力（Rieffel and Bartoschek 2012）。

在大学查找关于 VGI 的课程是困难的，主要原因是课程名称和描述无法展示所有课程内容。因此保证上述课程列表的完整性是不可能的，下面提到的课程信息可以在网上找到。

自从 2010 年，纽约城市大学公共健康学院开设了“公共健康中的 GIS”这一研究生课程，主要内容是分析收集到的 VGI 数据（见第 18 章）。学生通过学习数据收集（GeoChat）技术，选择一个研究问题，并使用 VGI 收集自己研究领域的数据。经过数据预处理之后，这些数据将进一步在 ArcGIS 中分析。在一个单独的公共健康课程中，学生们围绕一个研究问题建立了自己的 Ushahidi[⑧] 网站，并让公众参与进来。

从 2010 年开始，法国巴黎马恩河谷大学为信息系统、Web 应用和地理信息方面的研究生提供了每周一次的地理数据收集课程。这是一个解释地理数据收

---

⑤ 见 http://wiki.osm.org/wiki/Education

⑥ 见 http://wiki.osm.org/wiki/Education\#The_Open StreetMap_Curriculum

⑦ 见 http://wiki.osm.org/wiki/OpenStreetMap_and_Home_Education

⑧ 见 http://www.ushahidi.com/

集新方法的入门课程,在课程中学生总结这种类型数据的主要优势和缺点,并对OSM的贡献进行讨论和测试。在最后一个VGI开发项目中,一些学生选择用OSM数据和API,另一些学生选择像谷歌地图或Géoportail资源来实现众包资源的应用。

总的说来,文献综述表明,目前VGI在教育、网站和课程中的作用仍然是次要的。甚至在GIS科学教育中,K-12和大学教育中有关VGI的文献很少,大部分VGI方面的课程、讲座和项目尚且只集中在OpenStreetMap,其他应用较少。

在下一部分,我们将要概述我们在明斯特大学地理信息研究所(IFGI)讲授有关VGI课程的个人经验。

19.3 IFGI课程中的VGI

明斯特大学地理信息研究所[9](IFGI)是欧洲地理信息科学领域最大的研究和教育中心之一。它们的项目涵盖了本科和研究生课程中的课程。此外,在地理空间技术中还有一个国际硕士课程和一个提供关于地理空间信息语义集成的国际博士课程[10]。IFGI为其他项目的学生提供了大量与VGI相关的课程,如计算机科学、景观生态学、地理学和地理教学法。

此外,在2006年,IFGI开始了高中教育和称为GI@School的合作倡议。GI@School已经从一个以学生为主导的倡议发展成为在IFGI将地理教育视为课程体系的组成部分,目的是将基本的一手地理知识贯穿到整个K-12教育过程中。GI@School项目已经建立了一个包括学校、教师和学生的功能网络,这个网络在公共部门、行业合作伙伴和当地学校中扮演重要角色。此外,GI@School项目为学校开发有关地理信息教学和学习的模块,这些模块可以集成到不同时间长度的教学单元中,其时间从90分钟到整个项目实施周期或者数周,VGI是GI@School工作中的关键主题之一。

基于我们在IFGI从K-12、本科和研究生教育到目前工作中有关VGI的工作经验,可以将学习和教学中VGI的工作方式定义为几个特定类型。对于多数学生来说,① 最简单和最经常的首次接触VGI的时刻是处理由其他人提供的VGI数据,多数情况是在浏览OpenStreetMap网页、分析来自Flickr的地理位置标注数据或者将来自OpenStreetMap的矢量数据导入用于进一步分析的GIS环境中;② 另一个使用VGI的不同案例是学生将VGI数

⑨ 见 http://ifgi.uni-muenster.de/

⑩ 见 http://irtg-sigi.uni-muenster.de/

据作为一种数据来源,提交到OpenStreetMap或者作为Flickr图片集的地理标注;③ 最后一种情况是,学生开发VGI相关的应用程序,这里可用的VGI信息是指应用内容的一部分,如地图或者POI点,或者为VGI信息采集而产生的应用:

(1) 使用由其他人收集的VGI数据

a.使用VGI产品(如来自OpenStreetMap地图)

b.使用VGI来生产其他产品(如GIS产品)

(2) VGI信息生产

a.收集本领域数据并提交给OSM

b.丰富现有的非空间信息数据(如地理位置标注)

(3) 开发应用程序

a.基于VGI[如(1)]

b.用于VGI信息收集[如(2)]

接下来我们要分类讨论教育中VGI的情况,并给出在IFGI的与VGI相关的活动案例。

19.3.1 K-12教育中的VGI

VGI在GI@School为K-12教育所采用的方法中扮演一个重要角色。GI@School在高中教育中所采用的一些实践模块,涵盖了GPS技术的基本原则和应用。引入GPS技术以后,VGI模块的应用从让学生进行OpenStreetMap制图开始(2a)。学生们分组后,对校园内或者校园周围的某个区域进行制图,每个组利用纸和笔在各自的地图上进行标注。课后,使用OpenStreetMap的Java编辑器[11]来标注和上传数据到OpenStreetMap。几分钟后,学生们就会看到OpenStreetMap网站上有他们标注的地理地物,这对学生们很有激励作用,因为他们能立即得到反馈并对项目有所贡献。在过去的三年中,我们已经在德国的高中建立了12个制图小组,在印度、卢旺达、巴西建立了8个国际制图小组,参与项目的高中学生数量达到800个。

自从2009年以来,我们组织了数个基于Web的VGI项目,这些项目的显著成果是TiMiC[12](TiMiC流动在城市中)平台。TiMiC建立于2009年,由一组在IFGI工作的高中生来完成,他们每周工作一次,每次工作时间为2~3 h,总共工作了4个月的时间。这个基于VGI的系统允许用户通过SMS将一些交通事故、道路修缮等信息提交到系统,之后这些事件就会出现在谷歌地图界面(3b)。这些学生参加了一个国际比赛,并获得了IT项目组的一等奖。

---

⑪ 见 http://josm.openstreetmap.de

⑫ 见 http://www.timic.de

在由OLPC发起的小学组的地理空间学习项目[13]中,6~12岁的孩子使用XO笔记本电脑工作,通过与笔记本电脑连接的GPS接收器对一些地理要素进行制图,比如树、水体和蔬菜。由于XO笔记本电脑可以创建临时网络,孩子们能够协同工作从而采集VGI数据。当标记户外时,他们相互看数字地图(来自OpenStreetMap)和他们的标记活动,因此他们协同工作对周围环境进行制图(1a,2a)。收集到的数据可以导出为KML格式,并可以集成到其他系统(1b)中。

19.3.2 本科教学中的VGI

在过去的两年中,VGI已成为IFGI每学期的GIS导论课程的一个中心话题,这是地理信息专业大一新生第一学期的必修课,也是地理学和景观生态学专业第三学期的必修课。由于学习这门课的学生背景和讨论主题范围的广泛性,有关VGI的内容仅限于OpenStreetMap,学生们将学习OpenStreetMap协会的组织方式和VGI数据收集方式(1a,2a)。其他的技术主要包括OpenStreetMap文件结构和在OpenStreetMap中被采用的版本化的方法。我们的经验表明:对大部分学生来说,这部分内容具有挑战性,因为大部分学生没有可扩展标记语言(XML)方面的工作经验。

GIS概论这门课是集上课和实验于一体的课程,学生需要每周解决实际问题并两人一组完成实地实验。上课的任务是为了登录OpenStreetMap并使用基于Web的编辑器添加地物。通过完成这些任务,学生能明白如何编辑地物特征和如何创建不同类型的地物特征,尤其是他们能了解地理编码的工作过程,包括检查他们在OpenStreetMap Wiki上添加的地物特征(2b)是否正确。记录和上传GPS数据不是这门课程的内容,相反,学生们将会学习怎样将OpenStreetMap数据导入ArcGIS中并与其他数据联系起来(1b)。通过这种方式,学生们可以了解在他们的项目中使用VGI的利与弊,利是通过OpenStreetMap可以获得通过其他渠道难以获取的数据,弊是数据的准确性和完整性千差万别。从大多数学生那里,我们得到的是有关VGI课程的积极反馈,尤其是他们自己收集的数据很快被显示在OpenStreetMap网站这件事情对学生的激励作用很大。

19.3.3 研究生教育中的VGI

在研究生阶段,VGI成为IFGI的地理信息科学专业和Erasmus Mundus专业硕士研究生课程的重要组成部分。虽然这些课程在原则上是向其他项目的学生

---

⑬ 见 http://52north.org/GeospatialLearning

开放的,但他们几乎没有参加过 VGI 相关的课程,这可能是由于这些课程的技术本质所致。大部分与 VGI 有关的研究生课程通过学习项目的形式组织,3~5 个学生为一组,目的是通过一学期的课程开发完成一个软件工程项目。最新的一个研究项目的研究重点就是 OpenStreetMap。但是,项目组没有给定具体任务,因此,项目在这学期的首要任务是形成 3~5 人的小团队并在给定的时间内构思出具有执行力的创新项目。

有 4 个团队项目让我印象深刻。团队一基于智能手机开发了一个用于在行走时标注地理兴趣点的 Web 应用程序(3b)。团队二开发了一个允许用户为徒步旅行或骑自行车旅行打印 OpenStreetMap 地图(3a)的服务接口,包括计算路线(Fritze et al. 2011)。这个服务程序还能自动地为给定 GPS 路线(如已经规划的路线)提供多页 PDF 文档,并优化打印路线的制图格式。团队三提出利用 OpenStreetMap 进行室内导航的概念,并称之为 OpenFloorMap(Lasnia et al. 2011)。他们的想法通过安卓应用程序来实现,可以让用户利用智能手机和 Web 应用程序测量房屋尺寸,并将测量结果集成到已有的建筑物模型中(3b)。这个项目仍在进一步[14]推进,并将会成为下一届研究生的研究课题。团队四借鉴 LinkedGeoData(Auer et al. 2011)的思想,为 OpenStreetMap 数据提供具有语义标注功能的 LinkedGeoData 数据集。在该学习项目[15]执行过程中,LinkedGeoData 的缺点在于数据不能更新,从 OpenStreetMap 数据堆栈中提取的数据不断地被重建。因此,该团队建立了一个提供 OpenStreetMap 数据集语义标注功能的包(3b),该功能包具有查询和注释功能(Trame et al. 2011)。

让学生提出自己研究项目的想法,而不是给他们一个单独任务的做法,锻炼了学生的创新能力,并产生了许多不同的、有意义的、学生感兴趣的研究项目。在整个过程中,学生的积极性是非常高的。正如前面参考文献所显示的,四个项目中有三个已经在会议刊物发表。因此,学生不仅仅要努力完成他们的软件项目,还学会了如何提交和审查学术论文,这对绝大多数学生来说是一个全新的经历。在开发方面,学生获得了如何生产、处理和加工 VGI 数据的高超技术。

19.3.4 应用程序的开发和测试

最近的一个地理空间学习方面的项目做出了两个在学校使用的 VGI 原型。在这个"参与式应用程序"中,学生可以在 OpenStreetMap 地图上添加同一个主题的兴趣点,主题的内容由小组同学商量决定或者由老师指定。这些可以在课堂的台式机上实现,学生们标注自己熟悉的地方,或者通过具有 GPS

⑭ http://www.openfloormap.org

⑮ LinkedGeoData(http://linkedgeodata.org)现在也提供 life 类的包装器。

的移动设备(3b)来实现。正在酝酿中的方案是标注他们上学路上的危险交通情况,或者标注他们在公共场所或公园发现垃圾的地方。由几个班级或几个学校收集的这些数据对市议会很有价值,可以提供公园垃圾物点位置等信息。这对参与的孩子来说非常具有激励作用,因为他们的工作可以改变周围的生活条件。

第二组为学校的地理编码教育(3b)提供了一个工具。老师事先准备好合适的地物特征描述,这些描述将会自动集成到这个系统中。学生为树类开发一个XML文件,通过移动设备开发地理标注。这些孩子找到一棵树并在这幅地图上标记他们位置。从XML树文件中产生的操作向导使用户通过问问题(例如,它是一棵阔叶树还是针叶树?)和显示叶子类型的图片完成分类程序。通过询问一系列这样的问题,学生们得到确切的树分类结果,也了解了这个分类过程。这两个程序均在小学组和高中组进行了可用性测试。测试参与者表明他们非常乐意参与这个数据收集。一个正在进行的有关"教育地图应用程序"的项目,将会提供更多这类智能手机或平板电脑的VGI原型。

在本章,我们概括了IFGI的教育活动,涉及从K-12到研究生水平的多层次VGI团体组织。我们已经为VGI在教育上的集成引进了一个分类,并将IFGI的活动归类到对应的课程和项目,在这些课程和项目中涉及的学生有:① 使用其他人收集的VGI数据的学生;② 生产VGI数据的学生;③ 开发VGI有关应用程序的学生。我们的研究结果表明:VGI活动的广泛实施是有可能的,并且能被集成到所有水平的课程上。为在本科和K-12教育阶段使用,我们已经介绍了在研究生学习阶段的VGI应用程序的协同作用。

19.4 调查和评估

该部分所呈现的基于Web调查的目标是为了查找出更多关于VGI在教育方面使用的影响。参与者是以各种形式使用VGI信息的高中生和大学生,也包括GI@School项目(K-12)中的高中生和大学生。我们特别对VGI的使用对教育的影响程度感兴趣。

19.4.1 调查设计

这个调查问卷有15个多项选择题,并由五部分组成。第1~5题和第15题是调查个人信息,如年龄、性别、教育背景(高中或大学)、最喜爱的主题(为高中生)或研究领域(为大学生)、公开位置信息(如"签到")的社交网络的个人使用情况。第6题和第7题是关于参与者是否熟悉不同VGI应用以及怎样和在什么样的环境下接触 VGI 的问题。考虑到 VGI 这个词不是很通俗，尤其是在高中和本科的课堂中，我们进一步设计了一些问题，用来说明 7 个常见的 VGI 的应用情况。我们决定在图片地理标记平台（如 Flickr、Picasa 和 Panoramio）、OpenStreetMap、Wikimapia、GeoCommons、Google My Maps、Google Building Maker/SketchUp 和 CrisisMappers 上实现。第 8～10 题和第 12 题是关于使用 VGI 的动机、激励和影响，以及 VGI 贡献的问题；第 11 题是关于 VGI 应用程序可用性的问题，第 13 题和第 14 题是关于学生对 VGI 在教育上的使用和贡献看法的问题。

19.4.2 参与者

在 K-12 水平阶段，调查问卷被发放到 10 个参与过 IFGI 的 GI@School 项目并使用 VGI 数据（大部分是以 OSM 地图的形式）的德国学校。另外两个学校是通过 OSM 教育项目网站建立联系的。在本科和研究生阶段，对在 IFGI 参加有关 VGI 课程的学生进行了调查。这些学生的专业涉及地理信息（学士、硕士学位）、地理空间技术（硕士学位）、景观生态学（学士、硕士学位）、地理（学士、硕士、基础教学法硕士学位）和计算机技术（学士、硕士学位）。调查链接也被推送到了开设 VGI 有关课程的国际大学。

总计有 202 名学生参与该项研究调查，其中，26.5%是女性。33%的参与者是高中生，其余 67%的学生是大学生。来自高中的大部分参与者提到数学或地理学是他们最主要或最喜欢的学科，对语言和计算机科学却不太喜欢（图19.1）。超过 50%的大学水平的参与者报名参加了与地理信息科学很接近的课程（地理信息和地理空间技术）（图 19.2）。

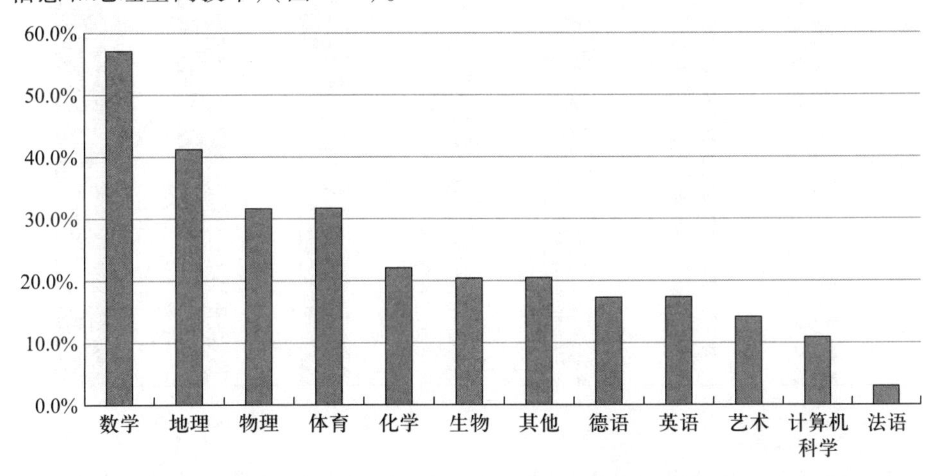

图 19.1 K-12 年级学生最喜爱和最主要的课程（$N=63$）

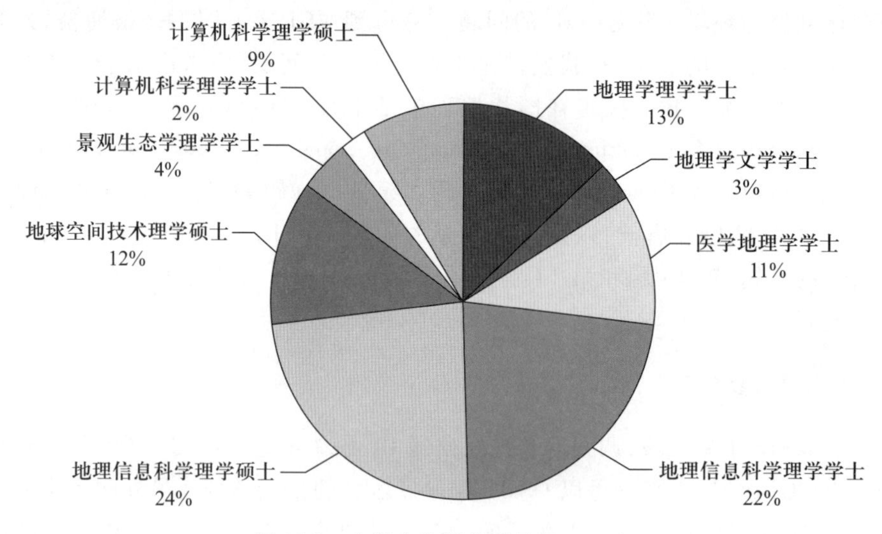

图 19.2 大学生的研究项目($N=106$)

19.4.3 评估

在所有的调查对象中,OpenStreetMap是最有名的VGI应用程序,仅有4%的参与者不知道这个项目。由于OpenStreetMap在IFGI教育工作中的大量使用,这种现象更明显:70%的参与者是在高中或大学第一次接触OSM。相比而言,大部分参与者不太了解Wikimapia、GeoCommons和CrisisMappers:不了解这三种应用的参与者比例分别是65%、68%和85%(图19.3)。这三种应用对于高中生来

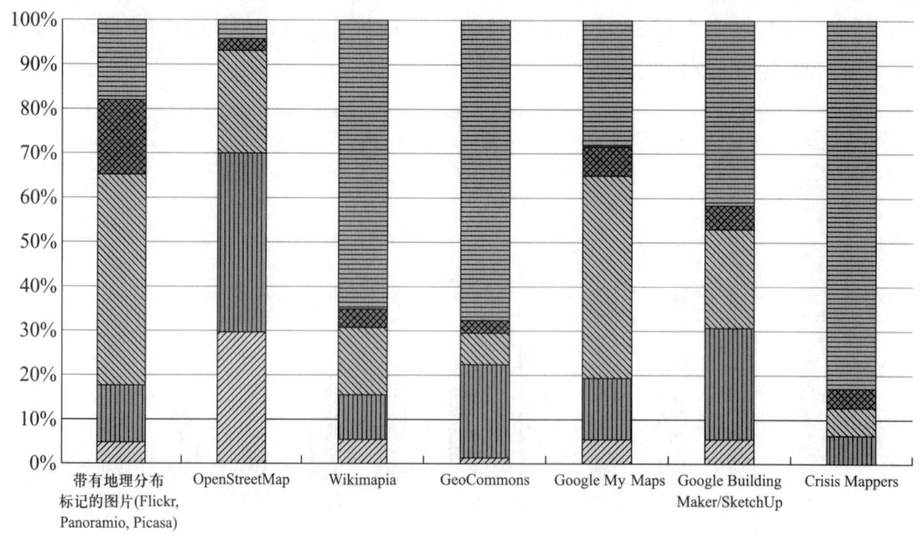

图 19.3 “你知道哪些项目或应用?你怎样查找他们?”($N=156$)

说更为新颖，分别有 77%（Wikimapia）、96%（GeoCommons）和 100%（CrisisMappers）的学生以前没有接触过这些应用平台。需要指出的是，约有 50%的参与者是在业余时间里发现照片地理标注平台和 Google My Maps，约有不超过 20%的参与者是在学校教育中接触过这些应用平台。

当 OpenStreetMap 成为教育中应用最广泛的 VGI 程序时，我们分析了其教育用途。在高中，OpenStreetMap 主要应用于项目和正规课堂（2a）中。在大学，OpenStreetMap 也用于项目和概述性的课堂中，但论文和其他情况的应用更为广泛（图 19.4）。这可能与 IFGI 推崇 OpenStreetMap 数据应用（1a）和基于 OpenStreetMap（3a，3b）的软件开发有关系。然而，很大一部分参与者是在私人环境下使用过（1a）或为 OpenStreetMap 做过贡献（2a）。

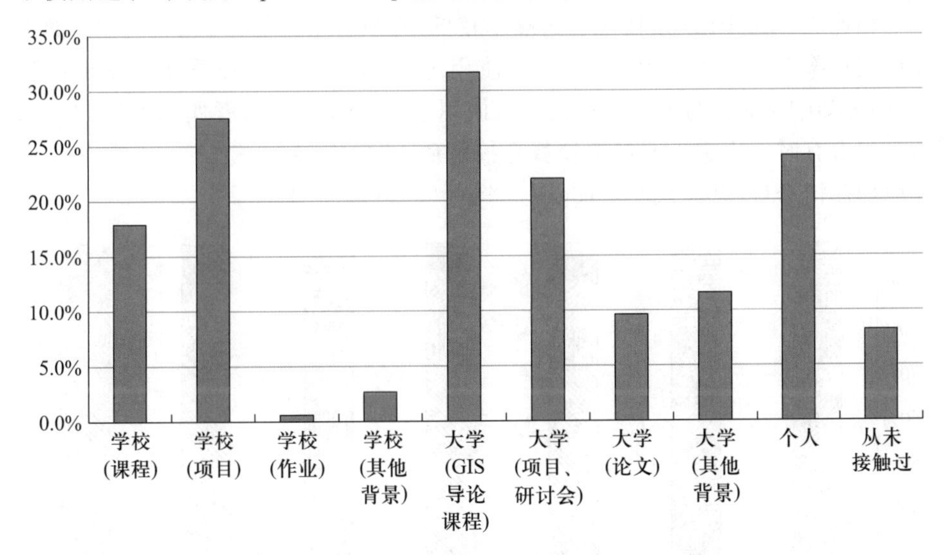

图 19.4 OpenStreetMap 的互动环境（$N=145$）

使用或为 OpenStreetMap 做贡献的最主要的动力是教育，调查问卷中的第 7 题表明了这一点。其他排序比较靠前的动机是对项目的兴趣（30%）和 OSM 的社会影响（17%）。Wikimapia、GeoCommons 和 CrisisMappers 对大部分参与者来说是陌生的。大部分参与者只是尝试对照片和 Google My Maps 进行地理标记。除了 OSM，约有 33%的参与者在教育过程中使用 Google SketchUp 和 Building Maker（表 19.2）。

对学校或大学中使用 VGI 后的参与者行为的调查研究表明，很大一部分参与者从来没有再次使用过这个平台，尤其是 CrisisMappers（85.7%）、Wikimapia（71.4%）和 GeoCommons（74.5%）平台，几乎没再被使用过。

表19.2 以教育为动机的VGI使用和贡献

回答选项	教育(人数)/人	教育(比例)/%	响应人数/人
Geotagged photos	20	15.0	133
OpenStreetMap	76	38.8	196
Wikimapia	11	13.6	81
GeoCommons	15	20.5	73
Google My Maps	23	20.0	115
Google Building Maker/SketchUp	31	31.3	99
CrisisMappers	3	5.2	58

相比之下,OSM从未使用过的频率较低,在所有参与者中,只有24.1%的人在他们首次接触过OSM后从未再次使用过OSM。OSM将被看作最积极的例子,因为20.3%的参与者一直有规律地使用它,16.5%的参与者偶尔使用,27.8%的参与者有时使用它。通过学校教育接触后,仍旧有接近一半的参与者使用照片地理标记平台(50%)和Google My Maps (40%)(图19.5)。

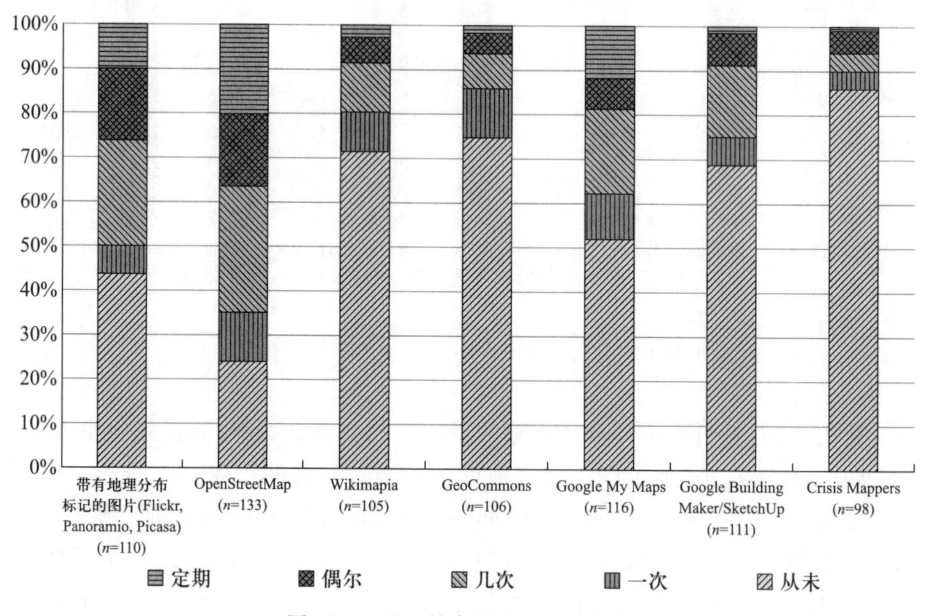

图19.5 基于教育的项目活动频率

在OSM的教育案例中,看其教育背景是非常有意义的。就进一步使用的可能性来说,在高中生和大学生之间有很大的差异。在学校接触OSM后,有75.6%的大学生不止一次地使用OSM,但仅有46.3%的高中生继续使用OSM(图19.6)。

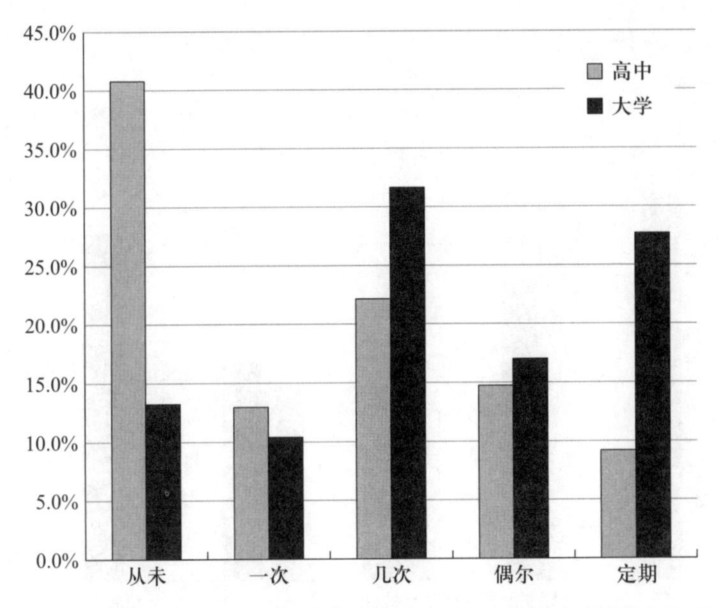

图 19.6 不同教育水平，通过教育使用 OpenStreetMap 的活动频率（$N=130$）

图 19.7 显示了停止或继续为 VGI 平台做贡献的原因，这里仅考虑了在教育后停止使用 VGI 的参与者，未考虑从未使用过或仍使用这个平台的参与者。大约 20%的参与者认为 OSM 和 Google SketchUp/Building Maker 太耗时。OSM 是对 VGI 贡献最多的平台，约有 19.2%的参与者给出了原因。对于照片地理标记平台和 Google My Maps，隐私问题是一个相关的原因，但最主要的原因是，所有平台选择的参与者有 40%～50%是缺少收入的。

总之，这就产生了使用什么激励措施可以使高中和大学的学生参与和对 VGI 项目有所贡献的问题。首先，更好的可用性是最重要的（62.8%），其次是朋友愿意积极参与到同一项目中（47.3%）。在社会上更多的接受和认可度对于参与者似乎不是更重要（28.9%）。对于参与者，给予经济补偿是有意义的（43%），但仔细观察可以看出主要差异是在性别方面（图 19.7）。对于男性参与者，经济补偿似乎是特别重要的（51.8%），但对于女性来说不是（23.7%），女性参与者更强调有效性（73.7% VS 57.8%）。

上述 VGI 平台的复杂性分析结果显示，少数参与者发现这些平台使用起来很复杂。CrisisMappers 被认为是从“一般”到“很复杂”（5 个尺度，范围从“很简单”到“很复杂”），但仅有 12 个参与者知道这个平台。Google SketchUp/Building Maker 情况相同，仅有 17.7%的参与者认为它简单或很简单。相比而言，分别有 73.6%和 63.2%的参与者认为照片地理编码平台和 Google My Maps 简单或十分简单。了解和使用 OSM 的大部分参与者（120）中，仅有 18.3%的参与者认为是它复杂或十分繁杂（图 19.8）。

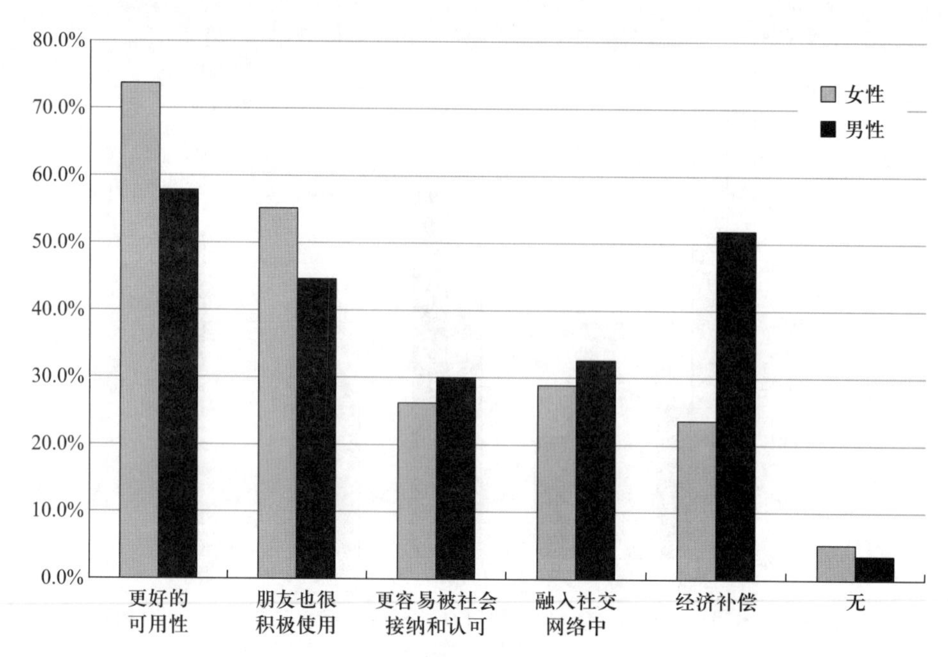

图 19.7 “什么激励措施可以使你参与到上面提到的项目或应用?”($N=121$)

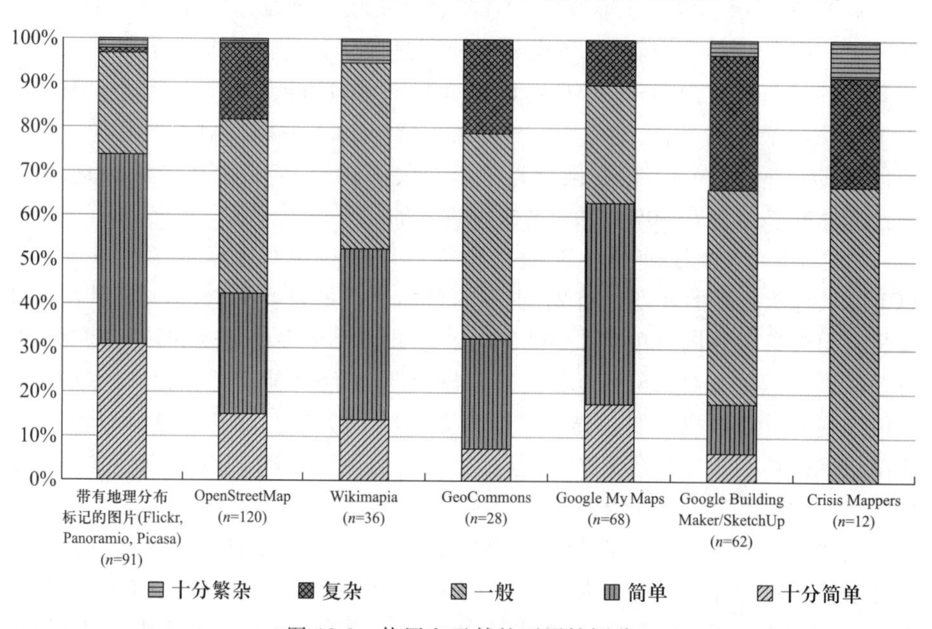

图 19.8 使用和贡献的可用性评分

最后的问题涉及如何定量和定性评价VGI在教育中的作用。52%的参与者认为,VGI数据和应用在教育中使用得太少或者非常少,然而41.5%的参与者认为,它在教育的覆盖面恰到好处。必须考虑参与者是从相对高的教育水平

(GI@School students,IGFI students)上接触 VGI 的组中招募来的。但这种情况不是很普遍,特别是在 K-12 教育、本科教育和研究生教育阶段。70.2%的参与者认为在教育过程中使用和学习 VGI 有意义或很有意义,这证明了我们努力在教育中引入 VGI 的重要性。在这两个问题上,高中生和大学生及男性和女性的调查结果类似。

总之,调查结果表明:推进 VGI 在教育上的长期努力仍有很大的改进余地。大部分学生在课堂上接触 VGI 后,再没有参与任何比较大的 VGI 活动。这与我们在第 19.3 节所描述的情况不相符,第 19.3 节论述的是 VGI 是大部分学生很感兴趣的主题。最后要说的是,在课堂上感兴趣的活动和业余时间感兴趣的活动之间存在很大差异。

关于有效性和动机的问题,给我们一个如何让学生长期努力研究 VGI 的提示:① 简化工具,便于技术不太娴熟的用户更方便使用;② 加强用户的基础。尽管有效性是一个不断提高的技术问题,但随着 VGI 的不断广泛推广,用户的技术基础将不断提高。简化的用户界面可以让用户更容易使用 VGI。

19.5 结　论

VGI 在社会和科技中有重要影响(Haklay 2010),但与 VGI 有关的主题和方法只是缓慢地在有限的程度上被引入课程中。IFGI 已经关注 VGI 教育并建立了一个平台,通过这个平台,研究生能开发 VGI 应用程序,本科生能进行 VGI 数据分析,K-12 学生能从事数据收集(见第 19.3 节)。IFGI 学生将 K-12 学生作为新的开发应用程序有效性的测试者,测试其作为数据收集者或参与计划程序者为科学项目做贡献(见第 19.3.4 节)。关于这个问题,提出一个综合性的、将学校院级合作作为将 VGI 带到教育中的方法似乎是一个好的解决办法,但是课程的发展是一个缓慢的过程。相关调查表明:地理信息科学项目中的老师甚至是学生不太了解 VGI 应用。为了将学习和教学上的多种 VGI 方法具体化,对应用案例进行分类:① 与别人一起收集 VGI 数据的学生;② 生产 VGI 信息的学生;③ 开发有关 VGI 应用的学生。像第 19.3 节显示的,在不同的背景下这三种类型能被重新分类。

调查(第 19.4 节)显示:在参与者中,OSM 是最有名的 VGI 应用程序,IFGI 在 VGI 教育方面的工作主要基于 OSM。由于比较容易获取原始数据(由知识共享授权 2.0 许可),OSM 应用在很多方面:作为地理数据源,用于数据质量分析,作为其他应用的底图,或用于地图制图学研究(Rieffel and Bartoschek 2012)。这使 OSM 成为教育中非常灵活的工具,并应用到各种教育环境中(图 19.4)。

目前,已经有让 VGI 进入大部分学生学习经历的方法,约有 50%的调查参与者在业余时间使用照片地理编码和 Google My Maps。这表明参与者已经普遍接受地理信息并对其有所贡献。然而,在学校或大学接触 VGI 后,能进一步使用并对 VGI 有所贡献的情况仍然比较少。让学生持续地对 VGI 有所贡献似乎比较难,尤其是 K-12 的学生(图 19.6)。调查(图 19.7)显示:老师应该强调 VGI 的影响及其重要性,特别是 OSM。达到这个目标的选项可以集中在发展中国家和人道主义活动中[16]。另一方面,特别是参与式 VGI 应用在教育中,VGI 能被用作规划进程的工具。这是教育环境中的强大动力。学生知道他们围绕 VGI 展开的工作(从数据收集、提交到应用)是有意义的,并有所收益。对这些激励措施的调查(图 19.8 和图 19.9)显示:VGI 平台仍需要提高它们的有效性。相对于经济补偿,朋友之间的活动或社交网络里的活动对吸引学生使用 VGI 更重要、更可行。从参与者在社交网络中的活动(图 19.9)来看,VGI 和社交网络平台的混合形式能让学生持续地对 VGI 有所贡献。

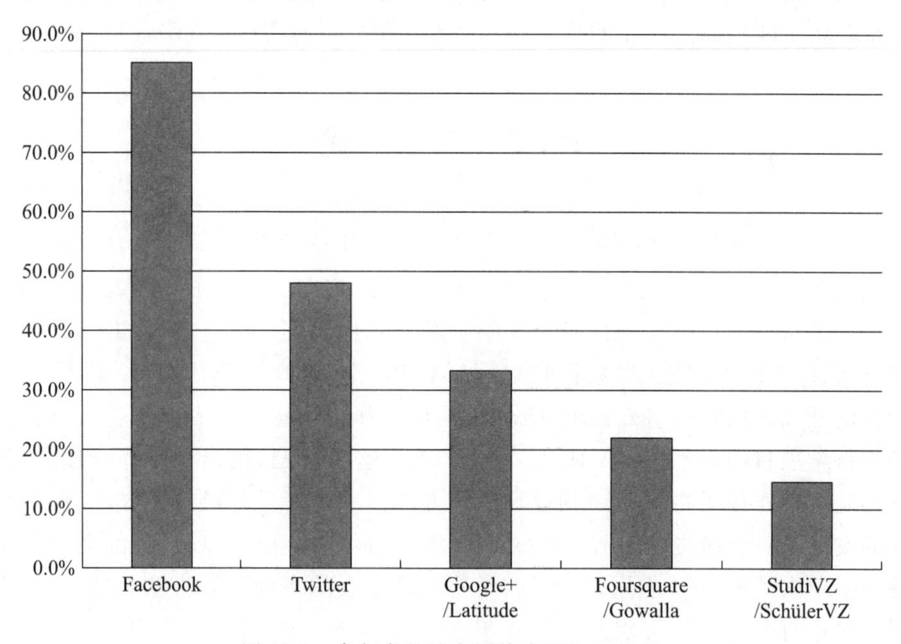

图 19.9　参与者的社交网络应用($N=117$)

从教育者的角度来看,从事 VGI 活动并对其有所贡献是课堂的一个重要激励措施。在这个活动中,能够找到一些现代化的学习范例。

在建构主义理论中,基于 Piaget 的童年学习构建主义理论(Piaget 1926),在公众的、引导性的、协同过程中,孩子通过了解来自同伴而不仅仅是老师的反馈

[16] 见 http://hot.openstreetmap.org/

来学习。学生探索和发现新知识,而不仅仅是利用已有的知识(Papert and Harel 1991)。Papert 认为这种情况发生在"特别巧妙的、学习者有意识地从事构建一个公共实体的环境中"。这意味着学习是建设知识结构的过程。在这种情况下,有意义的产品是 VGI;这通过一个协同过程创建,并有一个整体反馈的过程。

建构主义可能是一个比较极端的学习方法,情景学习也许更适合教育。学习是活动、环境和文化的产品,其任务的实现被协同执行(Brown et al. 1989)。情景学习 VGI 也将教育和计算世界带到一起并产生现代计算方法,如位置计算。位置计算可以被理解为移动计算机用户基于他们的物理环境和活动的范例,是日常生活的一部分(Hirakawa and Hewagamage 2001)。教育中移动产品日益增长的应用,尤其是在 K-12 年级的教育中,是将来教育中 VGI 应用的基础,移动产品可用于数据收集、数据处理和 VGI 应用的整个过程中。

参 考 文 献

Andrae, S., Erlacher, C., Paulus, G., Gruber, G., Gschliesser, H., Moser, P., Sabitzer, K., & Kiechle, G.(2011).OpenPOI—Developing a web-based portal with high school students to collaboratively collect and share points-of-interest data. In T. Jekel, A. Koller, K. Donert, & R. Vogler(Eds.), *Learning with geoinformation* 2011(pp.66-69).Berlin:Wichmann Verlag.

Auer, S., Lehmann, J., & Hellmann, S.(2011).LinkedGeoData:Adding a spatial dimension to the web of data.In ISWC'09:*Proceedings of the* 8*th International Semantic Web Conference*(pp.731-746).Berlin/Heidelberg(2009):Springer-Verlag.

Bartoschek, T., Bredel, H., & Forster, M.(2010).GeospatialLearning@PrimarySchool:A minimal GIS approach.In R.Purves, & R.Weibel(Eds.), *GIScience* 2010 *extended abstracts, sixth international conference on Geographic Information Science*. Zurich, Switzerland. http://www.giscience2010.org/pdfs/paper_166.pdf.

Brown, J., Collins, A., & Duguid, P.(1989). Situated cognition and the culture of learning. *Educational researcher*, 18(1), 32ff.

Fritze, H., Demuth, D., Knoppe, K., & Drerup, K.(2011).Track based OSM print maps.In A.Schwering, E.Pebesma, & K.Behncke(Eds.), *Geoinformatik* 2011:*Geochange*(Vol.41 of ifgiprints. Münster, Germany).Heidelberg:AKA.

Goodchild, K.(2007).Citizens as sensors:The world of volunteered geography. *GeoJournal*, 69(4), 211-221.

Haklay, M.(2010, September).*Geographical citizen science-Clash of cultures and new opportunities*.Position paper for GIScience workshop on the role of VGI in advancing science, Zurich, Switzerland.

Hale, K.(2010, August).*OSM used in a high school environment*.Presentation at State of the Map US Conference 2010, Atlanta, GA.http://www.vimeo.com/14592993.

Hennig, S., & Vogler, R. (2011). Participatory tool development for participatory spatial planning-The GEOKOM-PEP environment. In T. Jekel, A. Koller, K. Donert, & R. Vogler (Eds.), *Learning with geoinformation* 2011. Berlin: Wichmann Verlag.

Hirakawa, M., & Hewagamage, K.P. (2001). Situated computing: A paradigm for the mobile userinteraction with multimedia sources. *Annals of Software Engineering*, 12(1), 213-239.

Lasnia, D., Westermann, A., Tschorn, G., Weiss, P., & Ogundele, K. (2011). OpenFloorMap implementation. In A. Schwering, E. Pebesma, & K. Behncke (Eds.), Geoinformatik 2011: *Geochange* (Vol.41 of ifgiprints. Münster, Germany). Heidelberg: AKA.

National Research Council Committee on Support for Thinking Spatially. (2006). *Learning to think spatially*. Washington, DC: National Academies Press.

OpenStreetMap. (2012). Wiki page on education. http://wiki.openstreetmap.org/wiki/Education. Accessed 26 Jan 2012.

Papert, S., & Harel, I. (1991). Situating constructionism. In *Constructionism* (p. 1). Norwood: Ablex Publishing Corporation.

Piaget, J. (1926). *The child's conception of the world*. New York: Harcourt Brace & World.

Rieffel, P. (2010, July). *Openstreetmap on OLPC XO-laptops in primary schools*. State of the Map Conference, Girona, Spain.

Rieffel, P. (2011, September). *Assessing learning aspects in digital maps-Using VGI to create a child suitable map*. State of the Map Conference, Denver, CO.

Rieffel, P., & Bartoschek, T. (2012, March). *Investigating cognitive aspects in digital maps - Using VGI to create a child suitable map*. GI Zeitgeist Conference Proceedings, Münster, Germany.

Schubert, J., & Bartoschek, T. (2010). Geoinformation im geographieunterricht - konzeption eines fachdidaktischen seminars an der universität Münster. In T. Jekel, A. Koller, K. Donert, & R. Vogler (Eds.), *Learning with geoinformation* (Vol.5). Berlin: Wichmann Verlag.

Stark, H., & Bähler, L. (2009). Map your world - Schüler erfassen freie und offene geodaten. In T. Jekel, A. Koller, K. Donert, & R. Vogler (Eds.), *Learning with geoinformation* (Vol.4). Berlin: Wichmann Verlag.

Trame, J., Rieffel, P., Tas, U., Baglatzi, A., & von Nathusius, V. (2011). LOSM - A lightweight approach to integrate OpenStreetMap into the web of data. In A. Schwering, E. Pebesma, & K. Behncke (Eds.), *Geoinformatik* 2011: *Geochange* (Vol. 41 of ifgiprints. Münster, Germany). Heidelberg: AKA.

Tschirner, S. (2009). GIS in deutschen klassenzimmern - von der Wandkarte zu Openstreetmap. In T. Jekel, A. Koller, K. Donert, & R. Vogler (Eds.), *Learning with Geoinformation* (Vol.4). Berlin: Wichmann Verlag.

Wolff, P., & Wolff, V. (2009). Öffentliche Projekte für öffentliche karten. In T. Jekel, A. Koller, K. Donert, & R. Vogler (Eds.), *Learning with Geoinformation* (Vol.4). Berlin: Wichmann Verlag.

Wolff, P., & Wolff, V. (2010). Über OpenStreetMap (OSM) stadt- und kulturgeschichte erleben. In T. Jekel, A. Koller, K. Donert, & R. Vogler (Eds.), *Learning with geoinformation* (Vol.5). Berlin: Wichmann Verlag.

第 20 章

VGI 研究的前景和新兴的第四范式

Sarah Elwood　Michael F. Goodchild　Daniel Sui

摘要:本章对一些核心主题进行了总结,并进一步对 VGI 与地理学科之间的启发性和相互关系进行论述。我们认为 VGI 研究的进步很大程度上依赖于与地理知识的多样性建立联系。我们将 VGI 研究定位在地理学的核心,并提供几个保证 VGI 质量的方法。我们提出了一个关于生产不同类型的 VGI 社会关系的研究主题,通过这个研究对参与者、权力和集体/公众行为产生影响。最后两部分将 VGI 作为转向混合认识论,是贯穿科学的一个潜在的第四范式的一部分。

20.1 回　　顾

回顾本书的章节,最让我们吃惊的是展现出的 VGI 工作的多样性、作者所追求的研究方向的多样性。其贡献从计算地理到教育、从 Web 人口统计资料到

Sarah Elwood(✉)
华盛顿大学地理系(Department of Geography, University of Washington),美国,华盛顿,西雅图
E-mail: selwood@u.washington.edu

Michael F. Goodchild
加利福尼亚大学圣巴巴拉分校地理系(Department of Geography, University of California at Santa Barbara)美国,加利福尼亚州,圣巴巴拉市
E-mail: good@geog.ucsb.edu

Daniel Sui
俄亥俄州立大学地理系(Department of Geography, The Ohio State University),美国,俄亥俄州,哥伦布市
E-mail: sui.10@osu.edu

公共健康、从社会建设到中国的VGI建设。在所有研究内容中,出现了很多有趣的和令人兴奋的研究点,并促使我们进一步思考未来VGI的研究前景。尽管有些人将VGI看作是昙花一现、社会洪流中的一个小插曲,但我们相信它代表地理学科和地理信息产品的快速发展。接下来,我们探索几个VGI研究的潜在方向。我们的目的不是要提出一个法规,我们的讨论仅仅是个人观点,但通过这个讨论,我们希望能够激发这个领域内的进一步思考和创造性思维。

本书的一些章节是由地理工作者撰写,三位主编都在地理学术部门任职。这对于我们来说非常有意义:随着地理信息相关研究领域的拓展,VGI逐渐成为计算机科学和社会科学之间的交叉科学。许多与VGI相关的问题在其他形式的用户生成内容中时常出现,这些问题最好是放在一个更大的背景下研究。但其他问题对于VGI的地理性质来说有特殊性,需要通过一些地理知识和理论框架来解决。随后,我们探讨了VGI研究与地理学科之间的激励关系,结论是VGI的研究进展部分依赖于建立已有地理知识之间的更强的联系。

第20.2节遵循以下原则:建立VGI研究与地理学中基于空间和位置信息的传统方法之间的联系(Tuan 1977),与传统的地理信息科学(GIScience)着重于空间的研究不同,VGI研究更提倡以地点为中心这一观点,并模拟地理信息系统的平行发展。第20.3节讨论了VGI质量的主题,这是VGI研究的永恒话题,本书的几个章节都涉及该问题。在这一部分我们认为质量保证能受益于一个强有力的联系和形式化的地理知识的积累,即如何构建地理世界的知识。第20.4节探索了VGI研究领域的另一个持续的主题,讨论了VGI是如何通过个人的天性和影响力被创建出来的以及信息收集的过程。在第20.5节,我们提出建立VGI和未来研究及实践之间联系的观点。最后,我们通过将VGI、GIScience和地理学置于数据驱动的第四范式对本章进行了总结。

20.2 空间、地点和VGI

地理学家和其他人一直都在区分空间和地点。尽管其区别有很多方面,通过将讨论限定在数字世界范围,我们希望可以带来一些启示,更重要的是阐明VGI研究的意义。从空间的角度,地球表面的位置、距离与方位的计算和GIS的所有特征是重点关注对象,它们都是基于特征的准确位置。关键的GIS功能是拓扑叠加或空间关联,是基于位置连接信息的能力。例如,可以将发生交通事故的位置与道路属性连接起来,或者与包含这个位置的县的属性连接起来,用于做各种空间分析。从这个角度,带有模糊边界的特征元素,如“圣巴巴拉市中心”,就会产生问题(Montello et al. 2003)。更广泛地说,GIS技术倾向于支持带有准确边界定义和位置的特征元素(Burrough and Frank 1996),如县和不同行政等级的普查区,或者河流和湖泊的水域范围。

人类活动有明显的差异,人们倾向于通过名称来定位,而名称有时没有准确的区域边界。人们通常不知道某个地物特征的准确经纬度也并不关注精确的距离和方向。相反,一般是通过具体位置的名称、街道地址和兴趣点来进行定位,并且这样的定位经常通过空间关联实现,就像圣巴巴拉就是一个位置的关联。Goodchild 和 Hill(2008)描述了官方认可的地名辞典,用于提供人类日常世界与 GIS 空间世界之间的连接。然而,一个地名辞典只能提供有限的连接(包括名字、类型、位置属性),每一个连接位置上仅提供一个点坐标或者是一个空间扩展对象。

因为 VGI 是由公众志愿者创建的,它趋向于定性描述人类活动而不是科学测量,因此换句话说 VGI 描述的环境比传统 GIS 更具有实质性,但事实上,地名在传统 GIS 中起的作用很小,以至于尚未列入美国联邦地理数据协会(http://www.fgdc.gov/framework)提出的 7 个框架数据类型列表。

平面控制对于平面世界远不及它在空间中重要。例如,变形的地图,如伦敦地铁图和其他世界各地的模拟地图,以牺牲平面位置的准确性为代价,让用户看起来比较清晰并服务于运输系统(服务路径、沿每个路线的站点顺序和路线之间的交换)。方位通常简化为一个离散数据集(Beck 地图中的 8),并且距离被扭曲多达一个数量级。然而,很显然的是这些地图对于旅游者更有用。再讨论一下经常提供给世界各地游客的地图:仅仅描述必要的细节,扭曲距离和方位,突出地名和数据点。虽然这样的地图提供了各种必要的定位服务,但缺少平面控制点意味着这些地图不能用于空间关联或提供准确的距离或面积估算,而空间关联、提供准确的距离和面积估算是早期 GIS 发展的主要动机(Foresman 1998)。

对于我们来说,VGI 为 GIS 研究提供了一个截然不同的、新颖的研究方向,VGI 在空间的角度上更强调全局性。地图是展示空间位置的主要方法,并使用一些方法制作平面地图,它将支持基于名字而不是位置的连接。其他关键的研究问题包括:

(1) 广义 GIS 的功能是什么?空间 GIS 的哪些功能是相关的?具有哪些新的功能?

(2) 哪种 VGI 最能满足 GIS 的需求并更容易推广?

(3) 在认知问题上,需要什么研究来实施广义 GIS?

(4) 对于广义 GIS 来说,什么数据模型最合适?所连接的数据能够提供合适的范例吗?

(5) 如何表达广义 GIS 的不确定性?

20.3 VGI的质量保证

在20世纪80年代末,GIScience数据质量问题开始引起关注(Goodchild and Gopal 1988),开始建立地理信息的质量标准(Guptill and Morrison 1995),并对制图学上的误差分析统计方法的应用情况进行调查(Maling 1989)。从此,基于相关工作发表了大量文章,知识范围从地理统计应用到模糊数据集应用。VGI的出现带来很多数据质量问题,缺乏像目前传统地理信息领域那样的质量控制或其他数据质量控制机制。

有三种途径可以解决VGI质量保证问题。首先,如果人们有机会浏览和纠正错误,众包数据的错误就会减少。以Linus Torvalds的名字命名(Raymond 1999)和制定的软件开发原则表明:给定足够的监督,解决所有的"bug"都不是问题,换句话说,软件的"bug"被发现的可能性随着人的浏览次数的增加而提高。比如Wikipedia项目,很大程度上依赖于其错误被大众发现并纠正,因此错误相对来说比较少。

然而,Linus定律没有很好地应用在地理环境中。对于著名地物的错误,如珠穆朗玛峰(Mt.Everest),其错误将很快引起大家的注意,但那些大量不知名的要素的错误却很少被关注。例如,Wikimapia的网站很容易引起大家的注意,但很少有人关注如何在偏远的地方找到一个小的特征元素并自己给它命名。

一个更鲁棒和可靠的方法依赖于大众的审查。具有稳定、可靠贡献的个人可能被邀请审查其他人的数据质量,他们会关注某些特征元素类型或世界的某些区域。实际上,在完全自愿的情况下,社会结构是管理机构结构的复制。在谷歌的Map Maker中,质量控制的最高级别是留给谷歌的员工来做(见第17章和第14章),所有的事件直到被谷歌的员工确定后才能成为事实。与Wikipedia一样,这种质量控制方法对OpenStreetMap(Haklay 2010)很有效。

第三种方法对确保VGI的数据质量似乎更有效。像Tobler(1970)在他著名的地理学第一定律里表达的那样:所有事物都是相关的,但是距离近的地物比距离远的地物相关性高。简言之,地理世界不是一个独立事物的简单组合,而是与位置有多种关系和约束。有人会将这些地理法则类似于规范任何语言的语法规则,举例来说,野外发生火灾时,"火灾发生在**x**处"的说法通过一系列规则验证其正确与否:**x**附近的任何其他地方发生火灾了吗?目前的风向如何?**x**位置的顺风处是否有火灾出现?在**x**处有任何助燃燃料且它足够干燥以致燃烧吗?可以制定无数这样的规则,如果可以实施则可以用来确定是否是事实,并用于采取适当的行动:接受、拒绝、查询等。事实上,这些规则集合组成了关于地理世界的知识主体和地理学科的核心。但到目前为止还没有形成一个用于计算系统的规则集,这样的工作将非常有价值,即使是在火灾分析这样具体的问题上。据报道,这样的规则集在一些制图公司系统中存在,用于评价并修正进入他们数据库的志愿者信息。

在这些方法被采用前,需要研究以下几个问题:

(1) 在一个计算系统中,这些地理语法规则将被如何组织和实施?

(2) 如何根据这些规则的抽象程度和一般或特定性质来组织这些规则?

(3) 这些规则能被用来量化具体的地理事实吗?

(4) 哪种现实世界的地理分析方法可以产生合适的规则?

(5) 如何根据数据类型和地理知识的领域组织这些规则?

20.4 VGI:志愿、参与、个人、集体?

大量的 VGI 研究持续关注社会过程的本质,通过社会过程创建 VGI,并对如何借用和偏离早期创建的地理信息范例进行概念化。其中,这个行业的人们提出了一个联系空间数据和制图的界限模糊问题,包括许多专家/教授/业余爱好者或生产者/用户(Goodchild 2007;Haklay et al. 2008;Budhathoki et al. 2010),并讨论了“志愿”这个观点是否足以表达 VGI 产生方式的广泛性(Sieber 2011;本书第 3 章)。所涉及章节继续细化社会进程中的巨大异质性和 VGI 出现的原因以及它们对信息内容、质量和社会、政治意义的贡献。通过数据收集细节,我们得到数据规则和数据集原型,覆盖范围从高度结构化到国家和地方政府密切关注的具体问题,用以将 VGI 数据集成到已有的数据基础设施中,将 OpenStreetMap 的用户生成 wiki 本体(在这里用户可以自由创建自己的空间对象、元素分类类型和它们之间的关系)。这些例子表明:VGI 来源于实践,范围从高度个性化到基于分组的、集体的、公众的或参与者的实践。越来越多的证据表明:任何 VGI 数据集都是不同范围或规模的公众努力的结果,涉及范围从一次性贡献到持续不断地贡献。

凭借丰富的证据,VGI 创造多种社会进程中的关键维度,下一个关键步骤就是加深我们对这些元素的特征、内容、VGI 质量以及它们的社会意义的理解。在什么维度上,贡献者的经验知识能够被包括或排斥在 VGI 举措中?这里的 VGI 举措是先前存在的数据集或者是经过修订的有组织出现的数据计划。VGI 举措中不同种类的社会连通性和互动性是如何塑造出信息的内容和特征的?这些情况提供了来自社会或集体场合的 VGI 案例,这些案例包括个性化的活动、团队 VGI 成果、个人贡献成果和已经通过共享经验、知识和集体努力的成果。

然而,若要理解如何区分这些围绕VGI的创新与信息分享,仍有许多工作需要做。例如,VGI的“长尾”效应(一些贡献者将要生产大量的信息,然而大部分人仅仅提供部分信息)非常明显,但我们对数据内容的质量和可靠性了解很少。实际上,“长尾”效应意味着任何给定的VGI数据集都是由不同地域、不同熟悉程度或不同知识背景的贡献者提供的(Goodchild 2009)。但我们不能认为贡献数量最多的人提供的信息是最准确或可靠的。情况可能是低产量的贡献者提供的是真理,而高产量的贡献者提供的信息具有偏见性。总之,若要很好地了解来自个人和公众生产的VGI知识,有很多工作要做,比如数据质量控制。

在我们努力更好地理解VGI出现的进程和关系中,所涉及章节也提到了需要继续完善我们自主自愿、公众参与和有关VGI的集体行为的理论问题。早期很多关于VGI社会意义的对话,已经开始讨论是针对支持加强这方面工作还是通过促进“裁剪”的参与形式或个人主义来改善社会关系(Corbett 2011;Poore 2011;Sieber 2011)。显然,单独提供数据给OpenStreetMap的个人,或者通过VGI界面报告为当地政府提供数据,都是公众参与的形式,只是以不同的形式参与(Sieber 2006;Dunn 2007)。除了只是简单地批评列举各种活动而不是充分地参与VGI的社会政治进程,我们更需要个人和集体的信息如何、何时、在哪里可能组成参与或从事特定内容的记录。此外,我们必须考虑VGI的出现和扩张是否对社会期望的转变有所贡献。例如,Sieber(2011)问VGI本身是否对志愿者含义的转变有所贡献。最后,Lin(第6章)在中国的和关于中国的VGI活动的讨论仍需要谨慎讨论,她表明公众参与的意义因地域情况而异,这是政治和技术管理方式在特定区域采用的形式。

目前争论不休的问题是关于VGI参与方式、集合形式、公众参与程度及其组织方式。一些人认为,制作和分享公众创作的内容本身就是一种集体行动,这种行动有助于Hardy所论述的(第11章)“比较大的、分散的公众参与行为”。依照这些,一些OpenStreetMap的读物表明:一些空间数据被限制并被一些国家制图机构所主导,创建众包的、公开共享的空间数据资源意义深远(Haklay 2010)。其他的陈述,例如,Corbett(第13章)的远距离的“以地图为媒介进行对话”的例子,其数据源不是来自个人贡献的数据而是来自公众的集体合作的数据。仍然有一些人强调VGI作为一个政治形式的网站,认为制作和分享地理信息或许对形成公众或政治人员的自我意识比较重要(Lin,第6章;Wilson 2011)。

在继续完善VGI理论问题的过程中,提出VGI参与方式、集合形式、公众参与程度及组织方式与其他方面VGI的参与和政治背景的隐私假设是非常必要的,是继续完善其社会和政治意义的重要步骤。在这方面,有很多我们可以从中借鉴(并有助于)由大众媒体表达的孤立性和连通性的研究(Turkle 2011),讨论由于新的媒体产生的社会和政治关系的变化(Shirky 2010),其结果是可以被广

泛接受或参与的(Lieverouw 2011)。更广泛地说,一些正在进行的研究所涉及的问题包括:

(1) 通过 VGI 的创建和使用,产生或转换了哪些社会关系?

(2) 通过 VGI 的创建和使用,培育(或制约)了哪些形式的讨论、协作或参与形式?这些形式如何随文化和政治背景的变化而变化?

(3) VGI 是否意味着在社会建设和“数据”“科学”或“地理信息”建设中的转变?

20.5 VGI 的前景:从分析到合成

纵观本书,一直不变的论述主题是 VGI 包括很多分析方法。作为一种数据形式,VGI 数据具有“空间”属性(是许多数字环境所需要的精确笛卡儿坐标系)。一个特定的数据对象或 VGI 数据具有定性、定量属性(具有经纬度坐标的照片)或视觉、文字和数字属性。VGI 数据的产生和使用承担了地理信息创建和使用(生产者/用户、专家/业余爱好者/专业人员、公众科学家和本地知识)的前范式社会角色,由于硬件、软件、组织和机构以及 VGI 用户的复杂组合,VGI 无法落户于公共、私人或非盈利部门。在其使用和应用方面,有人倡议将 VGI 数据集成到现有的传统空间数据(比如国家制图机构数据或人口普查局数据)中,并形成数据创建和管理的新模式。从数据组合和模糊化的角度看,Sui 和 DeLyser(2012)将 VGI 数据定义为混合物,利用“违反和取代这些事情和过程,产生本质上发生变化的新事物”(Rose 2000,p.364)。关于这个问题,我们的观点是 VGI 发展前进的过程中需要加入其他数据处理、分析工具或者认识论和方法框架等。

在已有的 VGI 实践中已经存在上述数据混合的现象,特别是关于数据编辑、集成、质量和共享问题。在本书中,Dobson、Johnson 和 Sieber、Coleman、Poore 和 Wolf 等指出,对混合元数据的形式和用专门面向 VGI 新形式集成传统方法(往往来自现有的 SDI 模型)所获得的数据质量需要持续关注。尽管非政府组织(NGO)比较注重公共和私人部门的空间数据,我们也发现它们正寻求将传统空间数据与 VGI 融合的新方法来满足群体需求,并融合一系列数据和技术资源(Sieber 2000;Elwood 2006)。用户的数据质量评论、可靠性评价和其他质量保证措施在 VGI 服务或诸如 Ushahidior 或 FracTracker 的应用案例中已经发挥作用。但像 Poore 和 Wolf(第 4 章)、Dobson(第 17 章)和 Grira 等(2010)建议的那样,接下来的重要工作是发展适合 VGI 数据融合使用或 VGI 数据授权的元数据,也许会将传统空间数据集与开源地图及其他形式的 Web 2.0 数据整合起来。这些工作是必需的和重要的,但它们也是资源密集型的。一些地方政府和国家政府的

VGI 发起者表明他们的工作目前转向如何在减少预期成本的同时使公众信息合理(Esri 2010),但初步的研究成果表明,任何将 VGI 与已有的传统地理数据整合的工作都需要一系列新数据结构、新技术和新资源,改善而不是取代现有的工具和做法。

在将 VGI 作为研究依据的工作中,它的空间属性或复杂的融合性面临一些挑战。使用 VGI 作为数据依据不可避免地需要处理大量 VGI 数据的准确地理位置信息、背景信息及技术细节。当然,不是只有一种方法就足够了,VGI 数据具有多样性,研究者可以用它来研究一系列问题。但若要找出最适合特定种类 VGI 的分析方法或研究点完全是可能的。对于海量 VGI 数据集,辨别语义相似性的定量技术或者是转换其语义的工作是非常有潜力的。McKenzie 的自然语言处理技术(第 12 章),例如,理解个人经验知识内容和变化性的技术,但也可通过定量的方法来处理语言数据从而完成这种技术处理。但对于具有多种表现形式(如文本、影像和地图)的少量 VGI 数据集,定性的 GIS 分析方法更有用。这些方法包括地图可视化、计算机辅助性 GIS 及支持地理描述的定性和定量分析方法;混合视觉、文字、数字表示;跨越“空间或数字”鸿沟(Knigge and Cope 2009;Jung and Elwood 2010)。

第 20.2 节介绍了宏观 GIS 所涉及的技术,可以处理笛卡儿坐标系和非笛卡儿坐标系间的空间关系或者拓扑关系,或者将传统地理视觉模式和多媒体空间表达与分析模式相融合。虽然目前在 GIS 综合分析方面取得了进步,但是已有的空间技术和已有的定性分析软件都无法完成这个任务,也无法进行互联网内容的动态空间分析。举例说明,如果数字分析和显示软件能够支持网络分析,就像做到 Palmer(第 16 章)提出的 Twitter 上的龙卷风分析和传统空间分析那样。在使用 VGI 工作的综合技术中,计算机辅助的数据分析软件能够提供有效的分析结果(Fielding and Cisneros-Puebla 2009),如基于综合分析方法的 Web 软件 Dedoose[①]。

当我们尝试为正在进行的 VGI 研究建立用于分析的、方法性的和认识论的理论框架时,有很多来自地理学的综合分析和多方法研究值得我们借鉴(Elwood 2009;Sui and DeLyser 2012)。一些综合性的理论框架,比如定量分析法(Sheppard 2001;Kwan and Schwannen 2009)、定性 GIS(Kwan 2002;Kwan and Knigge 2006;Cope and Elwood 2009)和最近出现的地理人文和空间人文方法(Warf and Arias 2009;Bodenhamer et al. 2011;Dear et al. 2011),已经为引导未来 VGI 研究和实践铺好了路。尤其是,地理人文的整合空间分析和解析模式与通过视觉、文本、数字、归档和人种学工作的方法大有作为。同时,由于 VGI 通过二进制方式构建(研究/实践,学术/活动,科技/社会和其他更多应用),还有其

① 感谢 Jin-kyu Jung 提供该案例。

他一些包括参与式行动研究或“公共地域”(Kindon et al. 2008;Fuller 2008;Ward 2007)的研究领域。在最广泛的层面上,这些方法涉及多种(往往是非常不同的)认识论、数据类型、显示模型和分析模式。这就是目前我们的研究工作所需要的,也是 VGI 发展的方向,以下这些问题是将来工作的研究方向:

(1) 什么综合分析方法和实践工作能促使研究者使用 VGI?

(2) 用于 VGI 分析的综合理论方法框架是如何从定性到定量过渡的?

(3) VGI 与 VGI 和权威数据集融合结果之间的数字鸿沟是通过什么产生和消除的?

20.6 VGI、GIScience 和地理学:迈向第四范式?

本书以 VGI 在新兴的大数据和日益增长的数字鸿沟中的定位问题展开论述。通过本书,讨论了很多覆盖多学科、多背景的概念、计算方法和 VGI 有关的社会/政治问题及其具体应用问题。我们将以第四范式下用于地理信息科学和地理学的 VGI 研究结束本书的内容,第四范式的内容包括跨科学的数据密集型查询(物理的和社会的/行为的)、与大数据增长伴生的艺术/人文问题(Hey et al. 2009;Bartscherer and Coover 2011;The U.S. National Science Foundation 2011;Berry 2012)。

第四范式,在文献中也被称为电子科学,是由 Jim Gray(2007)提出的。据 Gray(2007)论述,第四范式是近期(21 世纪初期)在三个主导范式的基础上提出的:已有的三个范式包括经验的(通过描述自然现象)、理论的(通过使用和测试模型和一般法律)和计算的(通过模拟虚拟的/人工的或小型现实世界的数据集模拟复杂世界)。新的大数据世界要求研究人员在超越三个传统方法论的基础上考虑科学问题。Gray(2007)认为新的电子科学旨在无缝连接信息技术与传统领域的调查技术,在此技术上我们可以解决大数据泛滥的问题。跟用于处理人工数据或小数据集的其他几个范式不同的是,第四范式电子科学的特征是数据密集,因此经常用于处理千兆甚至艾(EB)字节的大数据量。有别于以前几个范式发现过程的是,第四范式中数据、方法、机器和人的联系越来越紧密,并构成了数据密集型网络(Nielsen 2012)。

显然,VGI 或更普遍的地理编码数据,正在迅速成为大数据的重要部分(Manyika et al. 2011)。所有迹象表明,GIScience 和地理学正在快速进入数据密集型的第四范式中。事实上,地理学和 GIScience 更深地植根于数据密集型类型中。早在 20 世纪 80 年代初,地理学家 Peter Gould(1981)说,我们应该“让数据自己说话”(第 166 页),尽管后来很少有人使用这种说法。此外,尽管跌宕起伏,空间数据处理研讨会自 1984 年开始仍旧非常活跃(www.sdh12.org)。对 Gray(2007)提出的 eScience 第四范式和 20 年前我们提出的 GIScience 的内容进行比较分析是非常有意义的(Goodchild 1992)。在过去 20 年(Goodchild 2010)已经取得进步的基础上,我们坚信,如果我们能找到创造性的方法将 VGI 用于大数据、第四范式 GIScience 和地理学就可以有新的突破。*International Journal of Geographic Information Science* 杂志上有关地理数据密集的新文章表明:数据密集型范式的初步研究结果是令人兴奋和有前途的(Jiang 2011,第 25 卷第 8 期)。此外,在 GIScience 和地理方面新兴的第四范式将继续推进 GIScience/地理学研究(Jiang 2011)方面更多的开源数据和源代码——这种做法早该在地理空间领域推广。我们想要鼓励读者在大数据时代思考“大”的含义。下面是 GIS 科学家和地理学家(古地理学家和新生代地理学者)提出的一系列问题:

(1) 理论问题:在大数据时代理论的作用是什么？通过挖掘大数据产生知识的利弊是什么？数据是否拥有同级别(Wigner 1960)？会不会有新的发现(Halevy et al. 2009)？当前的大数据洪流是否会将我们带到一个新的未知领域？迅速扩大的数字宇宙最终会不会因为太大了而无从了解(Weinberger 2012)？

(2) 方法问题:在大数据时代,综合分析法是主导方法吗？如果是,如何可以做到？我们是否应该跟随大科学模式来发展地球模拟器(http://www.futurict.ethz.ch/FuturICT),或者,在一个更小的尺度上创建微科学的数字版本(Higginbotham 2011),或者像 Börner(2011)所设想的那样发展插件缩放版本？

(3) 技术问题:应该建立什么样的新网络基础设施,以应对日益扩大的数字宇宙？是否有存储人类创造的所有数据的最终物理极限？是否仍需要网络空间基础设施(Wright and Wang 2011),或将要打败占主导地位的云计算网络基础设施？

(4) 社会/政治/伦理/法律问题:像 Ghonim(2012)所阐述的,关于大数据的技术真的解放了“人类的力量是大于人类吗”？大数据日益被像 Google 和 Facebook 这样的大公司所掌控,会有什么后果和影响？长期看,大数据给个人隐私和个人自由带来的影响是什么？

在 1900 年,德国数学家 David Hilbert(1900)勾勒出 23 个基本数学问题,这激发了新一代数学家做了很多令人兴奋的突破。所以,三位前美国地理学家协会主席(Cutter et al. 2002)都曾试图勾勒十大地理问题。我们认为继续寻求大数据时代的重要问题是非常必要的。你的重要问题是什么？或许众包将给你的重要问题一个很好的答复。

参考文献

Bartscherer, T., & Coover, R. (Eds.). (2011). *Switching codes: Thinking through digital technology in the humanities and the arts*. Chicago: University of Chicago.

Berry, D.M. (Ed.). (2012). *Understanding digital humanities*. Basingstoke: Palgrave Macmillan.

Bodenhamer, D., Corrigan, J., & Harris, T. (Eds.). (2011). *The spatial humanities: GIS and the future of humanities scholarship*. Bloomington: Indiana University Press.

Börner, K. (2011). Plug-and-play macroscopes. *Communications of the ACM*, 54(3), 60-69.

Budhathoki, N., Nedovic-Budic, Z., & Bruce, B. (2010). An interdisciplinary frame for understanding volunteered geographic information. *Geomatica*, 64(1), 11-26.

Burrough, P.A., & Frank, A.U. (Eds.). (1996). *Geographic objects with indeterminate boundaries*. Bristol: Taylor and Francis.

Cope, M., & Elwood, S. (2009). *Qualitative GIS: A mixed methods approach*. London: Sage.

Corbett, J. (2011, April 13). *The revolution will not be geotagged: Exploring the role of the participatory Geoweb in advocacy and supporting social change*. Paper presented at annual meeting of the Association of American Geographers, Seattle, WA.

Cutter, S., Golledge, R., & Graf, W. (2002). The big questions in geography. *The Professional Geographer*, 54, 305-317.

Dear, M., Ketchum, J., Luria, S., & Richardson, D. (2011). *GeoHumanities: Art, history, and text at the edge of place*. London/New York: Routledge.

Dunn, C. (2007). Participatory GIS: A people's GIS? *Progress in Human Geography*, 31(5), 617-638.

Elwood, S. (2006). Beyond cooptation or resistance: Urban spatial politics, community organizations, and GIS-based spatial narratives. *Annals of the Association of American Geographers*, 96(2), 323-341.

Elwood, S. (2009). Mixed methods: Thinking, doing, and asking in multiple ways. In D. DeLyser, M. Crang, L. McDowell, S. Aitken, & S. Herbert (Eds.), *The handbook of qualitative geography* (pp.94-113). London: Sage.

ESRI. (2010). *The latest in citizen engagement*. ESRI advertising supplement. http://media2.govtech.com/documents/PCIO10_ESRI_V.pdf. Accessed 16 May 2011.

Fielding, N., & Cisneros-Puebla, C. (2009). CAQDAS-GIS convergence: Toward a new integrated mixed method research practice? *Journal of Mixed Methods Research*, 3(4), 349-370.

Foresman, T.W. (Ed.). (1998). *The history of geographic information systems: Perspectives from the pioneers*. Upper Saddle River: Prentice Hall.

Fuller, D. (2008). Public geographies I-Taking stock. *Progress in Human Geography*, 32(6), 834-844.

Ghonim, W. (2012). *Revolution 2.0: The power of the people is greater than the people in power*. New

York:Houghton Mif fl in Harcourt.

Goodchild, M. F. (1992). Geographical information science. *International Journal of Geographical-Information Systems*, 6(1), 31–45.

Goodchild, M. (2007). Citizens as sensors: The world of volunteered geography. *GeoJournal*, 69(4), 211–221.

Goodchild, M. (2009). Neogeography and the nature of geographic expertise. *Journal of Location Based Services*, 3(2), 82–96.

Goodchild, M.F. (2010). Twenty years of progress: GIScience in 2010. *Journal of Spatial Information Science*, 1(1), 3–20.

Goodchild, M.F., & Gopal, S. (Eds.). (1988). *Accuracy of spatial databases.* New York: Taylor and Francis.

Goodchild, M.F., & Hill, L.L. (2008). Introduction to digital gazetteer research. *International Journal of Geographical Information Science*, 22(10), 1039–1044.

Gould, P. (1981). Letting data speaking for themselves. *Annals of the Association of American Geographers*, 71(2), 166–176.

Gray, J. (2007). eScience – A transformed scientific method. Presentation made to the NRC-CSTB. http://research.microsoft.com/en-us/um/people/gray/talks/NRC-CSTB_eScience.ppt. Accessed 19 Dec 2011.

Grira, J., Bedard, Y., & Roche, S. (2010). Spatial data uncertainty in the VGI world: Going from consumer to producer. *Geomatica*, 64(1), 61–71.

Guptill, S.C., & Morrison, J. L. (Eds.). (1995). *Elements of spatial data quality.* Oxford: Elsevier.

Haklay, M. (2010). How good is volunteered geographical information? A comparative study of OpenStreetMap and ordnance survey datasets. *Environment and Planning B*, 37(4), 682–703.

Haklay, M., Singleton, A., & Parker, C. (2008). Web mapping 2.0: The neogeography of the GeoWeb. *Geography Compass*, 2(6), 2011–2039.

Halevy, A., Norvig, P., & Pereira, P. (2009). The unreasonable effectiveness of data. IEEE *Intelligent Systems*, March/April, 8–12.

Hey, T., Tansley, S., & Tolle, K. (Eds.). (2009). *The fourth paradigm: Data-intensive scientific discovery.* Redmond: Microsoft Research.

Higginbotham, S. (2011). Big data: Science' s microscope of the 21st century. http://www.businessweek.com/technology/big-data-sciences-microscope-of-the-21st-century-11092011.html. Accessed 19 Dec 2011.

Hilbert, D. (1900). Mathematical problems. *Göttinger Nachrichten*, 253 – 297 (original work in German; translated into English in 1902).

Jiang, B. (2011). Making GIScience research more open access. *International Journal of Geographical Information Science*, 25(8), 1217–1220.

Jung, J., & Elwood, S. (2010). Extending the qualitative capabilities of GIS: Computer-aided qualitative GIS. *Transactions in GIS*, 14(1), 63–87.

Kindon, S., Pain, R., & Kesby, M. (2008). *Participatory action research approaches and methods:*

Connecting people, participation and place. London: Routledge.

Knigge, L., & Cope, M. (2009). Grounded visualization and scale: A recursive examination of community spaces. In M. Cope & S. Elwood (Eds.), Qualitative GIS: A mixed methods
approach (pp.95-114). London: Sage.

Kwan, M. (2002). Feminist visualization: Re-envisioning GIS as a method in feminist geography research. *Annals of the Association of American Geographers*, 92(4), 645-661.

Kwan, M., & Knigge, L. (2006). Doing qualitative research with GIS: An oxymoronic endeavor? *Environment and Planning A*, 38(11), 1999-2002.

Kwan, M., & Schwannen, T. (2009). Critical quantitative geographies. *Environment and Planning A*, 41(2), 261-264.

Lieverouw, L. (2011). *Alternative and activist new media.* Cambridge, MA: Polity Press.

Maling, D.H. (1989). *Measurements from maps*: Principles and methods of cartometry. Oxford: Pergamon.

Manyika, J., Chui, M., Brown, B., Bughin, J., Dobbs, R., Roxburgh, C., & Byers, A. H. (2011). Big data: The next frontier for innovation, competition, and productivity. http://www.mckinsey.com/Insights/MGI/Research/Technology_and_Innovation/Big_data_The_next_frontier_for_innovation. Accessed 19 Dec 2011.

Montello, D.R., Goodchild, M.F., Gottsegen, J., & Fohl, P. (2003). Where's downtown? Behavioral methods for determining referents of vague spatial queries. *Spatial Cognition and Computation*, 3 (2-3), 185-204.

Nielsen, M. (2012). *Reinventing discovery*: The new era of networked Science. Princeton: Princeton University Press.

Poore, B. (2011, April 13). VGI/PGI: *Virtual community or bowling alone*? Paper presented at annual meeting of the Association of American Geographers, Seattle, WA.

Raymond, E.S. (1999). *The cathedral and the bazaar.* Sebastopol: O'Reilly.

Rose, G. (2000). Hybridity. In R.J. Johnston, D. Gregory, G. Pratt, & M. Watts (Eds.), *The dictionary of human geography* (pp.364-365). Oxford: Blackwell.

Sheppard, E. (2001). Quantitative geography: Representations, practices, and possibilities. *Environment and Planning D: Society & Space*, 19(5), 535-554.

Shirky, C. (2010). *Cognitive surplus: How technology makes consumers into collaborators.* New York: Penguin.

Sieber, R. (2000). GIS implementation in the grassroots. *URISA Journal*, 12(1), 15-51.

Sieber, R. (2006). Public participation geographic information systems: A literature review and framework. *Annals of the Association of American Geographers*, 96(3), 491-507.

Sieber, R. (2011, April 13). *Volunteered geographic information: Motivation or empowerment*? Paper presented at annual meeting of the Association of American Geographers, Seattle, WA.

Sui, D., & DeLyser, D. (2012). Crossing the qualitative-quantitative chasm I: Hybrid geographies, the spatial turn, and volunteered geographic information (VGI). *Progress in Human Geography*, 36 (1), 111-124.

The U.S.National Science Foundation.(2011).Rebuilding the mosaic:Fostering research in the social,behavioral,and economic sciences at the National Science Foundation in the next decade. www.nsf.gov/pubs/2011/nsf11086/nsf11086.pdf.Accessed 19 Dec 2011.

Tobler,W.R.(1970).A computer movie simulating urban growth in the Detroit region.*Economic Geography*,46(2),234-240.

Tuan,Y.-F.(1977).*Space and place:The perspective of experience*. Minneapolis:University of Minnesota Press.

Turkle,S.(2011).*Alone together:Why we expect more from technology and less from each other.* New York:Basic Books.

Ward,K.(2007).Geography and public policy:Activist,participatory and policy geographies. *Progress in Human Geography*,31(5),695-705.

Warf,B.,& Arias,S.(Eds.).(2009).*The spatial turn:Interdisciplinary perspectives.* London/NewYork:Routledge.

Weinberger,D.(2012).*Too big to know:Rethinking knowledge now that the facts aren't the facts,experts are everywhere,and the smartest person in the room is the room.* New York:Basic Books.

Wigner,E.P.(1960).The unreasonable effectiveness of mathematics in the natural sciences.*Communications on Pure and Applied Mathematics*,13,1-14.

Wilson,M.(2011).'Training the eye':Formation of the geocoding subject. Social & Cultural *Geography*,12(4),357-376.

Wright,D.J.,& Wang,S.(2011).The emergence of spatial cyber infrastructure.*Proceedings of the National Academy of Sciences*,108(14),548-549.

主编和作者简介

主　　编

隋殿志　美国俄亥俄州立大学地理系教授,社会与行为科学特聘教授,担任地理系主任(2011—2015年)及城市与区域分析中心主任(2009—2012年)。隋教授也是约翰·格伦公共管理学院、俄亥俄州立大学、诺尔顿建筑学院(城市和区域规划项目)和公共健康学院的兼职教授。在2009年7月赴俄亥俄州立大学任教之前,他是得克萨斯农工大学地理系教授(1993—2009年)和Reta A. Haynes讲席教授(2001—2009年)。隋教授于1986年和1989年分别获得北京大学学士与硕士学位,1993年获得佐治亚州立大学博士学位。目前,他的研究方向包括地理信息科学、城市地理学和地学思想,并已在这些领域出版著作4部,发表文章100余篇。隋教授是2009年古根海姆学者(Guggenheim Fellow),也是美国国家地图科学委员会委员(2007—2013年),目前担任*GeoJournal*期刊主编。

Sarah Elwood　华盛顿大学地理系教授。她于1994年在曼彻斯特大学取得学士学位,分别于1996年和2000年取得明尼苏达大学的地学硕士学位和博士学位。Elwood最近的研究领域弥合了批判地理信息系统、城市政治地理学、定性研究法和参与式行为研究,包括一项关于地理信息系统及基于GIS的空间知识在邻里振兴中的应用和影响的长期研究,同时在合作编写关于定性GIS的著作。Elwood正在进行一项为期三年的鼓励青少年合作参与的交互式制图项目,同时开始研究经济危机和复苏中的贫困和阶级认同的空间政治。

Michael F. Goodchild　美国加利福尼亚大学圣巴巴拉分校的地理系Jack and Laura Dangermond讲席教授,空间研究中心主任。他在1965年获剑桥大学物理学学士学位,1969年麦克马斯特大学(McMaster University)地理学博士学位,并拥有4个荣誉博士学位。他于2002年当选为美国国家科学院院士和加拿大皇家学会外籍院士,2006年当选为美国艺术与科学院院士,2010年当选为英国皇家学会外籍院士,2007年获瓦特林·路德国际地理学奖(Prix Vautrin

Lud)。Goodchild 是 10 个期刊和图书系列的编委,已出版著作 15 部、发表论文 400 余篇。他现在的研究方向为地理信息科学、空间分析以及地理数据的不确定性研究。

作　　者

(按姓氏字母排序)

Benjamin Adams 加利福尼亚大学圣巴巴拉分校计算机科学系博士生,空间认知工程(SpaCE)实验室成员。Benjamin 致力于研究新的用于组织和表达多源异构地理知识的计算方法,帮助解答科学、文化问题。这项研究既涉及对工具的实际开发,也涉及探索和综合这些数据的方法,以及关于地理空间数据语义表达的理论问题。Benjamin 是加利福尼亚大学圣巴巴拉分校空间认知科学项目的项目主管。他于 2011 年取得圣巴巴拉分校的计算机硕士学位,2006 年取得东密歇根大学社会科学和计算机科学学士学位。2007—2009 年,Benjamin 获得美国国家科学基金会"研究生教育与科研训练一体化"(IGERT)计划中"互动数字多媒体"专项的资助。

Thomas Bartoschek 德国明斯特大学地理信息科学系博士,GI@school (http://www.gi-atschool.de)计划的组织者。博士研究生期间,他利用岩土工程学研究地理空间学习和思考以及对 GIS 科学教育进行研究。VGI 也是他科研工作的重点之一,他在基于 VGI 或为生产教育背景下的专用 VGI,研发或指导研发了几个用于地理空间学习的原型系统。在教学方面,尤其是他提倡的 K-12(从幼儿园到高中)教育和教学训练方面,他传播着 VGI 的使用和收集,在过去几年已积累了数千名学生和教师用户。Thomas 也是韦斯普奇地理信息科学暑期学院的组织者(http://vespucci.org)。

T. Edwin Chow 得克萨斯州立大学(圣马可斯分校)地理系助理教授。获南卡罗来纳大学地理学博士学位。Edwin 的主要研究方向是互联网 GIS、VGI 以及 GIS 建模。他最近和空间人口统计学有关的研究兴趣在于探索网络人口统计在揭示人口动态变化的空间规律方面的潜力。其他研究工作还包括对选址、生活质量、风险评价、水文分析以及荒地火灾的 GIS 建模。他也进行了一些合作研究,如浣熊栖息地建模、生态风险评估、发生厄尔尼诺现象期间降雨与地表径流模拟、草原生态系统火灾模拟等。Edwin 开设多门 GIS 课程(本科课程、硕士课程、博士课程),同时也开设研究生课程"计量方法"。Edwin 喜欢指导学生,也愿意向学生学习。他还是诸多 GIS 科学期刊(如 IJGIS)和美国国家科学基金会的评审人。

David J. Coleman 加拿大纽布伦斯维克大学地理信息工程教授、工学院院长。在取得博士学位前,Coleman 在加拿大地理行业工作 15 年——先后担任过项目工程师、加拿大顶尖的数字航空测图公司总经理、一家 GIS 和土地信息管理咨询公司的股东和创始人、纽布伦斯维克大学大地测量与测绘工程系系主任。Coleman 教授截至目前已发表了 150 余篇土地信息政策发展、地理信息运营管理、地理信息标准以及空间数据基础设施方面的出版物和报告。Coleman 还是加拿大工程院院士,曾任 GEOIDE 网络研究董事会成员和加拿大地理信息研究所所长,并被推选为国际空间数据基础设施协会主席。

Jon Corbett 加拿大不列颠哥伦比亚大学奥卡纳根分校的社会与全球文化研究系助理教授,社会空间与经济公正研究中心主任。Corbett 主要有三个研究方向:第一,研究数字多媒体与地图的融合技术,以便公众记录、存储和交流空间知识;第二,研究知识的地理表达方式,从而加强公众在决策中的影响力,促进社区内外交流;第三,强调可持续发展的过程和实现,尤其是社区资源管理的可持续发展。以上研究都是基于"社区"的,这意味着 Corbett 的研究项目都可为社区带来益处,帮助社区成员形成主人翁意识,鼓励社区成员从事和参与调查工作。

Nicolás di Tada 主要从事软件项目的设计和管理。在创办玛纳斯技术解决方案(Manas Technology Solutions)公司前,Nicolás 花了 10 年时间在多家大型企业和创业公司担任软件架构师和项目经理,涉足信息检索、机器学习、信息可视化以及网络开发等领域。过去 7 年,Nicolás 创办了在线培训、社交应用领域的两家公司,同时还指导几个研发团队,研发内容包括数字摄影测量、生物信号处理等。无论在小型创业公司还是 500 强企业,Nicolás 团队一向以能按时研发出易用高效的软件著称。Nicolás 热衷于科学、技术和艺术的结合,他现在负责 InSTEDD 组织的软件平台的设计和研发工作,协调分布式开发团队、开源贡献者、实习生及志愿者间的联系。

Michael W. Dobson 美国 TeleMapics 公司总裁兼首席顾问。Dobson 为国内和国际客户提供制图、本地搜索、基于位置服务、导航、互联网等方面的战略与技术咨询。他的博客"Exploring Local"深受地图与制图领域人员欢迎。Dobson 曾在 go2 System 公司担任首席技术官和执行副总裁,负责技术、软件工程、信息科技和产品研发。go2 System 是一家位置服务提供商,为主要的无线运营商(MSN、AT&T、Sprint、Nextel、Verizon 等)提供制图和路径选择服务。在此之前,Dobson 是 Rand McNally 公司的首席技术专家和首席制图专家,负责技术和软件开发,为公司基于地图的商业产品和服务提供支持,同时还担任公司的业务发展副总裁和发言人。Dobson 的职业生涯开始于纽约州立大学奥尔巴尼分校地理系,他曾在那里担任助理教授和副教授。

Rob Feick 加拿大滑铁卢大学规划学院副教授。他的研究重点将空间信息技术应用到土地管理与规划的决策制定和公众参与中。Feick 目前的研究主要是开发和评估 PPGIS、VGI 和 Web 2.0 工具,促进公众参与社区规划,他还进行空间辅助决策方法的研究,如基于 GIS 的多准则分析、基于网络的空间数据可视化等。

Marcus Goetz 从 2010 年开始在德国海德堡大学担任地理信息科学研究组的研究助理。Marcus 有数学和计算机科学的研究背景,在卡尔斯鲁厄理工学院取得计算机科学学位,目前在海德堡大学攻读博士学位。Marcus 最近的主要研究方向包括 3D 城市建模、城市地理标记语言、(3D) VGI、OSM、室内路径规划(3D)和室内基于位置服务。

Christopher Goranson 美国新学院帕森斯信息制图研究所主任。帕森斯信息制图研究所是一个集研究、开发、专业服务设施于一体的数据与知识可视化研究所。在帕森斯信息制图研究所工作之前,Christopher 是纽约市健康与心理卫生局流行病处 GIS 中心的主任,负责所在部门的培训、咨询、制图与地理信息分析等。在 2004 年加入 GIS 中心之前,Christopher 在一家专业服务公司工作,参与 EPA、FHWA、GSA、USGS 等多家政府部门的 GIS 项目。

Muki Haklay 英国伦敦大学学院城市、环境与地理信息工程系地理信息科学专业教授。Muki 是伦敦大学学院基层科学研究中心主任,该中心的目标是对任何公众,不论他们的文化水平如何,都能用科学方法和科学工具收集、分析、解译和使用有关他们地域和活动的信息。他的研究主要包括:① 环境信息的公共获取和使用;② 人机交互和 GIS 的实用性;③ GIS 应用的社会影响,尤其是参与式制图和公众科学。Muki 获伦敦大学地理学博士学位,在耶路撒冷希伯来大学获得计算机科学学士和地理学硕士学位。

Darren Hardy 加利福尼亚大学圣巴巴拉分校国家生态分析和综合研究中心的海洋健康指数项目的高级分析师。Darren 的研究方向有空间分析、开源科学计算、分布式系统与技术和社会学。他先后于 2005 年和 2010 年在圣巴巴拉分校布伦学院取得环境科学管理硕士和博士学位。Darren 的跨学科论文对维基百科中 VGI 的生产和使用进行了研究。Darren 在学术界和产业界有 20 年以上的从业经验,如 Harvest 信息调查和获取系统(1995 年),早期的网络搜索引擎和代理软件(现在的 Squid)以及在硅谷担任过网景公司、阿菲尼亚集团、Napster 公司的软件工程师等。他在科罗拉多大学获得计算机科学学士(1991 年)和硕士(1993 年)学位。

Francis Harvey 美国明尼苏达大学副教授。他的主要研究方向为位置隐私、空间数据基础设施、地理信息共享、语义互操作和批判 GIS 学。他是 *International Journal for Geographical Information System*、*Cartographic*、*GeoJournal* 以及

URISA 会刊等期刊的编委。2008 年,Harvey 在 Guildford 出版社出版了 *A GIS Primer* 一书。他正在完成一项长期进行的关于波兰地籍与土地覆盖差异的项目。Harvey 将继续进行空间数据基础设施的研究,现在正通过一个 FGDC 支撑项目调查区域数据共享(MetroGIS)中地块数据的投资回收率。他还致力于开发 GIS 伦理教育的示范课程和资源(gisprofessionalethics.org)。

Bin Jiang 瑞典耶夫勒大学地理信息科学和计量地理学教授,同时在瑞典皇家理工学院任职。他曾在香港理工大学和伦敦大学学院高级空间分析中心工作,同时是国际地图制图协会地理空间分析与建模委员会的创始人和主席。他一直在协调 Nord Forsk 资助的北欧地理信息科学网的运作。Jiang 的研究方向是地理分析和建模,特别是在地理信息系统环境中对城市道路网络进行拓扑分析。他现在是 *Computers, Environment and Urban System* 期刊的副主编。

Peter A. Johnson 加拿大蒙特利尔麦吉尔大学地理系博士后和讲师。他于 2010 年在麦吉尔大学取得了地学博士学位。他在论文中提出了一个智能体模型来开发旅游规划方案。他的研究方向包括参与式 GIS、Geoweb、社区开发背景下地理空间技术的应用。2012 年,他被加拿大滑铁卢大学地理与环境管理系聘为副教授。

Carsten Keßler 德国明斯特大学地理信息科学系博士后,在语义互操作实验室(MUSIL)工作多年。在博士在读期间,他研究了语义网络中基于上下文的信息检索方法。Carsten 近几年的主要研究方向是 VGI,特别是 VGI 的语义。他最近对基于数据来源的 VGI 可信度测量方法进行了研究。他的研究方向还有地理信息语义研究、数据与语义链接技术、情景建模以及合作式和参与式地理信息系统。Carsten 合作举办了一系列研讨会,他最近在协调明斯特大学开放数据连接项目的启动(http://lodum.de)。

Scott Kraushaar 2011 年在美国密苏里大学哥伦比亚分校获得硕士学位。Scott 的论文主要研究志愿式地理信息以及包括汇报、观察、记录在内的追风行动。Scott 对气象学和风暴追击有强烈兴趣,早在 20 世纪 90 年代就从事风暴的观察和研究工作。Scott 目前在美国国防部工作,平时他以长途旅行追寻探索超级单体旋风和龙卷风而闻名。

Wen Lin 2012 年起在英国纽卡斯尔大学地理、政治与社会学学院担任讲师。在此之前,任威斯康星大学拉克罗斯分校地理与地球科学系助理教授(2009—2012 年)。他的主要研究方向为批判 GIS 学、公共参与式 GIS 和城市地理。她主要关注地理空间技术的发展和使用,与这些实践所在的社会政治条件间的交汇,已参加了三个相关研究:调查与 Web 2.0 技术相结合的制图实践的社会政治影响、研究中国城市规划机构的 GIS 实践以及研究公众参与式 GIS 在城市治理中的作用。

Grant McKenzie 加利福尼亚大学圣巴巴拉分校地理系二年级博士生。于2008年取得澳大利亚墨尔本大学应用科学硕士学位,2004年在加拿大不列颠哥伦比亚理工学院取得地理信息科学高级文凭。在墨尔本期间,Grant获得JH Mirams纪念奖学金,并因其在2007年空间信息理论会议(COSIT 2007)的出色研究提案被授予谷歌博士研讨会奖学金(2007年)。在读博士前,Grant在西雅图联合创办了Spatial Development International公司,也曾在工程咨询公司CH2M HILL从事地理空间软件研发的工作。Grant于2002年在加拿大不列颠哥伦比亚大学获得地理学学士学位。

Mark H. Palmer 密苏里大学哥伦比亚分校地理系助理教授。他目前的主要研究方向为GIS的社会影响,具体为在政府机构内地理信息网络的不均衡发展,以及北美地区本地和原生社区内的地理信息联系和隔绝。Palmer的研究方向还包括探索地方知识体系与地理科学和信息技术(如GIS)间的动态联系,从而找出语言、叙事方式、教育、行为等文化因素对地理信息的使用和理解的影响。搬到密苏里的多树地区后,Palmer正式告别了业余的追风活动。

Barbara S. Poore 美国地质调查局地理信息科学卓越中心地理研究人员,主要研究方向为VGI和社会媒体在众包制图中的应用。Barbara在韦尔斯利学院(Wellesley College)获得艺术史学士学位、在布朗大学获得艺术史硕士学位,在华盛顿大学获得地理学博士学位。在从事科研工作前,Barbra在建设美国国家空间数据基础设施期间,为联邦地理数据委员会工作。她目前在佛罗里达州圣彼得斯堡的海岸边工作生活。

Stéphane Roche 加拿大拉瓦尔大学地理系地理信息科学系教授,也是一名测量工程师(法国国立勒芒高等测绘工程学院)。他在法国昂热大学获得规划学硕士学位和地理学博士学位。他的研究主要关注GeoWeb 2.0开发过程中空间与社会的关系分析以及地理空间协作解决方案设计(参与式GIS、WikiGIS),以解决参与式地理设计实践中的问题。Stéphane与Caron(舍布鲁克大学)合作撰写了*Organizational Factets of GIS*一书,于2009年由John Wiley出版社出版。他曾是*Geomatica*特刊(64卷1期)在VGI方面的特邀编辑(与滑铁卢大学的Rob Feick一起)。目前是*International Journal of Geomatics and Spatial Analysis*期刊地理设计方向的特邀编辑(与加利福尼亚大学圣巴巴拉分校的Mike Goodchild一起)。

Renee E. Sieber 于美国罗格斯大学获得博士学位,现任加拿大麦吉尔大学副教授。她的研究方向是公众参与式地理信息系统(PPGIS),通过这类方法,那些被公共政策边缘化的人可以使用计算机制图和空间数据库来更好地参与政策制定。她作为一个社区组织者和活动家以及程序开发人员,让那些城区中心的居民参与其中,她越来越多地研究了基于Web 2.0的PPGIS。Renee的研究领域十分广泛。她带领10人团队使用参与式Geoweb研究全球环境和气候变化问题;也开展数字人文方面的研究工作;组织了第一次公众参与式GIS会议;筹办了加拿大地理学家协会的GIS小组,并与人合作组织了加拿大的第一次GIS学术会议——加拿大空间知识与信息会议。

Jim Thatcher 美国克拉克大学博士生。他的主要研究方向为全球资本系统与移动地理空间技术的交叉。随着移动地理空间技术的迅速发展,对个人和国家而言,已知什么、可知什么、可以做什么这三个问题都发生了改变。Jim的研究重点在于程序化的决策如何界定终端用户的知识水平。可以通过Twitter中的@alogicalfallacy关注他。

Sayone Thihalolipavan 曾与Christopher Goranson在酒精相关制图项目中合作。他现在是美国纽约市健康与心理卫生局慢性病预防与烟草控制处主任。他对该处的政策、医疗和教育干预措施提出建议,确保与当前的科研证据和最优实践操作相一致,并帮助制定创新策略,通过写信、网络、邮件、短信和其他方式,如一年一度的尼古丁贴片和口香糖项目来帮助烟民戒烟,这每年服务了约4万名纽约居民。同时他也监管为政府员工建的戒烟诊所。

Eric B. Wolf 在软件行业工作了20余年,目前是美国地质调查局地理信息科学卓越中心的地理学家,在研究将公民贡献的信息整合到美国国家地图(*The National Map*)网站中。Eric在田纳西大学查塔努加分校取得应用数学学士学位,在西北密苏里州立大学取得地理信息科学硕士学位。他现在是科罗拉多大学博尔德分校Barbara P.Buttenfield教授指导的博士生。他论文的主要方向为包括志愿式地理信息的空间数据基础设施的元数据结构。他和他的妻子,他们的狗与两只猫居住在科罗拉多州的朗蒙特市。

Alexander Zipf 从2009年开始担任德国海德堡大学地理信息科学研究组主任,同时是跨学科科学计算中心、海德堡环境中心和地理系的成员。Alexander曾是波恩大学制图室主任,早期还是德国美因茨应用技术大学应用计算科学和地理空间信息学教授。他拥有数学和地理学术背景,在海德堡大学的欧洲媒体实验室(EML)取得博士学位。Alexander目前的研究方向有3D GIS、空间数据基础设施2.0、VGI、众包地理信息以及基于位置服务。

索　引

Y

Z

#

地理信息科学系列

众包地理知识——志愿式地理信息理论与实践
Daniel Sui Sarah Elwood Michael Goodchild 主编
张晓东 黄健熙 苏伟 等译

Web GIS 原理与技术
付品德 秦耀辰 闫卫阳 等著

激光雷达森林生态应用——理论、方法及实例
郭庆华 苏艳军 胡天宇 刘瑾 著

地理信息科学前沿
林珲 施迅 主编

地理信息技术在公共卫生与健康领域的应用
施迅 王法辉 编著

空间云计算——应用与实践
Chaowei Yang Qunying Huang 著

定量遥感若干关键科学问题研究
张仁华 著

大气气溶胶偏振遥感
顾行发 程天海 李正强 乔延利 著

城市遥感——城市环境监测、集成与建模
Xiaojun Yang 著
肖荣波 吴志峰 詹庆明 主译

陆面观测、模拟与数据同化
梁顺林 李新 谢先红 等著

ArcGIS 10 地理信息系统实习教程
Wilpen L. Gorr Kristen S. Kurland 著
朱秀芳 译

ENVI 遥感图像处理方法（第二版）
邓书斌 陈秋锦 杜会建 徐恩惠 编著

IDL 程序设计——数据可视化与 ENVI 二次开发
董彦卿 编著

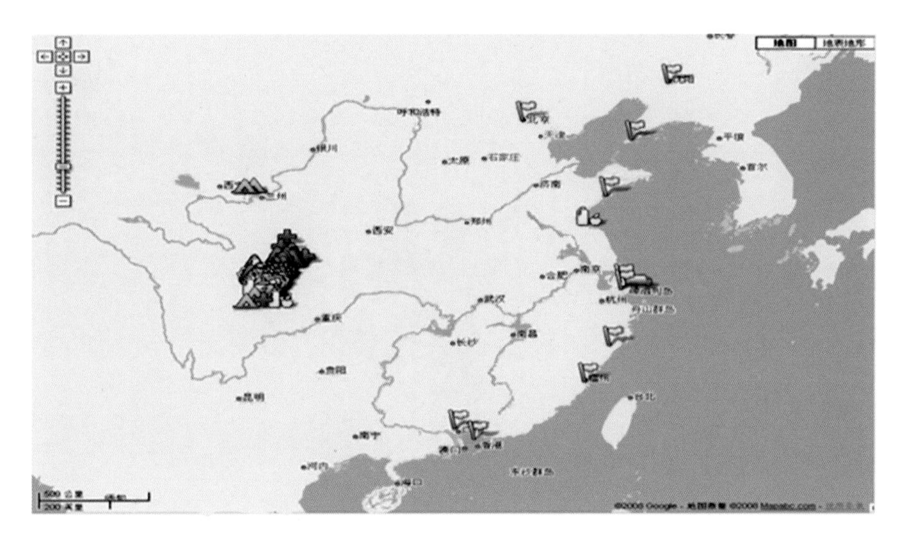

图 6.1　汶川地震救灾需求地图(2008 年 5 月 21 日获取)

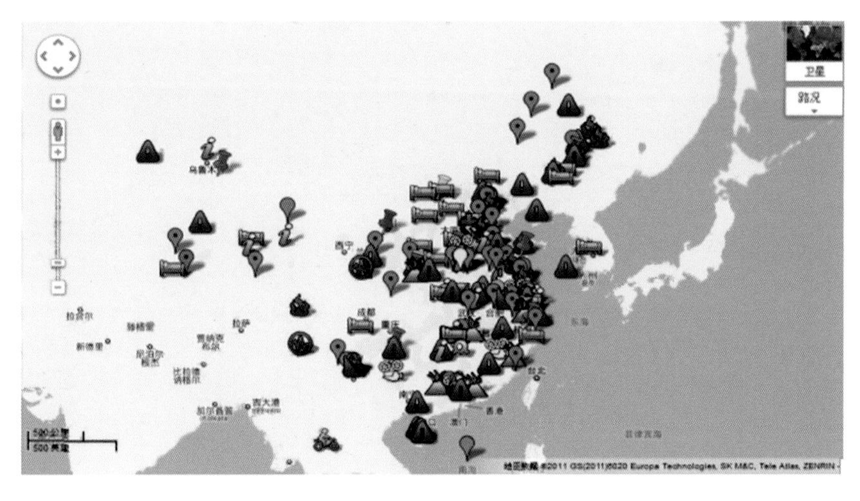

图 6.2　强制拆迁地图(2012 年 1 月 19 日获取)

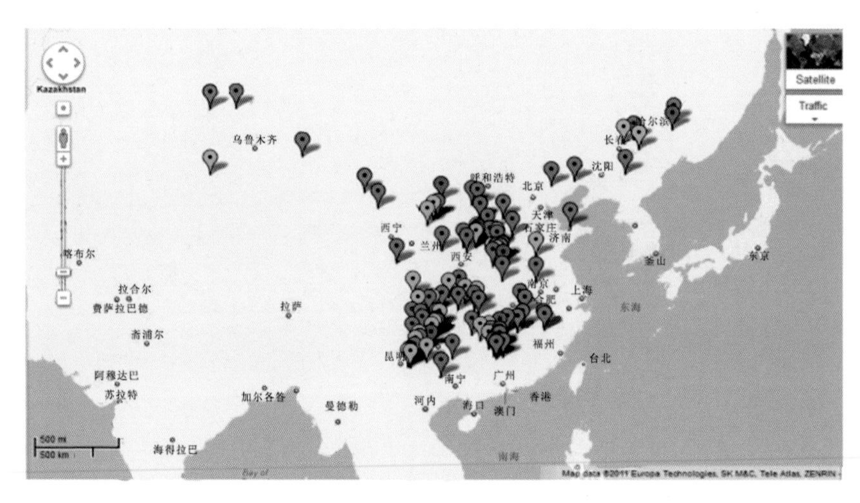

图 6.3　2010 年中国矿难地图(2012 年 1 月 19 日获取)

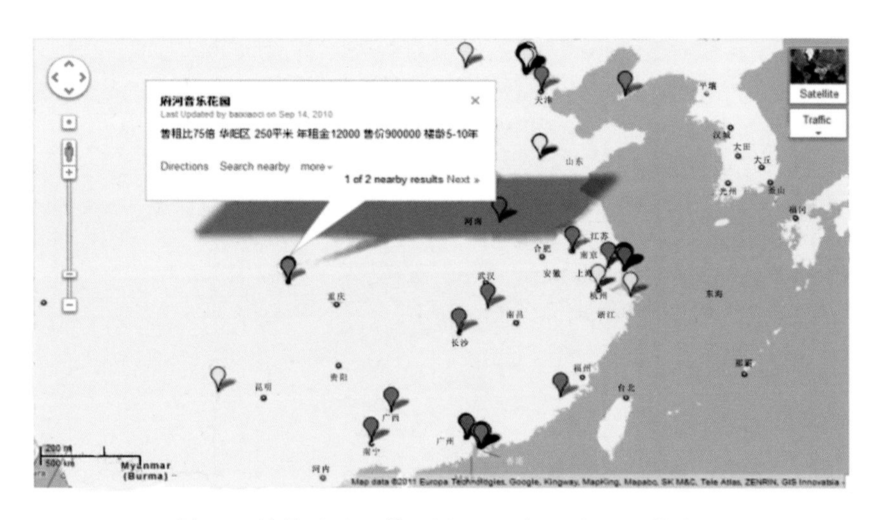

图 6.4　销量/租金比值地图(2012 年 1 月 19 日获取)

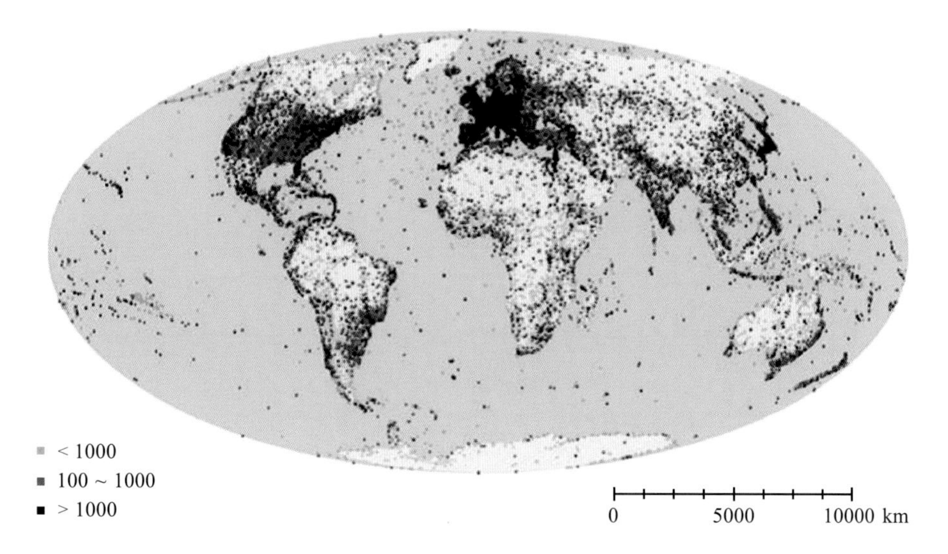

图 11.2　维基百科文章的地理标记的空间分布,用 10 km 分辨率可视化文章贡献数量的对数密度

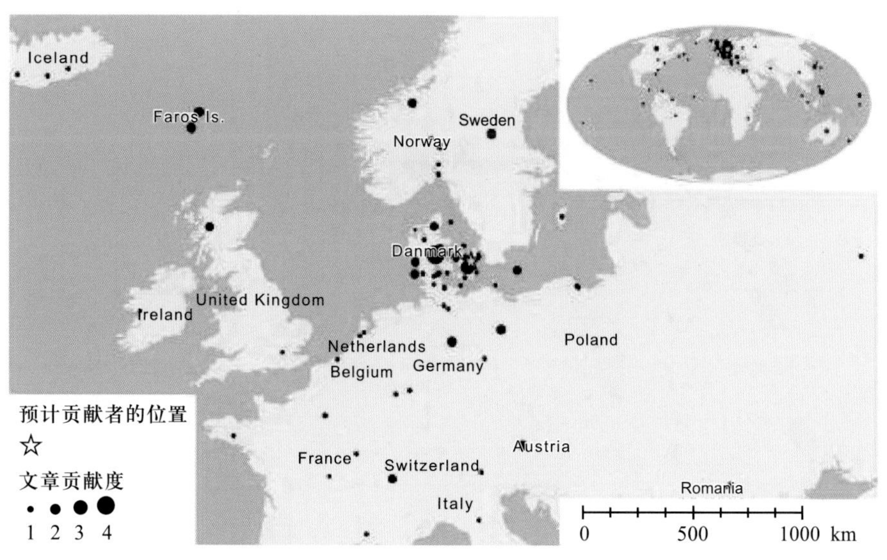

图 11.4　丹麦维基中匿名作者对 143 篇文章的 172 次贡献的空间足迹。星型图标是根据 IP 地址判断的作者位置

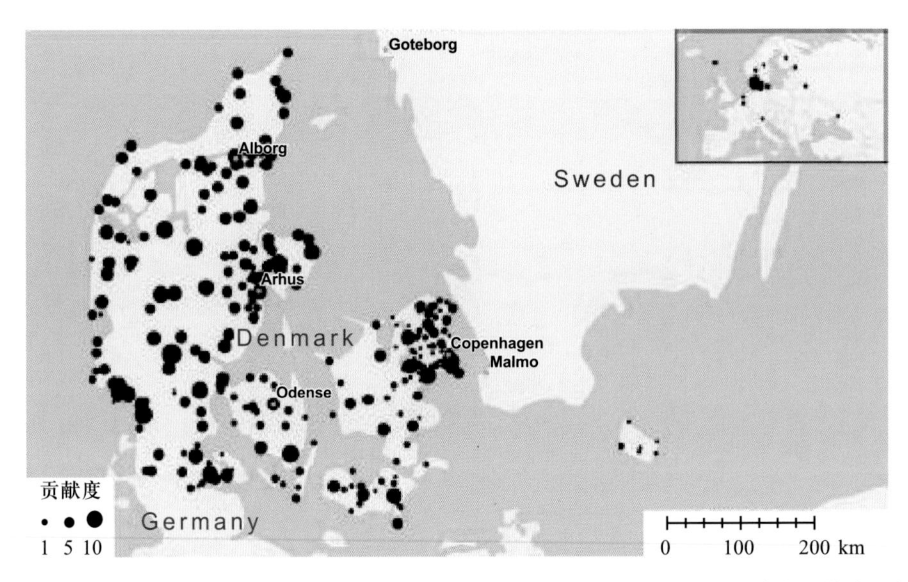

图 11.5 一个注册作者对 296 篇文章的 1099 次贡献的空间足迹。图形标记代表了作者编辑的每篇文章的地理标记,大多聚集在丹麦

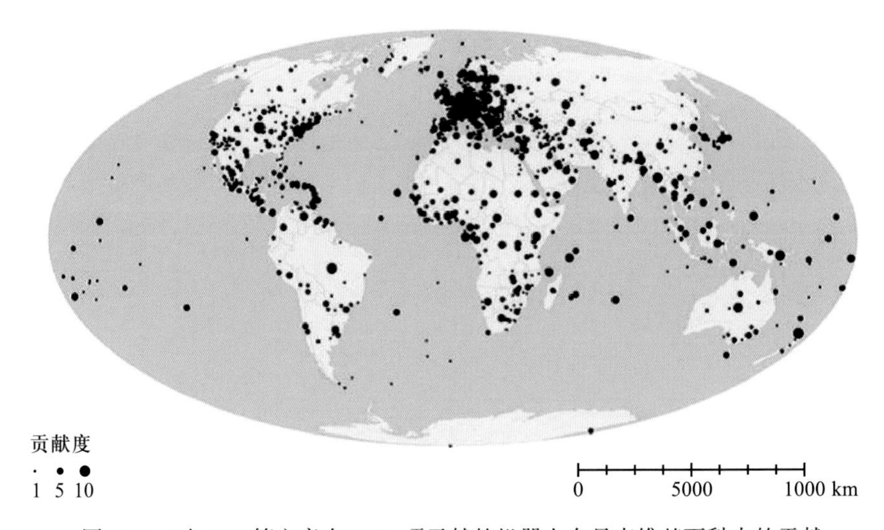

图 11.6 对 1601 篇文章有 3006 项贡献的机器人在丹麦维基百科中的贡献

图 11.7　UCSB 的一篇英文文章具有署名距离 533 km、135 个匿名作者做过 719 次修订。每一个贡献显示为一条白线,较粗的线表示更多的贡献

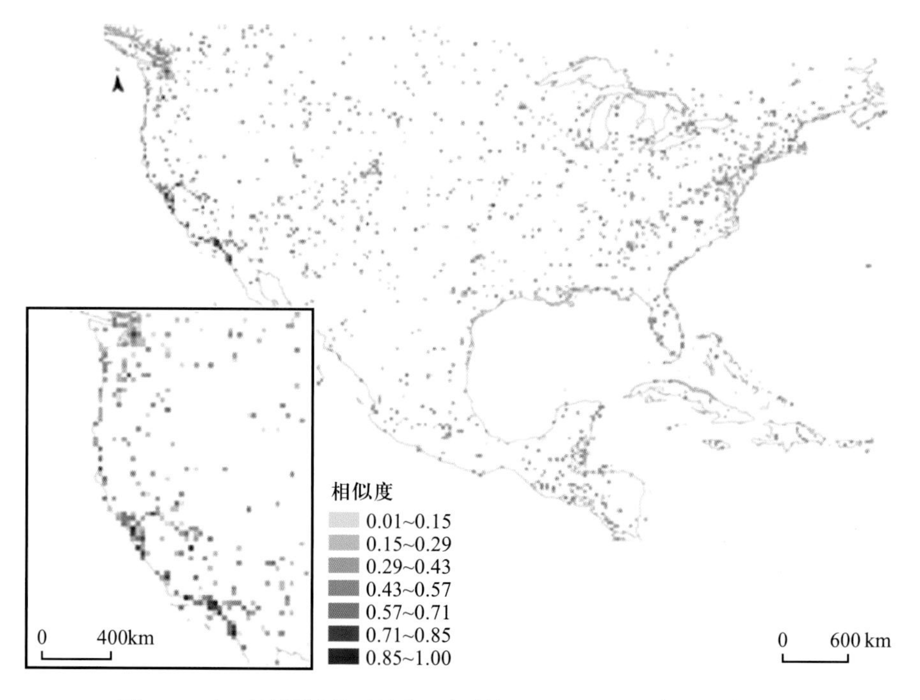

图 12.2　相对熵测量得到的美国加利福尼亚州圣巴巴拉市相似度图

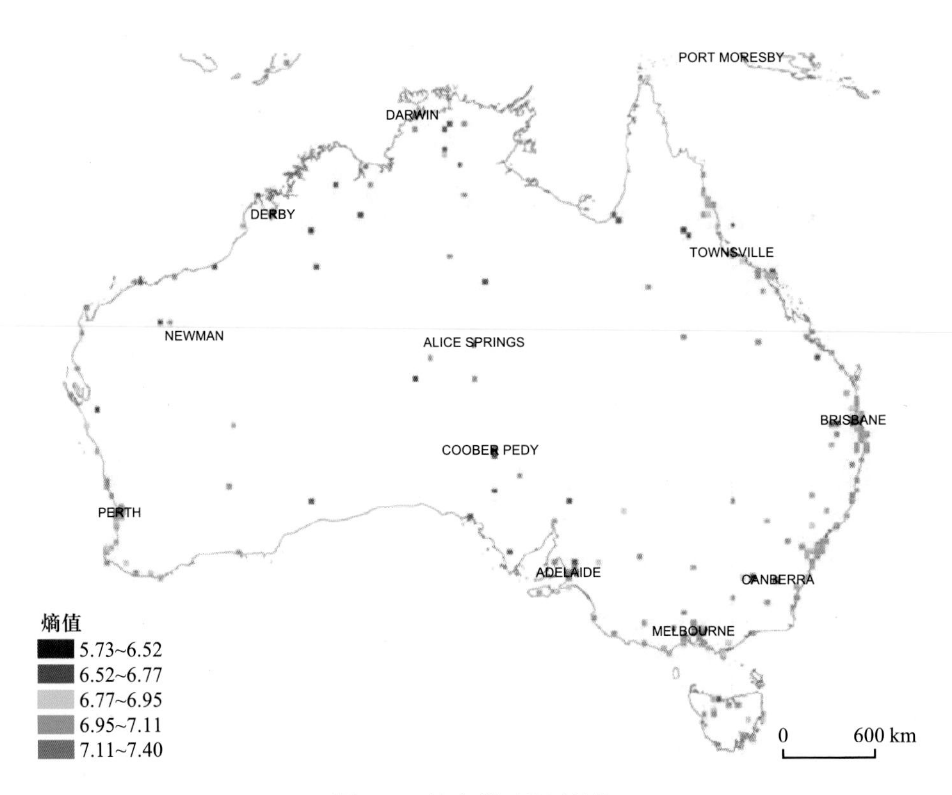

图 12.3　澳大利亚地区的熵